【電子版のご案内】

■タブレット・スマートフォン（iPhone, iPad, Android）向け電子書籍閲覧アプリ「南江堂テキストビューア」より，本書の電子版をご利用いただけます.

シリアル番号：

コンパス物理化学
改訂第4版 第1刷

■シリアル番号は南江堂テキストビューア専用サイト（下記URL）よりログインのうえ，ご登録ください.（アプリからは登録できません.）

https://e-viewer.nankodo.co.jp

※初回ご利用時は会員登録が必要です．登録用サイトよりお手続きください.
詳しい手順は同サイトの「ヘルプ」をご参照ください.

■シリアル番号ご登録後，アプリにて本電子版がご利用いただけます.

■注意事項

・シリアル番号登録・本電子版のダウンロードに伴う通信費などはご自身でご負担ください.
・本電子版の利用は購入者本人に限定いたします．図書館・図書施設など複数人の利用を前提とした利用はできません.
・本電子版は，１つのシリアル番号に対し，１ユーザー・１端末の提供となります．一度登録されたシリアル番号は再登録できません．権利者以外が登録した場合，権利者は登録できなくなります.
・シリアル番号を他人に提供または転売すること，またはこれらに類似する行為を禁止しております.
・南江堂テキストビューアは事前予告なくサービスを終了することがあります.

■本件についてのお問い合わせは南江堂ホームページよりお寄せください.

［コンパス物理化学 改訂第4版 第1刷］

電子版付

コンパス 物理化学

改訂第4版

編集　日野 知証・小田 彰史

南江堂

◆執筆者一覧（執筆順）

日野　知証	ひの　ともあき	金城学院大学名誉教授
畑　　晶之	はた　まさゆき	松山大学薬学部准教授
星名 賢之助	ほしな　けんのすけ	新潟薬科大学薬学部教授
亀井　　敬	かめい　たかし	北陸大学薬学部准教授
市川　和洋	いちかわ　かずひろ	長崎国際大学薬学部教授
池田　浩人	いけだ　ひろひと	福岡大学薬学部教授
田口　博之	たぐち　ひろゆき	日本大学薬学部教授
小田　彰史	おだ　あきふみ	名城大学薬学部教授
増田　和文	ますだ　かずふみ	就実大学薬学部教授
奥村　典子	おくむら　のりこ	金城学院大学薬学部教授
山本　浩充	やまもと　ひろみつ	愛知学院大学薬学部教授
秋澤　宏行	あきざわ　ひろみち	昭和薬科大学薬学部教授

改訂第４版の序

薬学教科書「コンパスシリーズ」の１つである本書は，主に令和４年度改訂薬学教育モデル・コア・カリキュラム（以下，モデル・コア・カリキュラム）の「C-1 化学物質の物理化学的性質」を扱っている．

物理化学は化学の基礎であり，その学修を通してほかの化学・薬学の領域の理解が深まり，科学的な根幹が形成される．生体内反応などの生命現象や自然科学の事象の解明にも物理化学の知識が必要となる．

「コンパス物理化学」初版が2010年２月に上梓されてからすでに14年以上経過し，モデル・コア・カリキュラムも平成25年度および令和４年度に改訂された．

その間に「コンパス物理化学」も，よりわかりやすく，より使いやすくなるよう，本書を教科書として採用していただいている諸先生方からのご意見をいただくとともに，新たな知見を挿入して第２版，第３版と改訂してきた．また，増刷時にも必要に応じて修正を行ってきた．

モデル・コア・カリキュラムの令和４年度改訂では，それまで網羅的な記載であった一般目標および到達目標（GIO-SBOs）を概念化した学修目標に改め，それに対応する学修事項が示された．また，物理化学と他領域・項目とのつながりが示された．本書第４版の改訂にあたって，モデル・コア・カリキュラムの改訂に対応するとともに，従前よりもさらなるわかりやすさを目指した．一方，本書の特長である“ミニマムエッセンスでわかりやすく”，“図表を多く用いて「見た目」からの理解の重視”という基本方針やそのためのキーワードの説明，“コラム”，“ここにつながる”，“ポイント”，“Exercise”，“アドバンス”の挿入等は継承している．

内容・用語にはできる限りの注意を払い，わかりやすく，かつ最新のものを掲載することに努めてきたが，すべてが適切とは言い難い．読者のご批判やご教示を仰ぎながら，本書が薬学教育において物理化学分野の“よきコンパス”として利用されることを期待してやまない．

改訂第４版の出版にあたりご尽力いただいた南江堂の野澤美紀子氏，谷口堯駿氏に執筆者を代表して心からお礼を申し上げたい．

2024年11月

日野 知証
小田 彰史

初版の序

物理化学は大きく分けると量子化学，熱力学，統計力学の主要な三つの分野からなり，物質の構造，状態，変化に関する化学の基礎理論や法則を扱う．物理化学は化学の基礎であり，基礎原理に基づいて，さまざまな化学の問題を論理的に解説する方法を示してくれる．そして生命科学と創薬化学を主体とする薬学は，総合科学であるため，その基礎としての薬学教育および薬学研究を行うにあたって，物理化学はきわめて重要な位置を占めている．

6年制薬学教育の標準カリキュラムは体系化され，日本薬学会の「薬学教育モデル・コアカリキュラム」(以下，コアカリキュラムと略す)にまとめられている．コアカリキュラムでは講義単位ごとに，一般目標(GIO：学習者が学習により得る成果)とその到達目標(SBO：GIO に到達するための具体的な学習内容)がまとめられている．これまでにこのコアカリキュラムに基づいた多くの新しい教科書や参考書が出版されているが，本書は物理系薬学の SBO のうち，C1(物質の物理的性質)のすべての内容を扱っている．

本書の構成は，大きく分けて3部からなっている．I部は，原子・分子の性質をミクロでみる，II部は分子の集合体としての性質を熱力学的に理解する，III部は物質の変化とエネルギーの変換という観点から，化学反応，放射化学を学ぶ．

物理化学は，講義を聴いただけではその内容の十分な理解は得られない．また物理化学はあらゆる化学の分野に含まれる普遍的な理論を集約した学問領域であるために，そこに用いられる学術用語は，厳密で深い意味を持っており，これを正確に理解することはきわめて大切なことである．広い分野の基礎学としての重要性から，本書では学術用語を可能な限り丁寧に説明することに努めている．

各章での主要項目は，学習のまとめに役立つように“ポイント”に要約し，内容の理解度は“Exercise”で確かめるよう工夫がなされている．また，“コラム”では，物理化学の身近なところでの一口知識を説明し，関連事項は“ここにつながる”によって学習の幅を広げたい学生諸君のための指針を示している．さらに高度な知識を求める学生諸君には“アドバンス”の項目を入れるなど，各章の内容を理解しやすいよう新しい試みが豊富になされている．本書が読者にとって化学の原理と理論をわかりやすく指し示す“コンパス”となることを期待してやまない．

この本の執筆にあたって参考にさせていただいた教科書や参考書の多数の著者に感謝するとともに，出版にあたり大変お世話になった南江堂の千葉好弘氏，野澤美紀子氏，山口慶子氏に執筆者を代表して心からお礼を申し上げたい．

2010年1月

遠藤 和豊
輿石 一郎

目　次

13章 放射線と放射能 秋澤宏行 239

本書の使い方

E 光の基本的性質

❶ 光の屈折

ここまでみてきたように，物質に電磁波を照射したときの応答は物質の性質を反映しているが，電磁波を取り扱う際，物質がなくても屈折，回折，干渉という基本的な性質を理解しておく必要があるので，本項でまとめて説明する．

図2･21のように光が空気中から水中に入るとき，光路は下向きに角度を変える．この現象は屈折とよばれ，空気と水の屈折率 n の違いに由来する．屈折率は物質の誘電率[*24]と透磁率で決まり，それらが周波数に依存するために屈折率も周波数に依存，すなわち波長に依存する．通常，真空中の屈折率を $n=1$ として，それに対する相対的な屈折率のことをいう．そして，屈折率 n の媒質中では光速は c/n となる（c は真空中での光速である）．空気と水の屈折率をそれぞれ n_1，n_2 とすれば，

*24 誘電率　電場中の物質の応答は，物質内の電子が偏り分極するという形で現れる．その大きさの目安となる定数と考えればよい．

用語解説
✓わからない用語はここをチェック！

おさえておこう
本文内容を学ぶ前に知っておくべき項目．
✓本文の内容が難しいなと思ったら，まずはこの項目をチェック！本書に載っていない事項については，他の本などを参照して，復習をしてみることが理解への近道です．

あれば電位差が生じる．この電位差を膜電位という．生体内で生じる膜電位は細胞間の情報伝達などに重要な役割を果たしている．

まず細胞をイメージしてみよう．ある物質Aが細胞外と細胞内を移動するとき，細胞膜を通る輸送は熱力学的には化学平衡と同様に扱うことができる．

$$\mathrm{A(out)} \rightleftharpoons \mathrm{A(in)} \qquad (11\cdot25)$$

Aがイオンである場合，膜内外において化学ポテンシャルに静電場を考慮した電気化学ポテンシャルの差が生じる．イオンの電気化学ポテ

おさえておこう
・化学ポテンシャル

ここにつながる
・イオンチャネル
☞p.204 コラム

ここにつながる
本文内容と関連するほかの項目．
✓つながりを意識すればより深い理解が得られます．学習効率もアップ！

ポイント
項ごとの重要項目のまとめ．
✓ここがしっかり理解できれば，まずはOK！さらに踏み込んで，「なぜそうなるのか」まで把握できればさらによし．

ポイント

- 電磁波には，屈折，干渉，回折という性質がある．
- 光の屈折率 n は媒質と波長に依存し，真空中の屈折率 $n=1$ としたときの相対値を用いる．
- 屈折率が n の媒質中では，光速は c/n となる（c は真空中の光速である）．
- 屈折率が n_1 の媒質から，屈折率 n_2 の媒質に光が入射するとき，入射角 θ_1 と屈折角 θ_2 の関係は $n_1 \sin\theta_1 = n_2 \sin\theta_2$ である．
- 屈折率が大きい媒質から小さい媒質へ入射するとき，屈折角が90°になる入射角が臨界角であり，入射角が臨界角より大きい場合に全反射が起こる．
- X線は物質内電子に散乱され，X線回折法により結晶の原子間隔がわかる．

Exercise

1 電磁波の分類の図中a～eにおいて，電磁波の種類，およびその波長と関連のある語句を語群より選びなさい．（難易度★☆☆）

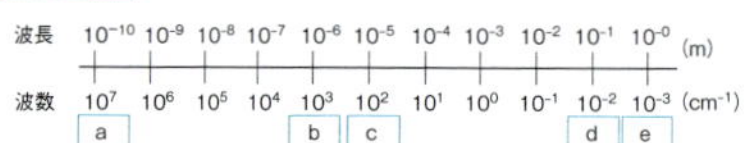

Exercise
復習のための練習問題．章ごとに設置．
✓まずは解いてみよう．つぎに解答で答えあわせ．間違えたところは復習しよう．

物理化学を学ぶ前に

物理化学では，しばしば数式を取り扱う．概念を正しく理解するには，物理量の単位に注意し数式を立てて解くことが大切である．本章では，物理化学に必要な基本的な数式の演算と単位について概説する．

A 指数と対数

取り扱う数値の範囲が広いとき，あるいは大きい数，小さい数を表すとき，指数や対数を用いると便利であり，簡単に数値の桁や概数を知ることができる．

❶ 指数法則

aをいくつかかけたものをaの**累乗**という．a^nはaをn個かけたもので，このときnをa^nの**指数**という．

nは，自然数とは限らない．

$a \neq 0$のとき$a^0 = 1$であり，$a^{-n} = 1/a^n$である．

n乗するとaになる数x，すなわち$x^n = a$となる数xをaの**n乗根**という．たとえば，$3^4 = 81$，$(-3)^4 = 81$だから3と-3は81の4乗根，$(-2)^3 = -8$だから-2は-8の3乗根という．なお，これらのほかにも，81の4乗根には$\pm 3i$，-8の3乗根には$1 \pm \sqrt{3}\,i$もある．正の数aのn乗根のうち，$x^n = a$となる正の数はただ1つであるが，これを$\sqrt[n]{a}$と表し，指数の形では$a^{1/n}$と表す．

$a \neq 0$で，任意の実数(整数でなくてもよい)であるa，b，m，nについて式(0·1)の**指数法則**が成り立つ．

$$a^m a^n = a^{m+n}, \qquad (a^m)^n = a^{mn}, \qquad (ab)^n = a^n b^n,$$

$$\frac{a^m}{a^n} = a^{m-n}, \qquad \left(\frac{b}{a}\right)^n = \frac{b^n}{a^n} \qquad (0\cdot1)$$

例1　(1)　$\sqrt[3]{\sqrt[4]{64}} = \{(2^6)^{\frac{1}{4}}\}^{\frac{1}{3}} = 2^{6\cdot\frac{1}{4}\cdot\frac{1}{3}} = 2^{\frac{1}{2}} = \sqrt{2}$

(2)　$\sqrt[3]{a} \times \sqrt[4]{a} \div \sqrt[12]{a} \div \sqrt{a^3} = a^{\frac{1}{3}+\frac{1}{4}-\frac{1}{12}-\frac{3}{2}} = a^{-1} = \frac{1}{a}$

❷ 対数の計算

$a > 0$，$a \neq 1$，$y > 0$ のとき

$$a^x = y \longleftrightarrow x = \log_a y \tag{0·2}$$

である．このとき x を，a を**底**とする y の**対数**といい，y をこの対数の**真数**という．とくに，底が 10 のとき $\log_{10} x = \log x$ と表し，これを**常用対数**という．また，底が式(0·3)で表される e のとき $\log_e x = \ln x$ と表し，これを**自然対数**といい，e は自然対数の底，または**ネイピア数**[*1]とよばれる．

＊1　**ネイピア数**　Napier's constant

$$e = \lim_{x \to 0} (1 + x)^{\frac{1}{x}} = 2.718\ 28\cdots \tag{0·3}$$

なお，e^x を $\exp(x)$ と表すこともある．

$a > 0$，$a \neq 1$，$x > 0$，$y > 0$，k が実数のとき式(0·4)が成り立つ．

$$\log_a x + \log_a y = \log_a xy$$

$$\log_a x - \log_a y = \log_a \frac{x}{y}$$

$$\log_a x^k = k \log_a x \tag{0·4}$$

$\log_a 1 = 0$ である．

$\log_a a = 1$　だから，$\log 10 = 1$，$\ln e = 1$ である．

一般に，$a > 0$，$b > 0$，$a \neq 1$ のとき，対数の底を $c > 0$，$c \neq 1$ を満たす任意の数 c に変換できる(式(0·5))．これを**底の変換公式**という．

$$\log_a b = \frac{\log_c b}{\log_c a} \tag{0·5}$$

例 1　(1)　$\log_3 4 - \log_3 324 = \log_3\left(\frac{4}{324}\right) = \log_3 3^{-4} = -4\log_3 3$
$= -4$

(2)　$\log_3 16 \cdot \log_4 9 = \frac{\log_2 2^4}{\log_2 3} \cdot \frac{\log_2 3^2}{\log_2 2^2} = \frac{4}{\log_2 3} \cdot \frac{2\log_2 3}{2} = 4$

例 2　$e^{\ln x}$ を簡単にする．

$y = e^{\ln x}$ とおけば，対数の定義により $\ln x = \ln y$ となる．真数部分

を比較すれば $y = x$ となるので，y を $e^{\ln x}$ に戻せば $e^{\ln x} = x$ となる．

底の変換公式を用いて式(0･6)により，自然対数と常用対数とを変換することができる．

$$\ln x = \frac{\log x}{\log e} \approx \frac{\log x}{0.434} \approx 2.303 \log x \qquad (0･6)$$

なお，$\log e \approx 0.434$，$\ln 10 \approx 2.303$ である．

図0･1は指数関数 $y = a^x$ と対数関数 $y = \log_a x$ のグラフである．$a > 1$ のときは $y = a^x$ と $y = \log_a x$ のグラフはともに右上がりの曲線(単調増加)，$0 < a < 1$ のときは $y = a^x$ と $y = \log_a x$ のグラフはともに右下がりの曲線(単調減少)の関数となる．

$y = a^x$ のグラフは任意の実数 x に対して $y > 0$ であり，点(0, 1)を通る．また，$y = \log_a x$ のグラフの x の定義域は $x > 0$ で，点(1, 0)を通る．

$y = a^x$ は $y = \log_a x$ とは逆関数の関係にあるので，これらの2曲線は直線 $y = x$ に対して対称の位置にある．

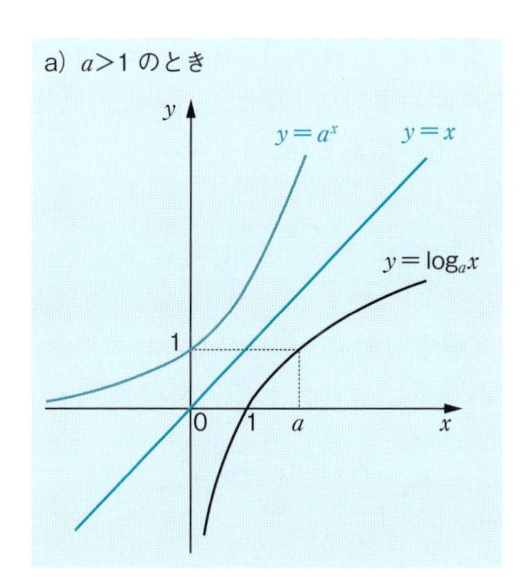

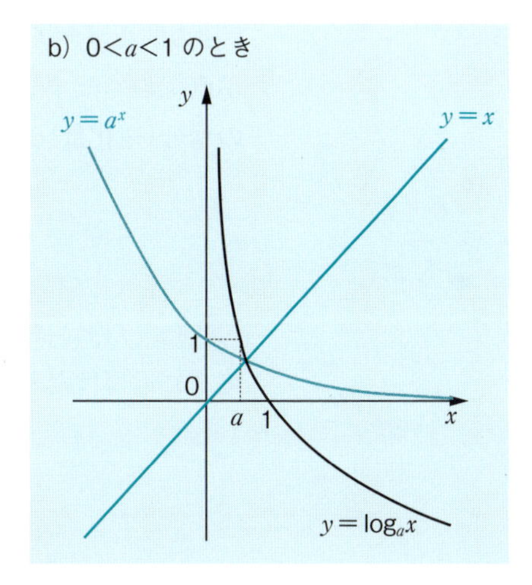

図0･1　指数関数 $y = a^x$ と対数関数 $y = \log_a x$ のグラフ

コラム

片対数方眼紙

方眼紙の横軸あるいは縦軸のうちの一方の軸は等間隔の線形目盛だが，他方の軸が常用対数目盛となっているものを片対数方眼紙という．一例を図0･2に示す．縦軸が常用対数目盛になっていて，縦軸の値の対数値を計算しなくても目盛に従ってプロットすれば，縦軸の値の対数値と横軸の値との関係が図からわかる．

縦軸における0.1，1，10，100の各々の間の距離はいずれも，

$\log 10^n - \log 10^{n-1} = \log 10 = 1$，　n は整数

となるので，縦軸の10の n 乗の目盛は等間隔になる．

x と y との間に $y = ke^{ax}$ の関係が成り立つとき，項目 x を横軸に，項目 y を縦軸に片対数方眼紙上にプロットすれば，$\log y = \log k + (a/\ln 10)x$ となるので，グラフの勾配が $a/\ln 10 \approx a/2.303$ を，縦軸の切片が $\log k$ を表す．

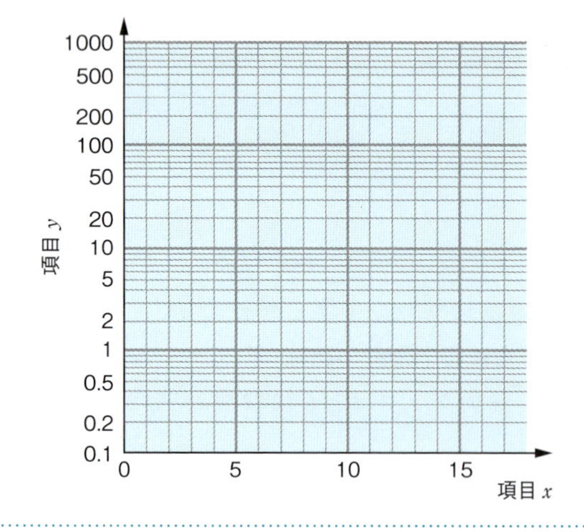

図 0･2　片対数方眼紙
この図は片対数方眼紙を簡略化したものである．横軸の項目 x は等間隔の線形目盛だが，縦軸は対数（常用対数）目盛になっている．

B　微分，積分

❶ 微　分

x の関数 $y = f(x)$ 上の 2 点 $(x,\ f(x))$ および $(x + \mathrm{d}x,\ f(x + \mathrm{d}x))$ を結ぶ直線の勾配すなわち 2 点間の平均変化率は，y の増分（変化量）$\mathrm{d}y$ を x の増分（変化量）$\mathrm{d}x$ で割ったものである（式(0･7)）．

$$\text{平均変化率} = \frac{\mathrm{d}y}{\mathrm{d}x} = \frac{f(x+\mathrm{d}x) - f(x)}{\mathrm{d}x} \tag{0･7}$$

点 $(x,\ f(x))$ における接線の勾配は，式(0･7)の $\mathrm{d}x$ を無限に小さくして 0 に近づけたときの値である．これを，式(0･8)で表す．

$$f'(x) = \lim_{\mathrm{d}x \to 0} \frac{f(x+\mathrm{d}x) - f(x)}{\mathrm{d}x} \tag{0･8}$$

この操作を**微分**といい，得られた関数 $f'(x)$ を $f(x)$ の**導関数**という．重要な導関数を以下に示す．

$$(x^n)' = nx^{n-1},\quad (\sin x)' = \cos x,\quad (\cos x)' = -\sin x,$$

$$(\tan x)' = \frac{1}{\cos^2 x},\quad (e^x)' = e^x,\quad (a^x)' = a^x \ln a,$$

$$(\ln|x|)' = \frac{1}{x},\quad (\log_a|x|)' = \frac{1}{x \ln a} \tag{0･9}$$

ⓐ 関数の和・差・積・商の導関数

k，l を定数とし，x に関する 2 つの関数 $f(x)$，$g(x)$ について，次の関係が成り立つ．

$$\{k f(x) \pm l g(x)\}' = k f'(x) \pm l g'(x) \quad (\text{複合同順})$$

$$\{f(x)g(x)\}' = f'(x)g(x) + f(x)g'(x)$$

$$\left\{\frac{f(x)}{g(x)}\right\}' = \frac{f'(x)g(x) - f(x)g'(x)}{\{g(x)\}^2} \qquad (0 \cdot 10)$$

b 合成関数の微分

u の関数 $y = f(u)$ が u に対して微分可能，x の関数 $u = g(x)$ が x に対して微分可能のとき，合成関数 $y = f(g(x))$ は変数 x で微分可能で，その導関数は式(0･11)で表される．

$$\frac{\mathrm{d}y}{\mathrm{d}x} = \frac{\mathrm{d}y}{\mathrm{d}u} \cdot \frac{\mathrm{d}u}{\mathrm{d}x} \qquad (0 \cdot 11)$$

例1　$(\sin ax)'$ を求める．

$y = \sin ax$，$u = ax$ とおくと $y = \sin u$ となり，$\mathrm{d}y/\mathrm{d}u = \cos u$，$\mathrm{d}u/\mathrm{d}x = a$ となるので，$(\sin ax)' = a \cos ax$

例2　$(\sin^n ax)'$ を求める．

$y = \sin^n ax$，$u = \sin ax$ とおくと $y = u^n$ となり，$\mathrm{d}y/\mathrm{d}u = nu^{n-1}$，例1より $\mathrm{d}u/\mathrm{d}x = a \cos ax$ となるので，
$(\sin^n ax)' = an \cos ax \sin^{n-1} ax$

例3　(1)　$\{(3x+5)^4\}' = 4(3x+5)^3 \times 3 = 12(3x+5)^3$

(2)　$(e^{ax})' = a\,e^{ax}$　　(3)　$(\ln a\,x)' = \dfrac{1}{ax} \times a = \dfrac{1}{x}$

❷ 積　分

x により微分すると $f(x)$ になるもとの関数 $F(x)$ を求める操作を**積分**(**不定積分**)といい，$F(x) = \int f(x)\mathrm{d}x$ と表す．このとき，$F'(x) = f(x)$ であり，$F(x)$ を $f(x)$ の**原始関数**という．

重要な原始関数を以下に示す．C は定数(**積分定数**という)である．

$$\int x^n\,\mathrm{d}x = \frac{1}{n+1}x^{n+1} + C, \qquad \int \frac{1}{x}\,\mathrm{d}x = \ln|x| + C,$$

$$\int \sin x\,\mathrm{d}x = -\cos x + C, \qquad \int \cos x\,\mathrm{d}x = \sin x + C,$$

$$\int \tan x\,\mathrm{d}x = -\ln|\cos x| + C,\quad \int e^x\,\mathrm{d}x = e^x + C \qquad (0\cdot12)$$

$\{f(x)g(x)\}' = f'(x)g(x) + f(x)g'(x)$ より $f'(x)g(x) = \{f(x)g(x)\}' - f(x)g'(x)$ であるので，式(0・13)が成り立つ(**部分積分法**).

$$\int \{f'(x)g(x)\}\mathrm{d}x = f(x)g(x) - \int \{f(x)g'(x)\}\mathrm{d}x \qquad (0\cdot13)$$

例 1　(1)　$\int \ln x\,\mathrm{d}x$ を求める．$f(x) = \ln x$，$g(x) = x$ とすると，

$$\int \ln x\,\mathrm{d}x = (\ln x)x - \int \frac{1}{x}x\,\mathrm{d}x = x\ln x - \int \mathrm{d}x$$
$$= x\ln x - x + C$$

(2)　$$\int x\sin x\,\mathrm{d}x = x(-\cos x) - \int(-\cos x)\mathrm{d}x$$
$$= -x\cos x + \sin x + C$$

なお，区間 $a \leq x \leq b$ において，$y = f(x)$ が連続で $f(x) \geq 0$ の場合に，x，y 平面上の曲線 $y = f(x)$ と x 軸，および 2 直線 $x = a$，$x = b$ で囲まれた図形の面積は $\int_a^b f(x)\,\mathrm{d}x = F(b) - F(a)$ として与えられる．
$\int_a^b f(x)\,\mathrm{d}x$ を求める操作を**定積分**という．

❸ 微分方程式

x，y を変数とするとき，

$$x\frac{\mathrm{d}y}{\mathrm{d}x} = 2y,\qquad \frac{\mathrm{d}y}{\mathrm{d}x} = \frac{x^2+3y^2}{3xy}$$

のような未知の関数の導関数を含む等式を**微分方程式**という．

微分方程式を解くことによって，解すなわち導関数を含まない変数間の関係式が得られるが，本章では**変数分離型微分方程式**および**線形微分方程式**について説明する．

変数分離形微分方程式とは，$\mathrm{d}y/\mathrm{d}x = f(x)g(y)$ という形の微分方程式である．これは $\int\{1/g(y)\}\,\mathrm{d}y = \int f(x)\mathrm{d}x$ と変形できるので，左辺を y で，右辺を x でそれぞれ積分し，右辺または左辺に積分定数 C を加えれば解が得られる．

例 1　微分方程式 $\mathrm{d}y/\mathrm{d}x = -ky$ を解く．ただし，k は定数である．

与式を変形すると，$\int(1/y)\mathrm{d}y = -k\int \mathrm{d}x$ となるので，両辺をそれぞれ積分して $\ln y = -kx + C$ が微分方程式の解(一般解)となる．C は定数である．

なお，$x = 0$ のとき $y = y_0$ という条件(初期条件という)が与えられている場合は，一般解 $\ln y = -kx + C$ に初期条件を代入すれば $C = \ln$

y_0 となるので，与えられた微分方程式の解(特殊解)は，$\ln y = -kx + \ln y_0$ となる．さらに，これを変形すれば $y = y_0 e^{-kx}$ となる．

例 1 の解法により，12 章の式(12･8)[*2] から式(12･9)を，13 章の式[*3](13･6)から式(13･8)を導くことができる．

*2 ☞ 12 章 p.211 参照
*3 ☞ 13 章 p.243 参照

線形微分方程式とは，式(0･14)のように微分方程式が y やその導関数($\mathrm{d}y/\mathrm{d}x$, $\mathrm{d}^2y/\mathrm{d}x^2$, …)について 1 次式の形となっているものである．

$$\frac{\mathrm{d}y}{\mathrm{d}x} + P(x)\,y = Q(x) \qquad (0\cdot14)$$

この方程式の両辺に $e^{\int P(x)\mathrm{d}x}$ をかけると式(0･15)が得られる．

$$\frac{\mathrm{d}y}{\mathrm{d}x}e^{\int P(x)\mathrm{d}x} + P(x)\,y\cdot e^{\int P(x)\mathrm{d}x} = Q(x)\,e^{\int P(x)\mathrm{d}x} \qquad (0\cdot15)$$

式(0･10)の関数の積の導関数の計算より，

$\frac{\mathrm{d}}{\mathrm{d}x}\{y\,e^{\int P(x)\mathrm{d}x}\} = \frac{\mathrm{d}y}{\mathrm{d}x}e^{\int P(x)\mathrm{d}x} + P(x)\,y\,e^{\int P(x)\mathrm{d}x}$ だから，式(0･15)は

$\frac{\mathrm{d}}{\mathrm{d}x}\{y\,e^{\int P(x)\mathrm{d}x}\} = Q(x)\,e^{\int P(x)\mathrm{d}x}$ となり，両辺を x について積分して，

$y\,e^{\int P(x)\mathrm{d}x} = \int Q(x)\,e^{\int P(x)\mathrm{d}x}\mathrm{d}x + C$ となる(C は定数)．

両辺を $e^{\int P(x)\mathrm{d}x}$ で割ることにより，微分方程式(0･14)の一般解は，式(0･16)で表される．

$$y = e^{-\int P(x)\mathrm{d}x}\{\int Q(x)\,e^{\int P(x)\mathrm{d}x}\mathrm{d}x + C\}\ (\text{C は定数}) \qquad (0\cdot16)$$

なお，式(0･16)中に $e^{-\int P(x)\mathrm{d}x}$ と $e^{\int P(x)\mathrm{d}x}$ が存在するので $\int P(x)\mathrm{d}x$ の計算時に積分定数を導入しても計算の途中で相殺されるため，$\int P(x)\mathrm{d}x$ の不定積分には積分定数を導入する必要はない．

例2　時間 t における物質 A，B の濃度をそれぞれ[A]，[B]としたときに[A]，[B]が以下の式で表されるとする．

$$\frac{\mathrm{d}[\mathrm{A}]}{\mathrm{d}t} = -k_1[\mathrm{A}] \quad \cdots①,\quad \frac{\mathrm{d}[\mathrm{B}]}{\mathrm{d}t} = k_1[\mathrm{A}] - k_2[\mathrm{B}] \quad \cdots②$$

なお，k_1，k_2 は定数である．

式①は例 1 より，$[\mathrm{A}] = [\mathrm{A}]_0\,e^{-k_1t}$ となる．$[\mathrm{A}]_0$ は $t = 0$ のときの [A] の値である．$[\mathrm{A}] = [\mathrm{A}]_0\,e^{-k_1t}$ を式②に代入すると式③が得られる．

$$\frac{\mathrm{d}[\mathrm{B}]}{\mathrm{d}t} + k_2[\mathrm{B}] = k_1[\mathrm{A}]_0\,e^{-k_1t} \quad \cdots③$$

式③は式(0・14)を $x = t$, $y = [\mathrm{B}]$, $P(x) = k_2$, $Q(x) = k_1[\mathrm{A}]_0\,e^{-k_1 t}$ としたものだから，一般解である式(0・16)に代入すれば，

$$[\mathrm{B}] = e^{-\int k_2 \mathrm{d}t}\left(\int k_1\,[\mathrm{A}]_0\,e^{-k_1 t}\,e^{\int k_2 \mathrm{d}t}\mathrm{d}t + C\right)\quad (C\text{は定数})$$

$$= e^{-k_2 t}\left\{\int k_1\,[\mathrm{A}]_0\,e^{(k_2 - k_1)t}\mathrm{d}t + C\right\}$$

$$= e^{-k_2 t}\left\{\frac{k_1[\mathrm{A}]_0}{k_2 - k_1}\,e^{(k_2 - k_1)t} + C\right\}\quad \cdots ④$$

$t = 0$ のとき $[\mathrm{B}] = 0$ だから，$C = -\dfrac{k_1[\mathrm{A}]_0}{k_2 - k_1}$ となるので，式④は

$$[\mathrm{B}] = \frac{k_1[\mathrm{A}]_0}{k_2 - k_1}\left(e^{-k_1 t} - e^{-k_2 t}\right)\quad \cdots ⑤$$

となる．以上により，12章の式(12・30)[*4]および式(12・32)を用いて式(12・34)が誘導される．13章の式(13・16)[*5]も同様に式(13・13)および式(13・14)から誘導できる．

＊4　☞12章 p.220 参照
＊5　☞13章 p.252 参照

❹ 偏微分と完全微分

z が x と y の関数であるとき，$z = f(x, y)$ と表す．y を定数とみなして z を x で微分したものを $(\partial z/\partial x)_y$，$x$ を定数とみなして z を y で微分したものを $(\partial z/\partial y)_x$ と表す．これらを**偏導関数**といい，偏導関数を求める操作を**偏微分**という．

たとえば，$z = 2x^3y - 5x^2y^7$　のとき，

$$\left(\frac{\partial z}{\partial x}\right)_y = 6x^2y - 10xy^7,\qquad \left(\frac{\partial z}{\partial y}\right)_x = 2x^3 - 35\,x^2y^6$$

である．

x と y との変化による z の変化は偏導関数を用いて式(0・17)によって示される．

$$\mathrm{d}z = \left(\frac{\partial z}{\partial x}\right)_y \mathrm{d}x + \left(\frac{\partial z}{\partial y}\right)_x \mathrm{d}y \qquad (0\cdot17)$$

偏導関数が式(0・18)を満たすとき，すなわち，二次導関数の値が微分を行う順序を変えても変わらないときに，$\mathrm{d}z$ の積分結果は途中の経路に関係なく最初と最後の値だけで決まる．これをオイラー[*6]の判定基準といい，$\mathrm{d}z$ は**完全微分**であるという．

＊6　**オイラー**　L. Euler

$$\left\{\frac{\partial}{\partial y}\left(\frac{\partial z}{\partial x}\right)_y\right\}_x = \left\{\frac{\partial}{\partial x}\left(\frac{\partial z}{\partial y}\right)_x\right\}_y \qquad (0\cdot18)$$

オイラーの判定基準が成り立たない場合は，$\mathrm{d}z$ は**不完全微分**であるといい，$\mathrm{d}z$ の積分結果は経路に依存する．熱や仕事は，オイラーの完全微分の判定基準を満たさないので経路に依存して異なる値をとる．

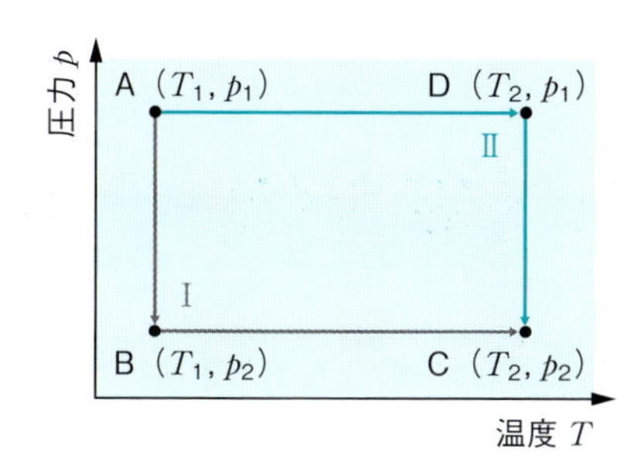

図 0・3　A(T_1, p_1)からC(T_2, p_2)に変化する理想気体の２つの経路
B(T_1, p_2)を通る経路ⅠとD(T_2, p_1)を通る経路Ⅱ．

例 1　1 mol の理想気体の体積 V，圧力 p，温度 T について気体定数を R とすると，$V = RT/p$ である．$(\partial V/\partial T)_p = R/p$，$(\partial V/\partial p)_T = -RT/p^2$ であるから dV は式(0・19)で表される．

$$\mathrm{d}V = \left(\frac{\partial V}{\partial T}\right)_p \mathrm{d}T + \left(\frac{\partial V}{\partial p}\right)_T \mathrm{d}p = \frac{R}{p}\,\mathrm{d}T - \frac{RT}{p^2}\,\mathrm{d}p \qquad (0\cdot19)$$

$$\left\{\frac{\partial}{\partial p}\left(\frac{\partial V}{\partial T}\right)_p\right\}_T = \left\{\frac{\partial}{\partial T}\left(\frac{\partial V}{\partial p}\right)_T\right\}_p = -\frac{R}{p^2} \qquad (0\cdot20)$$

式(0・20)より，dV はオイラーの判定基準を満たしているので完全微分であり，V は状態関数である．経路が異なっても最初と最後の状態が同じならば，V の変化 dV は同じ値になる．これを，図 0・3 で説明する．4 つの点を A(T_1, p_1)，B(T_1, p_2)，C(T_2, p_2)，D(T_2, p_1)とする．A，C における V をそれぞれ V_1，V_2 とすると，経路Ⅰ(A → B → C)の A → B においては T が一定($T = T_1$，d$T = 0$)，B → C においては p が一定($p = p_2$，d$p = 0$)となるため，式(0・21)が成り立つ．

$$\Delta V = V_2 - V_1 = \int_A^C \mathrm{d}V = \int_A^B \left(\frac{\partial V}{\partial p}\right)_T \mathrm{d}p + \int_B^C \left(\frac{\partial V}{\partial T}\right)_p \mathrm{d}T$$

$$= -\int_{p_1}^{p_2} \frac{RT_1}{p^2}\,\mathrm{d}p + \int_{T_1}^{T_2} \frac{R}{p_2}\,\mathrm{d}T = RT_1\left(\frac{1}{p_2} - \frac{1}{p_1}\right) + \frac{R}{p_2}(T_2 - T_1)$$

$$= R\left(\frac{T_2}{p_2} - \frac{T_1}{p_1}\right) \qquad (0\cdot21)$$

経路Ⅱ(A → D → C)の A → D においては p が一定($p = p_1$，d$p = 0$)，D → C においては T が一定($T = T_2$，d$T = 0$)となるため，式(0・22)が得られる．式(0・21)，式(0・22)は等しくなり，ΔV は経路が異なっても同じであることが示される．

$$\Delta V = V_2 - V_1 = \int_A^C \mathrm{d}V = \int_A^D \left(\frac{\partial V}{\partial T}\right)_p \mathrm{d}T + \int_D^C \left(\frac{\partial V}{\partial p}\right)_T \mathrm{d}p$$

$$= \int_{T_1}^{T_2} \frac{R}{p_1}\,\mathrm{d}T - \int_{p_1}^{p_2} \frac{RT_2}{p^2}\,\mathrm{d}p = \frac{R}{p_1}(T_2 - T_1) + RT_2\left(\frac{1}{p_2} - \frac{1}{p_1}\right)$$

$$= R\left(\frac{T_2}{p_2} - \frac{T_1}{p_1}\right) \qquad (0\cdot22)$$

C 物理量と単位，および単位の変換

物理量は一般に数値と**単位**の積として表される．単位は物理量の基準であり，数値は単位に対する物理量の比を表す．

単位については，標準単位系として**国際単位系**（**SI 単位**，フランス語の Système International d'unités，英語では The International System of Units）が定められている．SI 単位は国際度量衡総会で採択された単位系で，7つの基本単位（**SI 基本単位**）から構成されている（表A）．SI 基本単位以外の物理量の単位は，SI 基本単位の乗除で表すことができ，「**SI 誘導単位**」あるいは「**SI 組立単位**」という（表B）．

表A ☞裏見返し参照

表B ☞裏見返し参照

密度は物質の単位体積あたりの質量であるから，密度は「質量/体積」すなわち「質量/(長さ)^3」の次元を有するので，$\mathrm{g\,cm^{-3}}$ などの単位（局方では「g/mL または g/cm^3」と記載）を伴う．一方，比重は，その物質と標準物質との密度の比であるので，比重には単位が含まれない．このような単位を含まない物理量を**無次元数**または**無名数**という．通常，固体や液体の比重については標準物質が水（とくに温度を指定しない場合は 4℃の水）であり，4℃の水の密度は 0.99997 $\mathrm{g\,cm^{-3}}$ であるから，密度の単位を $\mathrm{g\,cm^{-3}}$ で表した場合には，その物質の密度と比重の数値はほぼ等しくなる．

比重のほかに，個数やモル分率（☞ p.75），電離度，円周率 π なども無次元数である．

物理量を記号で表すときは，長さ l や質量 m のように斜体で書くが，単位はメートル（m）やキログラム（kg）のように立体で書く．

基本的な物理量について，その単位に関連して以下に示す．

❶ 力

質量 m の物体は，これに外力が作用しない限り一定の速さで直線運動をするが，力 f が作用すると加速度 a が生じる．

$$f = ma$$

物体が自然落下するときの重力により生じる加速度は空気抵抗などがなければ 9.8 $\mathrm{m\,s^{-2}}$ だから，1 kg の物体に加わる重力の大きさ f は，

$$f = 1\,\mathrm{kg} \times 9.8\,\mathrm{m\,s^{-2}} = 9.8\,\mathrm{kg\,m\,s^{-2}}$$

となる．力の単位としては，$\mathrm{kg\,m\,s^{-2}}$ であるが，これを SI 誘導単位である**ニュートン**（N）で表す．すなわち，$1\,\mathrm{N} = 1\,\mathrm{kg\,m\,s^{-2}}$ である．

ダイン（dyn）も力の単位で，$1\,\mathrm{dyn} = 1\,\mathrm{g\,cm\,s^{-2}} = 10^{-5}\,\mathrm{N}$ である．

❷ 仕事とエネルギー

物体に一定の大きさの力fを与えて，その力の向きに距離lだけ移動させたとき，その物体に対して次式の量の仕事Wをしたという．

$$W = f\,l$$

物体に1Nの力を作用して物体をその方向に1mだけ動かすのに必要な仕事は1N × 1m = 1Nmであるが，これを1**ジュール**(J)で表す．すなわちJはSI誘導単位で，$1\,\mathrm{J} = 1\,\mathrm{Nm} = 1\,\mathrm{kg\,m^2\,s^{-2}}$である．

エネルギーとは仕事をする能力を表す．エネルギーのSI単位もジュール(J)である．

エルグ(erg)や電子ボルト(eV)も仕事やエネルギーの単位である．

$$1\,\mathrm{erg} = 1\,\mathrm{dyn\,cm} = 10^{-7}\,\mathrm{J}$$

である．$1\,\mathrm{eV} = 1.602 \times 10^{-19}\,\mathrm{J}$で，この値は1個の電子が真空中で1Vの電位差によって加速されるときに得る運動エネルギーである．

仕事率は単位時間あたりの仕事で，単位はワット(W)である．$1\,\mathrm{W} = 1\,\mathrm{J\,s^{-1}}$である．1kWの仕事率で1時間に行う仕事が1kWh(キロワット時)だから，$1\,\mathrm{kWh} = 1000 \times 60 \times 60\,\mathrm{J} = 3.6 \times 10^6\,\mathrm{J}$となる．

❸ 圧　力

圧力pは，単位面積あたりに働く力として定義されるため，加わる力fを面積Aで割ることにより求められる．

$$p = \frac{f}{A}$$

圧力のSI単位は**パスカル**(Pa)で，$1\,\mathrm{Pa} = 1\,\mathrm{N\,m^{-2}} = 1\,\mathrm{kg\,m^{-1}\,s^{-2}}$である．

1気圧(1 atm)の圧力は0.76mの水銀柱の重力が底面に与える圧力に相当し，水銀の比重は$13.6\,\mathrm{g\,cm^{-3}} = 1.36 \times 10^4\,\mathrm{kg\,m^{-3}}$だから，

$$\begin{aligned}1\,\mathrm{atm} &= 0.76\,\mathrm{m} \times 1.36 \times 10^4\,\mathrm{kg\,m^{-3}} \times 9.80\,\mathrm{m\,s^{-2}}\\ &= 1.013 \times 10^5\,\mathrm{kg\,m^{-1}\,s^{-2}} = 1.013 \times 10^5\,\mathrm{Pa}\end{aligned}$$

となる．ほかに，圧力に使われる単位としてバール(bar)があり，$1\,\mathrm{bar} = 10^5\,\mathrm{Pa}$である．

❹ 温　度

物体Aと物体Bが接触して熱平衡にあり，物体CとAが接触して熱平衡にあれば，BとCとを接触させても熱平衡になる(**熱力学第零法則**)．このとき，互いに熱平衡にある物体について等しくなる量が**温度**である．すなわち，AとBの温度が等しく，CとAの温度が等しければ，Bと

Cは温度が等しくなる．

＊7 **ケルビン目盛** Kelvin scale

＊8 **セルシウス温度** Celsius temperature

ケルビン目盛[＊7]で表される熱力学温度 T(単位；K)とセルシウス温度[＊8] θ (単位；℃)との間に次の関係が成り立つ．

$$T(単位；K) = \theta\,(単位；℃) + 273.15$$

❺ 基礎物理定数

表C ☞裏見返し参照

表D ☞裏見返し参照

表Cに本書を学習していく際に必要となる基礎物理定数を示す．

表DにSI単位で用いられる10の累乗(10^n)を表す接頭語を示す．物理量の数値の絶対値が非常に大きかったり，小さかったりする場合に，単位に接頭語をつけることにより，単位をさまざまな大きさの物理量に対応させることができ，数値の扱いや計算が容易になる．

コラム

最小二乗法によるデータの直線近似

ある物理的変数(x)を変化させ，ある物理量(y)を測定し，y を x の関数として近似することを考える．近似関数にはさまざまな関数が考えられるが，最も単純な関数である直線式 $y = ax + b$ への近似を説明する．

n 個のデータ(x_i, y_i)の組($i = 1, 2, 3, \cdots, n$)について，図0･4の Δ の2乗の和，すなわち $\{y_i-(ax_i + b)\}^2$ の和が最小になるように定数 a，b を定める．この方法を**最小二乗法**という．この和を S とし，

$S_x = x_1 + x_2 + \cdots + x_n$，$S_y = y_1 + y_2 + \cdots + y_n$，

$S_{xx} = x_1{}^2 + x_2{}^2 + \cdots + x_n{}^2$，$S_{yy} = y_1{}^2 + y_2{}^2 + \cdots + y_n{}^2$，$S_{xy} = x_1y_1 + x_2y_2 + \cdots + x_ny_n$ とすれば，

$S = \sum_{i=1}^{n}\{y_i-(ax_i + b)\}^2 = \sum_{i=1}^{n}(y_i^2 + a^2x_i^2 + b^2 - 2ax_iy_i + 2abx_i - 2by_i)$

$= S_{yy} + a^2S_{xx} + nb^2 - 2aS_{xy} + 2abS_x - 2bS_y$ となる．

S を最小にするには，$(\partial S/\partial a)_b = 0$ かつ $(\partial S/\partial b)_a = 0$ となればよい．

$(\partial S/\partial a)_b = 2aS_{xx} - 2S_{xy} + 2bS_x = 0$，$(\partial S/\partial b)_a = 2bn + 2aS_x - 2S_y = 0$ だから，連立方程式を解けば，

$a = (nS_{xy} - S_xS_y)/(nS_{xx} - S_x{}^2)$，$b = (S_{xx}S_y - S_xS_{xy})/(nS_{xx} - S_x{}^2)$ となる．

なお，近似すべき直線が原点を通る直線 $y = ax$ の場合は，

$S = \sum_{i=1}^{n}(y_i-ax_i)^2 = \sum_{i=1}^{n}(y_i^2-2ax_iy_i + a^2x_i^2)$ だから，$S = S_{yy} - 2aS_{xy} + a^2S_{xx}$ が最小となればよい．

$\mathrm{d}S/\mathrm{d}a = -2S_{xy} + 2aS_{xx} = 0$ より，定数 a は，$a = S_{xy}/S_{xx}$ となる．

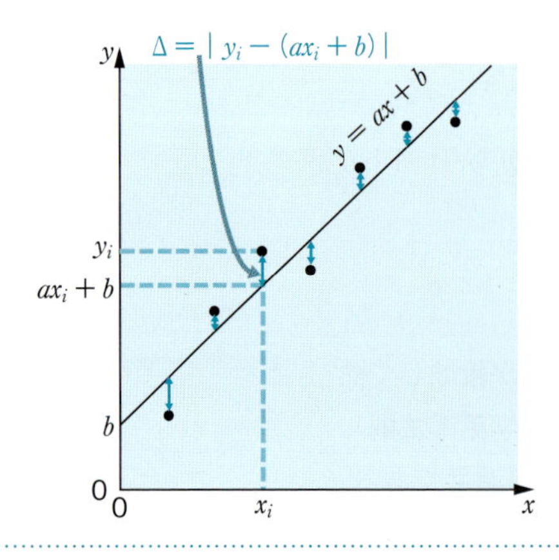

図0･4 最小二乗法によるデータの直線への近似
最小二乗法によりデータを直線に近似する場合，各プロットについての Δ の2乗の和が最小になるように定数 a，b を定める．

I

分子をミクロでみる

化学結合

医薬分子を含むほとんどの化合物は，原子あるいはイオン同士が結びついてできている．小型の化合物には各々，直線形，平面形，四面体形といった固有の形がある．原子やイオンは原子核と電子から構成されるが，これらの現象にはとくに電子が大きな役割を果たしている．また，一部の分子やイオンにおいては，電子がある部分にとどまることなく自由に分子やイオンの中を動き回ることでエネルギー的により安定となる．本章では，電子を中心に据え，原子やイオンが強く結びついて(化学結合)，さまざまな形(構造)が生じるしくみ，電子が分子の安定化に寄与するしくみについて概説する．

A　原子，分子，イオン

化学結合は原子やイオンの結びつきである．まず，原子やイオンの構造から話を始める．

原子は正の電荷をもつ原子核を中心に，負の電荷をもつ電子がその周囲に存在するという内部構造をもっている．原子核はさらに，正の電荷をもつ陽子と電荷をもたない中性子からなり，原子の中では陽子と電子が同数存在するため，全体としては電気的に中性である．

分子は複数の原子から構成され，原子同士は強く結合しており，原子と同様，電気的に中性である．

これに対し，原子や分子から1個あるいは複数の電子が失われたり取り込まれたりして，全体として電気的に正あるいは負の電荷を帯びたものをイオンといい，前者を陽イオン，後者を陰イオンとよぶ．

さて，電子は原子核の周囲に存在しているのであるが，好き勝手に存在しているわけではない．物質中での電子の振る舞いは**シュレーディンガー**[*1]**の波動方程式**

$$H\Psi = E\Psi \tag{1・1}$$

を解くことによって知ることができる．ここで，Hはハミルトン演算子[*2]，Ψは**波動関数**[*3]とよばれ，Eは原子や分子などのエネルギーを表す．この方程式を解くことにより，電子の状態に対応したいくつかの

*1　**シュレーディンガー**
E. Schrödinger

*2　**ハミルトン演算子**
Hamiltonian operator　原子や分子などの全エネルギー(運動エネルギーとポテンシャルエネルギーの和)を求めるための演算子(数学的な命令)である．

*3　**波動関数**　電子の状態を表す関数であり，波の形で表される．

エネルギーと波動関数が得られる．

私たちの目にみえるような物体の運動においては，その位置と運動量を同時に正確に求めることができるが，電子のような微小な粒子ではそのようなわけにはいかない[*4]．電子の位置は，波動関数の2乗Ψ^2により，電子をある空間に見出す確率として表す．また，私たちの目にみえるような物体は古典力学の法則に従い，エネルギーが連続的に変化するが，電子のような微粒子では，エネルギー変化は不連続で，とびとびの値をもつ．これを**量子化**されているという．そのエネルギーに対応する波動関数は，電子の状態を表す3種類の整数n，l，m（量子数）により表され，この波動関数は**原子軌道**とよばれる．

＊4　このことは**ハイゼンベルクの不確定性原理** Heisenberg's uncertainty principle としてまとめられている．

n（$n=1$，2，3，…）は**主量子数**とよばれ，電子の状態を大まかに区別する．言い換えれば電子の存在領域（**電子殻**）を規定するもので，$n=1$がK殻，$n=2$がL殻，$n=3$がM殻，…，に対応する．なお，nの値が大きくなるほど，エネルギーは大きくなる．

l（$0 \leq l \leq n-1$）は**方位量子数**とよばれ，波動関数の形を区別する．たとえば$n=3$（M殻）のとき，lは0，1，2の3通りの値をとることができるが，それぞれ，s，p，dと名づけられる．

m（$-l \leq m \leq l$）は**磁気量子数**とよばれ，軌道の方向性を示す．たとえば，$l=1$（p軌道）の場合，mは0，±1の3通りの値をとることができる．これらは，p軌道がそれぞれz方向，x方向，y方向に伸びていることに対応する（ただし，+1，−1がx方向，y方向と直接対応しているわけではない）．また，$l=2$（d軌道）の場合，mは0，±1，±2の5通りの値をとるが，図1･1にあるように，軌道の方向や形が異なっている．通常，これらの軌道は同じ**エネルギー準位**をとるが，これを**縮重**（**縮退**）しているという．

これら3種類の量子数のほかに，**スピン量子数**m_sとよばれる量子数もある．電子は自転（スピン）しながら原子核の周囲に存在しているとされ，2通りの量子数（±1/2）をもつ．スピンを考慮した電子を記述するときには，上向き矢印↑と下向き矢印↓を用い，それぞれ上向きスピン，下向きスピンとよぶ．

原子における電子の配置は，次に示す3つの原則に基づいてなされる．

①**構成原理**：電子はエネルギー準位の低い軌道から順に収容される．その順序は原則的にはK殻，L殻，M殻，…，同じ電子殻内ではs軌道，p軌道，d軌道，…，であるが，一部，例外がある．つまり，エネルギー準位の低いほうから，

$$1s < 2s < 2p < 3s < 3p < 4s < 3d < 4p < 5s < 4d < \cdots$$

となる．エネルギー準位図を図1･2に示す．

②**パウリの排他原理**[*5]：各原子軌道に電子が収容される際，4つの量子数n，l，m，m_sがまったく同じ値であってはいけない．このうちm_s

＊5　**パウリの排他原理**　Pauli exclusion principle

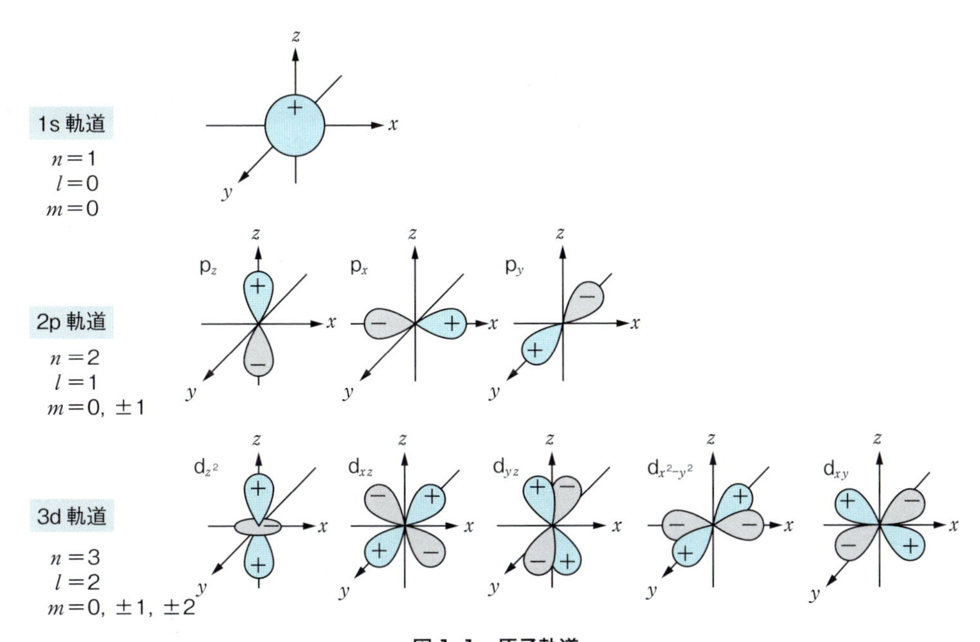

図 1･1 原子軌道
＋，－の符号は波動関数の位相を表す．

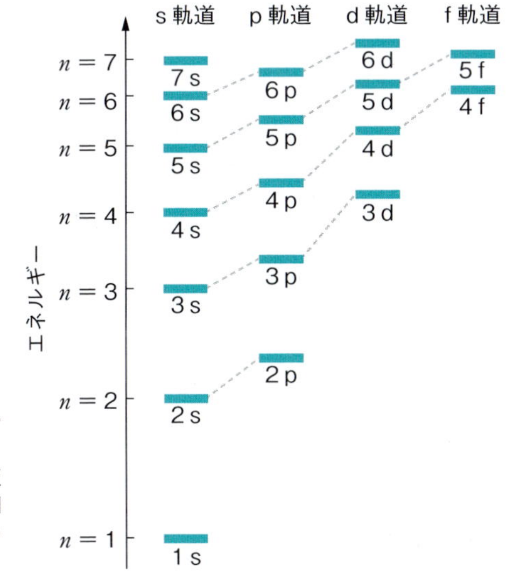

図 1･2 原子軌道のエネルギー準位
磁気量子数の違いにより，s 軌道には 1 つ，p 軌道には 3 つ，d 軌道には 5 つ，f 軌道には 7 つの軌道エネルギー準位がある．

は±1/2 の 2 通りしかないため，各原子軌道には，電子はスピンが互いに逆平行の関係にある 2 個まで入ることができる．

③**フントの規則**[*6]：p 軌道や d 軌道のように縮重のある軌道においては，まず，各軌道にスピンが互いに平行になるように 1 個ずつ収容され，ついで，逆平行スピンの電子が 1 個ずつ収容されるという順序でなされる．

これらの原則に基づくと，たとえば炭素原子および酸素原子の電子配置は図 1･3 のように表される．この配置は最も安定であり，**基底状態**

*6 **フントの規則** Hund's rule

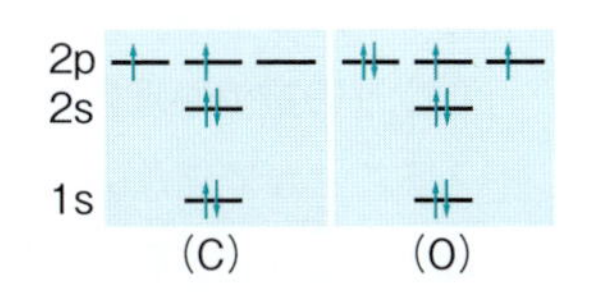

図 1･3 炭素原子(C)と酸素原子(O)の基底状態における電子配置

表 1·1　周期表と電子が収容されていく軌道との関係

周期＼族	1	2	3	4	5	6	7	8	9	10	11	12	13	14	15	16	17	18
1	1s																	1s
2	2s												2p					
3	3s												3p					
4	4s		3d										4p					
5	5s		4d										5p					
6	6s		4f(ランタノイド)	5d									6p					
7	7s		5f(アクチノイド)															

とよばれる．また，スピン状態を考慮しなければ，炭素原子の場合，$1s^22s^22p^2$ のように電子の数を各軌道の右上につけて表すこともある．

各電子殻には n の値が大きくなるにつれ，s，s と p，s と p と d，… というように軌道の種類が増えていくため，同じような電子配置をもち，似た性質をもつ原子が周期的に現れる．これを**周期律**とよび，周期律に基づき，**周期表**がつくられる．周期表と，電子が収容されていく軌道との関係の概要を表 1·1 に示す．

1 族，2 族は s 軌道にそれぞれ電子が 1 個，2 個収容されていく原子を表しており，それぞれ，アルカリ金属（H 原子を除く），アルカリ土類金属（Be，Mg 原子を除く）とよばれる．13 族から 18 族までは，p 軌道に電子が各々 1 個から 6 個収容されていく原子であり，とくに 17 族はハロゲン，18 族は希ガスとよばれる．後者は最外殻の s 軌道と p 軌道がすべて埋まり，いわゆる**オクテット**の状態をとるため，非常に安定である．3 族から 12 族は，その多くが d 軌道に電子が収容されていく原子である．ランタノイドやアクチノイドは，その多くが f 軌道に電子が収容されていく原子である．電子殻のうち，最も外側のものを最外殻とよび，その主量子数がその原子の属する周期に対応する．また，希ガス原子を除く最外殻の電子を**価電子**とよび，ほかの原子との結合に関与する．また，1 族，2 族および 12 族から 18 族を**典型元素**，3 族から 11 族を**遷移元素**とよぶ．

ポイント

- 電子の状態を表す量子数には，主量子数，方位量子数，磁気量子数，スピン量子数の 4 種類がある．
- 電子は，エネルギー準位の低い原子軌道から順に収容される．
- パウリの排他原理に基づき，1 つの原子軌道には電子は互いに逆平行スピンの関係にある 2 個までしか入ることができない．
- 縮重した軌道に電子が収容されるときは，フントの規則に基づき，各軌道に互いに平行スピンとなるよう 1 個ずつ入り，ついで逆平行スピンの電子が 1 個ずつ入る．

B　化学結合の種類

前項で述べたように，希ガス原子は安定な電子配置をとるため，単独で存在することができる．しかし，それ以外の原子は電子が満たされた状態にないため，単独で存在するには不安定である．もし，原子が集まって電子の授受や共有をすることで各々が安定な電子配置をとることができるならば，そこに原子同士の結合が生まれる．また，イオンの場合，陽イオンや陰イオンが単独で存在することはなく，必ずといってよいほど近傍に反対の符号をもつイオンが存在し，正負の引力により，安定に存在できる．このように，原子やイオン同士の結合(**化学結合**)は，各々が安定に存在するための行為であり，多種多様な物質が存在する源である．そして，化学結合は電気的な力により生じるのである．

原子は正の電荷をもつ原子核と，負の電荷をもつ電子で構成されるが，電子を引きつける能力は原子により異なる．その指標とされるのが**電気陰性度**とよばれるもので，この大小が化学結合に大きな影響を与える．表1･2に，ポーリング[*7]により求められた電気陰性度の値を示す．

電気陰性度の値はおおむね，族の番号が増えるにつれて大きくなり，また，周期が増えるにつれて小さくなる傾向にある．特徴的なのは，周期表の右上に位置する窒素，酸素，フッ素の値が異常に大きい(それぞれ3.0，3.4，4.0)ことで，これは**水素結合**[*8]とよばれる分子間相互作用に関係する．

化学結合のうち，薬学の領域においてとくに重要な**イオン結合**，**共有結合**，**配位結合**の3種類につき，結合様式を以下に述べる．なお，図示するにあたり，価電子を・の形で元素記号の周囲に表しているが，この構造式を**ルイス構造式**[*9]とよぶ．

*7　**ポーリング**　L. C. Pauling

*8　**水素結合**　☞3章p.64参照

*9　**ルイス構造式**　Lewis structures

❶ イオン結合

イオン結合は，陽イオンと陰イオンとが静電気的な力により引き合う

表1･2　ポーリングによる電気陰性度(抜粋)

周期＼族	1	2	…	13	14	15	16	17
1	H 2.2							
2	Li 1.0	Be 1.6	… …	B 2.0	C 2.6	N 3.0	O 3.4	F 4.0
3	Na 0.9	Mg 1.3	… …	Al 1.6	Si 1.9	P 2.2	S 2.6	Cl 3.2
4	K 0.8	Ca 1.0	… …	Ga 1.8	Ge 2.0	As 2.2	Se 2.6	Br 3.0
5	Rb 0.8	Sr 1.0	… …	In 1.8	Sn 2.0	Sb 2.1	Te 2.1	I 2.7

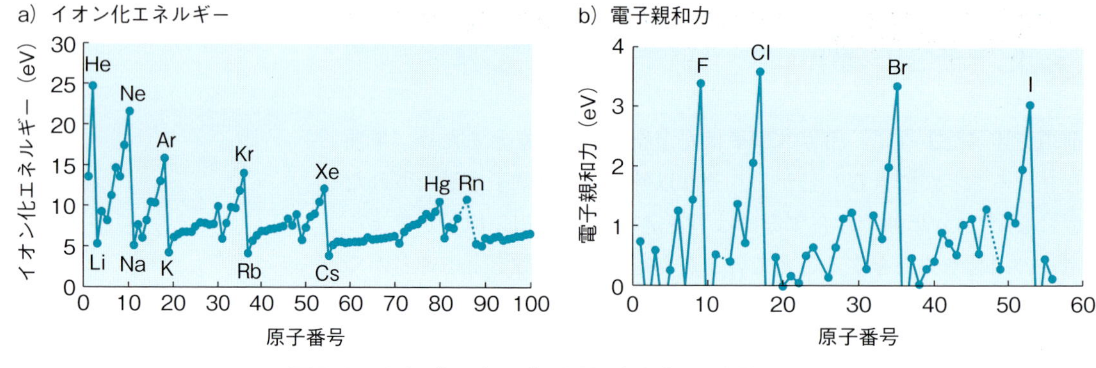

図 1·4　イオン化エネルギーと電子親和力の周期的な変化

ことにより生じる．この電気的な力 F は**クーロン力**とよばれ，式(1·2)で表される．

$$F = \frac{q_1 q_2}{4\pi\varepsilon r^2} \tag{1·2}$$

＊10　**誘電率**　☞ 2章 p.51 参照

ここで，q_1，q_2 は粒子の電荷，ε は周囲(媒質)の**誘電率**[＊10]，r は2つの粒子間距離である．

イオン結合は，電気陰性度の小さな原子と大きな原子との間で起こる．

電気陰性度はポーリングが定義したもののほか，マリケンが次式により定義したものもある．

$$\frac{\text{イオン化エネルギー} + \text{電子親和力}}{2} \tag{1·3}$$

式(1·3)による原子ごとの値は，ポーリングにより求められた原子ごとの値と大小関係の傾向が類似している．イオン化エネルギーは原子から電子を1個完全に引き離して1価の陽イオンとするために必要なエネルギーを，電子親和力は原子に電子を1個付加して1価の陰イオンとする際に放出されるエネルギーをさす．イオン化エネルギーと電子親和力の変化をそれぞれ図1·4a，図1·4bに示すが，前者は希ガス原子を，後者はハロゲン原子をピークに，周期的に変動している．電気陰性度は原子ごとの電子の放しにくさ，受け入れやすさの指標であることがいえる．つまり，電気陰性度の小さな原子は電子を放出しやすく，陽イオンになりやすい．逆に電気陰性度の大きな原子は電子を受け取りやすく，陰イオンになりやすい．例として塩化ナトリウムを図1·5aに示す．ナトリウム原子は電子を放出しやすく，逆に塩素原子は電子を受け取りやすい．電子の授受が起こることで前者は陽イオン，後者は陰イオンとなり，静電気的引力が働いてイオン結合する．イオン結合は方向性がないため，いろいろな方向において異符号イオン同士で引き合い，同符号イ

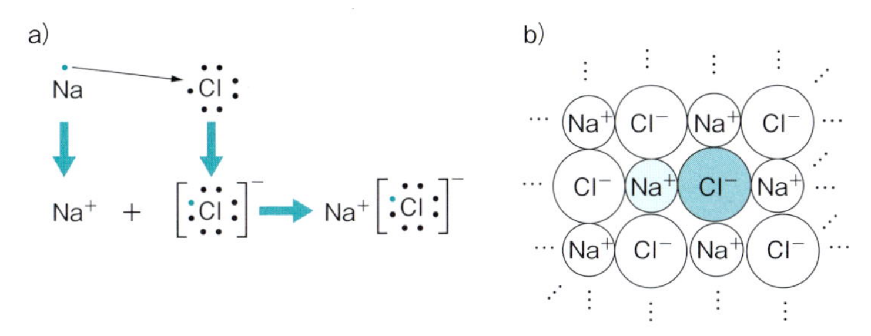

図 1·5　塩化ナトリウムにおけるイオン結合

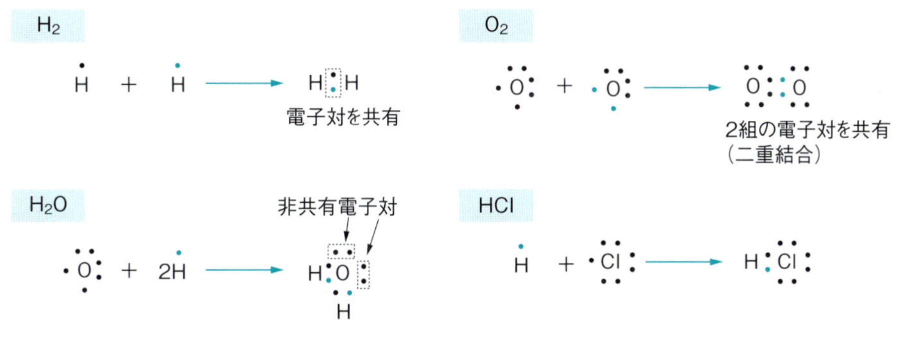

図 1·6　共有結合の例

オン同士で反発し合い，その結果，交互に規則的に配列して，塩化ナトリウムの結晶ができる．模式図を図 1·5b に示した．

❷ 共有結合

共有結合は，**不対電子**をもつ原子がほかの原子から不対電子を受け入れて電子対をつくり，それを原子間で共有するという結合である．図 1·6 にルイス構造式を使った共有結合の例を示す．2 個の原子により電子対を共有するため，この結合を構成する原子は電気陰性度が比較的高い．電子対を 2 個の原子核が静電気的な引力で引き合うため，強い結合となるのである．

水素分子や酸素分子のように，同じ原子核による結合であれば電荷の偏りは生じないが，水や塩化水素のように電気陰性度に差のある原子同士の結合では，電荷の偏りが生じる．後者の場合，水素の電気陰性度が 2.2，塩素原子のそれは 3.2 であるため，塩素原子に電子が引き寄せられ，その結果，分子全体では中性であるものの，水素は正に，塩素は負に帯電する．これは**極性**という性質に関与する．

ここにつながる
・極性

❸ 配位結合

配位結合は共有結合と同じく，電子対を共有する結合であるが，ほかの原子から**非共有電子対**（**孤立電子対**）を受け入れるという点で異なる．図 1·7 にアンモニウムイオンの配位結合を示す．プロトンは 1s 軌道が

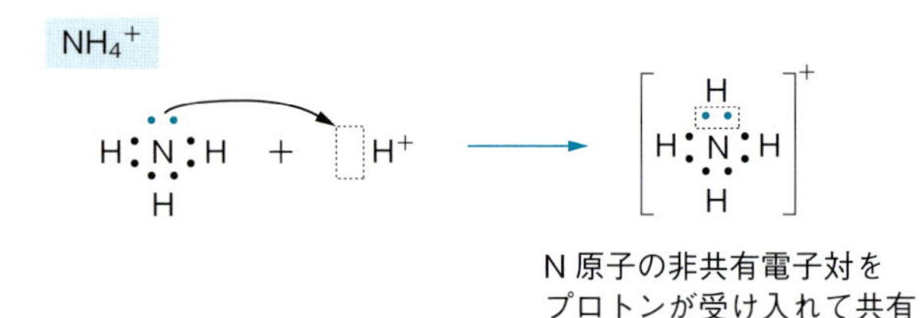

図 1・7　アンモニウムイオンにおける配位結合

空いており，窒素原子がもつ非共有電子対を受け入れて共有電子対を形成する．いったん結合ができてしまえば，それまでアンモニア分子がもっていた共有結合と区別することはできない．

ポイント

- 化学結合は，安定な電子配置を得るため，原子同士で電子の授受や共有を行うことにより生じる．
- イオン結合は，陽イオンと陰イオンがクーロン力による静電気的引力で引き合うことにより生じる．
- 共有結合は，不対電子をもつ 2 個の原子が不対電子を受け入れ合って電子対をつくり，それを共有することにより生じる．
- 配位結合は，空軌道（電子が入っていない軌道）をもつ原子がほかの原子から非共有電子対を受け入れて共有電子対をつくることにより生じる．

C　分子軌道

前項ではルイス構造式を使って化学結合をみてきたが，この章のはじめに述べたように，電子の位置は波動関数の 2 乗により確率の形で表され，はっきりと観測することはできない．この項では，より現実に近い理解のために，軌道と軌道の重なりという観点から，化学結合，とくに共有結合をみていく．

軌道と軌道の重なりには，図 1・8 に示すように，主に① s 軌道同士，② s 軌道と p 軌道，③ p 軌道同士の組み合わせがある．①と②は原子核と原子核を結ぶ線（**結合軸**）の方向に伸びた軌道が重なってできる結合で，これを **σ 結合**とよぶ．③にも σ 結合があるが，これとは別に，結合軸に対し垂直な方向に伸びた軌道同士が重なる結合様式があり，これを **π 結合**とよぶ．σ 結合は結合軸まわりに対称であるのに対し，π 結合は p 軌道が原子核の中心に対して逆対称であるため，同様に結合軸に対して逆対称である．

分子の電子状態を表現する方法，言い換えれば波動関数の表現の仕方として**原子価結合法**と**分子軌道法**とよばれる 2 通りの方法がある．前者は結合を構成する原子軌道に電子が局在化するという考え方がもとに

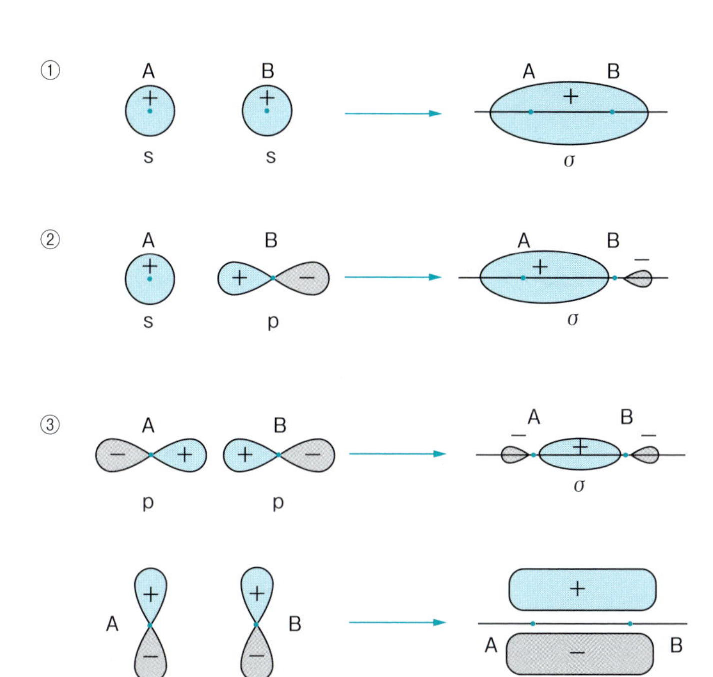

図 1･8 軌道と軌道の重なり（σ 結合と π 結合）
小さな青丸は原子核の位置，原子核を通る線は結合軸を表す．

なっているのに対し，後者においては，電子は分子全体にわたって存在確率をもつ（電子が非局在化する）と考え，原子軌道に対応した**分子軌道**という概念を導入する．今日では分子軌道法が主流となっており，以後，この方法を使った話を述べていく．

ある分子軌道関数 ψ は分子を構成する原子がもつ原子軌道関数 ϕ_i の線形結合として，一般的に次のような形で表されることが多い．

$$\psi = \sum c_i \phi_i \tag{1･4}$$

水素分子の 2 個の水素原子をそれぞれ A，B と名づけ，各々の 1s 軌道を ϕ_A，ϕ_B とすると，分子軌道は $\psi = c_A\phi_A + c_B\phi_B$ と仮定することができる．c_A，c_B は原子軌道の係数であり，分子軌道に対する寄与の大きさを表す．$|\psi|^2$ は電子密度を表すが，電子の数は 1 個であるため，全空間にわたって考慮したときの総計を 1 となるように係数を定める．このことを**規格化**とよぶ．この仮定した分子軌道を用いてシュレーディンガー方程式を解き，規格化されるための条件を加えると，2 種類の分子軌道

$$\psi_1 = \frac{1}{\sqrt{2+2S}}(\phi_A + \phi_B) \qquad \psi_2 = \frac{1}{\sqrt{2-2S}}(\phi_A - \phi_B) \tag{1･5}$$

が得られる．S は**重なり積分**とよばれ，シュレーディンガー方程式を解く過程で現れる．このエネルギー準位を図 1･9 に示す．

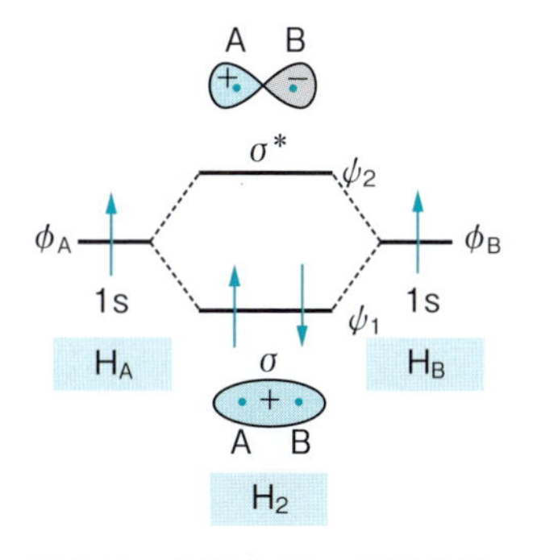

図 1･9 水素分子の電子構造（分子軌道，エネルギー準位，電子配置）

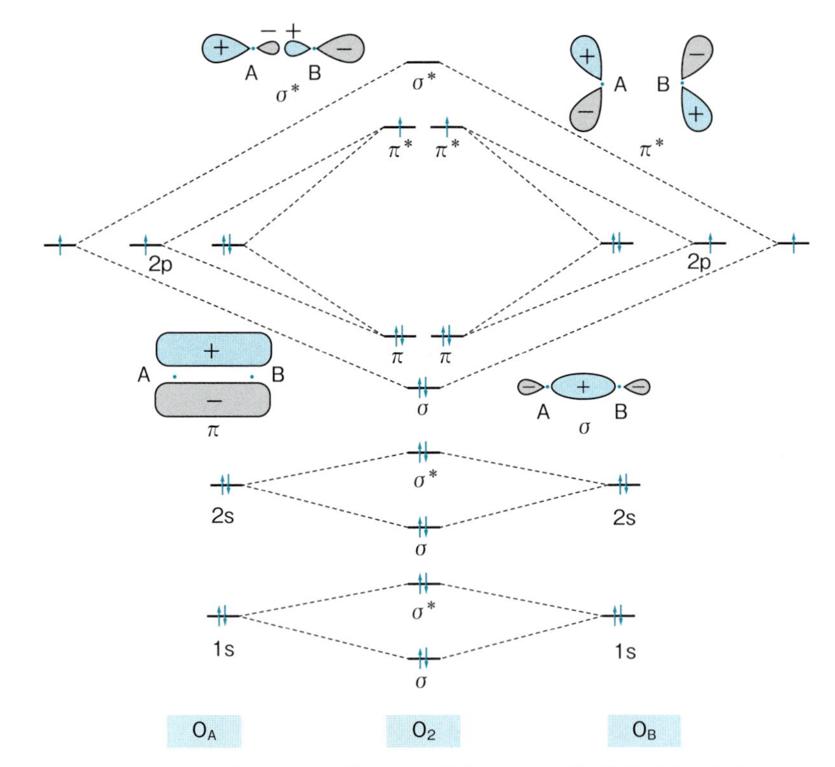

図 1・10　酸素分子の電子構造(分子軌道，エネルギー準位，電子配置)

ψ_1 は原子軌道の係数が同符号(位相が同じ)であり，互いが重なり合うように(結合するように)働く．その結果，もとの原子軌道よりもエネルギーが低くなる．この分子軌道を**結合性軌道**とよぶ．これに対し，ψ_2 は係数が異符号(位相が逆)であり，重なりが打ち消し合うように(結合が開裂するように)働く．その結果，もとの原子軌道よりもエネルギーが高くなる．この分子軌道を**反結合性軌道**とよぶ．結合は結合軸まわりに対称であるため，σ 結合である．反結合性軌道には右肩に*をつけて，結合性軌道と区別する．分子軌道における電子の配置は原子軌道の場合と同じく，構成原理，パウリの排他原理，フントの規則に従う．水素分子の場合は 2 個の電子がともに結合性軌道に入り，水素原子単独でいるよりもエネルギーが低くなる．そのため，水素は H_2 として存在するのである．

σ 結合のみならず，π 結合ももつ酸素分子についてみてみよう．酸素原子は図 1・10 に示したとおり $1s^22s^22p^4$ の電子配置をもつが，これらの電子はまず，1s 軌道がつくる σ，σ^* に 2 個ずつ，2s 軌道がつくる σ，σ^* に 2 個ずつ入る．2p 軌道がつくる分子軌道は σ，σ^*，各々二重に縮重した π，π^* があり，残り 8 個の電子は σ に 2 個，π に 4 個，フントの規則に従い，2 つの π^* に平行スピンで 1 個ずつ入って配置が完了する．3 つの結合性軌道に電子対ができているので三重結合となるところであるが，反結合性軌道の電子に打ち消され，酸素分子は二重結合と

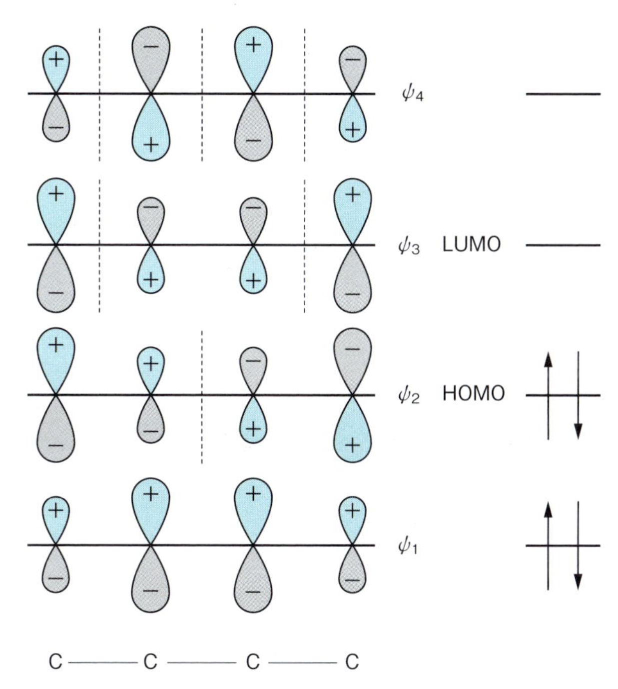

図 1・11 1, 3-ブタジエンの π 分子軌道と基底状態における π 電子配置

なる．このことは，原子間の結合数を表す**結合次数** p

$$p = \frac{1}{2}\{(\text{結合性軌道の電子数}) - (\text{反結合性軌道の電子数})\} \quad (1\cdot6)$$

を用いれば明らかとなる．また，反結合性軌道に入っている 2 個の電子のスピンが平行であることより，酸素分子は常磁性を示す．

最後に，π 電子系化合物についてもみてみよう．二重結合を 2 つもつ 1, 3-ブタジエン（$CH_2{=}CH-CH{=}CH_2$）につき 4 個の π 電子のみを考慮し，分子軌道法によりシュレーディンガー方程式を解くと，4 つの分子軌道が得られる．各原子軌道の係数と位相を考慮した分子軌道を図 1・11 に示す．

π 電子はエネルギーの低い 2 つの軌道 ψ_1, ψ_2 に 2 個ずつ配置するため，電子の入っていない軌道が 2 つできることになる．電子が収容されている軌道のうち，最もエネルギーの高い軌道のことを**最高被占軌道**[*11]（**HOMO**）とよび，電子が収容されていない軌道のうち，最もエネルギーの低い軌道のことを**最低空軌道**[*12]（**LUMO**）とよぶ．HOMO と LUMO をあわせて**フロンティア軌道**とよび，化学反応に大きな影響を与える．また，図の点線は軌道の反結合性のため，電子の存在確率がゼロとなることを表しており，これを**節**[*13]とよぶ．節の数が多くなることと軌道のエネルギーが高くなる（不安定になる）こととが相関しているのがわかる．

＊11 **最高被占軌道** highest occupied molecular orbital

＊12 **最低空軌道** lowest unoccupied molecular orbital

＊13 **節** node

ポイント

- 軌道の重なりとしての化学結合には σ 結合と π 結合がある.
- 波動関数の表現の仕方として原子価結合法と分子軌道法の 2 通りの方法がある.
- 分子軌道法においては，1 個の電子は分子全体に存在確率をもつと考える.
- 分子軌道には，結合性軌道と反結合性軌道の 2 種類がある.
- HOMO と LUMO は化学反応において重要な分子軌道である.

D　軌道の混成と共有結合の方向性

図 1･10 の両端に示されているとおり，酸素原子は 2 個の不対電子をもち，原子価は 2 価であると予想できる．1 個の不対電子をもつ水素原子 2 個と 2 組の共有電子対をつくり，水分子(H_2O)が形成されるので，2 価であることが説明できる．炭素原子も同様に 2 個の不対電子をもつため 2 価であると考えられるが，水分子と同様な分子(CH_2)はみられず，実際のところは 4 価(メタン，CH_4)である．この問題は，ポーリングにより提唱された軌道の重ね合わせ(**軌道の混成**)という考え方により説明できる．2s 軌道と 3 つの 2p 軌道が混ざり合うと，**sp^3 混成軌道**とよばれる等価な 4 つの軌道ができる(図 1･12)．もともと 2s，2p 軌道に入っていた 4 個の電子は sp^3 混成軌道に 1 個ずつ入り，4 個の不対電子ができる．これらが水素原子の不対電子と電子対を共有し，4 本の C－H 結合が形成される．C－H 結合同士は反発するが，各々が受ける反発力は均等化され，その結果，C－H 結合は「正四面体」の頂点方向に伸びることとなる．H－C－H の角度は 109.5° である．

アンモニアにおいても，窒素原子が sp^3 混成軌道を形成している．ただし，この分子には混成軌道中に非共有電子対が存在しており，共有電子対との反発のため，軌道の方向は「四面体」の頂点方向となる．

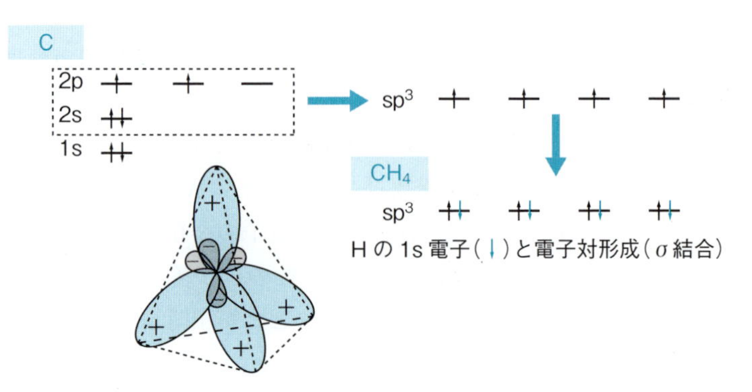

図 1･12　sp^3 混成軌道

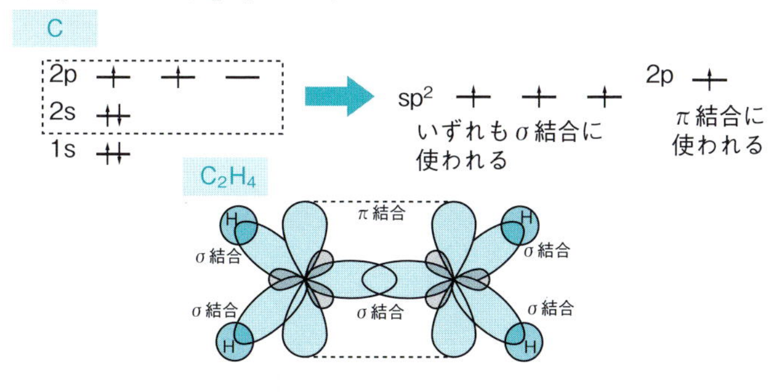

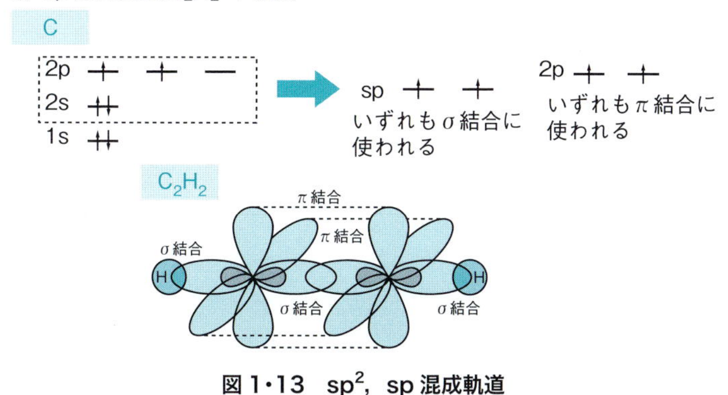

図 1･13　sp^2，sp 混成軌道

2s 軌道と 2 つの 2p 軌道が混成に関わるとき，**sp^2 混成軌道**とよばれる 3 つの軌道ができる．図 1･13a にあるように，エチレンの場合，炭素原子の sp^2 混成軌道に入った不対電子は，2 個の水素原子および別の炭素原子の不対電子と共有電子対をつくり，それらの電子対は反発力を均等化するため互いに約 120° の角度をもって広がる．混成に参加しなかった 1 個の 2p 軌道は混成軌道面に対し垂直の方向に伸び，別の炭素原子がもつ 2p 軌道と π 結合を形成する．つまり，エチレンの C−C 結合は二重結合である．

また，2s 軌道と 1 つの 2p 軌道が混成に関わる場合もあり，これは **sp 混成軌道**とよばれる．図 1･13b にあるように，アセチレンには sp 混成軌道をもつ炭素原子があり，その軌道に入った不対電子は水素原子および別の炭素原子の不対電子と共有電子対をつくり，その電子対は互いに反対方向（180° の角度）を向く．混成に参加しなかった 2 個の 2p 軌道は結合軸に対し垂直の方向に伸び，互いに直交し，別の炭素原子がもつ 2 個の 2p 軌道と 2 個の π 結合を形成する．つまり，アセチレンの C−C 結合は三重結合である．

混成には d 軌道が関与する場合もある．$[Fe(CN)_6]^{3-}$ においては，図 1･14 に示すように 3d，4s，4p 軌道で d^2sp^3 混成軌道をつくり，これが**配位子**とよばれる原子団（ここでは CN^-）から非共有電子対を受け入

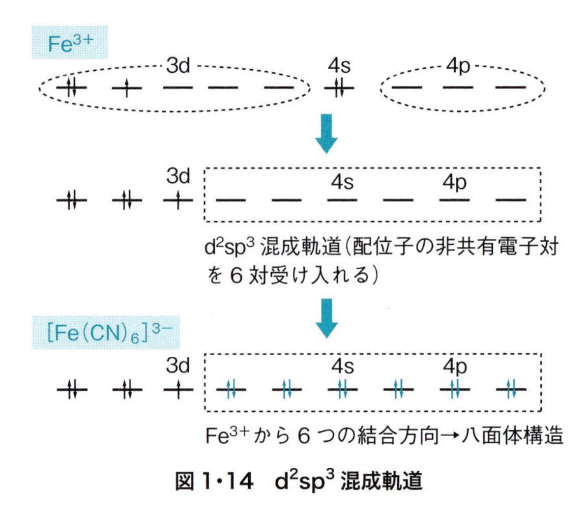

図 1・14　d^2sp^3 混成軌道

れ，6個の配位結合を形成する．その結果，このイオンは八面体の形をもつ．

ポイント

- 原子軌道が混成することで新たな原子価が生まれる．
- sp^3，sp^2，sp 混成軌道は σ 結合に関与する．
- 混成に参加しない p 軌道は π 結合に関与する．
- d 軌道が関わる混成軌道もある．

E　共役と共鳴

共役とは二重結合と単結合が交互にある状態をいう．前に述べた 1, 3-ブタジエンの構造式は $CH_2{=}CH{-}CH{=}CH_2$ であるが，このように結合がはっきりと区別でき，π 電子が局在している構造を**共鳴構造**(**極限構造**)とよぶ．しかし，実際には，共役している分子では，π 電子は π 軌道上を自由に行き来することができ，単結合，二重結合と区別することはできない．そして，この π 電子の非局在化により共役分子は共鳴構造よりもエネルギーが低くなり，安定化する．

また，多数の共役二重結合をもつ化合物をポリエンとよぶが，単結合-二重結合の炭素鎖が伸びるにつれて光の吸収極大波長が長くなっていくという特徴がある．先に述べた π 電子系化合物の分子軌道計算においては，この事実を説明する結果が得られており，これは理論計算の有用性を示す事例である．

共鳴は π 電子をもつ化合物でみられ，異なる複数の電子構造が考えられる状態である．たとえばベンゼン分子は共役した六角形構造としてよく表されるが，実際には6つの炭素-炭素間結合はすべて同じであり，共鳴構造で表すことはできない．そこで，2つの共鳴構造を⟷で結び，両者が混ざり合った**共鳴混成体**という形で，より現実に近いベンゼン分子を表現する(図1･15).

決して両者を行き来しているのではないことに注意が必要である．また，共鳴混成体における共鳴構造間では電子の位置が変わっているだけで原子核の位置は変わらないことにも注意が必要である．

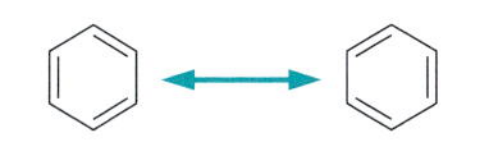

図1･15 ベンゼンの共鳴

ポイント

- 共役とは二重結合と単結合が交互にある状態をいい，π 電子が非局在化することで分子の安定化に寄与する．
- 複数の共鳴構造が考えられる化合物は共鳴混成体という形で表す．

Exercise

1 次の原子につき，基底状態での電子配置を書きなさい．（難易度★☆☆）

① B　② Ne　③ Mg　④ P　⑤ K

2 次の化合物に含まれる化学結合の名称をすべて書きなさい．（難易度★★☆）

① H_2O　② NH_4^+　③ Na_2CO_3　④ HCl　⑤ $BeCl_2$

3 分子軌道に関する次の記述の正誤を述べなさい．（難易度★★★）

①分子軌道法においては，電子は結合を構成する原子軌道に局在すると考える．

②分子軌道関数は，分子を構成する原子の原子軌道関数の線形結合で表すことが多い．

③原子間の結合を打ち消すように働く分子軌道を反結合性軌道とよぶ．

④分子軌道への電子の配置の仕方は，原子軌道の場合とは異なる．

⑤電子が入っている分子軌道のうち，最もエネルギーが高いものをLUMOとよぶ．

4 次の分子中の原子がとる混成軌道（sp混成軌道，sp^2混成軌道，sp^3混成軌道のいずれか）と分子中に含まれるπ結合の総数を書きなさい．（難易度★★★）

	混成軌道	π結合の総数
アセトンの酸素		
アンモニアの窒素		
アセトニトリルの窒素		
二酸化炭素の炭素		
ホルムアルデヒドの炭素		

5 次の化合物のうち，共役しているものをすべて選びなさい．（難易度★★☆）

① C_6H_6　② $CH_2CHCH_2CHCH_2$　③ $CH_3CH_2CH_2CH_3$

④ $CH_2CHCHCH_2$　⑤ $CH_3CH_2CHCH_2$

原子・分子の挙動

分子と電磁波の相互作用から，分子構造や物理化学的性質の情報を得ることができる．実際，私たちが物質を調べるときには，電磁波を利用したさまざまな測定法が用いられている．最も身近な測定である「物質を眼で見る」ということも，「物質から発せられる光という電磁波」を眼の組織が検出しているのである．この章では，原子・分子の構造と電磁波の関係について概説する．

A ミクロの世界をとらえる「電磁波」

❶ 電 磁 波

私たちが目にする光，医療で用いるX線，携帯電話で用いられる電波は，性質は異なるがすべて**電磁波**である．電磁波は電場と磁場の成分からなる横波で，互いに直交した正弦波として光速[*1](c)で伝播する(図2･1)．電磁波の性質は波長(λ)に依存し，一般に図2･2に示すような名称で分類される．たとえば，ヒトの網膜が感じる波長400～750 nmの領域を文字どおり可視光線とよび，可視光線領域の波長の短い領域は紫色，波長の長い領域は赤色にみえる．可視光線領域よりも短波長側は紫色よりも外側ということで紫外線，長波長側は赤色よりも外側ということで赤外線とよばれる．また，波長の非常に短い領域には，画像診断に用いられるX線や核医学診断で用いられるγ線とよばれる領域があり，逆に，波長の長い領域にはマイクロ波やラジオ波とよばれる領域がある．それぞれの特徴を活かして，私たちは電磁波を利用している．

＊1 光速は，真空中で $2.997\,924\,58 \times 10^{8}\ \mathrm{m\ s^{-1}}$ と定義されている．

電磁波と物質の相互作用は，①**電磁波の吸収**，②**電磁波の放出**，③**電**

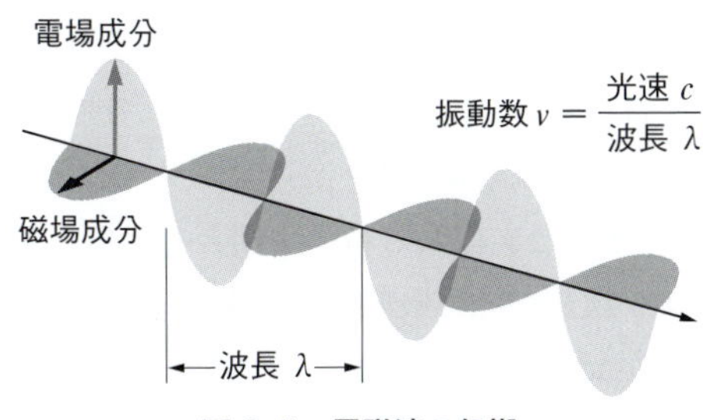

図2･1 電磁波の伝搬

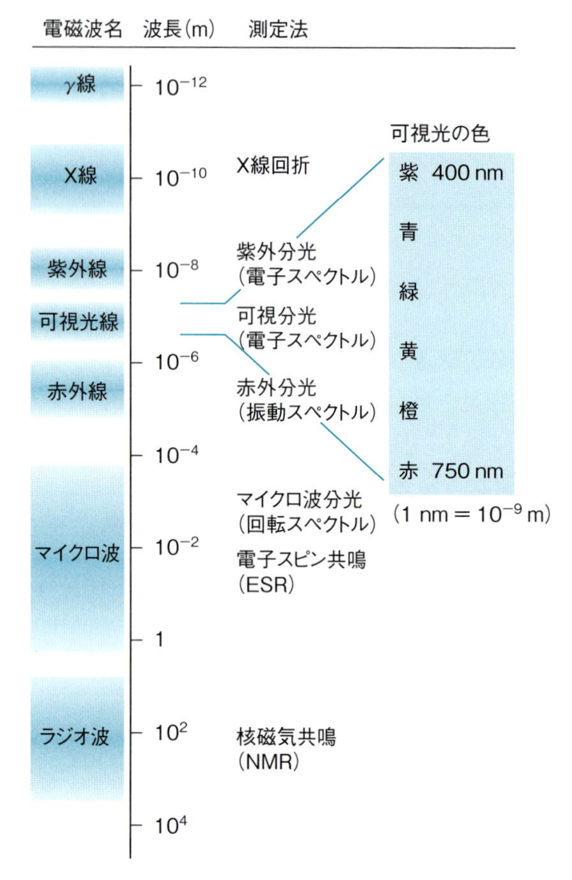

図 2・2　電磁波の分類と測定法

磁波の散乱の3つに大別できる．これらの電磁波の性質を利用した測定手法は，分光法および回折法とよばれ，薬学分野だけでなく，多くの自然科学の分野において物質の同定法，定量法として用いられている．その測定原理を理解することは，同時に，物質の構造や性質の理解を深めることにもなる．

❷ 電磁波の波動性と粒子性

電磁波は波動と粒子の両方の性質をもちあわせていることを説明しよう．電磁波が図 2・1 のような横波であることはイメージしやすい．強度の高い電磁波は波の振幅が大きく，また，電磁波が互いに重なり合えば波が干渉し，増幅されたり減衰されたりする．また，電磁波は広がる性質や回り込む性質をもつ．これは回折とよばれる性質であり，実際に回折法とよばれる実験手法がある(☞ p.52)．

一方で，電磁波は光子とよばれる粒の集団として振る舞うことがある．この光の粒子性は，物質が光を吸収したり発光したりする際に必要である．たとえば分子が光を吸収するときのエネルギーのやりとりは，「分子が光子という粒子を吸収すること」と考えなくてはならない．強い光は，波動として取り扱う場合は振幅の大きい電磁波であるが，粒子性で取り扱えば単位時間あたりに通過する光子数が多い電磁波となる．

光を粒子として取り扱う場合，光子1個あたりのエネルギー E は波長 λ に依存し，

$$E = h\nu = h\frac{c}{\lambda} \qquad (2\cdot1)$$

で表される．ここで，c は光速，ν は振動数(Hz)である．また，$h(= 6.63 \times 10^{-34}\ \mathrm{J\ s})$ は**プランク定数**[*2]とよばれ，ミクロな世界を表すときに用いられる普遍定数である．式(2·1)より，光子のエネルギーは短波長で大きく，長波長で小さくなる．光の強さは光子の数で決まるが，1つひとつの光子のエネルギーは波長で決まることに注意しよう[*3]．

通常，生体内分子が電磁波を吸収するとき，1光子分のエネルギーとして電磁波は生体分子に取り込まれる．式(2·1)の光子エネルギーは，紫外線(UV)領域では化学反応を誘起し，化学結合の切断が可能な程度大きくなる．一方，可視光線での光子エネルギーは，生体分子が吸収しても熱に変換されるくらいである．これが，紫外線が私たちにとって有害な理由である．

ただし，分子はどの波長の光でも吸収できるわけではない．吸収が起こるためは，「光子のエネルギー」と「分子の離散的(とびとび)なエネルギー構造の間隔」が一致する条件が必要である．分子のエネルギー構造は分子固有であるため，分子それぞれで吸収できる波長が異なる．それにより，たとえばさまざまな色を呈する物質が存在するわけである．

*2　**プランク定数**　Planck's constant

*3　**光子エネルギー**　式(2·1)において，h，c は定数であるので，光子のエネルギーは波長の逆数に比例した単位が用いられる．たとえば，マイクロ波・ラジオ波では振動数(Hz)，赤外・可視・紫外領域では波数($\mathrm{cm^{-1}}$)，そして，より短波長になると電子ボルト(eV)が一般的に用いられる．30 GHz = 1 $\mathrm{cm^{-1}}$，1 eV = 8065.5 $\mathrm{cm^{-1}}$，波長 λ (nm)の光子エネルギーは $10^7/\lambda$ ($\mathrm{cm^{-1}}$)などの変換式がよく使われる．

ポイント

- 電磁波は波動性(伝搬するときは波の性質)と粒子性(物質が吸収・発光するときのエネルギーは粒子の性質)をあわせもつ．
- 電磁波と物質の相互作用には，吸収，放出，散乱がある．
- 電磁波は波長領域によって大別され，波長の短いほうから，γ 線，X線，紫外線，可視光線，赤外線，マイクロ波，ラジオ波となる．
- 光子1個のエネルギーは $E = h\nu = h\dfrac{c}{\lambda}$ の関係があり，短波長ほど大きい．

B　分子のエネルギーと電磁波の吸収と放出

❶ 分子のエネルギー構造

容器に封入した空気に熱を加えると，熱を吸収して温度が上昇する．このとき，熱は容器内の空気分子の**分子のエネルギー**として保持される．分子のエネルギー形態には，**電子エネルギー**，**振動エネルギー**，**回転エネルギー**および**並進エネルギー**がある．これらは，それぞれ**量子化**[*4]

*4　**量子化**　量子力学に基づき厳密に分子のエネルギーを取り扱うと，分子は離散的(とびとび)なエネルギーしかもてない．これがミクロな粒子の特徴である．

されており，離散的なエネルギーしかもち得ない．これは，1章で学んだように原子のエネルギー準位が 1s，2s，2p，…のように離散的であることと同様にミクロな粒子の特徴である．そして容器中の各分子それぞれも，ある条件を満たす離散的な大きさのエネルギーを保持している．

分子がエネルギーをもつということは具体的にどういうことであろうか．水素分子の電子配置$(\sigma_{1s})^2$はσ_{1s}軌道に電子が2つ配置されている．これが水素分子の最もエネルギーの低い電子状態であり**基底状態**とよばれる．次に，水素分子が電磁波の光子エネルギーを得てσ_{1s}軌道の電子1つがエネルギー的に高い$\sigma_{1s}{}^*$軌道へ移ると，電子配置$(\sigma_{1s})^1(\sigma_{1s}{}^*)^1$をもつ**励起状態**となる．これが分子がエネルギーを保持した状態の1つである．このエネルギーは**電子エネルギー**とよばれる．ここで，σ_{1s}軌道と$\sigma_{1s}{}^*$軌道の間のエネルギーは決まっているので，中途半端なエネルギーを分子は受け取れない．状態間のエネルギー間隔は分子に固有であるので，吸収する光の波長は分子によって異なる．このような電磁波のエネルギーの吸収または放出による状態と状態との行き来を**遷移**とよぶ．

分子の並進，回転，振動エネルギーは文字どおり，分子の並進運動，回転運動，および振動運動に伴うエネルギーのことであり，いずれも離散的な大きさをとる．このうち並進運動はエネルギー間隔が極めて小さいので，実質的にはエネルギーは連続的であると取り扱ってよい．電子状態を含めた状態間のエネルギー間隔は，回転状態＜振動状態＜電子状態であり，おおよそ図2･3のとおりである．分子がどの状態をもつかは温度に依存したボルツマン分布(☞ p.83)で決まる．常温ではほとんど

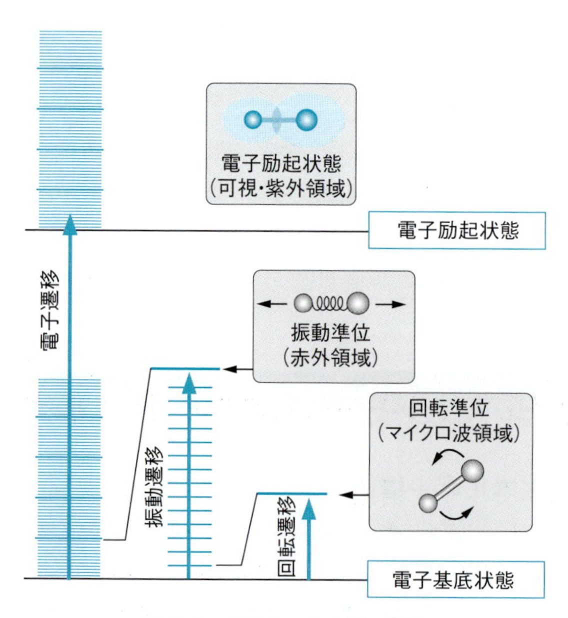

図2･3　分子のエネルギー準位
分子は，常に電子エネルギー，振動エネルギー，回転エネルギーを同時に保持する．

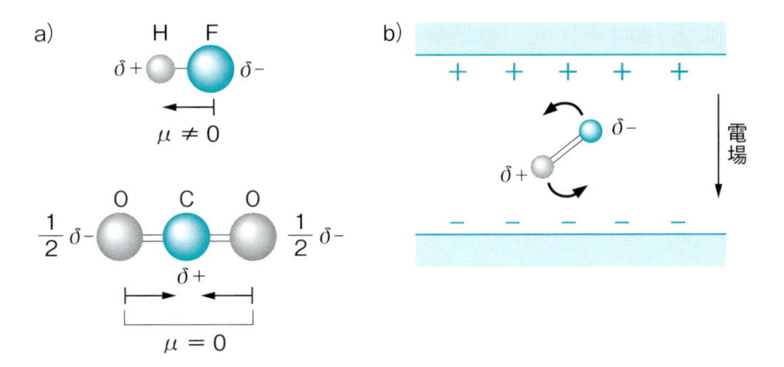

図 2・4 双極子モーメントとその性質
a) 二酸化炭素の場合，２つのC=Oの分極の部分は互いに反対方向を向いているので，互いに打ち消し合ってゼロになる.
b) 双極子モーメントは電場から力を受ける.

の分子が電子，振動状態の最低の状態にあると考えてよい.

❷ 分子の双極子モーメントと電磁波

分子と電磁波が相互作用するということは，分子の中の電気的な偏り，すなわち分極と関係がある．その分極の大きさの度合を表すのが**双極子モーメント**とよばれる物理量である．たとえば，図 2・4 に示す HF のような異核２原子分子では，電気陰性度[*5]が大きい F 原子側に共有電子対が引き寄せられているため F 原子は負電荷を帯びており，反対に，H 原子側は正電荷を帯びている.

*5 **電気陰性度** ☞1章 p.19 参照

双極子とは正電荷$(+q)$と負電荷$(-q)$が距離 r だけ離れて存在している１対のことであり，双極子モーメント μ は，

$$\vec{\mu} = q\vec{r} \tag{2·2}$$

で定義されるベクトル量である．通常，図 2・4 に示すように，負電荷から正電荷へ向かう矢印でその方向を表す[*6]．電子の偏りが大きく，しかも正負の電荷中心の距離が離れているほど双極子モーメントは大きくなる．このような双極子が分子内に存在すれば，図 2・4 のように電場から力を受け結果的に回転することが想像できるであろう.

*6 有機化学では分極の向きとして，正電荷から負電荷へ向かう矢印で表すことがあるので注意しよう.

双極子モーメントが分子の回転運動により回転したり，分子振動により振動したりすれば，あたかも図 2・1 のような振動電場が空間的に生じているようにみえる．これは，正負を繰り返しながら伝搬する電磁波と類似している．電子分布が変化することも，双極子モーメントの変化を伴う．これが，分子のエネルギーと電磁波吸収が関連していることの直観的な理解である.

❸ 分子の回転運動とマイクロ波吸収

気体分子は常に自由に回転運動をしており，古典的(量子論ではない

ということ）なイメージでは鉄アレイが回転するように，回転速度が大きければその回転エネルギーは大きい．実際は，分子の回転エネルギー準位は離散的であり，その間隔は分子に固有である．量子論的取り扱いによれば，2原子分子や直線分子を剛体（核間距離が一定）と仮定したときの回転エネルギー E は，

$$E = hBJ(J+1) \tag{2·3}$$

で表される．B は回転定数，$J(=0,\ 1,\ 2,\ \cdots)$ は回転量子数である．回転定数 B は，

$$B = \frac{h}{8\pi^2 I}\ \mathrm{Hz} \tag{2·4}$$

であり，I は分子の回しにくさを表す慣性モーメントである．I の大きな分子ほど B は小さくなり，回転準位の間隔はせまくなる．$^{12}C^{16}O$ 分子を例にとれば，$B = 57\,617.980$ MHz となる．これは波長が約 5.2 mm のマイクロ波のエネルギーに対応する．H_2O などの非直線分子では，式（2·3）よりも回転状態の取り扱いは複雑になる．

回転準位間のエネルギー差に対応する光子エネルギーをもつマイクロ波の吸収・放出に伴って，$\Delta J = \pm 1$ の選択則に従い純回転遷移（☞ p.34）が起こる．純回転遷移は永久双極子[*7]モーメントをもつ極性分子で起こり，無極性分子では原則的に吸収は起こらない．マイクロ波の吸収強度を測定しながらマイクロ波の波長を変化させると，**共鳴**[*8]したときのみマイクロ波の吸収が観測され，マイクロ波スペクトル（あるいは純回転スペクトル）が得られる．未知の分子であればスペクトルから回転定数 B を決定し，分子の同定や分子構造の精密決定を行うことができる．また，マイクロ波分光法は，後述する振動遷移や電子遷移と比較して電磁波吸収によって分子に与える光子エネルギーが小さいので，不安定な分子種（結合が弱く壊れやすい分子）の測定に適している．また，電波天文学として宇宙からのマイクロ波を検出する学問領域が知られている．

*7　**永久双極子**　☞ 3章 p.61 参照

*8　**共鳴**　量子化されているエネルギー準位の間隔と照射した電磁波の光子エネルギーが一致したとき共鳴しているという．

❹ 分子振動と赤外線吸収

ⓐ 分子の振動モード

分子は原子核と原子核が電子を介在することにより結合して構成される．その結合は，図2·3のように原子核と原子核が「電子によるバネ」でつながった状態に置き換えて考えてもよい．その結果，分子は重心位置を固定しながら高速で振動するので，結合距離は平均的な距離を表すことになる．図2·5に示すように，N_2 のような2原子分子では**振動モード**[*9]は1つであり，H_2O のような曲がった3原子分子では振動モードは3つある．振動モードの数は，N 原子分子であれば $3N-6$（直線分子のときは $3N-5$）個ある．

*9　**振動モード**　2原子分子では振動の形態は1種類しかないが，水分子であれば3種類ある．この振動の形態を振動モードとよぶ．

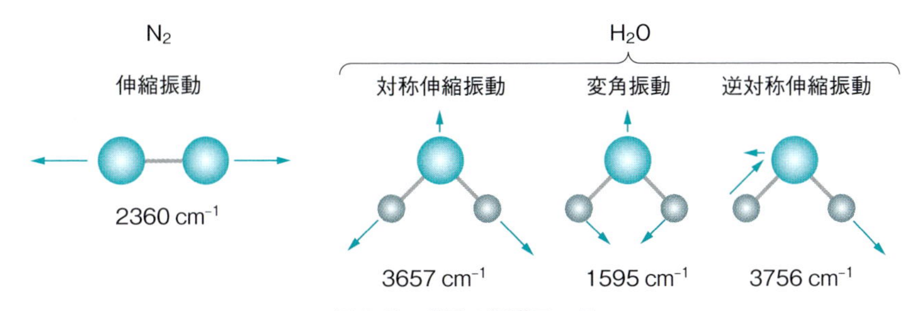

図 2・5　分子の振動モード
窒素の振動モードは１つ，水の振動モードは３つある.

2 原子分子の振動エネルギー $E(n)$ は回転状態と同様に離散的であり,

$$E(n) = \left(n + \frac{1}{2}\right)h\nu \tag{2·5}$$

で表される．ここで，$n(= 0, 1, 2, \cdots)$ は振動量子数，ν は基準振動モードの振動数であり，$h\nu$ の間隔で振動準位が存在する．しかし実際の分子では，**非調和性**[*10] のために量子数の増加に伴い徐々に振動準位の間隔は縮まっていく．振動量子数 $n = 0$ の状態において振動エネルギーが最低となるが，それでも，分子は $h\nu/2$ のエネルギーをもって振動をしている．これを**ゼロ点振動**とよび，分子のようなミクロな粒子では，振動運動が完全に止まることはない.

H_2O であれば，振動エネルギーは３つの振動モードを足し合わせるので,

$$E(n_1, n_2, n_3) = \sum_{i=1}^{3}\left(n_i + \frac{1}{2}\right)h\nu_i \tag{2·6}$$

となる．各振動モードの振動エネルギーは $h\nu(= h\tilde{\nu}c)$ に比例し（$\tilde{\nu}$ は波数すなわち単位長さに含まれる波の数．c は真空中の光速度，表 C 参照），波数で表すと図 2・5 のように赤外線領域の光子のエネルギーに対応する.

赤外線の光子エネルギーが分子の振動状態のエネルギー間隔に**共鳴**したとき吸収が起こり，振動遷移が起こる．たとえば，CO_2 では波長 2349 cm^{-1}（波長 4.26 μm）の赤外線を吸収し，逆対称伸縮振動が $n = 0$ の状態から $n = 1$ の振動状態へ励起する．同様に，667 cm^{-1}（14.5 μm）付近の赤外線を吸収して変角振動状態が励起する．赤外吸収は振動運動によって双極子モーメントが変化する**赤外活性**な振動モードで起こる．一方，双極子モーメントが振動により変化しない対称伸縮振動は，たとえ共鳴条件になっても吸収の起こらない赤外不活性な振動モードである（図 2・6）.

＊10　**非調和性**　バネを伸ばすと，伸ばした長さに比例した復元力が生じる．分子をバネに例えるとき，その復元力は伸ばした長さに完全には比例しない．これを非調和性とよび，振動エネルギーが大きくなり，振動振幅が大きくなると顕著に現れる.

表 C　☞裏見返し参照.

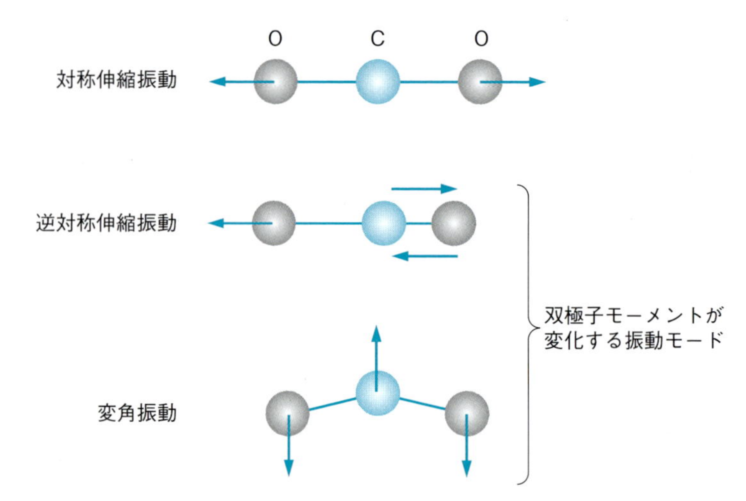

図 2·6　二酸化炭素の振動モード
対称伸縮振動モードは，振動しても常に永久双極子モーメントはゼロで変わらない．そのほかの振動モードは振動によって双極子モーメントの大きさが変わる．

b　赤外吸収スペクトル

赤外吸収スペクトルでは，ほとんどの分子において 1000 ～ 3500 cm^{-1} の間に振動遷移に由来した信号が現れ，かつ分子に固有のスペクトル構造を示す．とくに，細かい吸収がみられる 650 ～ 1300 cm^{-1} の領域は指紋領域とよばれている．図 2·7 からわかるように，質量の軽い水素原子が変位する O－H や C－H のような振動の振動数は高く，したがって振動準位の間隔も広い．また，二重結合や三重結合のように結合が強い部分の伸縮振動は振動数が高い．一方，変角振動のような比較的容易に変位できる振動モードの振動数は低いことがわかる．一般に，振動遷移による赤外吸収は，回転遷移に伴うマイクロ波吸収や電子遷移に伴う光吸収よりも吸収強度が小さいため，気体試料では直接吸収法ではなくフーリエ変換型赤外(FT-IR)分光法を用いる．また，振動遷移の際，回転状態の変化も伴っていることも知っておこう．

赤外吸収スペクトルの例として，図 2·8 にベンズアルデヒド(C_6H_5CHO)の赤外吸収スペクトルを示す．横軸は赤外線の波数(cm^{-1})，縦軸は赤外線の透過率であり，透過率が低いほど赤外吸収が強く起こっていることになる．スペクトルには大きく分けて 3000 cm^{-1} 付近の信号群と，2000 cm^{-1} 以下にみられる信号群がある．高波数側の信号は C－H の伸縮振動に帰属され，1700 cm^{-1} 付近の強い信号はアルデヒド基の CO 二重結合に帰属される．また 1500 cm^{-1} 付近よりも低波数側に現れる信号は，C－C 単結合や C－H 変角振動などに帰属される．さらに，赤外吸収スペクトルでは，図 2·7 に示すように，分子に含まれている官能基[*11]に対応する信号が限られた波長領域の中に現れるので，それをもとに分子の同定ができる．

*11　**官能基**　－OH，－COOH，>C=O など，化合物の性質を決める最小単位の原子群．

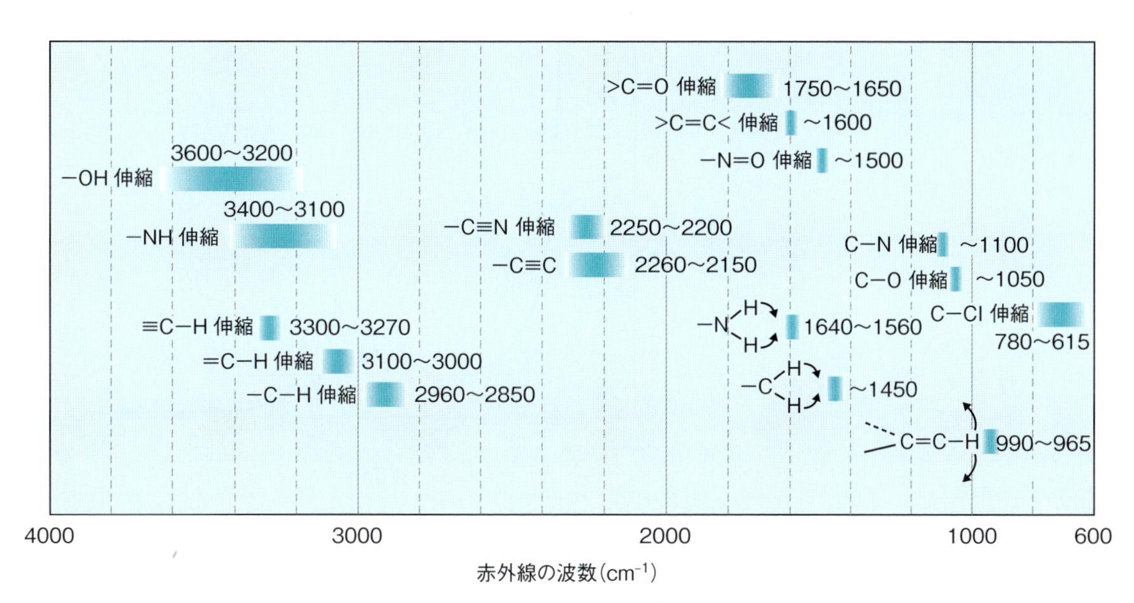

図 2・7　赤外吸収の波数と官能基の関係

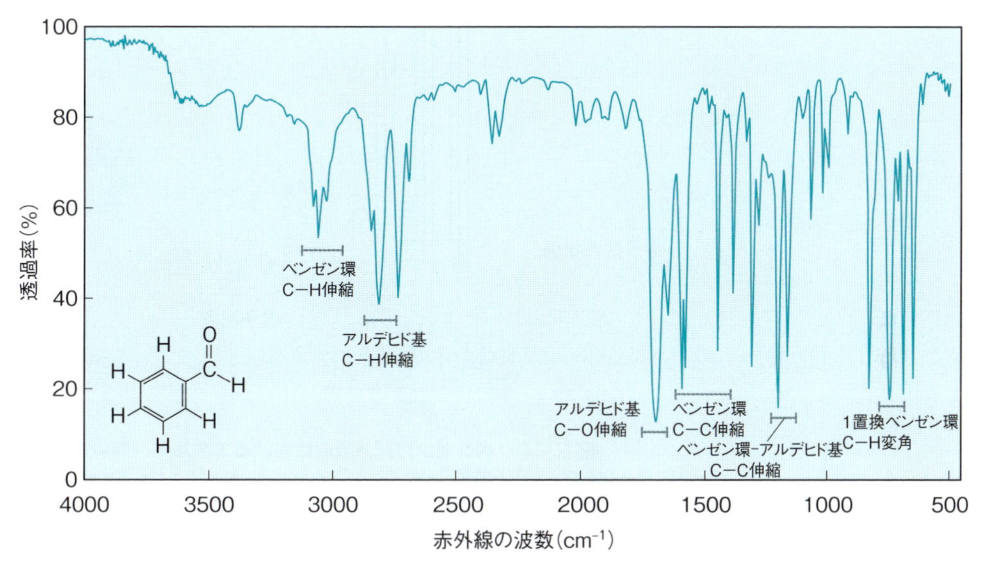

図 2・8　ベンズアルデヒドの赤外吸収スペクトル

❺ 分子の電子状態と可視・紫外光吸収・発光

可視光から紫外光領域の光を分子が吸収するときは，基底状態から電子励起状態への電子遷移を伴う．すなわち，電磁波の光子エネルギーが分子内の電子のエネルギー(運動エネルギー＋ポテンシャルエネルギー)として保持される．これは，エネルギーの低い軌道にある電子がエネルギーの高い軌道へ移ることに相当する．したがって，回転遷移，振動遷移と異なり，電子遷移では分子内の電子分布が変化することにより化学結合が影響を受けることになる．そのため，電子励起では分子構造が変

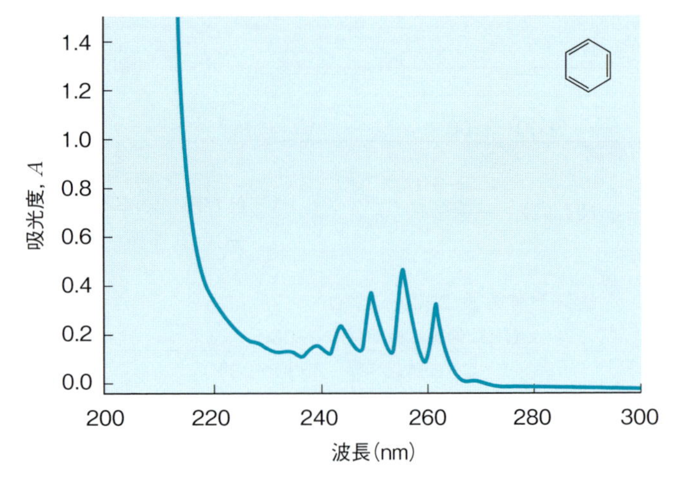

図 2・9 ベンゼンの紫外吸収スペクトル

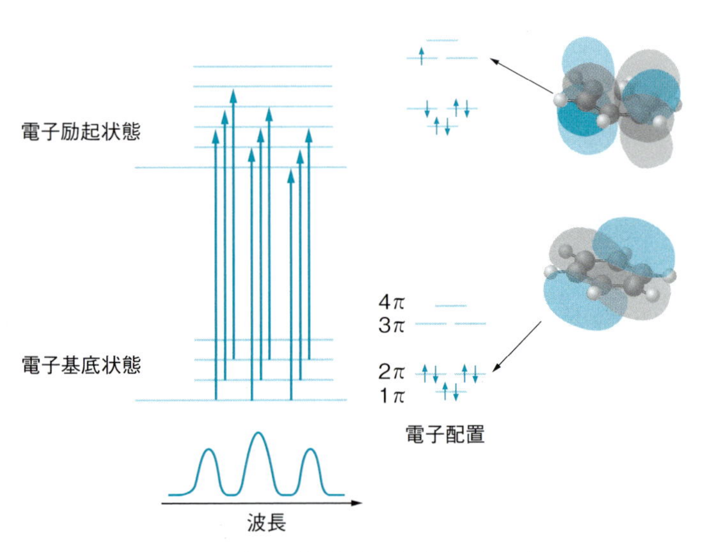

図 2・10 ベンゼンの紫外吸収におけるエネルギー準位図
右端に遷移に関わる分子軌道(π軌道)とその形状を描いた. 1π, 2π軌道は結合性, 3π, 4πは反結合性軌道である.

化し分解反応を伴うこともある.

電子遷移は, 基本的には電子が配置されている占有軌道から非占有軌道へ光吸収の際に電子が移動することであるから, 可視・紫外吸収スペクトルに現れる信号は, それぞれの分子における分子軌道のエネルギーと対応させることができる. そして, −C=C−, >C=O, $-C_6H_5$ など, 不飽和部に由来する電子遷移が比較的長波長領域に吸収帯をもつ.

ベンゼンの紫外吸収スペクトルの例を図 2・9 に示す. 250 nm 付近の吸収帯のピーク群は, 結合性π軌道(2π)の電子が反結合性π^*軌道(3π)へ移る$\pi \rightarrow \pi^*$遷移に対応する. 図 2・10 に示すように, 電子遷移には振動状態の変化も伴い, それによりスペクトル構造が現れる. この構造から，振動エネルギーだけではなく，分子の構造が電子励起によってどのように変化するか，ということもわかる．一般に，電子基底状態と電子励起状態の構造が異なるほど，スペクトルに現れる振動構造は広い波長領域に規則的に現れる．図 2･9 にみられる規則的なピークは，ベンゼン環の呼吸モード(CH 結合が同時に伸縮する振動モード)に由来するものであり，実際，ベンゼン環のサイズは励起状態では若干大きくなる．

可視・紫外光の吸収強度は，入射光の強度 I_0 と透過光強度 I(図 2･11)の比を用いて定義される**吸光度** A で表され，

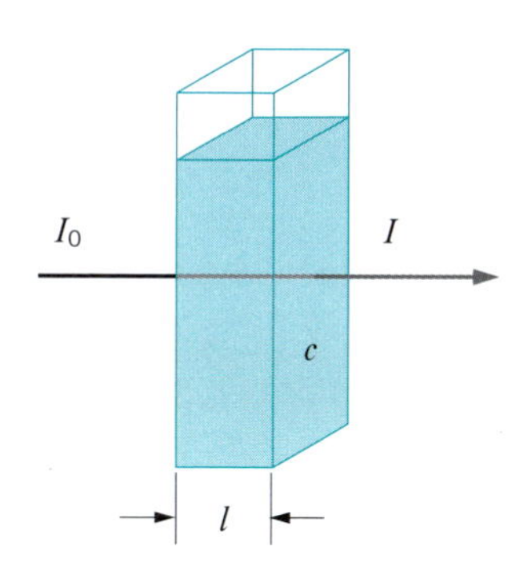

図 2･11　溶液の吸光度測定

$$A = \log \frac{I_0}{I} = \varepsilon c l \qquad (2\cdot7)$$

である．ここで，c(mol L^{-1})は試料のモル濃度，l(cm)は光が試料を通過した距離であり，その比例定数が試料と波長に依存した**モル吸光係数** ε (L mol^{-1} cm^{-1})である．式(2･7)を**ランベルト・ベールの法則**[*12] とよぶ．たとえば，ベンゼンの 250 nm 付近の吸収帯のモル吸光係数は $\varepsilon = 200$ L mol^{-1} cm^{-1} である．波長 250 nm のピークの吸光度 $A = 0.50$ であるとすれば，セル長 $l = 1$ cm，$\varepsilon = 200$ L mol^{-1} cm^{-1} を用いて，ベンゼンの濃度 $c = 2.5 \times 10^{-3}$ mol L^{-1} が求まる．

*12　**ランベルト・ベールの法則**
Lambert-Beer law

光吸収によって電子励起状態になった分子は，ほかの分子と衝突などしない場合は数ナノ秒〜数マイクロ秒の時間をかけて光(**蛍光**)を放出して基底状態へ戻ることにより緩和する．分子が溶媒に溶けている場合は，蛍光以外にも分子間相互作用による緩和過程が存在する．図 2･12 は，溶液中における分子の電子励起状態のエネルギー緩和過程をまとめたも

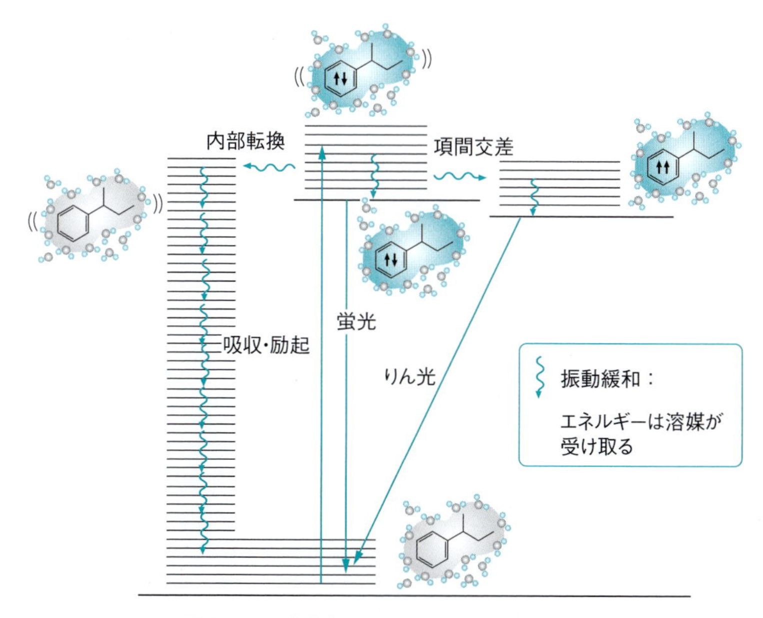

図 2･12　溶液中の分子の光吸収と緩和過程
黒色は電子基底状態，青色は電子励起状態を表す．

のである．図中，波線で表した**振動緩和**，**内部転換**，**項間交差**は**無輻射(無放射)遷移**とよばれ，光を発しない緩和過程である．振動緩和では振動エネルギーが溶媒中に拡散し，内部転換では電子エネルギーが振動エネルギーへ変換される(この変換は孤立分子で起こる)．項間交差では電子スピンが反転することにより三重項とよばれる状態へ変わり，そこから数マイクロ秒～数ミリ秒の時間をかけて発光する．三重項状態からの発光は**りん光**とよばれ，蛍光現象とあわせて**輻射遷移**とよばれる．これらの緩和過程は，溶媒との分子間相互作用に大きく依存する．溶質が溶媒に囲まれることによって生じるこの相互作用を，とくに**溶媒効果**とよぶ．生体内分子は基本的に水中にあるので，孤立した分子とはふるまいが異なる．したがって，図2･12のような緩和過程の経路や速度を調べることは，溶液中に存在する生体分子の状態を研究するための有効な手段である．

❻ 短波長電磁波と原子・分子の相互作用

波長が200 nm以下から軟X線(50 nmくらい)までの紫外線をとくに**真空紫外線**とよぶ．これは，空気中で窒素や酸素に吸収されてしまうので真空中を伝搬させる必要があるためである．波長が120 nmよりも短くなると，多くの原子や分子のイオン化が起こる．

さらに短波長になりX線の波長領域になると，物質との相互作用は紫外線などに比べると弱くなるため，X線画像診断に代表されるように物質を透過する特徴を活かした電磁波として利用される．また，X線領域になると，波長ではなく**電子ボルト**(eV)[*13]を単位とした光子エネルギーで表すのが一般的である．

医療に用いるX線領域が物質に吸収されるときは，**内殻励起**とよばれる過程が起こる．これは，たとえばK殻にある電子が，X線吸収により最外殻に遷移する現象である(図2･13)．医療用X線は，30 keV程度(図2･14に薄い黒色で示した部分)を中心としたエネルギー分布をしており，原子番号が大きくなるほど原子による吸収は大きくなる．またX線画像診断の造影剤に用いられるIやBaは，この内殻励起により強いX線の吸収をもつ性質が活かされている．もう1つは，**トムソン散乱**とよばれるX線がエネルギーを失わずに散乱される過程である．散乱X線の干渉を観測するX線回折という方法でDNAのらせん構造が明らかになったことは，20世紀の大発見の1つである．γ線はX線よりもやや短波長であることが多いが，発生が原子核内であればγ線，原子核外の主に電子であればX線という明確な区別がある．

＊13　**電子ボルト**　1 eVは波長1240 nmの光のエネルギーに等しく，波長とエネルギーは互いに反比例関係である．

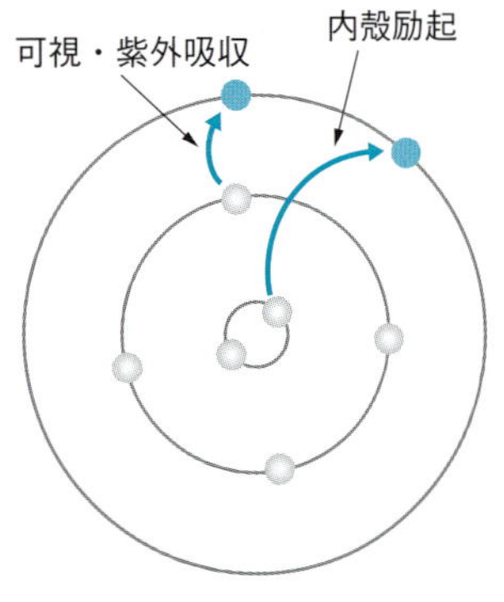

図2･13　可視・紫外による電子励起と内殻励起の違い

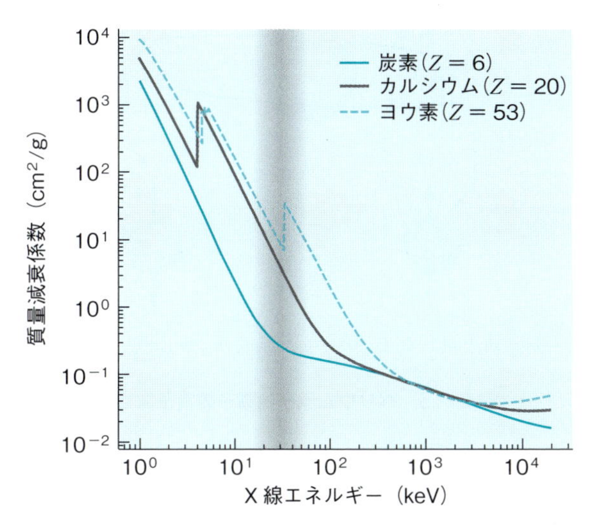

図 2·14　炭素，カルシウム，ヨウ素の X 線吸収率
黒い部分が 30 keV 付近.

ポイント

- 分子の内部エネルギーには，並進，回転，振動，電子エネルギーがあり，それぞれ離散的（とびとび）な大きさをもつ.
- エネルギー間隔は回転＜振動＜電子であり，それぞれ，マイクロ波，赤外，可視・紫外領域の光子エネルギーに対応する.
- 回転遷移は永久双極子モーメントをもつ分子で起こる.
- 振動遷移は振動による構造変化により，双極子モーメントが変化する分子で起こる.
- 分子の赤外吸収スペクトルに観測される振動遷移から，分子に含まれる官能基の同定ができる（赤外吸収分光）.
- 可視・紫外吸収分光法は電子遷移を観測し，電子スペクトルに現れる振動構造から分子構造の変化がわかる.
- 可視・紫外吸収スペクトルの強度は，吸光度 $A(=\varepsilon cl)$ で表される.
- 電子励起状態の緩和過程には，輻射過程（蛍光，りん光）および無輻射過程（内部転換，項間交差，振動緩和）がある.
- X 線領域では物質に対する透過率が高いが，透過しない場合は内殻励起による吸収やトムソン散乱による散乱が特徴的な現象である.

C　スピンによる電磁波吸収

❶ 電子スピンと核スピン

分子の中の電子が光を吸収し，電子の運動が変化するのが電子遷移であったが，磁場中に置かれた電子や原子核の一部は，その粒子自体が電磁波を吸収し放出する．これは，荷電粒子が自転運動することにより磁

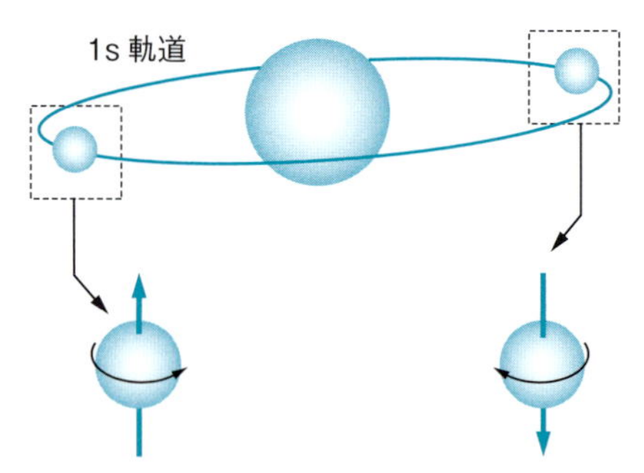

図 2・15　ヘリウム原子内電子の電子スピン

気モーメント＊14をもつからである．この自転運動をスピンとよび，**電子スピン**や**核スピン**の状態間で電磁波吸収や放出が起こる．

図 2・15 のようにヘリウム原子の 1s 軌道に配置されている 2 つの電子を考えてみる．2 つの電子は，互いに同じエネルギーをもち，同じ軌道に存在している．すなわち，1 章で学んだ原子軌道を表す量子数 n，l，m が同じであり，見た目はまったく同じ状態の 2 つの電子にみえる．しかしながら，電子スピンに着目すると，**スピン量子数**＊15がそれぞれ $m_s = +1/2$，$m_s = -1/2$ の互いに逆向きの電子スピンをもち，互いに逆向きの磁気モーメントをもつ．これが一様な磁場と相互作用すると，一方の電子スピン状態のエネルギーは高くなり，他方は低くなる．すなわち，磁場がないときに**縮重**＊16していた $m_s = +1/2$ と $m_s = -1/2$ の電子スピン状態のエネルギー準位が分裂する．原子核にも同じように，**核スピン**に基づく磁気モーメントが存在する．そして，磁場をかけたときに核スピン準位のエネルギー分裂がみられる．このように，スピン準位が磁場により分裂することをゼーマン効果＊17とよぶ．

磁場中のスピンのエネルギー準位の分裂の大きさやパターンは，電子や原子核の置かれた環境を敏感に反映する．ここでいう環境とは，たとえば着目している原子がどのような原子と結合しているか，どのような分子と接しているか，ということである．磁場によるスピン分裂を電磁波吸収によって観測する方法が，**電子スピン共鳴**＊18(ESR)**分光法**と**核磁気共鳴**＊19(NMR)**分光法**である．ESR 分光法では，活性なラジカル種のもつ不対電子のスピン分裂を観測し，NMR 分光法では ^{1}H 原子核や ^{13}C 原子核における核スピン分裂を観測する．それぞれ用いる電磁波は ESR ではマイクロ波領域，NMR ではラジオ波領域である．とくに，NMR 分光法は合成した有機分子の構造解析のために欠かせない測定法である．

＊14 **磁気モーメント**　両方の極をもつ磁石のようなものであり，磁気モーメントをもつ物質は，磁場中で力を受ける．

＊15 **スピン量子数**　スピンも量子化されていて，離散的な値を有する．通常，電子スピンの大きさは $S = 1/2$ で，その向きを表す電子スピン量子数は $m_s = \pm 1/2$ と表す．また，核スピンの大きさは I で表され，大きさは原子核によって異なる．核スピンの向きを表す核スピン量子数は $m_I = I, I-1, \cdots, -(I-1), -I$ で表される．電子でも，核でも，磁場中ではスピン量子数に依存したエネルギー準位に分裂する．☞ 1 章 p.16 参照

＊16 **縮重**　縮退ともよび，性質，エネルギーが同じ状態のものが 2 つ以上存在する場合のことをよぶ．☞ 1 章 p.16 参照

＊17 **ゼーマン効果**　Zeeman effect

＊18 **電子スピン共鳴**　electron spin resonance

＊19 **核磁気共鳴**　nuclear magnetic resonance

❷ 核スピンによる吸収を用いた方法：核磁気共鳴(NMR)分光法

NMR 分光法で最も よく用いられる ^{1}H-NMR について説明しよう．

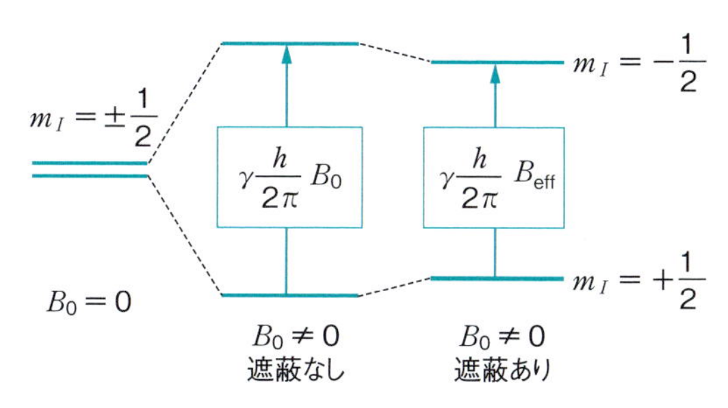

図 2・16　磁場中の ¹H 核スピン準位のエネルギー

均一な磁場 B_0 において，核スピン I をもつ原子核のエネルギー準位 E_m は，

$$E_m = -\mu_B B_0 = -\gamma m_I \frac{h}{2\pi} B_0 \tag{2・8}$$

となる．磁気モーメント μ_B は，物質の磁性を定量的に表す量である．ここで，γ は磁気回転比とよばれる定数であり，m_I は核スピン量子数 $m_I = +I,\ +(I-1),\ \cdots,\ -(I-1),\ -I$ である．したがって，図 2・16 のように核スピン量子数が ± 1/2 の水素原子核では，$m_I = +1/2$（α スピン）および $m_I = -1/2$（β スピン）の 2 つの状態が存在する．磁場がないとき（$B_0 = 0$）に縮重しているこれらの 2 つの状態のエネルギーは，磁場と相互作用することにより，それぞれ $-(1/2)\gamma(h/2\pi)B_0$ と $+(1/2)\gamma(h/2\pi)B_0$ だけシフトする．その結果，$\gamma(h/2\pi)B_0$ の大きさで 2 つの準位に分裂し，その分裂幅のエネルギーがラジオ波の領域に相当する．たとえば，¹H 核の磁気回転比 $\gamma = 2.675 \times 10^8\ \mathrm{T^{-1}\ s^{-1}}$ を用いると，磁場が $B_0 = 1.4\ \mathrm{T}$ のとき共鳴周波数は 60 MHz となり，これは波長 5 cm のラジオ波に対応する．すなわち水素原子に 60 MHz のラジオ波を照射し，磁場を変化させていくと磁場が 1.4 T で吸収信号が観測されることになる．これが，NMR 信号測定の基本的な原理である．

核スピンの分裂幅は ¹H 核の局所環境に依存する．なぜなら，同じ外部磁場をかけても，分子内の ¹H 核が感じる実効的な磁場の大きさ（B_{eff}）が異なるからである．その理由は以下のとおりである．分子内の ¹H 核のまわりには電子が分布しており，磁場 B_0 をかけることにより電子の運動が誘起され，逆向きの小さな磁場（誘導磁場）σB_0 を生ずる．これが ¹H 核付近の局所磁場を減らすように働くので，¹H 核が感じる有効磁場 B_{eff} は外部磁場 B_0 よりも小さくなり，

$$B_{\text{eff}} = (1-\sigma)B_0 \tag{2・9}$$

で表される．これは，電子によって ¹H 核が外部磁場から遮蔽（しゃへい）されているということであり，σ を**遮蔽定数**とよぶ．その結果，核スピン分裂幅，すなわち，共鳴周波数のラジオ波の光子エネルギーは，

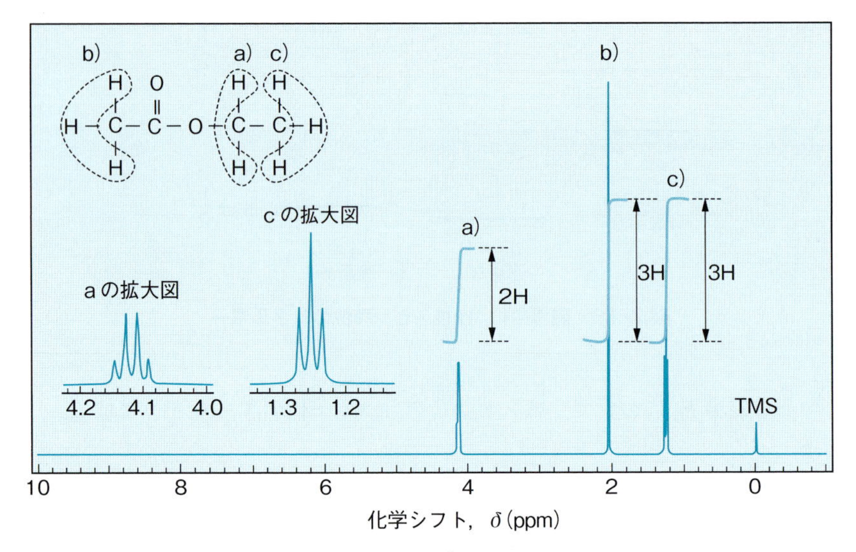

図 2･17 酢酸エチルの ^{1}H-NMR スペクトル

$$\Delta E = (1-\sigma)\gamma \frac{h}{2\pi} B_0 \qquad (2\cdot 10)$$

で表されることになる．^{1}H 核を取り巻く電子の密度が高いほど遮蔽定数は大きくなるため，同じ磁場をかけても図 2･16 のように核スピン分裂は小さくなる．言い換えると，遮蔽されている ^{1}H 核ほど，核スピン分裂に高磁場が必要であることになる．そして，遮蔽の大きさは，分子の構造で決まる電子分布を反映するのである．

実際の NMR スペクトルをみてみよう．図 2･17 は酢酸エチルの NMR スペクトルである．共鳴周波数を 400 MHz で一定にして，磁場を変化させたものに対応する．横軸は**化学シフト**（δ）[*20] とよばれ，左側にいくほど遮蔽定数が小さく，すなわち，低磁場となる．化学シフトの基準となる $\delta = 0$ のピークは標準化合物の ^{1}H 核の信号で，通常，テトラメチルシラン［TMS，$Si(CH_3)_4$］を用いる．スペクトルには，化学シフトが大きい順に，a，b，c の 3 ヵ所に信号がみられる．ピークの面積を積分すると，ピーク a は ^{1}H 核が 2 個，ピーク b と c はともに ^{1}H 核が 3 個分の強度をもっていることがわかる．図 2･18 を参照すると，3 つのピークはそれぞれ，図中に示したような酢酸エチル分子中の水素原子に由来する信号と帰属される．電子密度の観点からは，ピーク c のエチル基側のメチルプロトンが最も高く，ピーク a のメチレンプロトンで最も低いということになるが，実際は分子構造から推測される電子密度と遮蔽の大きさの関係は単純ではない．

化学シフトとともに，NMR スペクトルで着目すべき点は信号の分裂である．たとえば図 2･17 において，信号 c は 3 本に分裂している．これは，「c の等価な 3 つの ^{1}H 核」が「a の等価な 2 つの ^{1}H 核の核スピ

＊20 **化学シフト** 基準物質の共鳴周波数を ν_{ref} としたとき，試料の共鳴周波数 ν_{obs} の ν_{ref} からのシフト量を表したもので，

$$\delta = \frac{\nu_{obs} - \nu_{ref}}{\nu_{spec}} \times 10^6 \text{ ppm}$$

で表される．電子による遮蔽が小さいほどシフトは大きい．

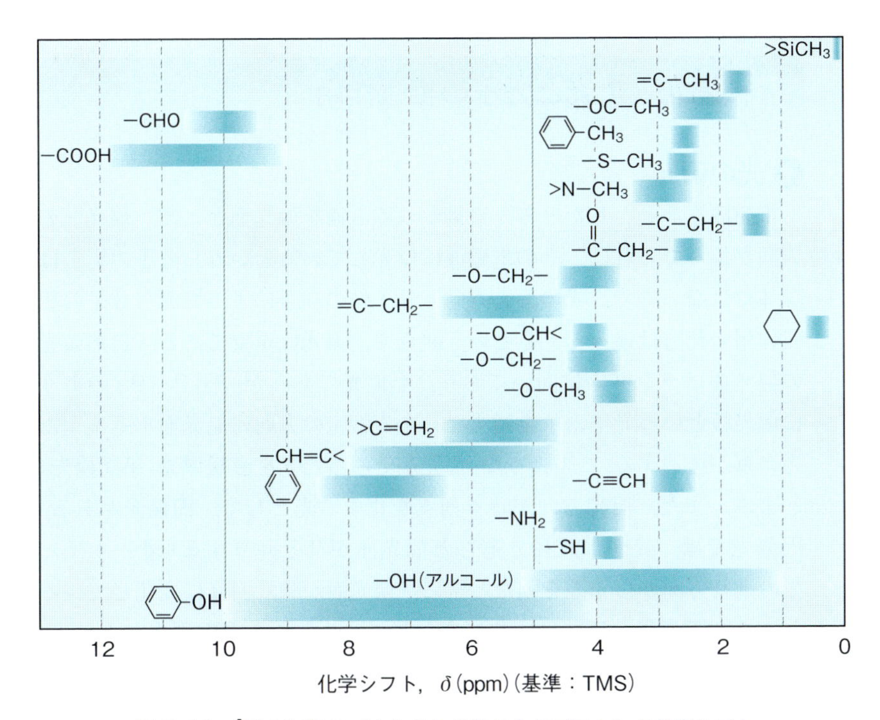

図 2・18　^{1}H-NMR スペクトルにおける主なプロトンの化学シフト

ンの影響」を受けるからである．a の 2 つの ^{1}H 核がもつ核スピン状態の組み合わせは $\alpha\alpha$，$\{\alpha\beta, \beta\alpha\}$，$\beta\beta$ の 3 種類の場合が考えられる．外部磁場がかかったときに，3 種類の核スピン状態が c の ^{1}H 核の核スピン状態にそれぞれ異なった影響を与えるため，状態は 3 つに分裂する．逆に，a の 2 つの ^{1}H 核の信号が 4 つに分裂しているのは，「c の 3 つの ^{1}H 核」が $\alpha\alpha\alpha$，$\{\alpha\alpha\beta, \alpha\beta\alpha, \beta\alpha\alpha\}$，$\{\alpha\beta\beta, \beta\alpha\beta, \beta\beta\alpha\}$，$\beta\beta\beta$ の 4 種類の核スピン状態をもち，a の ^{1}H 核に影響を与えているからであると考えることができる．一般に，隣の炭素原子に結合している水素原子の数が n 個であるとすれば，シグナルの形は $(n+1)$ 本に分裂する．したがって，隣の炭素原子に水素原子が結合していない b の ^{1}H 核のピークに分裂はみられず，1 本となる．

ポイント

- 電子スピン共鳴(ESR)分光法では，不対電子をもった分子種の観測ができる．
- ESR 分光法では，磁場とマイクロ波領域の電磁波を用いる．
- 核磁気共鳴(NMR)分光法は，磁場中における核スピン分裂を測定する方法である．
- NMR 分光法では，磁場とラジオ波領域の電磁波を用いる．
- ^{1}H-NMR 法では，分子内の水素原子がどのように結合しているかがわかる．
- ^{1}H 核の化学シフトの大きさは，まわりの電子による遮蔽効果によって決まる．
- 遮蔽定数 σ の大きな ^{1}H 核の信号は高磁場，小さな ^{1}H 核の信号は低磁場に現れる．

D　偏光した光と分子の相互作用

❶ 光の偏光

電磁波を波動としたとき，電場がつくる面を偏光面とよぶ．偏光面の方向が偏っていれば，その電磁波は偏光しているという．分子の構造は球体ではないので，光の偏光方向と分子軸の向きによって光と分子の相互作用の仕方は違ってくるという観点で，偏光は重要である．自然の光の偏光面はランダムに向いており，無偏光であるが，図 2･19a のように**偏光板**という光学素子を通すと，ある特定の方向に偏光面をそろえた光のみが透過する．このような，偏光がそろった光を**直線偏光**（**平面偏光**）とよぶ．また，偏光方向が時々刻々変化する光として，**円偏光**がある．円偏光では，光が１波長分進むと偏光面がひと回りする（図 2･19b）．光の進行方向から光源をみたときに，偏光面が時計回りに変化しているときを**右円偏光**，反時計回りに変化しているときを**左円偏光**とよぶ（図 2･19c）．また，直線偏光でもなく円偏光でもない中間の場合は楕円を

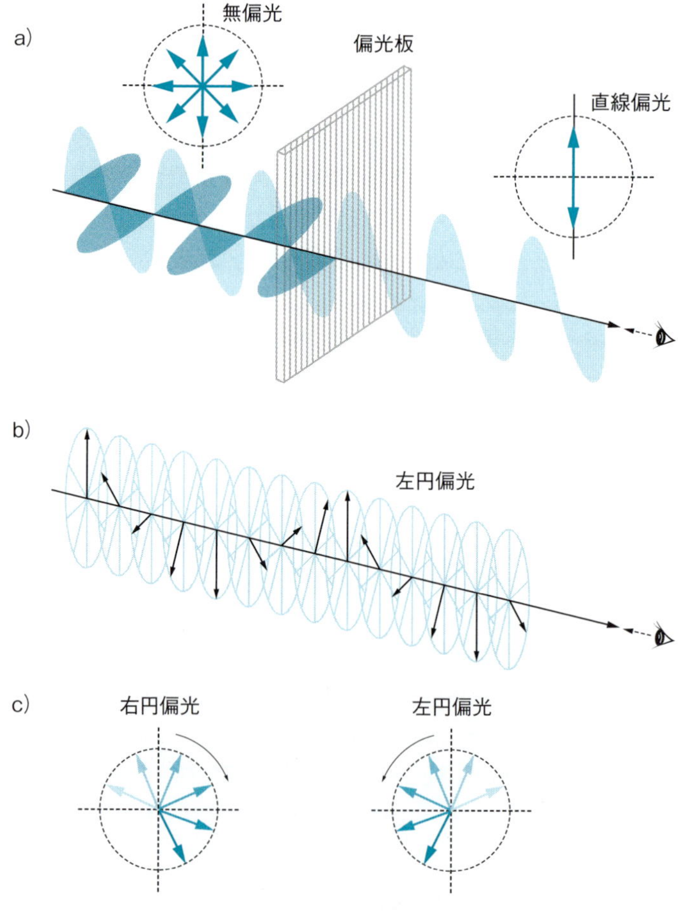

図 2･19　光の偏光

描き，**楕円偏光**とよぶ．ここでは，直線偏光および円偏光と物質の相互作用について説明する．

❷ 光学活性物質の旋光性

直線偏光が**光学活性**な物質を通過したとき，偏光方向は回転する．これは，直線偏光を右円偏光と左円偏光の足し合わせと考えたとき，光学活性物質の屈折率が異なるために，左右円偏光の位相*21 のずれが生じることに起因する．この現象を起こす性質を**旋光性**とよび，旋光分散*22 (ORD) 分光法や円偏光二色性*23 (CD) 分光法とよばれる手法により，ペプチドやタンパク質など光学活性分子種の分析に用いられる．

光学活性物質による偏光面の回転角 α を旋光度とよぶが，その大きさは偏光面を回転させる物質固有の能力を表す比旋光度 $[\alpha]_\lambda^t$ に依存する．

$$[\alpha]_\lambda^t = \frac{\alpha}{lc} \qquad (2\cdot11)$$

$[\alpha]_\lambda^t$ は波長 λ と温度 t に依存し，単位は deg dm^{-1} g^{-1} cm^3 である．また l (dm) (1 dm = 10 cm) はセルの光路長，c (g cm^{-3}) は光学活性分子の濃度である．すなわち，旋光度 α は光路長，試料の濃度に比例し，その比例定数が比旋光度である．たとえば果糖 ($C_6H_{12}O_6$) の比旋光度は，ナトリウムの D 線の波長 (589.3 nm)，温度 20 ℃において，約 −100 deg dm^{-1} g^{-1} cm^3 である．セルの長さが 1 cm，濃度が 100 g L^{-1} の果糖水溶液を 589.3 nm の光が通過するときの旋光度は $\alpha = -1°$ となる．すなわち，進行方向側からみて左に 1° 回転して観測される．

*21 **位相**　z 軸方向に進行する電磁波の $z = 0$ における x 軸方向の電場成分を $Ex \cos(\omega t + \phi)$ と表したとき，$|\vec{Ex}|$ が強度を表す振幅，$\omega = 2\pi\nu$ は角周波数で波長に関係する量，そして，ϕ が位相である．

*22 **旋光分散**　optical rotatory dispersion

*23 **円偏光二色性**　circular dichroism

❸ 円偏光二色性：光学活性種の検出

光学活性物質が光吸収帯をもつとき，偏光面を回転させる旋光性とともに左円偏光と右円偏光の吸光度が異なるという性質をもつ．これを**円偏光二色性** (CD) とよび，光学活性物質の存在比の測定，あるいはタンパク質のらせん構造などの，立体構造の変化の測定に用いられる．図 2･20a はアミノ酸の 1 つであるフェニルアラニンの CD スペクトルである．縦軸は円偏光二色性で，左円偏光に対する吸光度 ε_L と右円偏光に対する吸光度 ε_R の差に対応する．

$$\Delta\varepsilon = \varepsilon_L - \varepsilon_R \qquad (2\cdot12)$$

フェニルアラニンには L-フェニルアラニンと D-フェニルアラニンが存在し，互いに鏡像関係にある．図 2･20b の紫外吸収スペクトルのように無偏光による測定では，L 型と D 型の差異は基本的にはみられない．一方，CD スペクトルでは，円偏光の吸光度が L 型と D 型で異なるので，円偏光二色性は逆符号で現れる．たとえば，L-フェニルアラニンでは，左円偏光のほうが右円偏光よりも吸収が強いということを示している．

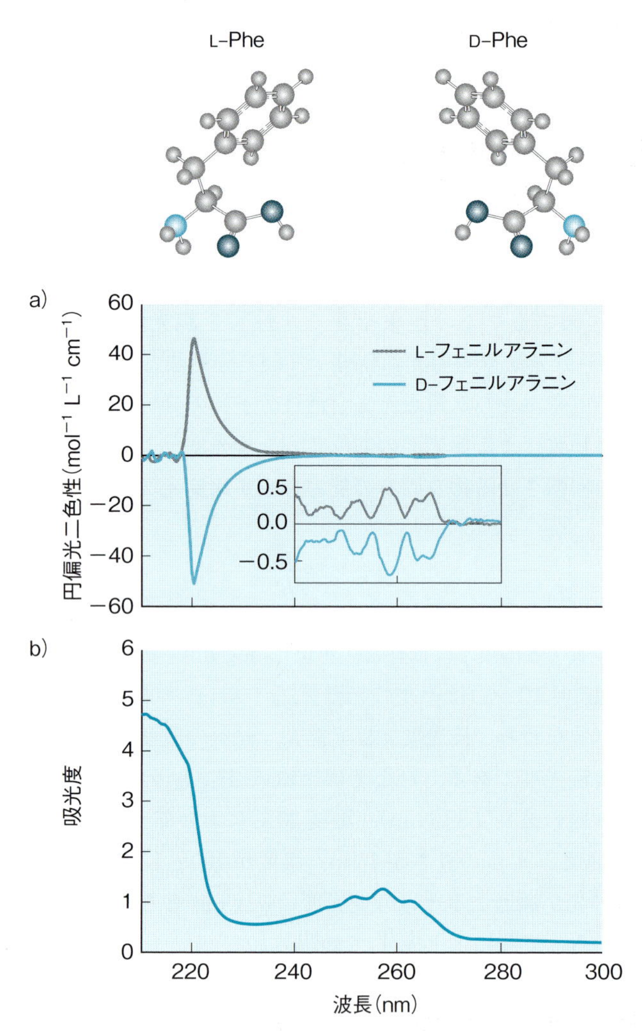

図 2・20 L-, D-フェニルアラニンのCDスペクトル(a)と紫外吸収スペクトル(b)
紫外吸収スペクトルは完全に重なっている．それぞれ 6×10^{-2} mol L^{-1}，6×10^{-3} mol L^{-1} で測定．

このように，CD スペクトルでは光学活性物質あるいは光学活性な構造を高感度で検出できる．

コラム

円偏光による光学活性部位の観測

薬学において取り扱うことの多いタンパク質などの巨大分子では，その中に含まれるらせん構造が光学活性を示すので，CD スペクトルで測定することができる．たとえば，タンパク質の立体構造のうち，このようならせん構造がどのくらいの割合で含まれるかを調べることにより，タンパク質の折りたたみ構造が pH や温度など，まわりの環境にどの程度影響されるかを明らかにすることができる．

ポイント

- 偏光している光には，直線偏光（平面偏光），円偏光（右円偏光，左円偏光），楕円偏光がある．
- 直線偏光の偏光面が光学活性物質によって回転する性質を施光性という．
- 光学活性物質において，右円偏光と左円偏光の吸光度が異なる性質を円偏光二色性（CD）という．

E 光の基本的性質

1 光の屈折

ここまでみてきたように，物質に電磁波を照射したときの応答は物質の性質を反映しているが，電磁波を取り扱う際，物質がなくても**屈折**，**回折**，**干渉**という基本的な性質を理解しておく必要があるので，本項でまとめて説明する．

図2･21のように光が空気中から水中に入るとき，光路は下向きに角度を変える．この現象は屈折とよばれ，空気と水の**屈折率** n の違いに由来する．屈折率は物質の**誘電率**[*24]と透磁率で決まり，それらが周波数に依存するために屈折率も周波数に依存，すなわち波長に依存する．通常，真空中の屈折率を $n = 1$ として，それに対する相対的な屈折率のことをいう．そして，屈折率 n の媒質中では光速は c/n となる（c は真空中での光速である）．空気と水の屈折率をそれぞれ n_1，n_2 とすれば，

$$n_1 \sin\theta_1 = n_2 \sin\theta_2 \qquad (2\cdot13)$$

となる（**スネルの法則**）．いま，空気中から水中へ光が進む場合，表2･1のように $n_{1\,(=1.00)} < n_{2\,(=1.33)}$ であるので $\sin\theta_1 > \sin\theta_2$ となり，入射角より屈折角が小さくなる．また，水から空気中に光が進むときに，図2･21のようにある角度よりも入射角が大きいとき，光が空気中に進入できなくなる．この角度を**臨界角**とよび，臨界角よりも入射角が大きいときは鏡のように反射される（**全反射**）．屈折率は媒質と波長に依存する

＊24 **誘電率** 電場中の物質の応答は，物質内の電子が偏り分極するという形で現れる．その大きさの目安となる定数と考えればよい．

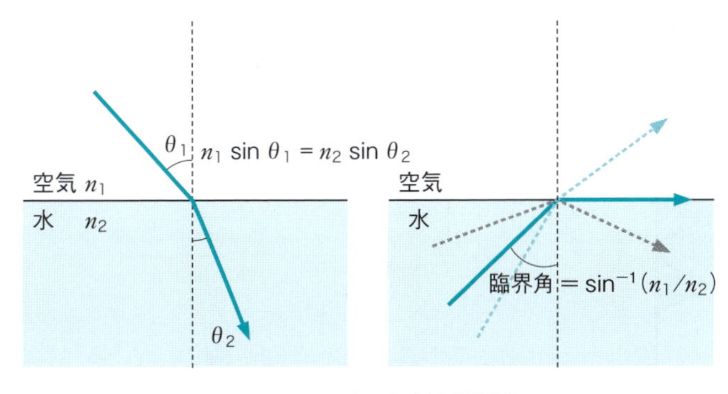

図2･21 光の屈折と屈折率
$\sin^{-1}(n_1/n_2)$とは，$\sin\theta = n_1/n_2$ を満たす鋭角を示す．

表2･1 物質の屈折率：ナトリウムD線における屈折率

媒 質	屈折率
空気	1.00
水	1.33
エタノール	1.36
ベンゼン	1.50
石英ガラス	1.46
サファイア	1.76
ダイヤモンド	2.42

が，一般に波長が短いほど屈折率は大きい．たとえば，太陽光が空気中の水の微粒子に屈折されると，波長ごとに光が分かれる．これが虹が7色にみえる原理である．

コラム

光の散乱と偏光：意外と身近な現象を演出

空がなぜ青いか？　夕日はなぜ赤いか？　これには，光の散乱という現象が関わっている．分子に光が照射されると，その光を吸収しない場合でも，光電場方向に分子内の電子は振動する．このとき，電子は交流電場をつくり出し，これが電磁波となり，振動方向に垂直な全方向に再び伝搬していく．この電磁波は，照射した光と同じ波長をもつ．この現象を**レイリー散乱***25 とよび，大気中では散乱強度は青色光のほうが赤色光よりも大きい．さて，光は直進するので，空が明るくみえるということは，太陽の光が大気中の原子あるいは分子に散乱されるためと考えることができる．このとき，太陽光の中の青色成分が可視光の中では最もよく散乱されるので，地球上にいる私たちには空が青くみえる．

また，日没や日の出のときは，太陽光が私たちの目に届くまでに地球大気を長い距離通過する．その間に青色の波長成分がより散乱され，相対的に赤い光が多く到達し地平線に近づくにつれ赤味を帯びてみえる．

ところで，散乱光にはレイリー散乱のほかに，**ラマン散乱***26 とよばれる微弱な散乱光が含まれている．これは分子振動が誘起双極子に与える影響に由来するものであり，入射光から振動エネルギー分だけプラスまたはマイナスシフトした散乱光である．ラマン散乱法は，分子振動を調べるときに赤外スペクトルと相補的な関係として重要な手法である．

*25　**レイリー散乱**　Rayleigh scattering

*26　**ラマン散乱**　Raman scattering

❷ 光の回折と干渉

光が小さな穴を通過すると(図2･22)，光は細い光線になりそうに思えるが，実際は，穴の大きさが小さいほど通過した光は広がる．この現象を**回折**とよぶ．次に，2つの小さな穴に光を通した場合を考えてみる．このとき，2つの穴からは，同じ位相(波の山と谷がそろっている状態)の光が広がる．そしてスクリーン上には，単なる明るいスポットが2つ重なるのではなく，光の強い部分と弱い部分が交互に現れる．これは，

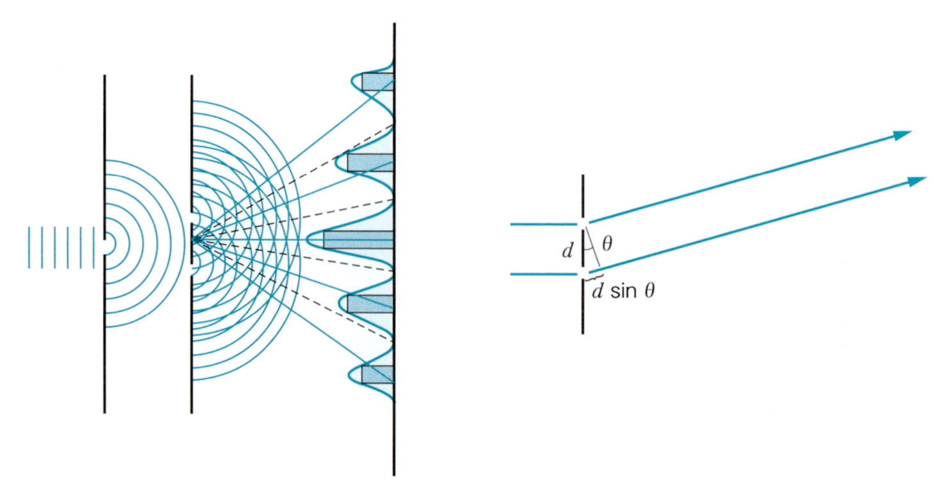

図2･22　光の回折と干渉

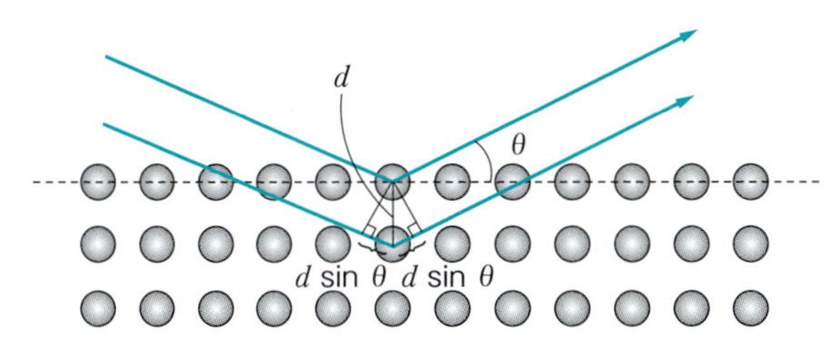

図 2・23 結晶によるX線回折とブラッグ条件

2つの穴から回折した光の波の山と山が重なったところは増幅され，光の山と谷が重なったところは打ち消し合って弱くなるからである．このような波の性質を**干渉**とよび，干渉によって現れる縞（しま）模様を**干渉縞**とよぶ．この干渉縞の明暗の方向θは，光の波長λ，穴の間隔dで決まる．穴の大きさと比較し無限遠方の散乱角θの方向で干渉縞が明るくなるとすると，2つの穴を通る光の光路差$d\sin\theta$が，$d\sin\theta = n\lambda$（$n = 0, 1, 2, \cdots$）を満たす．これは，θの方向で，2つの穴を通った光波が互いに増幅するように干渉する条件である．したがって，干渉縞を生じる光の散乱角から，非常に短い穴の間隔dがわかる．

この原理を利用した代表的な測定法が**X線回折法**である．周期構造をもつ物質にX線を照射するとX線は原子によってトムソン散乱される（図2・23）．透過率の高いX線は，1層深い層まで侵入し散乱される．第一層と第二層の原子でX線が散乱される現象は，図2・22でみたように等間隔に並ぶ複数の小さな穴からX線が回折されることに置き換えることができる．このとき散乱X線が増幅される条件は，図2・23より，

$$2d\sin\theta = n\lambda \ (n = 0, 1, 2, \cdots) \qquad (2\cdot14)$$

となる．これを，X線回折における**ブラッグの散乱条件**[*27]とよぶ．この散乱光を検出し，現れる干渉パターンを解析することにより，原子の間隔および結晶構造がわかる．厳密には，X線は原子核のまわりの電子により散乱されるので物質内の電子密度分布がわかるのであるが，その電子密度の高いところが原子の位置と考えてよい．一般に，結晶中の原子の間隔は数Å（オングストローム，$1\,\text{Å} = 10^{-10}\,\text{m}$）であるので，X線回折に用いるX線の波長は，1Å前後が適している．タンパク質などの巨大な分子の構造も，その多くはX線回折法によって明らかにされている．

＊27 **ブラッグの散乱条件**
Bragg's law

ポイント

- 電磁波には，屈折，干渉，回折という性質がある．
- 光の屈折率 n は媒質と波長に依存し，真空中の屈折率 $n = 1$ としたときの相対値を用いる．
- 屈折率が n の媒質中では，光速は c/n となる（c は真空中の光速である）．
- 屈折率が n_1 の媒質から，屈折率 n_2 の媒質に光が入射するとき，入射角 θ_1 と屈折角 θ_2 の関係は $n_1 \sin \theta_1 = n_2 \sin \theta_2$ である．
- 屈折率が大きい媒質から小さい媒質へ入射するとき，屈折角が 90°になる入射角が臨界角であり，入射角が臨界角より大きい場合に全反射が起こる．
- X 線は物質内電子に散乱され，X 線回折法により結晶の原子間隔がわかる．

Exercise

1 電磁波の分類の図中 a ～ e において，電磁波の種類，およびその波長と関連のある語句を語群より選びなさい．（難易度★☆☆）

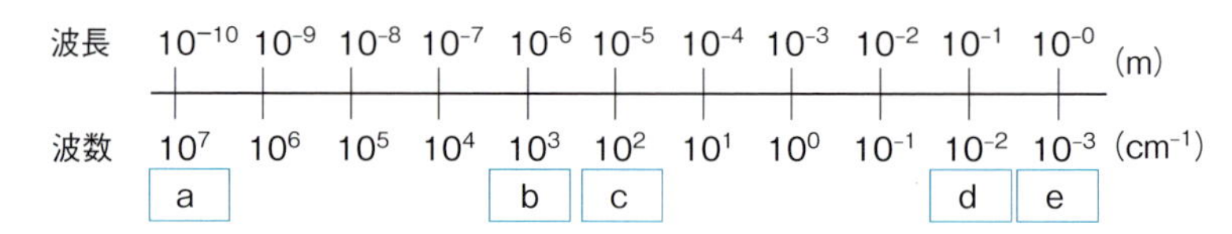

電磁波の種類（ラジオ波，赤外線，可視・紫外光，マイクロ波，X 線）

測定手法（核磁気共鳴（NMR）法，電子スピン共鳴（ESR）法，振動分光法，電子スペクトル，回折法）

2 分子振動と赤外吸収について，下線部の正誤を答え，誤の場合は修正しなさい．（難易度★☆☆）

① H_2O の振動モードは全部で 3 個あり，すべてが赤外活性モードである．

②重水 D_2O の振動数は，H_2O の振動数よりも大きい．

③ CO_2 の赤外活性モードは，対称伸縮振動と逆対称伸縮振動である．

④赤外吸収スペクトルで 3000 cm^{-1} に観測されたピークは，波長 3 μm の赤外線吸収に対応する．

⑤ N_2 は振動運動により双極子モーメントが変化するので，赤外線による振動遷移は起こらない．

3 電子遷移について，下線部の正誤を答え，誤の場合は修正しなさい．（難易度★★☆）

①分子が光吸収により電子励起状態になるとき，電子配置が変化し分子構造の変化を伴う．

②気相ベンゼンの紫外吸収スペクトルは，液相ベンゼンのものと同じである．

③電子励起状態からの輻射遷移には，蛍光とりん光があり，弱く長く発光するのは蛍光である．

④ X 線による原子や分子の吸収では，価電子ではなく内殻電子の電子配置が変化することがある．

⑤一様な吸収帯を光が通過するとき，光の強度は距離に比例して減少する．

4 **核スピンについて，（ ）内には適する語句を入れ，［ ］内からは正しい語句を選んで文章を完成しなさい．**（難易度★★☆）

^{1}H 核のスピンは $I = 1/2$ であり，核スピン量子数は $m_I = $（① ）と $m_I = $（② ）がある．この 2 つのスピン準位は，磁場がないときには（③ ）しており同じエネルギーであるが，磁場中ではそれらはシフトし分裂する．その分裂幅は磁場の大きさに（④ ）し，分裂幅に共鳴する（⑤ ）を ^{1}H 核は吸収する．この信号を測定して分子構造を調べる方法が NMR 分光法である．共鳴周波数が一定であれば，遮蔽定数の小さい ^{1}H 核ほど（⑥ ）に現れ，化学シフトは［⑦ 小さく・大きく］なる．遮蔽定数の大きさは，主に ^{1}H 核のまわりの（⑧ ）の密度で決まり，それが大きいほど遮蔽定数は［⑨ 小さく・大きく］，その一例は［⑩ カルボキシ基・メチル基］の H である．

5 **光の性質について，下線部の正誤を答え誤の場合は修正し，［ ］内からは正しい語句を選びなさい．**（難易度★☆☆）

①屈折率 n は，物質固有の値で，波長や温度には依存しない．屈折率 n の媒質における光の伝播速度は，真空中の光速を c とすれば $n \times c$ で表される．屈折率 n_1 から n_2 へ光が侵入するとき，入射角 i と屈折角 r には，$\sin i/n_1 = \sin r/n_2$ が成り立つ．また，$n_1 > n_2$ のとき，臨界角よりも入射角が［小さい・大きい］と，全反射が起こる．

②直線偏光が光学活性物質を通過することにより偏光面の角度が変わる性質を円二色性とよび，左右円偏光の屈折率の違いが関係している．光学活性物質が左右円偏光に吸収をもつ場合，旋光性が生じ，キラルな環境に関する情報が得られる．

6 **波長 500 nm の電磁波の振動数（Hz），波数（cm^{-1}），光子のエネルギー（kJ/mol）を計算しなさい．必要な基礎物理定数は裏見返しの表参照．**（難易度★☆☆）

7 **銅の結晶に X 線を照射して回折実験を行った．X 線の波長は $\lambda = 0.154$ nm のとき，最初の明るい回折ピークが角度 $\theta = 17.6°$ で検出された．銅の原子間距離 d を計算しなさい．**（難易度★★☆）

8 **石英ガラスから空気中へ波長 590 nm の光が伝搬するときの臨界角を θ とするとき，$\sin\theta$ の値を計算しなさい．屈折率は表 2･1 の値を用いること．**（難易度★☆☆）

II

分子を
マクロでみる

分子間相互作用

この章では分子間に働く力による相互作用について述べる．分子内には電子の共有による共有結合があるが，それだけで分子の構造や性質が決まるわけではない．共有結合以外の相互作用が分子内に働くことによって，はじめて分子の構造や性質が決まる．また，薬物の受容体への結合に際しては，共有結合以外にも次に述べる分子間相互作用が重要な役割を演じている．

A 静電相互作用

❶ 電荷とクーロン力

静止している電荷がつくる電場は**静電場**とよばれ，静電場における電荷間には力が働く．図3･1のように q_1 の電荷と q_2 の電荷の粒子の間に働く力を**クーロン力**といい，両者の距離を r とすると式(3･1)で表される．

q_1 q_2 r

図3･1　電荷とクーロン力

$$F = \frac{q_1 q_2}{4\pi\varepsilon r^2} \qquad (3\cdot1)$$

ε は粒子の周囲にある媒質の**誘電率**[*1]である．式(3･1)でわかるように，距離が短いほどクーロン力は強くなる．

[*1] 誘電率 ☞2章 p.51 参照

❷ 静電相互作用

静電場における電荷間の相互作用を**静電相互作用**という．NaCl の結晶内で1価の陽イオンである Na^+ と1価の陰イオンの Cl^- は互いに**クーロン力**で引き合っており，Na^+ と Cl^- の結合は**イオン結合**とよばれるが，これは静電相互作用によるものである．タンパク質を構成するアミノ酸には側鎖にカルボキシ基をもつアスパラギン酸やグルタミン酸のように負に荷電することのあるものや，リシンやアルギニンのように側鎖にアミノ基やグアニジノ基をもち正に荷電することのあるものがある．このため，水溶液内でタンパク質内の正や負に荷電した官能基の間に静電相互作用が働く（分子内の静電相互作用）．また，複数のタンパク質間のそれぞれ帯電した官能基の間にも，静電相互作用が働く（分子間の静電相互作用）．

無限に離れた状態では静電相互作用によるエネルギーをゼロとし，それから互いの距離が r になるときのエネルギー U は，

$$\int_{\infty}^{r} \mathrm{d}U = -\int_{\infty}^{r} F\,\mathrm{d}r = -\int_{\infty}^{r} \frac{q_1 q_2}{4\pi\varepsilon r^2}\,\mathrm{d}r \tag{3·2}$$

$$U = \frac{q_1 q_2}{4\pi\varepsilon r} \tag{3·3}$$

となり，静電相互作用のエネルギーは電荷の積に比例し，媒質の誘電率と電荷間の距離に反比例することがわかる．

水溶液内でのイオン間に働く静電相互作用は式(3·1)～(3·3)の分母に誘電率の項があることから，溶媒の誘電率による影響を受ける[*2]．

＊2　水が溶媒のときに比べ，水にエタノールを加えると溶媒の誘電率は減少し，静電相互作用は強くなる．

ポイント

- 電荷間に働く力をクーロン力という．
- クーロン力は電荷の積に比例し，媒質の誘電率と電荷間の距離の 2 乗に反比例する．
- 静電場における電荷間の相互作用を静電相互作用という．
- 静電相互作用のエネルギーは電荷の積に比例し，媒質の誘電率と電荷間の距離に反比例する．

B　双極子間相互作用

❶ 双極子と双極子モーメント

双極子とは距離をおいて正と負の等しい電荷がある状態をいう．この双極子は，それぞれの電荷を $+q$ と $-q$，電荷間の距離を r とすると，負電荷から正電荷に向かうベクトル（大きさと方向をもつ）で表される双極子モーメント（dipole moment）$\vec{\mu}$（$= q\vec{r}$）をもつ（図 3·2）．

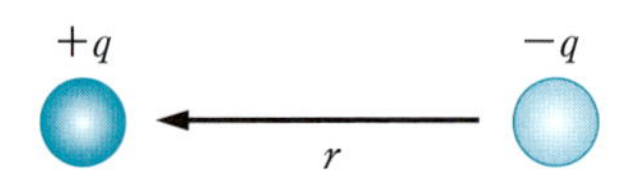

図 3·2　双極子モーメント
負の電荷から正の電荷に向けた矢印で表される．

＊3　**電気陰性度**　☞ 1 章 p.19 参照

結合している原子の電気陰性度[*3]が違うと電荷の偏りが生じ，双極子として扱える．たとえば，HCl では塩素原子のほうが電気陰性度が大きいため，わずかに負の電荷を帯び，水素原子が正の電荷を帯びるので，双極子モーメントをもつ（図 3·3）．さらに，分子内で負の電荷の部分と正の電荷の部分が異なる位置にある場合は分子全体を双極子とみなすことができる．

$H^{\delta+}$ ← $Cl^{\delta-}$

図 3·3　HCl の双極子モーメント

A 項（前頁）で述べた電荷（イオン）間の相互作用の考え方は，次の❷で述べるイオンと双極子間の相互作用，あるいは C 項で述べる双極子間の相互作用にも拡張できる．

❷ イオン-双極子相互作用

双極子モーメントをもつ分子は，イオン(正または負の電荷をもつ)と相互作用する．イオンの**水和**[*4]という現象は，イオンと双極子モーメントをもつ水分子との相互作用(**イオン-双極子相互作用**[*5])で説明される．図3·4はNa^+の水和の様子を示しているが，Na^+の正電荷に水の双極子の負電荷の部分が向かうように取り囲み，水和している．双極子の方向が固定されている場合，イオン-双極子相互作用のエネルギーは距離の2乗に反比例するので，イオン間の距離(の1乗)に反比例する静電相互作用に比べて，距離が離れると急激に弱くなる[*6]．

*4 物質が溶媒と相互作用しながら溶けている状態を**溶媒和**といい，溶媒が水の場合とくに**水和**とよぶ．

*5 C項❸(次頁)で示す誘起双極子などと区別するために，ここでの双極子を**永久双極子**と表現することもある．本書における双極子という言葉は永久双極子と言い換えることができる．たとえば「イオン-双極子相互作用」は「イオン-永久双極子相互作用」と同じ意味である．

*6 本項は2章B項(☞p.35)と一部重複する．

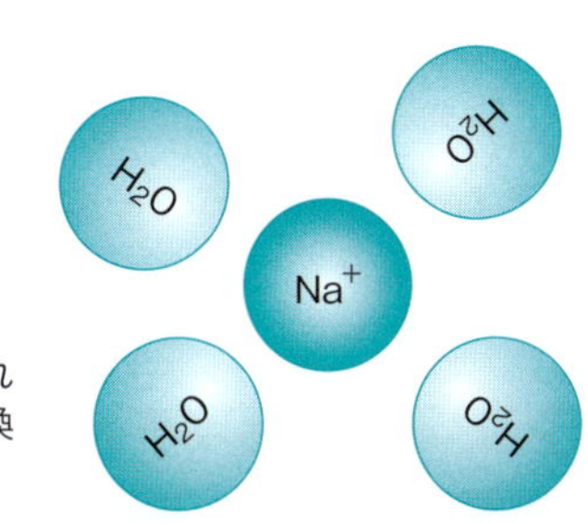

図3·4 水　和
Na^+のまわりに水分子が水和している様子．これらの水和水は半減期約10^{-9}sで周囲の水と交換している．

ポイント

- イオンの水和は，イオンと双極子モーメントをもつ水分子との相互作用(イオン-双極子相互作用)で説明される．
- 大環状ポリエーテルがNa^+やK^+などを分子内に取り込む現象もイオン-双極子相互作用で説明される．

C ファンデルワールス相互作用

❶ ファンデルワールス相互作用

電荷をもたない電気的に中性の分子や原子も，温度の低下とともに凝集し液相となる．このような分子や原子の間に働く引力を**ファンデルワールス力**[*7]といい，疎水性コロイド粒子[*8]間や粉体粒子間にも作用している．**ファンデルワールス相互作用**[*9]は，電気的に中性の分子や原子間における，双極子-双極子相互作用，双極子-誘起双極子相互作用，分散力による相互作用(以上がファンデルワールス力による相互作用)と，ファンデルワールス反発力による相互作用からなり，以下にそれらの詳細を述べる．

*7 **ファンデルワールス力** van der Waals force

*8 **コロイド粒子** ☞10章p.186参照

*9 **ファンデルワールス相互作用** van der Waals interaction

コラム

ヤモリとファンデルワールス力

ヤモリの足裏には長さ 10 μm ほどの毛が何百万本も生えており，その毛はさらにへら状の細い毛へと枝分かれしており，それらの太さはわずか 200 nm となっている．その枝分かれ部分と接地面(たとえば天井やガラス窓)との間のファンデルワールス力によってガラス窓にもへばりつくことができることが，2002 年に解明された．またこの構造をまねて，耐水性・伸縮性があり，組織に適合し，生分解する新しい外科用粘着テープも開発されている．

❷ 双極子–双極子相互作用

双極子間に働く相互作用を**双極子–双極子相互作用**といい，そのエネルギーは双極子間の距離の 6 乗に反比例する．また，双極子–双極子相互作用のエネルギーは双極子モーメントというベクトルに関係するので，双極子の互いの距離以外にも向きが問題になり(図 3･5)，分子運動によって変化するため温度の逆数にも比例する．一方，双極子の方向が固定されている場合は，距離の 3 乗に反比例する．

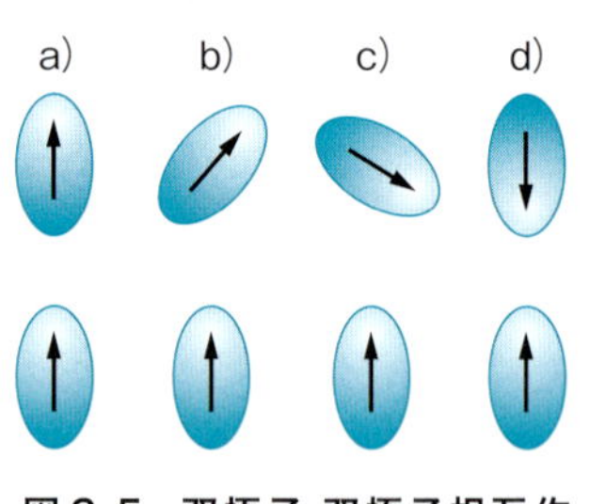

図 3･5　双極子–双極子相互作用は距離以外に方向が重要になる
a ～ d の例では分子の距離は等しいが，矢印で示した 2 つの分子の双極子モーメントの相互作用は異なる．

❸ 双極子–誘起双極子相互作用

双極子となっている分子がほかの分子に近づくと，その電場を弱めるように電子の分布が変化するので，分子内に電荷の偏りが生じ双極子となるが，こうして生じた双極子を**誘起双極子**という(図 3･6)．このように生じた誘起双極子と双極子との相互作用を双極子–誘起双極子相互作用といい，そのエネルギーは双極子間の距離の 6 乗に反比例する．

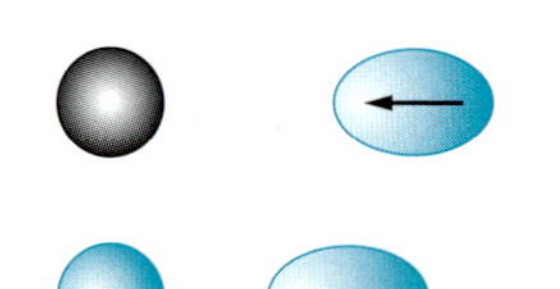

図 3･6　誘起双極子が生じる様子
双極子(黒矢印)をもつ右の分子が左の分子に近づくと，左の分子内に誘起双極子(白矢印)を誘起する．

❹ 分散力による相互作用(誘起双極子–誘起双極子相互作用)

分散力は，原子あるいは分子の誘起双極子間に働く力であり，そのため，分散力による相互作用は誘起双極子–誘起双極子相互作用ともよばれる．この相互作用のエネルギーは誘起双極子間距離の 6 乗に反比例する．分散力は，基底状態の 2 つの分子についての相互作用に量子力学を適用することにより明らかになる量子力学的効果であるが，あえて古典力学的な説明をすると次のようになる．

双極子モーメントをもたない分子でも，ある位置での電子の存在確率は瞬間ごとに変化するので，電荷の分布には偏りが生じ双極子となる．分子内で瞬間に生じた双極子はほかの分子に双極子を誘起し，それがもとの双極子と相互作用する結果，生じる力を分散力という．分散力という漢字から，反発する力のような印象を受けるが，分散力は分子間の引き合う力である．

分散力は He，Ne などの希ガスが凝縮(液化)する際，原子間に働く力である．希ガスの沸点が高周期になるほど高くなる(表 3･1)のは，電子の数が多い元素ほど電子雲が広がり，変形しやすくなり，分散力が増すためである[*10]．n-アルカンの沸点が炭素数の増大とともに上昇する

表 3･1　18 族元素の沸点と周期の関係

	沸点(℃)
He	−269
Ne	−246
Ar	−186
Kr	−152
Xe	−108
Rn	−62

＊10　この現象は，分散力の大きさが，相互作用する原子あるいは分子の分極率に比例することを示すものである．

のも，相互作用する部位が増え分散力が増すからである．

❺ 反発力による相互作用

分子間の相互作用には，引力として働くもののほかに，斥力（せきりょく）がある．斥力がなければ，2つの分子は引き合い1つの分子になるであろう．それが起こらないのは，電子が互いに接近できない制限（**パウリの排他原理**[*11]）があるためであり，強い反発力をもたらす．

＊11　**パウリの排他原理**　Pauli exclusion principle　同じ量子数 n，l，m で決まる1つの軌道には2個以上の電子は入ることはできない．そのため，同一の空間を2個以上の電子が占有することはない．

❻ 全相互作用エネルギーの近似式

これまでに述べたように，電荷をもたない中性の分子や原子間にはファンデルワールス相互作用と総称されるさまざまな相互作用があり，それらの相互作用エネルギーを計算するにはそれぞれ対応する式から計算すればよいが，煩雑（はんざつ）で見通しが悪い．また，それらも近似式であり，実在の分子における分子間相互作用を完全に表現しきれていない．これに対して式(3･4)で表される**レナード・ジョーンズポテンシャル**[*12]は，簡単な表現での近似式ではあるが実用性があり，コンピュータシミュレーションプログラムのポテンシャルエネルギーを算出する部分に多く用いられている．

＊12　**レナード・ジョーンズポテンシャル**　Lennard-Jones potential

$$V = 4\varepsilon\left\{\left(\frac{\sigma}{r}\right)^{12} - \left(\frac{\sigma}{r}\right)^{6}\right\} \tag{3･4}$$

ここで，V は分子間または原子間の相互作用のポテンシャルエネルギー，ε はポテンシャルの井戸の深さ（相互作用の強さ），r は分子間または原子間の距離，σ は $V=0$ となるときの距離（分子の大きさに関係する）である（図3･7）．第1項は反発力を，第2項は引力についての項である．したがって σ は分子間または原子間がどの距離まで接近できるかを示す．なお，ポテンシャルの井戸の最深部での距離は $2^{1/6}\times\sigma$ であり，2つの原子または分子が互いに最もエネルギー的に安定に存在する距離である．

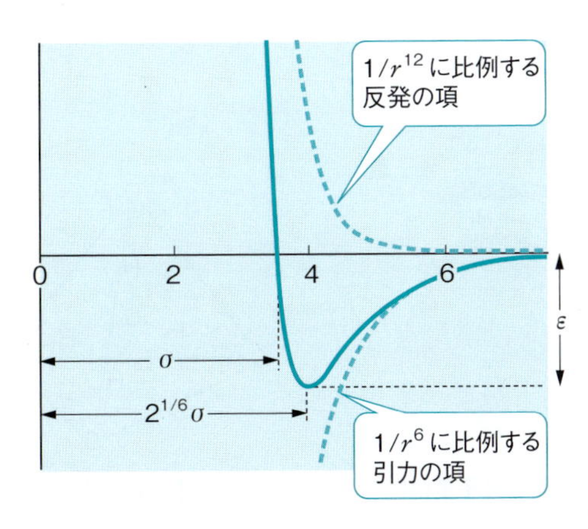

図3･7　Arについてのレナード・ジョーンズポテンシャル（実線）
縦軸はポテンシャルエネルギー，横軸は分子間または原子間距離（r/Å）である．

ポイント

- ファンデルワールス力は電気的に中性の分子や原子間における，引力の総称である．
- ファンデルワールス力は双極子-双極子間の力，双極子-誘起双極子間の力，および分散力からなる．
- 双極子間に働く相互作用を双極子-双極子相互作用という．
- 双極子となっている分子がほかの分子に近づくと，分子内に電荷の偏りが生じ誘起双極子となり，これと双極子との相互作用を双極子-誘起双極子相互作用という．
- 分散力は，誘起双極子間の力であり，この引力の特徴的な例として，双極子モーメントをもたない希ガスの凝縮・液化があげられる．
- レナード・ジョーンズポテンシャルは，電荷をもたない中性の分子間に働く引力と反発力における相互作用エネルギーを近似した式である．

D　水素結合

図3·8に水素化合物の沸点を表した．一般に，14族元素の場合のように高周期の元素の水素化合物ほど沸点は高くなる．ところが16族の水素化合物ではH_2Oの沸点は高く，14族元素の場合のように高周期となるほど沸点は高くなることはない．同じような現象が，15族のNH_3と17族のHFで起こっている．これら3つの水素化合物の沸点が高くなるのは，分子間に働く力が同じ族のほかの水素化合物より強いことを意味し，その力は**水素結合**によるものである．氷の部分構造を図3·9に示すが，水分子のまわりには4つの水分子が隣接している．隣接する酸素原子間(O－H…O)の距離(2.76 Å，$1\ \text{Å} = 10^{-10}$ m)は，水素が存在することにより2つのO (1.52 Å)の**ファンデルワールス半径**[*13]の和(1.52 + 1.52 = 3.04 Å)より短くなっており，これらの間の結合を水素結合という(図3·10)．水素結合は酸素以外にも，電気陰性度の大きな原

*13　**ファンデルワールス半径**　van der Waals radius　分子性結晶の結晶解析から求めた各原子の半径．

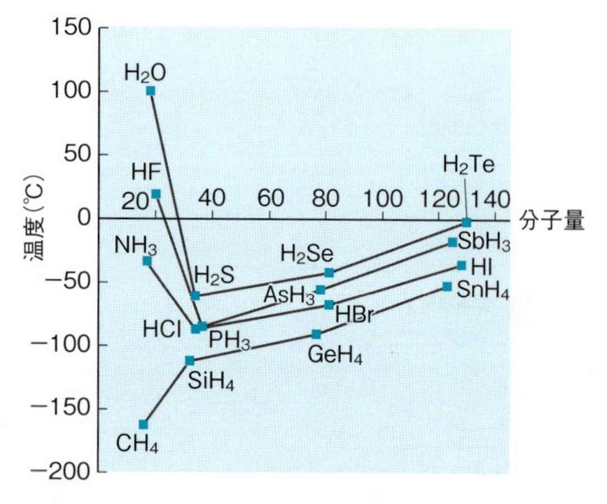

図3·8　14～17族の水素化合物の沸点と分子量の関係

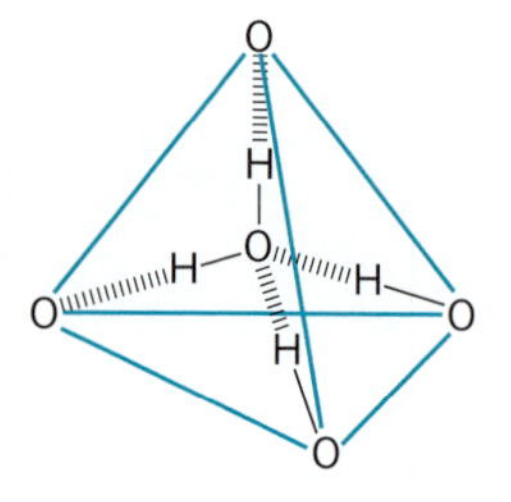

図3·9　氷の構造と水素結合

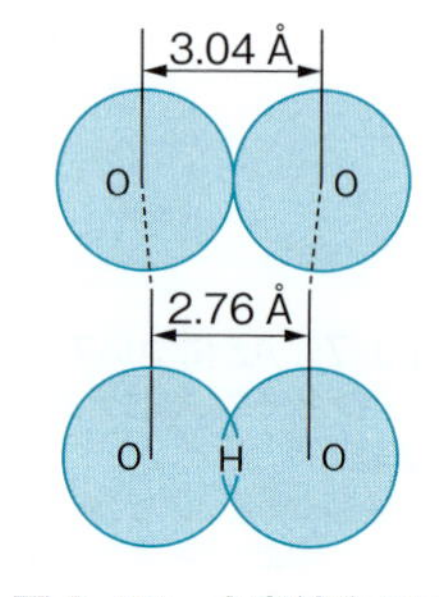

図3·10　水素結合の図

子(たとえば, N, S やハロゲン元素)でも起こる(O－H…N, N－H…O, N－H…F など).

水素結合の強さは共有結合の 1/10 から 1/100 程度だが，タンパク質のように多くの水素結合が存在するとその水素結合による安定化のエネルギーは足し合わされるので，タンパク質の高次構造を保持するのに重要な役割を果たす.

氷が水になっても水素結合による三次元の氷の構造はほとんど保持される[*14]．融解により生じた単量体の水分子が氷様構造の間隙に入るため，水の密度は氷より高くなり，氷は水に浮く．酢酸や安息香酸はベンゼンなどの非極性溶媒中で，水素結合によって 2 量体となっている(図 3･11).

＊14 温度0，20，40，70，100℃の水は氷の水素結合を100%としたとき，それぞれ53，46，41，36，33%の水素結合が残っているという.

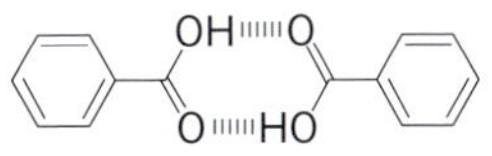

図 3･11 安息香酸が水素結合で 2 量体を形成している図

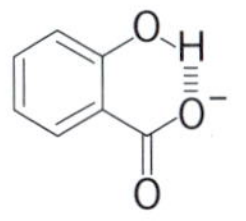

水素結合は分子内でも生じる．たとえばサリチル酸(*o*-ヒドロキシ安息香酸)は 1 個目のプロトンを解離した後，図 3･12 のように分子内で水素結合をつくるため，2 個目のプロトンは *m*-および *p*-ヒドロキシ安息香酸に比べ解離しにくくなる(*o*-ヒドロキシ安息香酸：$pK_a = 13.4$, *m*-ヒドロキシ安息香酸：$pK_a = 9.96$, *p*-ヒドロキシ安息香酸：$pK_a = 9.46$)[*15].

図 3･12 サリチル酸における分子内水素結合

＊15 酸解離定数については☞8章 p.145参照

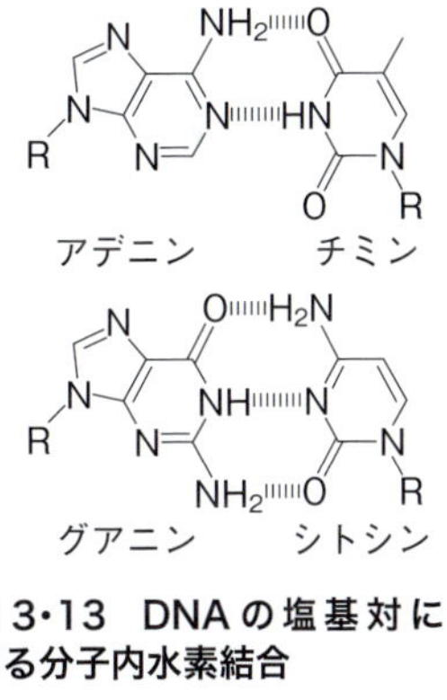

タンパク質はアミノ酸がペプチド結合によって縮合したものであるが，ペプチド結合(－NH－CO－)の－CO－基の O と－NH－基とで水素結合を行うことがある．この水素結合はタンパク質の**αヘリックス構造**や**βシート構造**のほか，3 次構造や 4 次構造を保持するのに重要な役割を果たす.

DNA は 4 種の核酸が結合した分子であるが，核酸の塩基部分は互いに水素結合を行うことができる．そのうち最も安定な水素結合を形成する塩基対はアデニンとチミン，グアニンとシトシンであり，それぞれ 2 個と 3 個の水素結合からなり，2 本鎖を形成する(図 3･13).

アデニン　チミン

グアニン　シトシン

図 3･13 DNA の塩基対における分子内水素結合

ポイント

- 水の沸点がほかの 16 族の水素化合物に比べて高いのは，水が水素結合しているからである.
- 水素結合は，電気陰性度の大きな原子に結合した水素と電気陰性度の大きな原子の間に生じることがある.
- 水素結合は，タンパク質の高次構造の保持に重要な役割を担っている.
- 水素結合によって DNA の塩基対が形成される.

E　電荷移動相互作用

ある分子からもう1つの分子へと電荷の一部またはすべてが移動することを電荷移動とよび，このときの相互作用によってできる**分子間化合物**を**電荷移動錯体**という．電子を与える分子を**電子供与体**，受け取る分子を**電子受容体**という．

ヨウ素(I_2)は気体状態や無極性のCCl_4に溶けていると紫色であるが，アルコールに溶かすと褐色になる．これはヨウ素とアルコールが1：1で電荷移動錯体を形成するからである．なお，ヨウ素は電子受容体でアルコールは電子供与体になっている．

このように，電荷移動錯体の可視・紫外吸収スペクトルはそれぞれ単独のときのスペクトルの和にならない．電荷移動錯体の可視・紫外吸収スペクトルは，電子供与体の**最高被占軌道(HOMO)**[*16]と電子受容体の**最低空軌道(LUMO)**が相互作用して新たにできる電荷移動錯体の分子軌道の基底状態と励起状態の間の電子遷移だからである．なお，新たに現れた光吸収帯を**電荷移動吸収帯**とよぶ．

遷移金属錯体[*17]ではd軌道間の電子遷移(**d-d遷移**[*18])のほかに，電荷移動吸収帯が現れることがある．これは**配位子**[*19]と中心金属イオンの間の電子移動に伴う光の吸収であり，d-d遷移に比べその吸収強度は一般に強い．CrO_4^{2-}はCr(VI)であり，d軌道が空なのに着色しているのはO^{2-}からCr^{6+}への電子移動による電荷移動吸収帯をもつためである．電荷移動吸収帯は，MnO_4^-，AgOやPbO_2，そして多くの金属の硫化物やヨウ化物の着色の原因である．なお，有機化合物からなる電荷移動錯体の結晶のなかには電気伝導性を有するものもある．

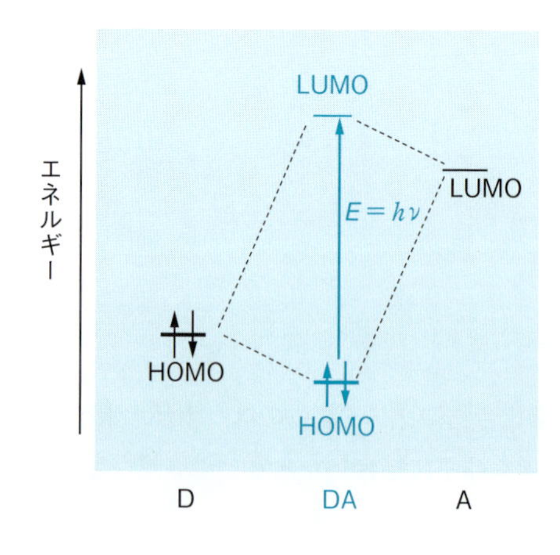

図3·14　電荷移動錯体の分子軌道
図では電子供与体をD，電子受容体をA，電荷移動錯体をDAで表した．

＊16　**最高被占軌道**(**HOMO**, highest occupied molecular orbital)　分子軌道のうち電子がつまった最もエネルギーの高い軌道のこと．分子軌道のなかで電子が空の軌道のうち最もエネルギーの低い軌道を**最低空軌道**(**LUMO**, lowest unoccupied molecular orbital)という．したがって，**最低空軌道は最高被占軌道の次のエネルギー準位**にある軌道になる(図3·14)．☞1章p.25参照

＊17　遷移金属錯体が有色なのはd-d遷移による．

＊18　**d-d遷移**　単独の金属イオンの場合，縮重している(エネルギーが等しい)5つのd軌道は，配位子との相互作用によって何組かの異なったエネルギーの軌道に分裂する．d-d遷移とはこれらの軌道間での電子遷移のことである．

＊19　**配位子**　遷移金属錯体のなかで，金属イオンに配位結合しているイオンや分子のこと．☞1章p.27参照

コラム

物質の着色と電子遷移

2章に記載したように，物質と電磁波との相互作用はその波長によってさまざまである．可視光のエネルギーは物質における HOMO-LUMO 間の電子遷移に必要なエネルギーに匹敵する．それゆえ，たとえばメタンのように HOMO-LUMO の間のエネルギー間隔が可視光のエネルギーよりはるかに大きいと，電子遷移は可視光では起こらない．したがって無色である．一方，臭素分子ではこの間隔がせまくなり，可視光で電子遷移を起こすようになり着色する．また，β-カロテンのように分子内で二重結合が共役すると，HOMO-LUMO の間のエネルギー間隔がせまくなり，可視光を吸収するようになる．d 軌道が完全に満たされていない Fe^{3+} のような遷移金属イオンでは，可視光で d 軌道間の電子遷移が起こり，着色する．一方，典型金属の酸化物，硫化物やハロゲン化物での着色は，主に電荷移動吸収帯によるのである．宝石のサファイアは酸化アルミにわずかに含まれる鉄とチタンの間での電荷移動吸収帯による着色だが，ルビーは酸化アルミにわずかに含まれるクロムの d 軌道間の電子遷移による着色である．

ポイント

- 分子間での電荷移動によってできる分子間化合物を電荷移動錯体という．
- 電荷移動錯体は，電子供与体や電子受容体単独の吸収帯とは異なる新たな吸収帯をもつ．

F 疎水性相互作用

疎水性相互作用は，疎水性の分子が水中に移行したときにみられる効果である．その主な要因は，水との分子間力ではなく，溶媒の水中に溶質が存在する際，水素結合によって水分子がつくる**かご状構造**の形成を伴う**エントロピー**[*20]の効果である．

熱力学から，水への脂肪族炭化水素の溶解過程を考える．脂肪族炭化水素が水に溶解する際，①結合に由来する**エンタルピー**[*21]**変化**(ΔH)はエタンからペンタンでは負である．一方，②溶存状態に由来する**エントロピー変化**(ΔS)は負であり，その結果，$\Delta G = \Delta H - T\Delta S$ より**ギブズエネルギー**[*22](ΔG)はエタンからペンタンになるにつれ大きな正の値になる．つまり，水に脂肪族炭化水素が溶解しにくいのはエントロピー変化が負であるためギブズエネルギーが正の値となることによると説明される．すなわち水への脂肪族炭化水素の溶解はエントロピーの影響が大きいのである．なお，この溶解の際にエントロピーが減少するのは脂肪族炭化水素のまわりの水が互いに水素結合によって集合し，かご状の構造体を形成するため，水の動きが制限されるからだと考えられている．

図3·15には2つの疎水性分子が水に溶ける様子を示すが，b の状態となるのが通例であり，これは2分子間の相互作用よりも水の状態の違いによる効果のほうが大きいためと考えられている．つまり，a に比

*20 **エントロピー** ☞6章p.107参照

*21 **エンタルピー** ☞5章p.93参照

*22 定温・定圧下，閉じた系で，**ギブズエネルギー**が減少する向きに変化は自発的に起こる．☞5，6章参照

べるとbでは水のかご状の構造は大きいが，1個のかご状構造ですむため，かご状構造をつくっている水分子の数は少なくてすむ．その分bにおいて遊離した水分子がエントロピーの増加に寄与することで，水中ではaの状態からbの状態に進行する．すなわちエントロピーの増大は，かご内の疎水性分子が会合する駆動源となっている．

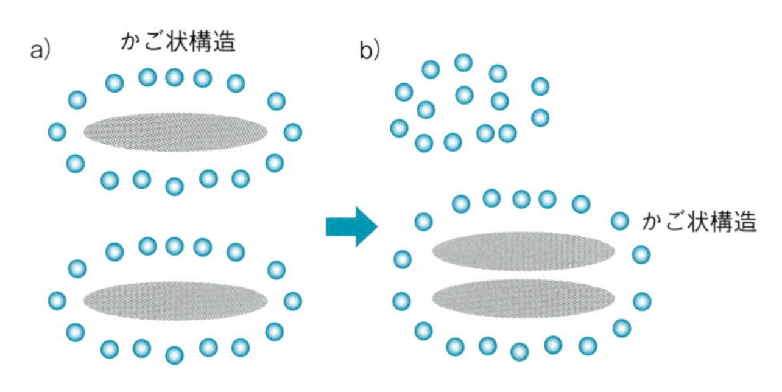

図3･15　疎水性相互作用を説明するモデル
aに比べてbのほうが，かご状構造をつくるのに使われる水分子は少ない．

疎水性相互作用では，たとえば球状タンパク質の親水基は水と接しやすいタンパク質の表面に，疎水基はタンパク質内部に向かう傾向があるので，タンパク質の構造保持には前述の静電相互作用や水素結合と同様，疎水性相互作用も重要な役割を果たしているといえる．また，**界面活性剤**は疎水性の炭化水素部分と親水部分からなる**両親媒性物質**であり，水の中である濃度(**臨界ミセル濃度**)以上になると，親水部分を水に向け，疎水性の部分を互いに寄せ合い，会合し球状になる．同じ体積なら球で最も表面積が小さくなるので，水がつくるかご状構造も小さくなり，かご状構造に関与する水分子の数が減るからである．なお，この球状会合体をミセルという[*23]．

*23　**ミセル**　☞10章p.183参照

ポイント

■ 疎水性相互作用は疎水性の分子が水に溶解するときにみられる．

G　医薬品・生体高分子間相互作用

A～F項において，分子間に働く相互作用の特性や例について述べた．またD項では，タンパク質やDNAなどの生体分子の構造を保持するために，水素結合が分子間だけでなく分子内でも重要な役割を果たしている例をあげた．もちろんこれらのさまざまな相互作用は，医薬品と生体高分子間における「薬物分子」と「受容体分子」の結合，つまり医薬品が効能を発揮するために不可欠なものである．

さまざまな薬の作用機序については，多様な視点から薬理学や生物薬剤学で学ぶことになるので本書では個々の例を扱わないが，一般的に，薬物分子とその標的となるタンパク質などの生体高分子の相互作用を考えるときには以下の点についての留意が必要となる．

①薬物の分子構造および官能基

分子全体の極性だけでなく，官能基の種類から，たとえば局所的な極性の高低やイオン化しやすい部位などの情報が得られる．

②薬物の標的となる生体高分子の構造および官能基

生体高分子からも①と同様の情報を得ることができる．ただし，一般的に生体高分子は巨大で複雑な構造であるため，静電的な性質が異なるサイトを多数もつことになる．

③薬物分子と生体高分子の立体構造と相互作用部位

①と②の情報をもとに，A～F 項の相互作用が，薬物分子・生体高分子間においてどのサイト・部位に発現するかを特定する．X 線結晶解析をはじめとする各種の分光的な構造解析手法とシミュレーション技術の発展は，今日の精度のよい解析をもたらし，新薬開発にも重要な役割を果たしている．

薬物分子とその標的となる生体高分子の相互作用は 1 種類だけに限定されるのではなく，種々の相互作用が同時に働いていることにも注意してほしい（図 3･16）．このことは，薬物分子と生体高分子の相互作用に限らず有機低分子間でも同様に解釈できる．分子間での支配的な相互作用は何か，また注目すべき相互作用は何かなどをよく考えて，対象となる分子間の相互作用を理解することが重要である．

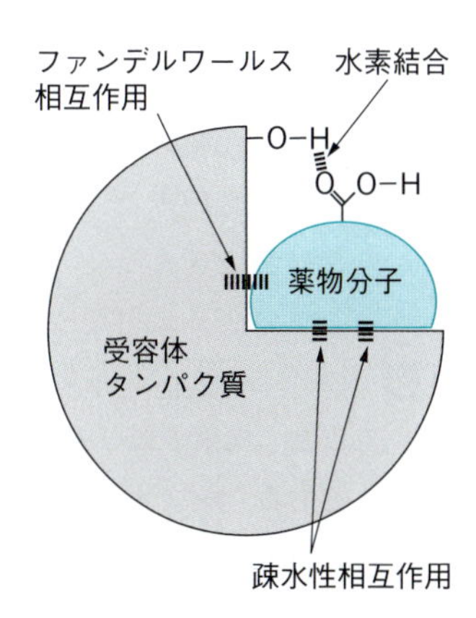

図 3･16　医薬品・生体高分子間相互作用のイメージ

ポイント

- 医薬品と生体高分子の間にはさまざまな相互作用が働き，薬の効能を生み出している．

Exercise

分子間相互作用に関する次の文章中の(　)内には適する語句を入れ，［　］内からは正しい語句を選んで文章を完成しなさい．

1 難易度★☆☆ 電荷間に働く力はクーロン力とよばれ，電荷間の相互作用を(① 　)という．クーロン力は個々の電荷の［② 和・差・積］に比例し，媒質の誘電率に［③ 比例し・関係せず・反比例し］，距離の［④ 1・2・3］乗に反比例する．それゆえ，静電相互作用のエネルギーは距離の［⑤ 1・2・3］乗に反比例する．なお，NaCl 結晶内でのクーロン力に比べて，それらの間の万有引力は［⑥ 無視できる・1/100 程度である・同程度である］．

2 難易度★☆☆ 2原子分子は結合している原子の［① 電気陰性度・原子半径・ファンデルワールス半径］が違うと双極子として扱える．イオン–双極子相互作用，双極子–双極子相互作用，双極子–誘起双極子相互作用は分子間の相互作用であり，この順にその強さは［② 強く・弱く］なる．また分散力は原子あるいは分子の［③ 双極子モーメント・誘起双極子モーメント］間に働く力であり，［④ 反発する力・引き合う力］である．

3 難易度★☆☆ 電荷をもたない，電気的に中性の分子や原子の間に働く引力を(① 　)力という．そのうち，双極子モーメントをもたない分子間には(② 　)力が働き，希ガスが凝縮する際，原子間に働く力である．*n*-アルカンの沸点が炭素数の増大とともに上昇するのは，相互作用部位が［③ 増え・減り］，この力が［④ 増す・減少する］からである．

4 難易度★☆☆ 水素が電気陰性度の［① 大きい・等しい・小さい］原子にはさまれて位置し，その原子間距離が2つの原子の(② 　)半径の和［③ より長い・に等しい・より短い］とき，これらの間に(④ 　)結合があるという．また，この結合はタンパク質の高次構造を保持するのに重要な役割を果たすが，その強さは共有結合［⑤ の 1/10〜1/100 程度である・に等しい・の 10〜100 倍程度である］．

5 難易度★☆☆ ヨウ素は CCl_4 に溶けていると紫色であるが，アルコールに溶かすと褐色になる．この現象は，［① ヨウ素・アルコール］が電子供与体となり，電子受容体となっている［② ヨウ素・アルコール］への電荷移動によって，ヨウ素とアルコールが 1：1 で(③ 　)とよばれる分子間化合物を形成しているために現れる．

6 難易度★☆☆ 疎水性相互作用は疎水性の分子が［① ベンゼンなどの有機溶媒・水］に溶解するときにみられる効果であるが，溶質との分子間力ではなく，水分子が溶質を溶かす際の主に［② エントロピー・エンタルピー］の効果によるものである．疎水性相互作用によって，球状タンパク質の［③ 親水基・疎水基］は水と接しやすいタンパク質の表面に，そして［④ 親水基・疎水基］はタンパク質内部に向かう傾向がある．

7 分子の分極の度合は，（電気）双極子モーメントμとして下式のように定量的に表すことができる．

$$\vec{\mu} = Q \cdot \vec{r}$$

Qは電荷，rは電荷間の距離を表す．0.1 nm 離れた電子 1 個分の電荷＋e，－e の双極子モーメントは，電荷が 1.6×10^{-19} C であることから 1.6×10^{-29} C・m となる．
ヨウ化水素 HI の双極子モーメントを求めたところ，1.4×10^{-30} C・m であった．H―I 結合距離を 0.16 nm としたとき，HI のイオン性は何％程度と見積もることができるか．最も近い値（％）を 1 つ選べ．ただし，H―I 間で電子 1 個分の電荷（＋e，－e）がそれぞれの原子上に分離しているとき，HI は 100％イオン性を示すものとする．（難易度★☆☆）

① 1　② 5　③ 10　④ 20　⑤ 40

（第 101 回薬剤師国家試験　問 92）

気体の微視的状態と巨視的状態

気体は圧力や温度の変化による体積の変化が液体や固体に比べて大きい．このため，多くの経験則に基づいた理論の構築がなされ，この理論が気体より複雑な液体や固体に適用され，それらの性質に関する理解が深められてきた．気体の性質を理解することは，物事を考える出発点として重要である．

この章では，気体について分子の集合体とみなし，気体の性質をその分子の集合体がもつ性質として考察する[*1]．A項では，気体の状態（圧力，温度，体積，物質量）を規定する理想気体の状態方程式と実在気体の状態方程式について，B項では気体の分子運動とエネルギーについて考える．気体の分子運動についての考察（**気体分子運動論**）は，質量をもたない「熱素」が熱の本体だとする考えを否定する有力な論拠（熱は分子の運動によるものである）となった．C項では量子化されたエネルギー状態とボルツマンの分布則について述べる．

*1　物質に対するアプローチには，①物質を構成する個々の分子や原子からのアプローチ：量子論（☞ 2章参照），②物質を構成する分子や原子を集団としてとらえるアプローチ：統計力学（本章の一部），③個々の物質そのものは問わず，エネルギーの面からのアプローチ：熱力学（☞ 5〜8章参照）がある．

A　理想気体の状態方程式とファンデルワールスの状態方程式

はじめに，気体の圧力と体積の関係について，ボイルの法則とシャルル，ゲイ・リュサックの法則を紹介し，これらから理想気体の状態方程式を導く．次に，気体の分圧と全圧の関係，ドルトンの分圧の法則も紹介する．おわりに，実在気体についての状態方程式，すなわち近似式の1つであるファンデルワールスの状態方程式について述べるが，その過程で理想気体と実在気体の違いである分子間相互作用[*2]の重要性も明らかにする．

*2　**分子間相互作用**　☞ 3章参照

❶ ボイルの法則

気体の種類によらず，気体の体積と圧力の関係について，「一定温度で，一定質量の気体の体積（V）は圧力（p）に反比例する」（**ボイルの法則**[*3]）ことがボイルにより実験的に証明されている．kを定数とすると，この関係は次式で表記される．

*3　**ボイルの法則**　Boyle's law

$$pV = k \tag{4·1}$$

❷ シャルル，ゲイ・リュサックの法則

気体の種類によらず，気体の体積と温度との関係について，「一定圧力で，一定質量の気体の体積は温度とともに直線的に増加する」ことがシャルル[*4]によって発見された．その後，ゲイ・リュサック[*5]により，「一定圧力で，一定質量の気体の体積はその温度が1℃上昇すると，0℃のときの体積の約1/273[*6]ずつ増加する」ことがわかった．0℃とt℃における気体の体積をそれぞれV_0，V_tとすると，

$$V_t = V_0\left(1 + \frac{t}{273.15}\right) = V_0\left(\frac{273.15 + t}{273.15}\right) \tag{4·2}$$

となる．新たに$T = 273.15 + t$を定義し，式(4·2)に代入すれば，

$$V_t = V_0\left(\frac{273.15 + t}{273.15}\right) = V_0\left(\frac{T}{273.15}\right) \tag{4·3}$$

となる．ここで，$T = 273.15 + t$は**絶対温度**であり，この温度目盛を提案したケルビン[*7]の名にちなんで単位記号は**ケルビン**(K)を使う．このため，**シャルル**[*8]，**ゲイ・リュサックの法則**[*9]は「一定圧力で，一定質量の気体の体積は絶対温度に比例する」とも表現される．

*4　**シャルル**　J. A. C. Charles

*5　**ゲイ・リュサック**　J. L. Gay-Lussac

*6　ゲイ・リュサックが当時使った値は1/266.66であり，現在は1/273.15である．

*7　**ケルビン**　L. Kelvin

*8　**シャルルの法則**　Charles' law

*9　**ゲイ・リュサックの法則**　Gay-Lussac's law

❸ 理想気体の状態方程式

ボイルの法則(一定温度で，一定質量の気体の体積は圧力に反比例する)とシャルル，ゲイ・リュサックの法則(一定圧力で，一定質量の気体の体積は絶対温度に比例する)をまとめると，「一定質量の気体の体積(V)は圧力(p)に反比例し，絶対温度に比例する」(**ボイル・シャルルの法則**[*10])となる．物質量をn，その比例定数をRとし，式で表すと，

$$pV = nRT \tag{4·4}$$

となる．式(4·4)は**理想気体の状態方程式**とよばれ，この関係が成り立つ気体を，**理想気体**あるいは**完全気体**という．

気体定数Rは気体の圧力，体積，温度から求まる定数だが，圧力と体積に使う単位が違うとみかけ上変化する．そこで，気体定数Rの数値を求めてみよう．理想気体では，1 molが0℃，1 atmでは22.414 Lである．

$$R = \frac{pV}{nT} = \frac{1\ \text{atm} \times 22.414\ \text{L}}{1\ \text{mol} \times 273.15\ \text{K}}$$
$$= 0.082\,057\ \text{L atm K}^{-1}\text{mol}^{-1}$$

*10　**ボイル・シャルルの法則**　Boyle-Charles' law

圧力を Pa, 体積を m^3 で表すとき R の値は, $1\ \mathrm{atm} = 1.013\,25 \times 10^5\ \mathrm{Pa}$, $1\ \mathrm{L} = 10^{-3}\ \mathrm{m^3}$ より,

$$R = \frac{pV}{nT} = \frac{1.013\,25 \times 10^5\ \mathrm{Pa} \times 22.414 \times 10^{-3}\ \mathrm{m^3}}{1\ \mathrm{mol} \times 273.15\ \mathrm{K}}$$

$$= 8.3145\ \mathrm{m^3\,Pa\,K^{-1}\,mol^{-1}}$$

となる．なお，$\mathrm{Pa}(= \mathrm{N\,m^{-2}} = \mathrm{N\,m} \times \mathrm{m^{-3}}) = \mathrm{J\,m^{-3}}$ であるので，$R = 8.3145\ \mathrm{J\,K^{-1}\,mol^{-1}}$ とも表記できる．気体定数は定義値であり，$R = 8.314\ 462\,618\,153\,24\ \mathrm{J\,K^{-1}\,mol^{-1}}$ である．

❹ ドルトンの分圧の法則

理想気体の状態方程式は，混合気体の場合にも成り立つ．一定温度で，一定容積のもとでの混合気体の**分圧**と**全圧**の関係について考察する．i 種類の気体がそれぞれ n_i mol からなる混合気体とする．気体分子の物質量(n)は，混合気体の物質量(n_i)の総和に等しいので，

$$n = n_1 + n_2 + n_3 + \cdots + n_i \tag{4·5}$$

となる．混合気体のそれぞれの成分気体が，独立で体積 V に入っていると考えれば，式(4·5)と，式(4·4)$pV = nRT$ より，混合気体の全圧(p)について，

$$pV = nRT = (n_1 + n_2 + n_3 + \cdots + n_i)RT \tag{4·6}$$

となる．これを書き換えて，式(4·7)とする．

$$p = \frac{n}{V}RT = (n_1 + n_2 + \cdots + n_i)\frac{RT}{V} \tag{4·7}$$

ここで，$(n_k/V)RT = p_k (k = 1,\ 2,\ \cdots,\ i)$ とおくと，式(4·7)は式(4·8)となる．

$$p = p_1 + p_2 + \cdots + p_i \tag{4·8}$$

これより「混合気体の全圧は，各気体の分圧の和に等しい」となり，これを**ドルトンの分圧の法則**[*11] という．また，気体 k の物質量の全物質量に対する比 $n_k/n = x_k$ を気体 k 成分の**モル分率**という．この関係を用いると，気体の全圧と分圧の関係は，

$$p_k = p \times x_k \tag{4·9}$$

と示すことができる．

ここで，1 気圧の空気中の窒素と酸素の分圧を求めよう．空気は窒素と酸素が 4 : 1 の物質量の比で混合していると考えると，窒素と酸素のモル分率はそれぞれ，4/5 と 1/5 となる．全圧が 1 気圧であれば，式(4·

＊11　**ドルトンの分圧の法則**
Dalton's law of partial pressures

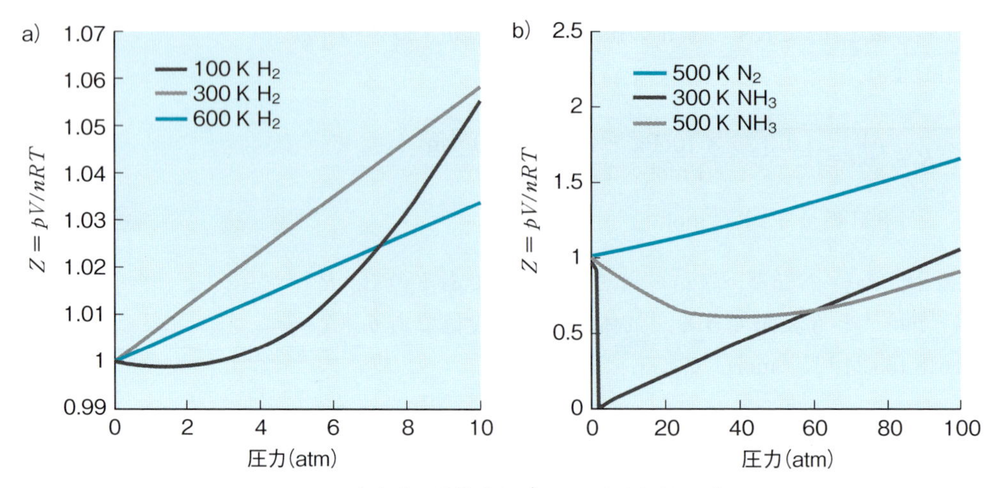

図 4・1　理想気体の状態方程式からの実在気体のずれ

9)より窒素と酸素の分圧として 4/5 気圧と 1/5 気圧が得られる．

❺ 理想気体の状態方程式からの実在気体のずれ

これまでみてきたように，理想気体の状態方程式，式(4・4)すなわち $pV = nRT$ が成り立つ理想気体なら，一定温度について pV/nRT は 1 になるべきである．しかし，そのような気体は実在しない．図 4・1 は種々の気体について縦軸に pV/nRT を，横軸に圧力(atm)をプロットしたものである．この図から，圧力にかかわらず pV/nRT が 1 になる気体は存在せず，理想気体の状態方程式は実在気体に適用できないことがわかる．なお，$pV/nRT = Z$ とし，Z を**圧縮率因子**という．NH_3 は比較的低い圧力でも凝縮し，液体になることを思い起こせば，図に現れた理想気体からのずれは予想される．

❻ 実在気体の状態方程式

理想気体の状態方程式は高温・低圧では実在気体の状態(p, V, T)を比較的うまく表すが，低温・高圧になるとずれが大きくなる．その理由は，理想気体は気体分子それ自身の体積を無視し，しかも分子間の相互作用はないと仮定している点にある．実在気体に適用するためには気体分子の体積と分子間の相互作用を考慮することが必要となり，補正が必要となる．

a ファンデルワールスの状態方程式

物質量 n の気体分子が体積をもつことによってほかの分子が入り込むことのできない空間の体積(排除体積)を nb とすれば，気体分子が運動できる空間の体積は $V - nb$ となるため，理想気体の状態方程式を，

$$p = \frac{nRT}{V - nb} \tag{4·10}$$

と補正する．次に，容器の壁面に及ぼす圧力は，理想気体に比べ実在気体では分子間力によって n^2a/V^2 だけ小さくなるとすれば，式(4·10)はさらに，

$$p = \frac{nRT}{V - nb} - \frac{n^2a}{V^2} \tag{4·11}$$

と実在気体の状態方程式は近似される．書き直して，

$$\left(p + \frac{n^2a}{V^2}\right)(V - nb) = nRT \tag{4·12}$$

となる．この式を**ファンデルワールスの状態方程式**[*12]という．なお，a と b は個々の気体について特有の定数である．

式(4·12)を展開したのち V について整理すると，式(4·13)のように体積 V に関する3次式になる．

$$V^3 - n\left(b + \frac{RT}{p}\right)V^2 + \frac{n^2a}{p}V - \frac{n^3ab}{p} = (V - V_1)(V - V_2)(V - V_3) = 0 \tag{4·13}$$

温度一定($T_1 > T_2 > T_c > T_3$)のもとで，系の圧力と温度の関係(p-V 曲線)は図4·2に示される．系の温度が高い(T_1)ときは双曲線に近いが，温度の低い(T_3)ときは p-V 曲線は屈曲する．外部から圧力をかけると系の圧力はAから破線に沿って V_3，V_2，V_1 と進み，圧力はあまり変化しない領域が観測される．これは，圧縮により V_3 で液化が始まり V_1 にいたるまで，気相と液相が共存し V_1 に近づくほど液相の割合が増えることを示す．曲線 V_1B は液体の圧縮の様子を示す．ファンデルワールスの気体の状態方程式：式(4·12)は図4·2の青色の線で示され，3つの実数解 V_1, V_2, V_3 はそれぞれの点に対応する．系の温度が高くなり，T_c では破線部分は短くなり，点となる．この点は臨界点(臨界圧力 p_c，臨界温度 T_c，臨界体積 V_c)とよばれ，ファンデルワールスの状態方程式では，3重解をもち，以下のように書き換えられる．

$$(V - nV_c)^3 = 0 \tag{4·14}$$

式(4·13)と式(4·14)を比較すると，次の関係が導かれる．

$$V_c = 3b \qquad p_c = \frac{a}{27b^2} \qquad T_c = \frac{8a}{27Rb}$$

これから，

*12 **ファンデルワールスの状態方程式** van der Waals equation of state

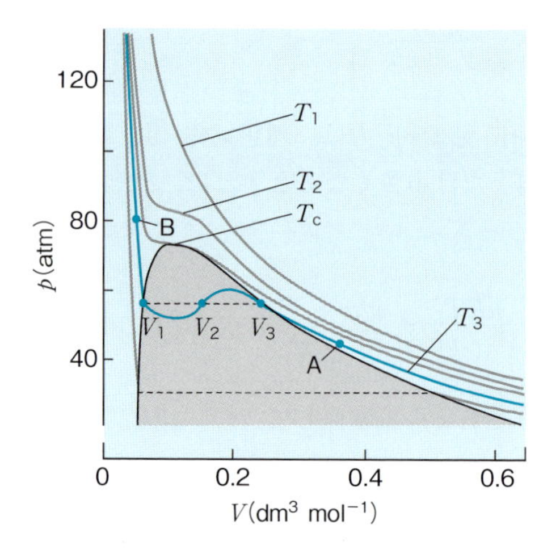

図 4･2　CO_2 の等温曲線

表 4･1　ファンデルワールスの定数

	臨界圧力(Pa)	臨界温度(K)	a(Pa m^6 mol^{-2})	b(m^3 mol^{-1})
H_2	1.316×10^6	33.2	2.44×10^{-2}	2.62×10^{-5}
He	2.270×10^5	5.2	3.47×10^{-3}	2.38×10^{-5}
N_2	3.400×10^6	126.2	1.37×10^{-1}	3.86×10^{-5}
O_2	5.043×10^6	154.58	1.38×10^{-1}	3.19×10^{-5}
CO_2	7.383×10^6	304.21	3.66×10^{-1}	4.28×10^{-5}
NH_3	1.128×10^7	405.6	4.25×10^{-1}	3.74×10^{-5}

$$a = 3p_\mathrm{c}V_\mathrm{c}^2 \qquad b = \frac{1}{3}V_\mathrm{c}$$

となるので，b からはその分子半径が，そして，a からは分子間相互作用に関する情報が得られるのがわかる．また，

$$a = \frac{27R^2T_\mathrm{c}^2}{64p_\mathrm{c}} \qquad b = \frac{RT_\mathrm{c}}{8p_\mathrm{c}}$$

ともなるので，これを用いて表 4･1 に臨界温度，臨界圧力から求めたファンデルワールスの定数 a と b をのせた．

表 4･1 より気体の種類によってファンデルワールスの定数 a の値に大きな差があるが，b にはさほど差がないことがわかる．これは，分子の大きさはあまり違いがないにもかかわらず，分子間力は気体によってかなりの差があることを示すものである．実際，CO_2 や NH_3 の a の値は大きく，分子間の相互作用が大きく，したがって凝縮しやすいことを示している．

ポイント

- 「一定温度で，一定質量の気体の体積が圧力に反比例する」ことはボイルの法則とよばれる.
- 「一定圧力で，一定質量の気体の体積が絶対温度に比例する」ことはシャルル，ゲイ・リュサックの法則とよばれる.
- 「一定質量の気体の体積が圧力に反比例し，絶対温度に比例する」ことはボイル・シャルルの法則とよばれる.
- 「混合気体の全圧は各気体の分圧の和に等しい」ことはドルトンの分圧の法則とよばれる.
- 理想気体の状態方程式が成り立つ気体を理想気体という.
- ファンデルワールスの状態方程式は実在気体の状態を規定するための近似式である.
- 臨界温度，臨界圧力，臨界体積からファンデルワールス定数 a と b が決定される.

B　気体の分子運動と圧力およびエネルギー

ここでは，**気体分子運動論**より，気体の圧力，さらに気体の温度の物理的意味を明らかにする．そして，気体分子の運動エネルギーの算出からボルツマン定数について記述する．また，気体の速度についても述べる．

ここでは次の性質を示す気体分子（理想気体）の運動について考察する.

①分子は質量があるが，大きさは無視する.

②分子間に引力や反発力は働かない.

③分子の壁や分子間の衝突に際して，運動エネルギーや運動量は保存される（弾性衝突）.

❶ 気体の圧力

気体の圧力は気体が単位面積の壁に及ぼす力であるが，まず，分子の運動について考察する.

1 辺の長さが l の立方体の中に質量 m の分子が N 個あるとする（N は mol で表す程度の数とする）．いま，1 個の分子が $\vec{v}$ という速度（ベクトル量）であるとき，x，y，z 方向の成分ベクトルで表すと，$\vec{v} = v_x\vec{i} + v_y\vec{j} + v_z\vec{k}$（$\vec{i}$，$\vec{j}$，$\vec{k}$ はそれぞれ x，y，z 軸方向の単位ベクトル）が成立する．この分子が x 方向にある壁 A に衝突する前後での運動量の変化をまず考える（図 4･3）．この分子の衝突前の x 方向の運動量は質量×速度なので mv_x となる．衝突が弾性的なので，衝突後の x 方向の速度は $-v_x$ となり，1 回の衝突あたりの運動量の変化は $2mv_x$ となる．この分子が次に壁 A に衝突するのに要する時間は，立方体の中を 1 往復する必要があるので $\frac{2l}{v_x}$ で与えられ，その逆数 $\frac{v_x}{2l}$ は単位時間あたりに衝突する回数になる．それゆえ，

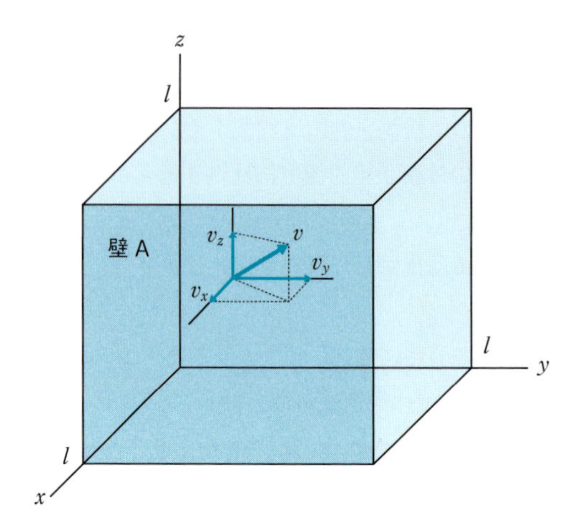

図 4・3　立方体容器中の分子の運動
一辺の長さ l の立方体で速度 v で分子が運動している場合の壁 A にかかる圧力を考察する.

(1 回の衝突あたりの運動量変化) × (単位時間あたりの衝突回数)

$$2mv_x \times \frac{v_x}{2l} = m\frac{v_x^2}{l} \qquad (4\cdot15)$$

は単位時間あたりの運動量変化, すなわち x 方向についての力 f_x となる.

$$f_x = m\frac{v_x^2}{l} \qquad (4\cdot16)$$

次に N 個の集団に拡張すると, まず, 速度 v_x のかわりに x 方向の**平均 2 乗速度** $\overline{v_x^2}$(個々の分子の x 方向の速度の 2 乗を足し合わせた値を分子数 N で割り, 平均化したもの)を使うと, 壁 A にかかる力 f'_x は

$$f'_x = m\frac{\overline{v_x^2}}{l} \times N \qquad (4\cdot17)$$

この力 f'_x を面積で割ると圧力 p_x となる.

$$p_x = f'_x \div (l^2) = m\frac{\overline{v_x^2}}{l}N \div (l^2) = \frac{1}{l^3}mN\overline{v_x^2} = \frac{1}{V}mN\overline{v_x^2} \qquad (4\cdot18)$$

ところで, 分子の運動はどの方向にも同等であるので, $\overline{v_x^2} = \overline{v_y^2} = \overline{v_z^2}$. つまり, x, y, z のどの方向にかかる圧力も等しく, p_x は立方体内の圧力 p に等しい. さらに, $\overline{v^2} = \overline{v_x^2} + \overline{v_y^2} + \overline{v_z^2} = 3\overline{v_x^2}$ より, $\frac{1}{3}\overline{v^2} = \overline{v_x^2}$ であるので, 式(4・18)に代入して

$$p = \frac{1}{3V}mN\overline{v^2} \qquad (4\cdot19)$$

式(4・19)から, 一定容積の容器内の気体の圧力は分子の数と質量, そしてその速度に依存することがわかる.

❷ 気体のエネルギーとボルツマン定数

N_A をアボガドロ定数[*13]とすると，1 mol の気体分子の個数は N_A に等しいので，式(4･19)は，

$$p = \frac{1}{3V} N_A m\overline{v^2} \tag{4･20}$$

となる．一方，単原子分子であれば 1 mol の気体分子の全エネルギーは運動エネルギー $E = (1/2)N_A m\overline{v^2}$ に等しい．そこで，これとの関係を明らかにしたいので式(4･20)を変形し，

$$pV = \frac{2}{3} \times \frac{1}{2} N_A m\overline{v^2} \tag{4･21}$$

さらに理想気体の状態方程式 $pV = RT$ も考慮すると，

$$pV = \frac{2}{3} \times \frac{1}{2} N_A m\overline{v^2} = \frac{2}{3} \times E = RT \tag{4･22}$$

となる．この式は，温度一定のもと pV は一定であること（ボイルの法則）を示しており，気体分子の全エネルギー E に着目すれば，

$$E = \frac{3}{2} RT \tag{4･23}$$

を得る．これより，理想気体のエネルギーは分子の質量には無関係で温度だけで決まることが示された[*14]．

ところで，1 分子の運動エネルギー E' は以下のようになる．

$$E' = \frac{3}{2} \frac{R}{N_A} T = \frac{3}{2} k_B T \tag{4･24}$$

k_B は**ボルツマン定数**[*15]といい，マクロな視点での温度を，分子の視点でのエネルギーに換算するための定数であり，以下のようになる．

$$k_B = \frac{R}{N_A} = \frac{8.314}{6.022 \times 10^{23}} = 1.381 \times 10^{-23}\ \mathrm{J\ K^{-1}}$$

*13 **アボガドロ定数** Avogadro constant

*14 このことは 5，6 章での理想気体の等温変化で，系のエネルギーが変化しないことの証明でもある．

*15 **ボルツマン定数** Boltzmann constant

❸ 気体分子の平均速度

分子の速度についての情報は，式(4･22)および $E' = (1/2)m\overline{v^2}$ より，

$$\overline{v^2} = \frac{3RT}{N_A m} \tag{4･25}$$

となる．$\overline{v^2}$ は平均 2 乗速度であるが，これの平方根 $\sqrt{\overline{v^2}}$ は**根平均 2 乗速度**とよばれ，

$$\sqrt{\overline{v^2}} = \sqrt{\frac{3RT}{N_A m}} \qquad (4\cdot26)$$

となる．ここで，$N_A m$ は分子量になるので，分子量の重い(大きい)ほうが分子の速度は遅くなることを示している．また，温度が高いほうがその速度も速くなることも式(4･26)により示される．

では，酸素分子(分子量 32)の 298 K での根平均 2 乗速度を求めてみよう．式(4･26)に諸値を代入し，$1\,\mathrm{J} = 1\,\mathrm{kg\,m^2\,s^{-2}}$ を使うと，

$$\sqrt{\overline{v^2}} = \sqrt{\frac{3 \times 8.314\,\mathrm{J\,K^{-1}mol^{-1}} \times 298\,\mathrm{K}}{32 \times 10^{-3}\,\mathrm{kg\,mol^{-1}}}} = 482\,\mathrm{m\,s^{-1}}$$

となる．音速並みの速度だが，分子同士の衝突回数も多く，298 K，1 気圧では衝突の間に分子が進む距離の平均は分子の大きさの数百倍の距離でしかない．ところで容器内のすべての分子が一様の速度で運動しているわけではなく，気体の速度の分布についてはＣ項❶(次頁)で述べる．

❹ 気体の流出速度

グレアム[*16]は，定圧下で小さな穴を通して気体を流出させるとき，その流出速度が気体の密度の平方根に反比例することを実験的に見出した(**グレアムの法則**[*17]，また**気体拡散の法則**ともいう)．気体 A，B の流出速度を v_A，v_B，密度を ρ_A，ρ_B とすると，

$$\frac{v_A}{v_B} = \sqrt{\frac{\rho_B}{\rho_A}} \qquad (4\cdot27)$$

となる．さらに，気体分子 1 mol について密度(ρ)と体積(V)，分子量(M)との間には，

$$\rho = \frac{M}{V} \qquad (4\cdot28)$$

の関係があるので，気体 A，B の分子量を M_A，M_B とすると，

$$\frac{v_A}{v_B} = \sqrt{\frac{M_B}{M_A}} \qquad (4\cdot29)$$

である．一定体積の気体が流出するのに要する時間は，ほかの条件が同じなら流出速度に反比例するはずなので，流出時間を t_A，t_B とすれば，

$$\frac{t_B}{t_A} = \sqrt{\frac{M_B}{M_A}} \qquad (4\cdot30)$$

となる．この関係から，分子量既知の気体試料との流出時間の比較より，試料の分子量を推定することができる．つまり，式(4･30)から

＊16　**グレアム**　T. Graham

＊17　**グレアムの法則**　Graham's law

$$M_B = \frac{t_A{}^2}{t_B{}^2} M_A \qquad (4 \cdot 31)$$

となり，一方の気体Aの分子量が既知であれば，実験によって得られたデータである t_A と t_B の値を利用してもう一方の気体Bの分子量が計算できる．

コラム

エネルギー等分配の法則

式(4・19)を導く際に $\overline{v^2} = \overline{v_x{}^2} + \overline{v_y{}^2} + \overline{v_z{}^2} = 3\overline{v_x{}^2}$ の関係を用いたが，単原子分子の並進による平均運動エネルギーは $E = (1/2)m\overline{v^2}$ であるので，x，y，z いずれの方向への運動も同じエネルギーをもち，それぞれ $(1/2)k_BT$ に等しい．さらに多原子分子の回転運動についても，x，y，z いずれの軸についての回転運動もそれぞれ $(1/2)k_BT$ に等しい．これを，エネルギー等分配の法則という．運動が x，y，z の三次元で行われるとき，この次元を自由度という．自由度を使い，「単原子分子の並進の運動エネルギー，および多原子分子の回転の運動エネルギーは，1自由度あたり $(1/2)k_BT$ である」とエネルギー等分配の法則を表現できる．

ポイント

- 一定容積の容器内の気体の圧力は分子の数と質量，そしてその速度に依存する．
- 理想気体のエネルギーは分子の質量には無関係で温度だけで決まる．
- 酸素分子の 298 K での根平均 2 乗速度は音速並みである．

C　エネルギーの量子化とボルツマン分布

系に含まれる分子が多数だと，個々の分子のエネルギー状態を把握することは不可能である．しかし個々の分子がとり得るエネルギー状態は力学法則から算出できるので，それぞれの状態がどれほど実現しているかという統計的な情報から系の状態を推定する学問を統計力学とよぶ．本項では，古典統計力学の成果である気体分子の速度に関して，マクスウェル・ボルツマンの速度分布則をまず記述する．ついで，エネルギーの量子化と分子があるエネルギー状態にある確率に関するボルツマンの分布則について記述する．

❶ 気体分子の速度分布

B項において，N 個からなる気体分子の速度を表すのに平均2乗速度 $\overline{v_x{}^2}$ を用いた．もちろん，温度一定のもと，つまり気体分子全体の運動エネルギーの和が一定でも，個々の気体分子の速度はばらばらである．

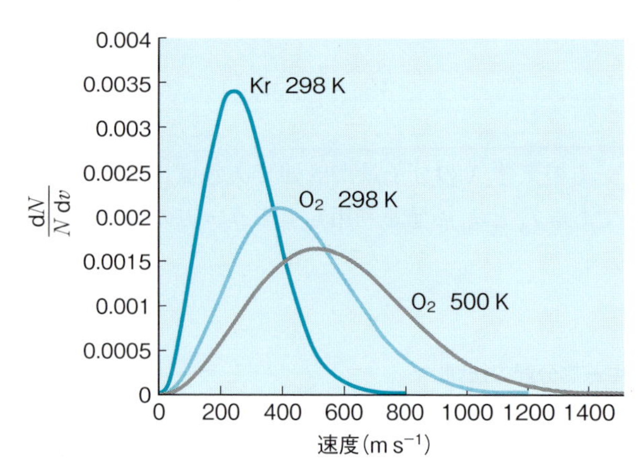

図 4・4 酸素分子と Kr についてのマクスウェル・ボルツマンの速度分布

ボルツマン[*18]は，N 個の理想気体分子の集団の速度分布について考察し，**マクスウェル・ボルツマンの速度分布則**[*19]を導いた．

$$\frac{\mathrm{d}N}{N\,\mathrm{d}v} = 4\pi v^2\left(\frac{m}{2\pi k_{\mathrm{B}}T}\right)^{\frac{3}{2}} e^{-\frac{mv^2}{2k_{\mathrm{B}}T}} \qquad (4\cdot32)$$

なお，v は分子の速度，m は分子の質量である．図 4・4 は酸素分子（分子量 36）と Kr（原子量 83.8）について，式（4・32）の左辺を縦軸に，横軸に速度（$\mathrm{m\,s^{-1}}$）をとったものである．酸素分子の速度分布は 298 K から 500 K になると高速側にずれ，また，同じ温度でも酸素分子より質量が大きい Kr では速度分布が低速側にずれることがわかる[*20]．

*18 **ボルツマン** L. E. Boltzmann

*19 **マクスウェル・ボルツマンの速度分布則** Maxwell-Boltzmann's law of velocity distribution

*20 速度分布の式：式（4・32）は液体にも適用できる．したがって沸点における液相の分子と気相の分子の速度分布は等しい（たとえば，根平均 2 乗速度も同じ）のである．

❷ エネルギーの量子化とボルツマンの分布則

量子論では，①ある物理量を観測したときその値を確定することはできず，ある値にあると観測される確率を示すことができるのみである．エネルギーも一般の状態では確定した値をとらず，特別な状態（エネルギー固有状態）でのみ確定した値（エネルギー固有値）をとる．さらに，②エネルギー固有値は離散的（とびとび）な値しかとり得ない（**エネルギーの量子化**[*21]）．たとえば，原子軌道のエネルギー準位にみるように原子のエネルギーは離散的な値しかとり得ない．また，容器内の分子の並進[*22]，回転，振動のエネルギーについても同様である．このうち，二原子分子について，並進エネルギーは

$$E_{n_1,n_2,n_3} = \frac{h^2}{8mV^{\frac{2}{3}}}(n_1^2 + n_2^2 + n_3^2) \qquad n_1, n_2, n_3 = 1, 2, 3, \cdots \quad (4\cdot33)$$

で表される．なお，h はプランク定数，m は分子の質量，V は気体分子の存在する空間の体積，n_1，n_2，n_3 は三次元空間なので 3 つの量子数である．

*21 **量子化** ☞ 1 章 p.16

*22 単原子分子ではこれのみを分子の運動としてとらえていた．

また，回転エネルギーは

$$E_j = \frac{h^2}{8\pi^2 I} J(J+1) \qquad J = 0, 1, 2, \cdots \qquad (4\cdot34)$$

で表される．なお，I は分子の慣性モーメントである．

そして，振動エネルギー E_n は，ν を振動数とすると，

$$E_n = \left(n + \frac{1}{2}\right) h\nu \qquad n = 0, 1, 2, \cdots \qquad (4\cdot35)$$

で表される．

1 辺が 0.1 m の立方体中の窒素分子を例にとって，各エネルギーを概算してみよう．

まず，並進エネルギーの最低のエネルギー準位 $E_{1,1,1}$ は

$$E_{1,1,1} = \frac{(6.6 \times 10^{-34}\,\mathrm{Js})^2}{8 \times (4.7 \times 10^{-26}\,\mathrm{kg}) \times (1 \times 10^{-3}\,\mathrm{m}^3)^{\frac{2}{3}}} (1^2 + 1^2 + 1^2) = 3.5 \times 10^{-40}\,\mathrm{J}$$

となり，次のエネルギー準位（3 重に縮重しており，たとえば $E_{1,2,1}$）との差は 3.5×10^{-40} J となる．

また回転エネルギーの $J = 0$ と $J = 1$ の差は，$I = 1.7 \times 10^{-46}\,\mathrm{kgm^2}$ とすれば

$$\frac{(6.6 \times 10^{-34}\,\mathrm{Js})^2}{8\pi^2 \times (1.7 \times 10^{-46}\,\mathrm{kgm^2})} \times 2 = 6.5 \times 10^{-23}\,\mathrm{J}$$

となる．

振動エネルギーの $n = 0$ と $n = 1$ の差は式(4･35)より $h\nu$ となるので，振動数は，窒素の基本振動 2360 $\mathrm{cm^{-1}}$ と光速（$3 \times 10^9\,\mathrm{ms^{-1}}$）から $3 \times 10^9\,\mathrm{m} \times 236000\,\mathrm{m^{-1}} = 7.1 \times 10^{14}\,\mathrm{s^{-1}}$ となり，

$$h\nu = 6.6 \times 10^{-34}\,\mathrm{Js} \times 7.1 \times 10^{14}\,\mathrm{s^{-1}} = 4.7 \times 10^{-19}\,\mathrm{J}$$

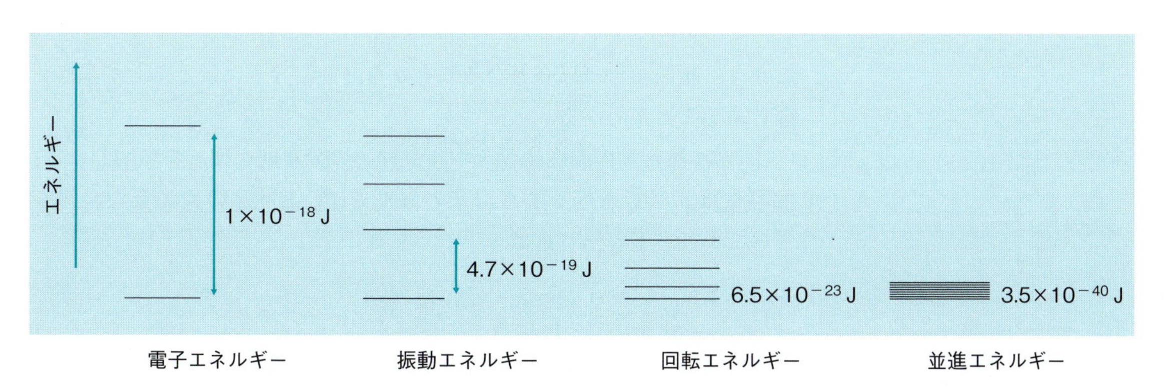

図 4･5　窒素分子のエネルギー準位

となる．これらより，エネルギー準位の間隔は並進エネルギー＜回転エネルギー＜振動エネルギーの順に大きくなることがわかる．なお，窒素分子の電子エネルギー準位間の差はこれらよりさらに大きく，1×10^{-18} J である(図4･5)．

前述のボルツマンは平衡状態にある分子の集団の中で，ある分子が状態 i にある確率は e_i を状態 i のエネルギーとすると，$e^{-\frac{e_i}{k_B T}}$ に比例することを示した[*23]．

*23　☞ 12章 p.225 の反応速度の温度依存性の衝突論による遷移状態理論の考察を参照．

これより，分子の集団のうち状態 i と j にある分子の数 N_i と N_j の比は，それぞれの状態のエネルギーを e_i と e_j とし，それぞれの状態が1つずつしかなければ(縮重がなければ)，

$$\frac{N_j}{N_i} = e^{-\frac{e_j - e_i}{k_B T}} \tag{4･36}$$

で表され，それぞれの状態の縮重度が g_i，g_j であれば，

$$\frac{N_j}{N_i} = \frac{g_j}{g_i} e^{-\frac{e_j - e_i}{k_B T}} \tag{4･37}$$

で表される(**ボルツマンの分布則**[*24])．これによると，温度が一定であれば，2つのエネルギーの違う状態について，高いエネルギー状態をとる確率はそれらのエネルギー差について指数関数的に減少することを示している．

*24　**ボルツマンの分布則**
Boltzmann distribution law

先ほどの窒素分子についての計算より，並進エネルギーの励起状態とのエネルギー差は 3.5×10^{-40} J であった．300 K での $k_B T$(1.38×10^{-23} JK^{-1} × 300 K)は約 4×10^{-21} J であるので，ボルツマンの分布則から $\frac{N_j}{N_i} = \frac{g_j}{g_i} e^{-\frac{(e_j - e_i)}{k_B T}} = \frac{3}{1} e^{-\frac{3.5 \times 10^{-40}\,\mathrm{J}}{4 \times 10^{-21}\,\mathrm{J}}}$ となる．指数項はほぼ1となるので，窒素分子は基底状態と励起状態が1：3の割合で存在する．一方，振動については

$$\frac{N_j}{N_i} = \frac{g_j}{g_i} e^{\frac{(e_j - e_i)}{k_B T}} = \frac{1}{1} e^{-\frac{4.7 \times 10^{-19}\,\mathrm{J}}{4 \times 10^{-21}\,\mathrm{J}}}$$

となり，指数項はほぼ0となることから，窒素分子はほとんどが基底状態にあることがわかる．

ここで，熱容量の温度変化をボルツマンの分布則を使って説明しよう．熱容量は5章で述べるように系の温度を1℃上げるのに必要なエネルギーであり，定容熱容量は，

$$C_V = \left(\frac{\partial U}{\partial T}\right)_V$$

と表される．U は内部エネルギー[*25]とよばれ，原子･分子の並進，回転，振動および電子エネルギーの和である．では，さまざまな温度のもと，

*25　☞ 5章 p.91 参照

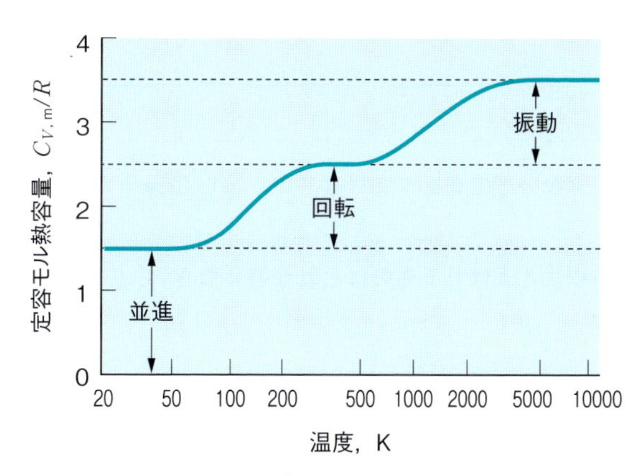

図 4･6　H_2 の定容モル熱容量の温度依存性

原子・分子が外部からのエネルギーを運動および電子エネルギーにどのように分配しているのであろうか．まず，これらのエネルギーは量子化されており，たとえば分子は任意の速度で回転するのではなく，一定のエネルギー(基底状態 i と励起状態 j のエネルギー差)に相応する速度でしか回転できないのである．さらに，ボルツマンの分布則：式(4･37)は基底状態と励起状態のエネルギー間隔$(e_j - e_i)$から，その温度で励起状態となる原子･分子の割合を見積もるので，熱容量に対する並進，回転，振動および電子エネルギーの寄与がわかるのである．

図 4･6 は H_2 の定容モル熱容量$(C_{V,\mathrm{m}})$の温度依存性を示したものである．H_2 の定容モル熱容量は低温では$(3/2)R$ であり，最もエネルギー間隔の小さな並進運動にエネルギーが費やされることを意味する．298 K 付近で$(5/2)R$ となっているのは，並進運動のほかにも回転運動にもエネルギーが費やされることを意味する．なお，さらに高温となれば振動運動によってもエネルギーを費やすことがある．しかし，電子エネルギーのエネルギー間隔は大きいため，熱容量への寄与は無視できる．

おわりに，単原子分子である He の $C_{V,\mathrm{m}}$ を図示するとどうなるであろうか．$C_{V,\mathrm{m}}$ はこれらの温度範囲で$(3/2)R$ となる，が答えである．これは，He が単原子分子であるので回転，振動運動は起こらず，エネルギー準位間が最も小さい並進運動の寄与のみとなるからである．

ポイント

- マクスウェル・ボルツマンの速度分布則は気体分子の速度分布を表す．
- 物質のエネルギーは量子化されており，離散的(とびとび)な値しかとり得ない．

Exercise

1 **理想気体の状態方程式が実在気体に適用できない理由を２つあげなさい．** 難易度★★☆

2 **次の式のうちファンデルワールスの状態方程式とよばれるものはどれか答えなさい．** 難易度★☆☆

① $pV = nRT$,　② $(p + n^2a/V^2)(V - nb) = nRT$,　③ $pV = p'V'$,　④ $p = nRT/(V - nb)$

3 **気体分子運動に関する次の文章中の(　)内には適する語句を入れ，[　]内からは正しい語句を選んで文章を完成しなさい．** 難易度★☆☆

1 mol の理想気体の温度とそのエネルギーとは[① $E = (3/2)RT$・$E = (3/2)k_BT$]の関係があり，理想気体のエネルギーは分子の質量には無関係で温度だけで決まる．これから，1分子については[② $E = (3/2)RT$・$E = (3/2)k_BT$]と書ける．なお，Rは(③　)定数，k_Bは(④　)定数という．

気体分子は温度一定の条件でもその速度は一定ではなく，(⑤　)の速度分布則で表される分布になる．温度が高温になると，速度分布は[⑥ 高速側にずれる・変化しない・低速側にずれる]．同じ温度でも質量が大きくなると速度分布は[⑦ 高速側にずれる・変化しない・低速側にずれる]．

4 **エネルギーの量子化に関する次の文章中の[　]内から正しい語句を選んで文章を完成しなさい．** 難易度★☆☆

古典論では物質のエネルギー状態は[① 連続している・離散的な値しかとり得ない]が，量子論では，エネルギー固有値は[② 連続している・離散的な値しかとり得ない]のである．たとえば，分子のエネルギー準位の間隔は[③ 並進・回転・振動・電子]エネルギー＜[④ 並進・回転・振動・電子]エネルギー＜[⑤ 並進・回転・振動・電子]エネルギー＜[⑥ 並進・回転・振動・電子]エネルギーの順に大きくなる．

5 エネルギー

エネルギーは力学的(運動，位置)，熱，電磁波，電気など，いろいろな形態をとり得る．熱力学は，エネルギーの形態間の相互変換に関する学問で，本書では5〜8章で扱う．熱力学には第一，第二，第三法則があるが，5章では第一法則を扱うとともに，内部エネルギーおよびエンタルピーについて概説する．

A 力，仕事，エネルギー

エネルギーはさまざまな形態をとり得るが，物理変化や化学変化が生じるときはエネルギー形態の変化を生じるため，その相互変化を理解することが重要である． そこで，まず力学的仕事とエネルギーについて概説する．

❶ 力と圧力

物体に力が働くとその物体の速度が変化する(すなわち加速度が生じる)．このときに生じる加速度の方向は力の方向と同一で，加速度の大きさは力の大きさに比例し，物体の質量に反比例する．これを**ニュートンの運動の第二法則**(運動の法則)[*1]という．

質量 m の物体に加わる力を f とし，そのときに生じる加速度を a とすると式(5･1)が成立する．

$$f = ma \tag{5･1}$$

ニュートンの運動方程式

物体を自然落下させた場合を考える．重力加速度を g とすれば，質量 m の物体に加わる重力 f は式(5･1)より，$f = mg$ で表すことができる．$g = 9.8\ \mathrm{m\ s^{-2}}$ である．質量1 kgの物体に加わる重力は $9.8\ \mathrm{kg\ m\ s^{-2}} = 9.8\ \mathrm{N}$ (ニュートン)である．

単位面積あたりに加わる力を圧力という．すなわち，面積 A の平面に力 f が加えられたときの圧力 p は，$p = f/A$ で与えられる．圧力の単位はパスカル(Pa)で，$1\ \mathrm{Pa} = 1\ \mathrm{N\ m^{-2}}$ である．バール(bar)も圧力の単位で，$1\ \mathrm{bar} = 10^5\ \mathrm{Pa}$(または1000 hPa，ヘクトパスカル)である．

＊1 **ニュートンの運動の法則**
Newton's law of motion　ニュートンの運動の法則は３つの法則から成り立っている．第一法則は慣性の法則で，「外力が働かない限り，物体は等速度運動(速度が０すなわち静止の場合も含む)を続ける」と表すことができる．第二法則は(狭義の)運動の法則である．第三法則は作用・反作用の法則で，「２つの物体が互いに力を及ぼし合うとき，作用と反作用とは大きさが等しく，同一直線上で向きは互いに反対である」と表現される．

❷ 仕事と力学的エネルギー

物体に力 f を加えてその力の方向に l だけ移動させたとき，物体になされた**仕事** w は式(5･2)で表される．

$$w = fl \tag{5·2}$$

1 N の力で物体を 1 m 動かしたときの仕事は 1 N m = 1 J(ジュール)であり，これを SI 基本単位の組み合わせで表せば $1\ \mathrm{J} = 1\ \mathrm{kg\ m^2\ s^{-2}}$ となる[*2]．

*2　以前用いられた単位系(cgs 単位系)では $g = 980\ \mathrm{cm\ s^{-2}}$ であり，質量 1 g の物体に加わる重力は $980\ \mathrm{g\ cm\ s^{-2}} = 980$ dyn(ダイン)である．$1\ \mathrm{N} = 10^5$ dyn の関係にある．1 dyn の力で物体を 1 cm 動かしたときの仕事は 1 dyn cm = 1 erg(エルグ)で，$1\ \mathrm{J} = 10^7$ erg の関係にある．以前の資料を読む際の参考に記憶しておくとよい．

仕事をする能力は**エネルギー**の 1 つの形態であり，仕事とエネルギーは同じ次元(J)で表される．質量 m の物体が速度 v_0 で等速直線運動しているときの物体のもっているエネルギーを求めるには，その物体に仕事をするか，あるいはその物体に仕事をさせることで，相当するエネルギーを求めることができる．

たとえば，この物体に一定の力 f を加えて物体を静止させる．このとき生じる加速度を a とする(a は物体の進行方向に対して逆方向に生じる)．力 f を加えてから時刻 t における物体の速度を v とすれば $v = v_0 - at$ となり，$t = v_0/a$ のとき物体は静止する($v = 0$)．したがって，この物体が静止するまでに進む距離 l は，

$$l = \int_0^{v_0/a} v\,\mathrm{d}t = \int_0^{v_0/a} (v_0 - at)\,\mathrm{d}t = \frac{{v_0}^2}{2a} \tag{5·3}$$

である．式(5･1)，(5･2)より，物体を静止させるためになされた仕事 w は，

$$w = fl = (ma)\frac{{v_0}^2}{2a} = \frac{1}{2}m{v_0}^2 \tag{5·4}$$

となる．この物体を静止させるためには $(1/2)m{v_0}^2$ だけの仕事を要するので，速度 v_0 で運動している質量 m の物体は $(1/2)m{v_0}^2$ のエネルギーをもっていることが示される．これを**運動エネルギー**という．

質量 m の物体を重力に逆らって持ち上げるのに必要な力 f は式(5･1)より $f = mg$ となる．この物体を力 mg で高さ h だけ持ち上げるのに必要な仕事は式(5･2)より mgh であるから，地表から高さ h にある質量 m の物体は地表にある同じ質量の物体と比較して mgh だけ大きなエネルギー(**位置エネルギー**)をもっている．

運動エネルギーと位置エネルギーをあわせて**力学的エネルギー**という．

❸ 熱

温度が異なる 2 つの物体が接触するとき，高温の物体から低温の物体にエネルギーが自然に移動し，両者の温度が等しい平衡状態に到達する．

この高温物体から低温物体へ移動するエネルギーが**熱**である．熱がエネルギーの一種であることは，加熱により熱機関のピストンを動かすことができることから容易に理解できる．また，高温の物体は熱エネルギーを電磁波のエネルギーとして放出している(**熱放射**あるいは**熱輻射**という)．

熱量の単位として以前はカロリー(cal)が汎用されていたが[*3]，現在では国際組立単位におけるエネルギーの単位であるジュール(J)を用いる．カロリーとジュールとの間には式(5･5)が成立する．また，15℃における 1 cal の熱量に相当する仕事を**熱の仕事当量**といい，4.1855 J/cal と定められている．

$$1\ \mathrm{cal} = 4.184\ \mathrm{J} \qquad (5\cdot5)$$

＊3　栄養学や食品栄養などでは現在もカロリーの使用が認められている．

ポイント

- 熱はエネルギーの一種である．
- 1 cal = 4.184 J

B　系と状態関数

❶ 系と外界

観測の対象として注目している物質の集合を**系**といい，その系以外のすべての部分を**外界**という．系は有限な空間であり，系と外界とは**境界**により分離されている．

系は，外界との間の熱や仕事，物質の出入りの可否により**開放系**，**閉鎖系**，**断熱系**，**孤立系**に分類される(表 5･1，図 5･1)．

系は，その中に種々のエネルギーをもっている．系を構成している分子や原子などの運動エネルギー，原子内の電子エネルギー，化学結合エネルギー，分子間相互作用エネルギーなどであり，これらをまとめて系の**内部エネルギー**という．

表 5･1　系の種類と外界とのエネルギー，物質の移動*

系	熱	仕事	物質
開放系	○	○	○
閉鎖系	○	○	×
断熱系	×	○	×
孤立系	×	×	×

*移動の可否：○→可，×→不可

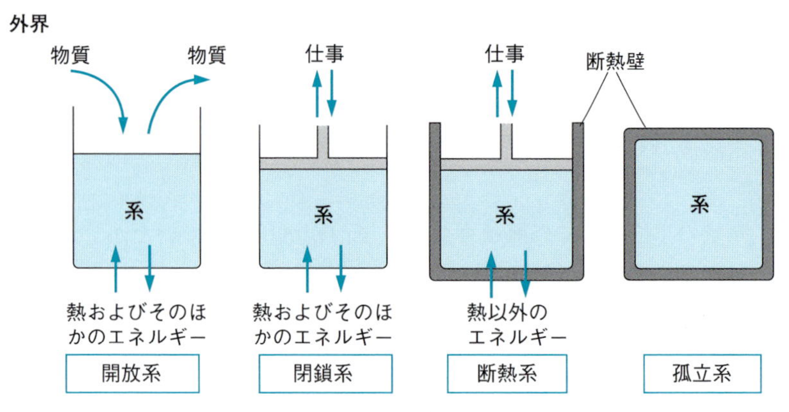

図 5・1 系の種類と外界との関係

❷ 状態関数

系の状態によってのみ規定され，それまでにたどってきた変化の経路には無関係な量を**状態関数**（**状態量**）とよぶ．

たとえば，理想気体では気体の物質量 n，圧力 p，体積 V，温度 T の 4 つの変数間に $pV = nRT$ という関係（R は気体定数，T は絶対温度）が成り立ち，これら 4 つの変数のうち 3 つが決まれば，ほかの 1 つの変数も決まり，系の状態が決定できる．また，系の状態が定まれば 4 つの変数が特定されるので，4 変数 n，p，V，T は状態関数である．

状態関数には，物質の量に無関係なものと物質の量に依存するものとがある．前者を**示強性**状態関数，後者を**示量性**状態関数という．示強性状態関数には圧力，温度，濃度，密度などが，示量性状態関数には質量，粒子数，体積，エネルギーや，後述するエンタルピー，エントロピーなどがある．示強性状態関数はその各部で同一の性質をもっていることから，両状態関数は，分割することで変化するかどうかにより容易に判別できる．たとえば，300 K の物体を 2 分割しても両区分ともに 300 K である．一方，1 m^3 の体積を有する気体を等分割すると，0.5 m^3 の体積を有する 2 つの区分に分かれる．

これに対して，熱や仕事は系の状態が定まっても一定ではなく，系がたどってきた経路に依存する関数であり，**経路関数**とよぶ．たとえば，図 5・2 のように状態 1 から状態 2 へと箱を持ち上げる仕事を行う場合を考える．物体が真空中にある場合，状態 1 から状態 2 への変化で得られる位置エネルギー mgh は全仕事 w_1 に等しい．一方，媒質中に物体が存在する場合には，位置エネルギーを与える仕事 w_1 に加えて媒質抵抗に対する仕事 w_2 を行うため，全仕事は $w_1 + w_2$ である．すなわち，状態 1 から状態 2 へ変化する際の仕事は，状態 1・2 だけで決まらず経路により異なるため，仕事は経路関数であることが示される．

ある状態関数を X とし，系が状態 I から状態 II まで変化したときに X が X_{I} から X_{II} まで変化したとする．X は系の状態のみにより規定さ

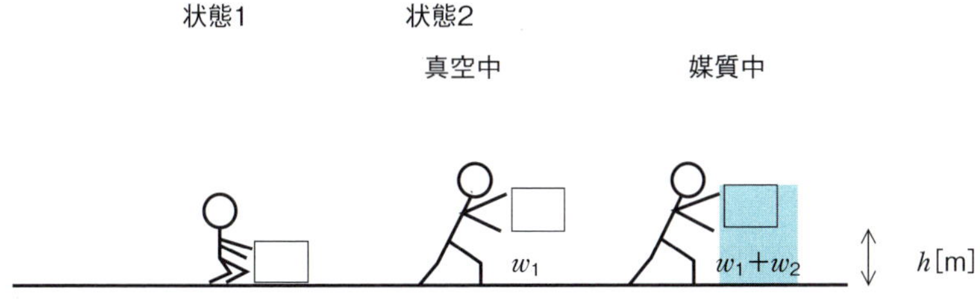

図 5・2 仕事は経路関数である

状態 1(高さ 0, 全エネルギー＝位置エネルギー 0)から, 状態 2(高さ h, 全エネルギー＝位置エネルギー mgh)に移動させる場合を考える. 真空中では, 状態変化に要する仕事は, 位置エネルギー mgh に相当する力学的仕事(w_1)である. 一方, 媒質中(たとえば空気中)では, これに加えて媒質抵抗に対する仕事(w_2)を要するため, 状態 1→状態 2 に要する全力学的仕事は($w_1 + w_2$)となる.

れるため, X の変化量 $\Delta X = X_{\mathrm{II}} - X_{\mathrm{I}}$ も系がたどってきた経路に依存せず, 一義的に定まる. このような状態関数 X の微小変化を完全微分といい, $\mathrm{d}X$ で表す. 一方, ある経路関数を Y としたとき, Y の微小変化は系のたどった変化の経路に依存するため不完全微分といい, $\mathrm{d}Y$ または δY で表す[*4].

*4 ☞ 0 章 p.8 参照

ポイント

- 系は, 外界との間の熱や仕事, 物質の出入りの可否により開放系, 閉鎖系, 断熱系, 孤立系に分類される.
- 系を構成している分子や原子などの運動エネルギー, 原子内の電子エネルギー, 化学結合エネルギー, 分子間相互作用エネルギーなどをまとめて系の内部エネルギーという.
- 系の状態によってのみ規定され, それまでにたどってきた変化の経路には無関係な量を状態関数といい, 系がたどってきた経路に依存する関数を経路関数という.
- 物質の量に無関係な状態関数を示強性状態関数, 物質の量に依存する状態関数を示量性状態関数という.

C 熱力学第一法則とエンタルピー

孤立系は, 図 5・1 のとおり, 外界との物質, エネルギーの移動がない. したがって, 孤立系内では形態の相互変換は生じても, エネルギーの総和は常に一定である. これを**熱力学第一法則**(**エネルギー保存の法則**)という. この法則は, エネルギー源をもたずに永久に仕事をすることのできる装置(**第一種の永久機関**という)が存在しないことを示している.

系に外界から熱量 q が与えられ, 仕事 w がなされた場合, 系の内部エネルギーの増加量 ΔU は熱力学第一法則より式(5・6)で表される. なお, q, w ともに外界から系に入るときを正, 系から外界に出るときを負の値とする.

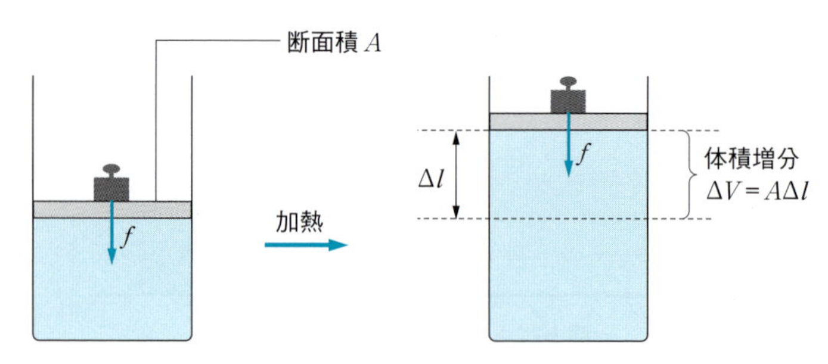

図 5・3　気体の膨張による仕事
シリンダー内の気体を加熱すると，気体が膨張してピストンを押し上げる仕事をする．

$$\Delta U = q + w \tag{5·6}$$

式(5・6)より系の内部エネルギーとは，系に熱を含むエネルギーが与えられたときに，系が外界に対して行った仕事や，熱として外界に放出したエネルギーを差し引いた，系内部に蓄積されるエネルギーであることがわかる．

図 5・3 のように断面積 A のシリンダーに気体を封入し，上からおもりなどにより力 f を加える．これを加熱したときに，気体が膨張してピストンを Δl 押し上げたとする．このとき気体が重力に逆らって外界に仕事をした場合，系がされた仕事 w は式(5・7)で表される．

$$w = -f\Delta l = -\frac{f}{A}(A\Delta l) = -p\Delta V \tag{5·7}$$

p は系に加わる圧力，V は系の体積であり，ΔV は膨張による体積の増加量である．系がされた仕事が体積変化のみの場合（$w = -p\Delta V$）は，式(5・8)が成立する．

$$\Delta U = q - p\Delta V \tag{5·8}$$

定容変化(定積変化，体積一定での反応)では $\Delta V = 0$ より仕事は生じず，$\Delta U = q$ となるため，系に出入りする熱量は系の内部エネルギーの変化量に等しくなる．すなわち，吸熱変化では $\Delta U > 0$，発熱変化では $\Delta U < 0$ となる．

これに対して，定圧変化(等圧変化)では式(5・8)より $q = \Delta U + p\Delta V$ となり，吸収した熱エネルギーは内部エネルギーの増加分 ΔU と体積変化による仕事量 $p\Delta V$ とに配分される．そのため**エンタルピー**という熱力学量 H を式(5・9)のように定義すると，ΔH は定圧変化において系に出入りする熱量を表し，吸熱変化では $\Delta H > 0$，発熱変化では $\Delta H < 0$ となる．

$$H = U + pV \tag{5·9}$$

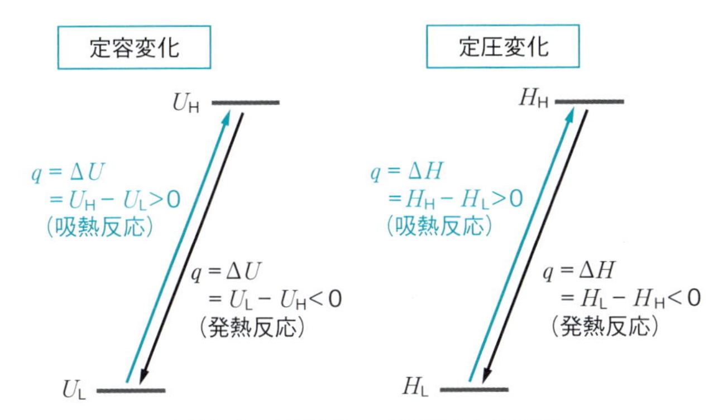

図 5・4　定容変化，定圧変化と反応熱

q は，反応時に出入りする熱量を表す．系の内部エネルギーが大きい状態を U_H，小さい状態を U_L，系のエンタルピーが大きい状態を H_H，小さい状態を H_L とする．

U，H はともに状態関数である．反応の前後における内部エネルギーおよびエンタルピーの変化と熱の出入りの関係を図 5・4 に示す．

ポイント

- 系に外界から熱量 q が与えられ仕事 w がなされた場合，系の内部エネルギーの増加量 ΔU は $\Delta U = q + w$ で表される．
- q，w ともに外界から系に入るときを正，系から外界に出るときを負の値とする．
- エンタルピー H は状態関数で，$H = U + pV$ で表される．
- 定容変化では系に出入りする熱量は系の内部エネルギーの変化量に等しい．
- 定圧変化では系に出入りする熱量はエンタルピーの変化量に等しい．

D 熱容量

系の温度を 1 ℃上げるのに必要な熱量を**熱容量**という．外部から熱量 q を加えたときに系の温度が ΔT 上昇したとする．前項のとおり，定容変化では $\Delta U = q$ であるため**定容熱容量** C_V は式(5・10)により表される．また，定圧変化では $\Delta H = q$ であるため**定圧熱容量** C_p は式(5・11)により表される．

$$C_V = \left(\frac{\partial U}{\partial T}\right)_V \qquad (5\cdot10)$$

$$C_p = \left(\frac{\partial H}{\partial T}\right)_p \qquad (5\cdot11)$$

式(5・10)より系の温度を $T_1 \rightarrow T_2$ と定容変化させたときに系が吸収す

る熱量ΔUは,

$$\Delta U = \int_{T_1}^{T_2} C_V \, \mathrm{d}T \tag{5·12}$$

であり，C_Vが一定ならば$C_V(T_2 - T_1)$となる.

同様に，式(5·11)より系の温度を$T_1 \rightarrow T_2$と定圧変化させたときに系が吸収する熱量ΔHは,

$$\Delta H = \int_{T_1}^{T_2} C_p \, \mathrm{d}T \tag{5·13}$$

であり，C_pが一定ならば$C_p(T_2 - T_1)$となる.

物質1gあたりの熱容量を**比熱**または**比熱容量**といい，物質1molあたりの熱容量を**モル熱容量**という．系の物質量をn，定容モル熱容量を$C_{V,\mathrm{m}}$，定圧モル熱容量を$C_{p,\mathrm{m}}$とすると，$C_{V,\mathrm{m}} = C_V/n$，$C_{p,\mathrm{m}} = C_p/n$である.

理想気体では，式(5·9)，(5·11)より，式(5·14)が得られる.

$$C_{p,\mathrm{m}} = \left(\frac{\partial H}{\partial T}\right)_p = \left(\frac{\partial U}{\partial T}\right)_p + p\left(\frac{\partial V}{\partial T}\right)_p \tag{5·14}$$

式(5·10)より$(\partial U/\partial T)_p = (\partial U/\partial T)_V = C_{V,\mathrm{m}}$であるので，式(5·14)から式(5·15)が得られる.

$$C_{p,\mathrm{m}} = C_{V,\mathrm{m}} + R \tag{5·15}$$

（Rは気体定数）

これを，**マイヤーの関係式**[*5]という．定圧過程では仕事を生じることから，温度変化には仕事に相当する熱量を要することを示している．また，$C_{p,\mathrm{m}}$と$C_{V,\mathrm{m}}$との比$\gamma = C_{p,\mathrm{m}}/C_{V,\mathrm{m}}$を**比熱比**という.

単原子分子および2原子分子からなる理想気体の$C_{V,\mathrm{m}}$，$C_{p,\mathrm{m}}$およびγの理論値を表5·2に示す.

*5　**マイヤーの関係式**　Mayer's relation

表5·2　単原子分子および2原子分子理想気体の定容モル熱容量$C_{V,m}$，定圧モル熱容量$C_{p,m}$および比熱比γ

分　子	単原子分子	2原子分子
$C_{V,\mathrm{m}}$	$\frac{3}{2}R$	$\frac{5}{2}R$
$C_{p,\mathrm{m}}$	$\frac{5}{2}R$	$\frac{7}{2}R$
γ	$\frac{5}{3}$	$\frac{7}{5}$

Rは気体定数

ポイント

- 定容熱容量　$C_V = (\partial U/\partial T)_V$，定圧熱容量 $C_p = (\partial H/\partial T)_p$
- 理想気体では，定容モル熱容量を $C_{V,\mathrm{m}}$，定圧モル熱容量を $C_{p,\mathrm{m}}$ とすると，$C_{p,\mathrm{m}} = C_{V,\mathrm{m}} + R$ となる（マイヤーの関係式）．

E　可逆変化と不可逆変化

1 可逆過程と不可逆過程

図5･3のように気体をピストン内に入れ(ピストン内の気体を系とする)，その上におもりを置き，ピストン内の気体が圧力 p_1，体積 V_1 で外界と平衡状態になったとする(状態A)．次に，温度一定の状態でおもりを取り去ると，図5･5aのように，系は状態A($p = p_1$，$V = V_1$)から状態B($p = p_2$，$V = V_1$)を経て状態C($p = p_2$，$V = V_2$)へと移行する(系が膨張)．このとき，系が外界に対して行った仕事($= -w_1$)は図の灰色部分(長方形BEFC)の面積に等しい．

内部エネルギー U は温度のみの関数より，等温膨張では U は変化しない($\Delta U = 0$)．そのため，式(5･6)より $q = -w$ となる．すなわち，等温

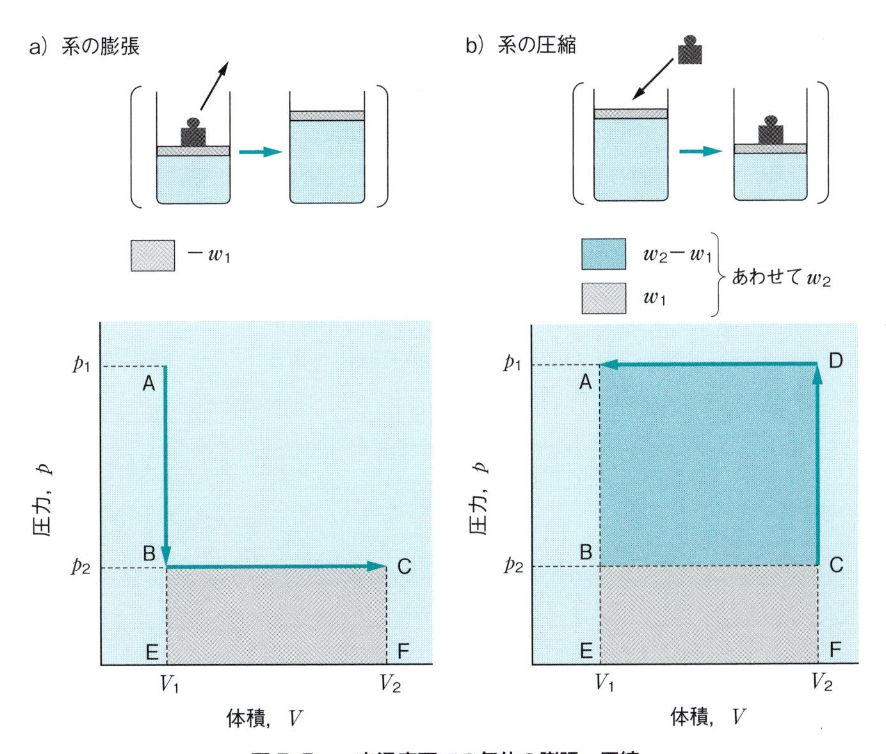

図5･5　一定温度下での気体の膨張→圧縮

膨張時に気体の系は外界から仕事に相当する熱量 w_1 をもらうことになる.

次に，状態 C で外界と平衡状態になった系に対して，膨張過程で取り去ったおもりを再びピストン上に置くと，系の状態は図 5･5b の経路，すなわち状態 C($p=p_2$, $V=V_2$)から状態 D($p=p_1$, $V=V_2$)を経て状態 A($p=p_1$, $V=V_1$)に戻る(気体の圧縮過程). このとき，外界が系に対して行った仕事 w_2 は図の長方形 AEFD の面積に等しく，同量の熱が系から外界に放出される. そのため，膨張→圧縮の一連の操作を行うと，外界から系に対して正味 $w_2 - w_1$ の仕事(= 長方形 ABCD，すなわち図 5･5b の濃い青色部分の面積)がなされたことになる. 系の最初と最後の状態が同じ状態 A であれば，状態関数である系の内部エネルギーは一定であるので，$w_2 - w_1$ の熱が系から外界に放出される. すなわち，一連の操作により $w_2 - w_1$ の仕事が外界から系に対してなされ，同量の熱が系から外界に放出されたことになる. このように，系が変化した後に再びもとの状態に戻った場合に，外界に何らかの変化が生じるような過程を**不可逆過程**[*6]といい，そのような変化を**不可逆変化**[*7]という. 不可逆的過程で出入りする熱量やなされる仕事を添え字を用いて q_{irrev}, w_{irrev} と示す.

*6 **不可逆過程**　irreversible process

*7 **不可逆変化**　irreversible change

おもりを等分して，温度一定の条件下でおもりを 1 個ずつ取り除いたり(膨張過程)戻したり(圧縮過程)して，図 5･5 と同様の操作を行う場合を考えよう. このとき，おもりを 1 個取り去った後に次のおもりを取る操作や，逆におもりを 1 個加えた後に次のおもりを加える操作は，十分に時間をかけて系が外界と平衡になってから行うものとする.

このような操作で系を状態 A($p=p_1$, $V=V_1$)から状態 C($p=p_2$, $V=V_2$)へ変化させ(膨張過程)，そして再びもとの状態 A に戻す(圧縮過程). おもりを 4 等分した一連の操作で系のたどる状態を図 5･6a に示す.

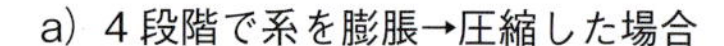

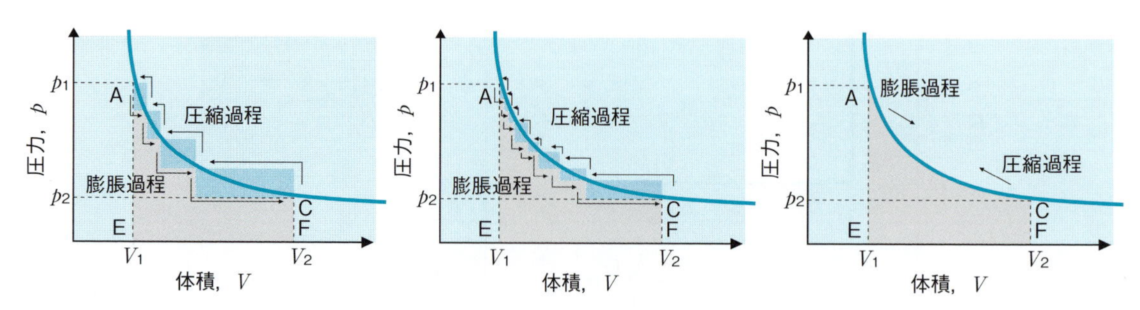

図 5･6　多段階の膨張・圧縮過程と準静的過程
2 点 A，C を結ぶ曲線は pV = 一定を示す.
段階数を細分化すると(準静的過程に近づくと)，膨張過程と圧縮過程の仕事の差が小さくなっていく.

膨張過程で系が外界に対して行った仕事($-w_{1irrev}$)は図5･6aの灰色部分で，図5･5aの長方形BEFCの面積よりも大きい．一方，圧縮過程で系が外界に対して行った仕事w_{2irrev}は，図5･6aの灰色部分と濃い青色部分を加えた面積で，図5･5bの長方形AEFDの面積よりも小さい．この系の膨張→圧縮の一連の操作により外界から系に与えられた正味の仕事量$w_{2irrev}-w_{1irrev}$は図5･6aの濃い青色部分の面積で，図5･5bの長方形ABCDの面積より小さくなっている．図5･6bのとおり，おもりをさらに細分化すると，膨張過程で系が外界に対して行う仕事の絶対値が増大し，圧縮過程で外界が系に対して行う仕事が減少する．その結果，外界の仕事や熱の変化量$w_{2irrev}-w_{1irrev}$も減少する．

おもりを無限大の個数に均等分して無限大の時間をかけて膨張→圧縮を行ったときの系の状態を図5･6cに示す．極めてゆっくりとした状態変化では，系は外界と常に平衡状態を保っていると考えられる．このような変化の過程を**準静的過程**という．

準静的過程では，膨張過程で系が外界に対して行う仕事($-w_1$)は圧縮過程で外界が系に対して行う仕事(w_2)と一致し，いずれも図形AEFCの面積(図5･6c灰色部分)に等しい．そのため，膨張→圧縮の一連の操作で外界は変化しない．系がある変化をした後，もとの状態に戻したときに外界がまったく変化しない過程を**可逆過程**[*8]といい，そのような変化を**可逆変化**[*9]という．したがって，この場合，準静的過程は可逆過程である．可逆過程で出入りする熱量やなされる仕事を添え字を用いてq_{rev}，w_{rev}と示す．

*8 **可逆過程** reversible process

*9 **可逆変化** reversible change

式(5･7)より準静的過程の等温体積変化の過程で外界から系になされる仕事wは，系が理想気体の場合，式(5･16)で表される．

$$w_{rev}=-\int_{V_1}^{V_2}p\,dV=-\int_{V_1}^{V_2}\frac{nRT}{V}\,dV=-nRT\ln\frac{V_2}{V_1}$$

$$=nRT\ln\frac{p_2}{p_1} \qquad (5\cdot16)$$

式(5･16)から，系が膨張するとき($V_2/V_1>1$，$p_2/p_1<1$)は系が外界に仕事を行い($w<0$)，系が圧縮されるとき($V_2/V_1<1$，$p_2/p_1>1$)は系が外界から仕事をされる($w>0$)ことがわかる．

❷ 理想気体の断熱可逆変化

外界との熱の出入りを絶ちながら系を準静的過程により膨張または圧縮する場合(断熱可逆変化という)を考える．すなわち，系を状態1($p=p_1$，$V=V_1$，$T=T_1$)から状態2($p=p_2$，$V=V_2$，$T=T_2$)に断熱可逆変化させる．断熱変化では$q=0$であるから式(5･8)は$\Delta U=-p\Delta V$となり，$dU=-p\,dV$と表される．式(5･10)は$dU=C_V\,dT$と変形できるので，系が理想気体ならば式(5･17)が成立する．式(5･17)は状態1から状態2への変化にあてはめると式(5・18)となり，式(5・19)が得られる．

$$C_V\,\mathrm{d}T = -p\,\mathrm{d}V = -\frac{nRT}{V}\,\mathrm{d}V \tag{5・17}$$

$$\int_{T_1}^{T_2}\frac{C_V}{T}\,\mathrm{d}T = -\int_{V_1}^{V_2}\frac{nR}{V}\,\mathrm{d}V \tag{5・18}$$

$$V_1 T_1^{\,C_V/nR} = V_2 T_2^{\,C_V/nR} \tag{5・19}$$

式(5・19)より $VT^{C_V/nR}$ が一定であることがわかる．すなわち，断熱膨張($V_1 < V_2$)すれば系の温度が低下($T_1 > T_2$)し，断熱圧縮($V_1 > V_2$)すれば系の温度が上昇する($T_1 < T_2$)ことがわかる．エアポンプを用いてタイヤに空気を入れるとタイヤが熱くなるのは，空気が断熱圧縮されて温度が上昇するためである．

マイヤーの関係式より $C_p - C_V = n(C_{p,\mathrm{m}} - C_{V,\mathrm{m}}) = nR$ となるので，式(5・19)は比熱比 γ を用いて表すと式(5・20)となる．

$$p_1 V_1^{\,\gamma} = p_2 V_2^{\,\gamma} \tag{5・20}$$

式(5・19)および式(5・20)を**ポアソンの式**[*10]という．式(5・20)より，断熱過程では pV^{γ} が一定となることがわかる．一方，等温過程では図5・6cの曲線ACのようにボイルの法則により pV が一定となる．

*10 **ポアソンの式** Poisson equation

ポイント

- 理想気体の$(p_1, V_1) \rightarrow (p_2, V_2)$の等温可逆変化で外界から系になされる仕事 w_{rev} は，$w_{\mathrm{rev}} = -nRT\ln(V_2/V_1) = nRT\ln(p_2/p_1)$ となる．
- 理想気体の断熱可逆変化では，$VT^{C_V/nR}$ および pV^{γ} が一定になる．

コラム

雲の発生とフェーン現象

雲の発生やフェーン現象は空気の断熱変化により生じる．

高度が10m上がるにつれ大気の圧力は約10hPaずつ低下する．図5・7の風上のA地点から湿った暖かい空気塊がきたとする．空気は高地にいくほど断熱膨張して気温が低下する．A–B地点間では，高度が100m上昇するにつれて気温は約1℃ずつ低下する．A地点の気温が20℃であれば，海抜1000mにあるB地点では約10℃である．

気温が低下すると単位体積あたりの空気に含まれる飽和水蒸気量が減少する．そのため，B地点ではA地点よりも単位体積あたりの空気中に含まれる飽和水蒸気量が少なく，B地点で相対湿度(＝100×単位体積あたりの空気に含まれる水蒸気量/飽和水蒸気量)が100%に達したとする(このときの温度を露点という)．露点では飽和濃度以上に空気中に含まれていた水蒸気は凝結して水滴となる．このようにして生じた無数の小さな水滴の集団(低温の場合には氷晶の集団)が雲粒である．水滴からなる雲粒が凝集したり(暖かい雨)，雲粒中の氷晶が水蒸気を集めて成長(氷晶雨，冷たい雨)して雨が降る．

B–C地点間では断熱膨張のため温度が低下するが，露点以下の気温のため水蒸気の液化を伴うので空気塊から気化熱が奪われる．そのため，B–C 地点間では，高度が 100 m 上昇するにつれて気温は約 0.5 ℃ずつ低下する．B 地点の気温が 10 ℃だと，海抜 2400 m にある山頂の C 地点では約 3 ℃となる．この空気塊が C 地点を越して低地に降りるときには断熱圧縮により温度が上昇する．C–D 地点間では，空気塊は水蒸気で飽和していないので高度が 100 m 下降するにつれて気温は約 1 ℃ずつ上昇し，低地の D 地点では高温となる．これをフェーン現象という．C 地点の気温が 3 ℃ならば，D 地点では約 27 ℃となる．風上の A 地点と風下の D 地点とは同じ標高であっても，気温は D 地点のほうが高く，空気は乾燥している．

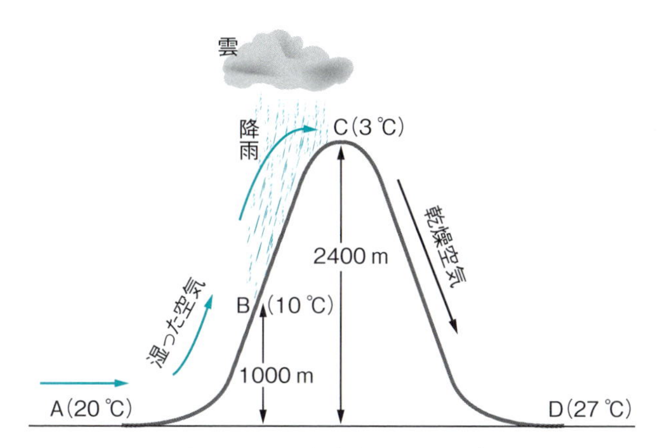

図 5･7　雲の発生とフェーン現象
A 地点から湿った暖かい空気塊がくる．空気塊は高地にいくほど断熱膨張して気温が下がり，B 地点で露点に達して雲が発生して雨が降る．この空気塊が山頂 C を越して低地に降りるときは乾燥空気となり，空気塊の断熱圧縮により D 地点では気温が上昇する(フェーン現象)．

F　物理変化，化学変化に伴うエンタルピー変化

❶ 標準状態

物理変化，化学変化のいずれにおいても，変化に伴い系に出入りする熱量すなわち反応熱 q は，反応系(反応物の系)と生成系(生成物の系)との内部エネルギー U やエンタルピー H の変化量で表すことができる(図 5・4)．U，H はともに状態関数であるため，反応系や生成系の温度や圧力，系の相の状態(気体，液体，固体)に依存し，それらの変化量 ΔU，ΔH である q も変化する．

したがって，変化に伴うエンタルピー変化を考えるにあたり，基準となる条件(標準状態)を定める必要がある．標準状態は圧力 1.00 bar とし[*11]，温度は定められていないが通常 298.15 K (= 25.00℃)の値を用いる．

*11　以前は，標準状態は，1 atm(気圧) = 1013.25 hPa(ヘクトパスカル) = 101 325 Pa = 1.013 25 bar が用いられていた．

物質の集合状態は，気体を g，液体を l，固体を s，結晶性固体を cr，非晶質固体を am と明記する．また，同素体がある場合はそれを明記する．たとえば，298.15 K で気体の水素分子と酸素分子が反応して液体の水 1 mol が生成するときに 286 kJ の熱が発生することを，

$$H_2(g) + (1/2)O_2(g) \longrightarrow H_2O(l) \qquad \Delta H^\circ_{298} = -286\ \mathrm{kJ\ mol^{-1}}$$

と表記する．記号「°」は，標準状態を示す[*12]．このように，反応式とともに反応に伴うエンタルピー変化量を示した式を**熱化学方程式**という．

＊12　標準状態を⦵(プリムソルと読む)の記号で表すこともあるが，本書では ° の記号で表す．

❷ 相転移によるエンタルピー変化

系の相の状態が変化することを**相転移**といい，その際には転移を生じさせる熱量(転移熱)を伴う．相転移の際には，2 相間の相転移に熱が用いられ温度変化を生じないことから，融解熱，気化熱，昇華熱などは**潜熱**とよばれる．

固体が液体に変化するときは融解熱を要する．たとえば，標準状態で融点において水が融解する場合の熱化学方程式は次式で表される．

$$H_2O(s) \longrightarrow H_2O(l) \qquad \Delta_{fus}H^\circ_{273} = 6.01\ \mathrm{kJ\ mol^{-1}}$$

1 mol の固体の融解時に系に与えられる熱量を**融解エンタルピー**[*13]という．

＊13　主な転移エンタルピーの表記

融解	$\Delta_{fus}H$
蒸発	$\Delta_{vap}H$
昇華	$\Delta_{sub}H$
原子化	$\Delta_{at}H$
反応	$\Delta_{r}H$
燃焼	$\Delta_{c}H$
生成	$\Delta_{f}H$

一方，液体が凝固する場合は融解熱に等しい熱が系から放出される．たとえば，標準状態で融点(＝凝固点)において水が凝固する場合の熱化学方程式は次式で表される．

$$H_2O(l) \longrightarrow H_2O(s) \qquad \Delta H^\circ_{273} = -\Delta_{fus}H^\circ_{273} = -6.01\ \mathrm{kJ\ mol^{-1}}$$

同様に，液体を気体に変化させるには気化熱(蒸発熱)を要する．たとえば，標準状態の沸点において水が気化する場合の熱化学方程式は次式で表される．

$$H_2O(l) \longrightarrow H_2O(g) \qquad \Delta H^\circ_{373} = \Delta_{vap}H^\circ_{373} = 40.7\ \mathrm{kJ\ mol^{-1}}$$

1 mol の液体の気化時に系に与えられるエネルギーを**蒸発エンタルピー**という．

また気体が液化するには，系から気化熱に等しい熱が放出される．標準状態で水蒸気が液化する場合の熱化学方程式は次式で表される．

$$H_2O(g) \longrightarrow H_2O(l) \qquad \Delta H^\circ_{373} = -\Delta_{vap}H^\circ_{373} = -40.7\ \mathrm{kJ\ mol^{-1}}$$

このように，気化や融解におけるエンタルピー変化は $\Delta H > 0$，液化や凝固でのエンタルピー変化は $\Delta H < 0$ となる．水の相転移および温度変化に伴うエンタルピー変化を図 5･8 に示す．

昇華過程でも，固体→気体の昇華では $\Delta H > 0$，気体→固体の昇華では $\Delta H < 0$ となる．昇華のときに系に出入りするエンタルピーを**昇華エンタルピー**という．

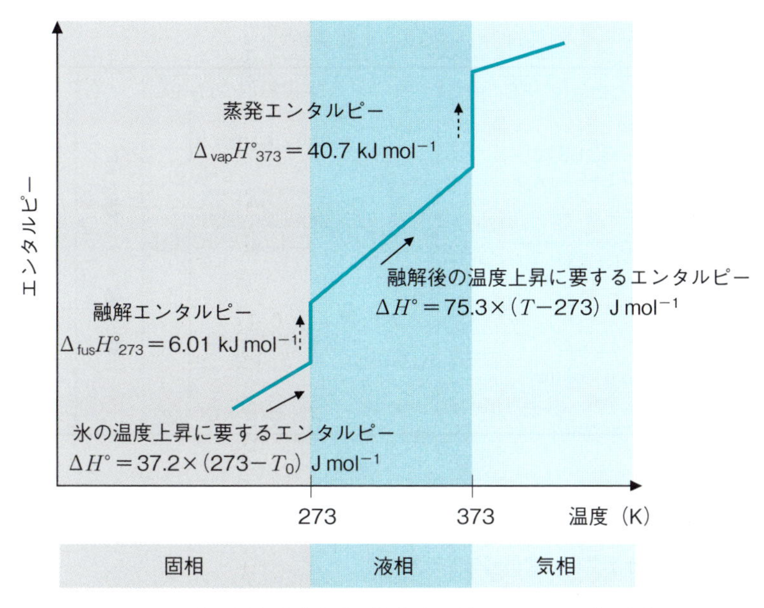

図 5･8　水の温度変化および相転移に伴うエンタルピー変化
温度 T_0 の氷 1 mol を加熱して蒸発するまでのエンタルピー変化を示す．なお，氷および水の熱容量をそれぞれ 37.2 J mol^{-1} K^{-1}，75.3 J mol^{-1} K^{-1} とする．相転移時には温度変化は生じず，融解，蒸発過程のエンタルピー（点線）は潜熱である．また 373 K の水蒸気が冷却され氷になる場合には，上記のエンタルピーが放出される．T は液相の温度上昇時の温度を示す．

❸ ヘスの法則

エンタルピーは状態関数であるため，最初の状態と最後の状態が決まれば，途中の反応経路に関係なく ΔH の総和は一定である（図 5･9）．これを**ヘスの法則**[*14] あるいは**総熱量保存則**という．

ヘスの法則に基づくと，エンタルピー変化が既知の反応の熱化学方程式を組み合わせることで，求めたい反応のエンタルピー変化を算出することができる．たとえば，次の①～③の反応のエンタルピー変化がわかっているとすると，

＊14　**ヘスの法則**　Hess' law

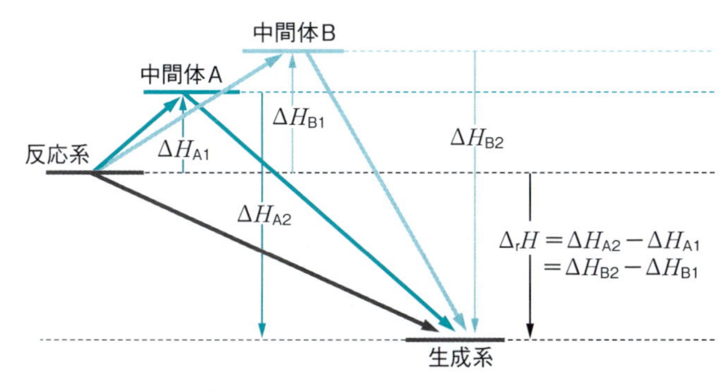

図 5･9　変化の経路とエンタルピー変化
反応系の状態と生成系の状態が決まれば，途中の反応経路に関係なくエンタルピーの変化量（$= \Delta_r H$）は一定となる．

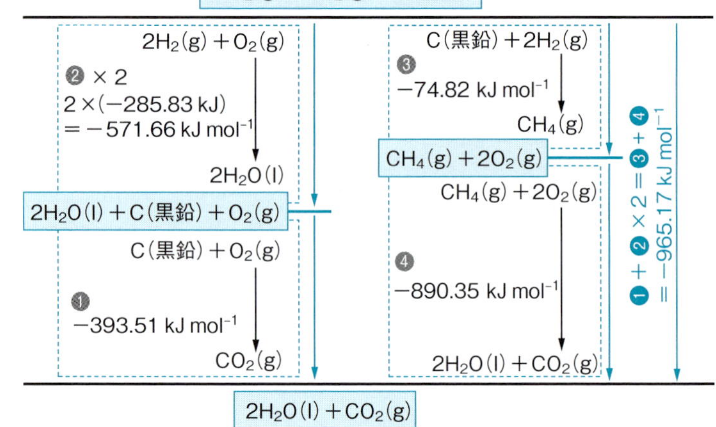

図 5･10　二酸化炭素，水，メタンの完全燃焼およびメタンの生成に関するエンタルピー変化
図中の①〜④は本文中の式の番号を示す．

$$\mathrm{C(黒鉛)} + \mathrm{O_2(g)} \longrightarrow \mathrm{CO_2(g)} \qquad \Delta_c H^\circ_{298} = -393.51\ \mathrm{kJ\ mol^{-1}} \qquad ①$$

$$\mathrm{H_2(g)} + (1/2)\mathrm{O_2(g)} \longrightarrow \mathrm{H_2O(l)} \qquad \Delta_c H^\circ_{298} = -285.83\ \mathrm{kJ\ mol^{-1}} \qquad ②$$

$$\mathrm{C(黒鉛)} + 2\mathrm{H_2(g)} \longrightarrow \mathrm{CH_4(g)} \qquad \Delta_r H^\circ_{298} = -74.82\ \mathrm{kJ\ mol^{-1}} \qquad ③$$

これらを用いて①＋②×2−③の計算を行うと(式中でマイナスになった物質は移項する)，メタンの完全燃焼に関する④式が得られる．

$$\mathrm{CH_4(g)} + 2\mathrm{O_2(g)} \longrightarrow 2\mathrm{H_2O(l)} + \mathrm{CO_2(g)}$$
$$\Delta_c H^\circ_{298} = -890.35\ \mathrm{kJ\ mol^{-1}} \qquad ④$$

①〜④式の関係を図示すると図 5･10 のようになる．

❹ 標準生成エンタルピー，原子化エンタルピー，結合エンタルピー

標準状態の 1 mol の化合物を標準状態の成分元素の単体から生成するときの反応熱を**標準生成エンタルピー**あるいは**標準生成熱**という．たとえば，前述の①，③式より二酸化炭素およびメタンの標準生成エンタルピーはそれぞれ，-393.51 kJ mol^{-1}，-74.82 kJ mol^{-1} であることがわかる．

反応によるエンタルピー変化は反応系と生成系のエンタルピーの差であるが，個々の物質のエンタルピーの絶対値はわからない．そのため，それぞれの系のエンタルピーの絶対値を定義する必要がある．標準生成エンタルピーを求める場合には，各構成成分元素についてそれぞれの単体の中から標準状態で最も安定なものを選び，それらの単体の有するエンタルピーを 0 と定める．25 ℃においては，H は H_2(g)，C は黒鉛，N は N_2(g)，O は O_2(g)，S は斜方イオウ，Cl は Cl_2(g)である．

標準状態での化学反応のエンタルピー変化 $\Delta_r H^\circ$ は，その反応系および生成系のすべての化合物の標準生成エンタルピーがわかっていれば，ヘスの法則から計算することができる．すなわち「aA＋bB → cC＋dD」なる反応の $\Delta_r H^\circ$ は，化合物 A，B，C，D の標準生成エンタルピーをそれぞれ ΔH°_A，ΔH°_B，ΔH°_C，ΔH°_D とすれば，$\Delta_r H^\circ = c\Delta H^\circ_C + d\Delta H^\circ_D - a\Delta H^\circ_A - b\Delta H^\circ_B$ となる．

ある化合物分子を構成原子に分解するのに必要なエネルギーを**原子化エンタルピー**という．たとえば，⑤式よりメタンの原子化エンタルピーは 1661.7 kJ mol^{-1} である．

$$CH_4(g) \longrightarrow C(g) + 4H(g) \qquad \Delta_{at}H^\circ_{298} = 1661.7\ \mathrm{kJ\ mol^{-1}} \qquad ⑤$$

メタンを原子化するには4つのC－H結合を解離させなければならないので，C－H結合の**結合解離エンタルピー**は 1661.7/4 = 415.4 kJ mol^{-1} である．

ただし，この値は，$CH_4(g) \rightarrow CH_3(g) + H(g) \rightarrow CH_2(g) + 2H(g) \rightarrow CH(g) + 3H(g) \rightarrow C(g) + 4H(g)$ なる4段階のC－H結合解離反応の平均エンタルピー(平均結合エンタルピー)で，実際には各段階でC－H結合を切るための ΔH°_{298} は異なる．

標準状態の1 molの化合物を完全燃焼させたときに発生する熱量を**標準燃焼エンタルピー**という．①，②式よりC(黒鉛)および $H_2(g)$ の標準燃焼エンタルピーはそれぞれ，−393.51 kJ mol^{-1}，−285.83 kJ mol^{-1} であることがわかる．

5 エンタルピー変化の反応温度による補正

種々の反応のエンタルピー変化は一般に1 bar，298.15 Kでの値が報告されている．任意の温度 T_2 K でのエンタルピー変化 $\Delta H^\circ_{T_2}$ は以下のようにして求める．すなわち，「aA＋bB → cC＋dD」なる反応の温度 T_1 K(たとえば298.15 K)でのエンタルピー変化を $\Delta H^\circ_{T_1}$ とする．化合物 A，B，C，D の定圧モル熱容量を $C_{p,m(A)}$，$C_{p,m(B)}$，$C_{p,m(C)}$，$C_{p,m(D)}$ とし，$\Delta C_p = cC_{p,m(C)} + dC_{p,m(D)} - aC_{p,m(A)} - bC_{p,m(B)}$ とすれば，$\Delta H^\circ_{T_2}$ は式(5･21)で表される．これを**キルヒホッフの式**[*15]という．

$$\Delta H^\circ_{T_2} = \Delta H^\circ_{T_1} + \int_{T_1}^{T_2} \Delta C_p\,\mathrm{d}T \qquad (5\cdot21)$$

ΔC_p が一定ならば，式(5･22)が成立する．

$$\Delta H^\circ_{T_2} = \Delta H^\circ_{T_1} + \Delta C_p(T_2 - T_1) \qquad (5\cdot22)$$

＊15　**キルヒホッフの式**
Kirchhoff's equation

ポイント

- 気化や融解におけるエンタルピー変化は $\Delta H > 0$，液化や凝固でのエンタルピー変化は $\Delta H < 0$ となる．
- 最初の状態と最後の状態が決まれば，途中の反応経路に関係なく ΔH の総和は一定となる（ヘスの法則）．
- 標準状態の 1 mol の化合物を標準状態の成分元素の単体から生成するときの反応熱を，標準生成エンタルピーという．
- 標準状態での化学反応のエンタルピー変化 $\Delta_r H°$ は，その反応系および生成系のすべての化合物の標準生成エンタルピーがわかっていれば，ヘスの法則から計算することができる．

Exercise

1 標準状態（1 bar，25 ℃）におけるグルコース生成の熱化学方程式は，次式で表せる．

$$6C(s,\ 黒鉛) + 6H_2(g) + 3O_2(g) \longrightarrow C_6H_{12}O_6(s) \qquad \Delta_f H° = -1274\ kJ\ mol^{-1} \qquad (1)$$

$\Delta_f H°$ は標準状態のエンタルピー変化であり，(s)は固体，(g)は気体状態を示す．次の記述の正誤を答えなさい．（難易度★★☆）

①$\Delta_f H°$ は標準状態の熱量変化を示し，式(1)では 1274 kJ mol^{-1} の吸熱があることを示す．

②標準状態における 1 mol の化合物を生成させる反応のエンタルピー変化を標準生成エンタルピー変化という．

③式(1)の $\Delta_f H°$ は，グルコース(s)，炭素(s，黒鉛)，水素(g)の燃焼熱から求まる．

④エンタルピーは状態量であるから，反応の経路によらない，すなわちどんな中間反応が起こってもエンタルピー変化は同じであり，この原理をヘスの法則という．

2 $H_2(g)$ および $N_2(g)$ の原子化エンタルピーはそれぞれ，436 kJ mol^{-1} および 945 kJ mol^{-1}，$NH_3(g)$ の標準生成エンタルピーは -46 kJ mol^{-1} である．NH_3 分子内の N－H 結合の平均結合エンタルピーを求めなさい．（難易度★★☆）

3 黒鉛，水素およびプロパンの標準燃焼エンタルピーはそれぞれ，-394 kJ mol^{-1}，-286 kJ mol^{-1}，-2220 kJ mol^{-1} である．プロパンの標準生成エンタルピーを求めなさい．（難易度★★★）

自発的な変化

「自発的な変化」とは「自然にひとりでに起こる変化」のことである．たとえば，氷を入れた容器を室温で放置すれば，容器内の氷は融けて水になる．この変化が自発的に起こることは常識である．しかし，容器内の水を室温で放置しても氷に戻ることはあり得ない．このように「自発的な変化」は変化の方向が決まっていて，もとには戻せない不可逆変化であることがわかる．

「自発的な変化」はどの方向に進むのか？(たとえば，なぜ室温では氷は水に変化するのか？)という疑問は，エントロピーという状態関数を使用して熱力学第二法則で説明される．さらにこの章では，自発的な変化の方向を容易に判断するために考案された自由エネルギーについて学ぶ．

A　熱力学第二法則とエントロピー

❶ 統計力学からみたエントロピー

エントロピー(S)は熱力学から導入された状態量で，温度上昇，膨張，混合，気化または融解など，構成粒子の運動が乱雑化する変化では増大する．すなわち，Sは乱雑さ(バラツキ)の指標である．この章の冒頭で述べた氷が水に変化する現象で考えてみよう．図6･1に示すように，氷は水分子が規則正しく並んでいるのでバラツキが小さい．一方，液体の水では，水分子の配列が乱れているのでバラツキが大きい．つまり，氷から水への変化では乱雑さが増大するので，Sは増大することがわかる．

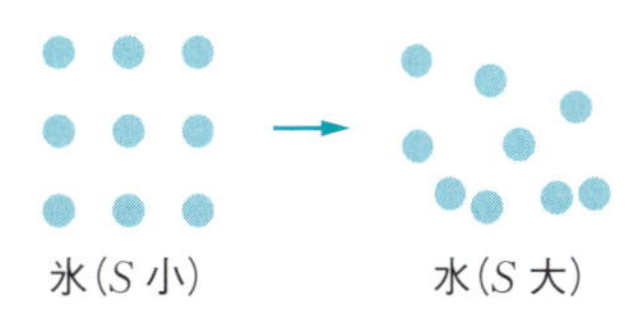

図6･1　氷から水への状態変化
(●：水分子)

次に乱雑さの指標であるSについて統計力学的にみてみよう．図6･2のように体積V_1の容器があるとする．この容器の体積を5等分し，体積Vの区分を5つ作成する．この容器に気体が1分子入っているとすれば，気体分子が各区分へ入る場合の数(W)は5通りである．容器の体積に関して，$V_1 = 5 \times V$の関係があるので，Wを容器の体積で表すと，$W = V_1/V = 5$となる．もし，この容器に気体が2分子入っているとすれば，各分子について5通りの入り方があるので，Wは$5 \times 5 = 5^2 = 25$通りになり，$W = (V_1/V)^2$と表すことができる．ここまでの

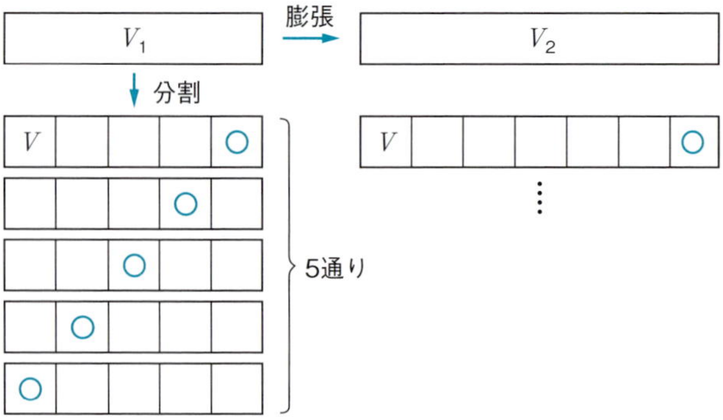

図 6･2　容器内において気体分子が取り得る場合の数(W)を考えるための概念図(○：気体分子)

話を一般化してみよう．図 6･2 の体積 V_1 の容器に n mol の気体が入っているとする．アボガドロ定数(N_A)を使うと，n mol の気体の分子数は $n \times N_A$ 個なので，$W_1 = (V_1/V)^{nN_A}$ となる．では，容器の体積を膨張させ体積 V_2 とする．体積 V_2 の容器に n mol の気体が入っているとすれば，場合の数は $W_2 = (V_2/V)^{nN_A}$ と表せる．

したがって，容器の体積が V_1 から V_2 へ膨張したときに W が変化した割合は，

$$\frac{W_2}{W_1} = \frac{\left(\frac{V_2}{V}\right)^{nN_A}}{\left(\frac{V_1}{V}\right)^{nN_A}} = \left(\frac{V_2}{V_1}\right)^{nN_A} \tag{6･1}$$

となる．式(6･1)の両辺に対数をとると，

$$\ln W_2 - \ln W_1 = nN_A \ln\left(\frac{V_2}{V_1}\right) \tag{6･2}$$

前述のように，容器の中の気体分子数が増えるほど W は増大する．また，容器の中の気体分子数が増えるほど乱雑さ(すなわち，S)も増大するので，W と S は何らかの関係がありそうである．ボルツマン[*1]は，統計力学の観点から W と S の関係を式(6･3)のように定義した．

$$S = k_B \ln W \tag{6･3}$$

ここで，k_B は**ボルツマン定数**[*2]で $k_B = R/N_A$ と表せ，R は気体定数，N_A はアボガドロ定数である．式(6･3)より，W が大きいほど S が大きくなることがわかる．

再度，図 6･2 をみてみよう．容器の体積が V_1 から V_2 へ膨張したときのエントロピー変化(ΔS)を，式(6･2)と式(6･3)を使って表すと，

＊1　**ボルツマン**　L. E. Boltzmann

＊2　**ボルツマン定数**　Boltzmann constant

$$\Delta S = S_2 - S_1 = k_B \ln W_2 - k_B \ln W_1$$
$$= k_B\, nN_A \ln\left(\frac{V_2}{V_1}\right) = nR \ln\left(\frac{V_2}{V_1}\right) \qquad (6\cdot4)$$

式(6･4)の右辺より，気体の体積が V_1 から V_2 へ膨張すると $\ln(V_2/V_1) > 0$ となるため，$\Delta S > 0$ すなわち S が増大することがわかる．

❷ 熱力学からみたエントロピー

式(5･16)で示したように，温度 T において，理想気体 n mol が体積 V_1 から V_2 へ等温可逆的に膨張したときの仕事(w_{rev})は式(6･5)で表される．

$$w_{rev} = -nRT \ln\left(\frac{V_2}{V_1}\right) \qquad (6\cdot5)$$

また，等温変化では内部エネルギー(U)は変化しないので，熱力学第一法則より $\Delta U = q_{rev} + w_{rev} = 0$ となり，$q_{rev} = -w_{rev}$ の関係が成立する．この関係式に式(6･5)を代入すると，

$$q_{rev} = -w_{rev} = nRT \ln\left(\frac{V_2}{V_1}\right) \qquad (6\cdot6)$$

統計力学から考えた式(6･4)と熱力学から考えた式(6･6)を比べてみると，

$$\Delta S = \frac{q_{rev}}{T} \qquad \text{または} \qquad \mathrm{d}S = \frac{\delta q_{rev}}{T} \qquad (6\cdot7)$$

が成立する．

式(6･7)より S の単位は J K^{-1} であり，系に熱が流入する($q_{rev} > 0$)とき S は増大し($\Delta S > 0$)，系から熱が流出する($q_{rev} < 0$)とき S は減少する($\Delta S < 0$)ことがわかる．

❸ 熱力学第二法則

理想気体を等温不可逆的に膨脹させたときの仕事($-w_{irrev}$，☞図5･5a)と等温可逆的に膨張させたときの仕事($-w_{rev}$，☞図5･6b)の大小関係は $-w_{rev} > -w_{irrev}$ である．等温変化では $q = -w$ の関係が成立するので，$q_{rev} > q_{irrev}$ となる．この式の両辺を T で除すと，式(6･7)より，

$$\Delta S = \frac{q_{rev}}{T} > \frac{q_{irrev}}{T} \qquad (6\cdot8)$$

孤立系(宇宙)では系と外界の間で熱の出入りはない(☞表5･1)ため $q = 0$ となり，式(6･8)は，

孤立系の不可逆過程では　$\Delta S > 0$　(6·9)

孤立系の可逆過程では　$\Delta S = 0$　(6·10)

式(6·9)より，この章の冒頭でも述べたように，「自発的な変化は不可逆過程なので，孤立系(宇宙)のエントロピーを増大させる方向($\Delta S > 0$)に変化は進む」という「**エントロピー増大の法則**」とよばれる**熱力学第二法則**が成立する．一方，式(6·10)は「可逆過程では，孤立系(宇宙)のエントロピーは変化しない($\Delta S = 0$)」ということを示している．

❹ カルノーサイクル

自動車のエンジンのように熱エネルギーを力学的エネルギーに変換する装置を**熱機関**という．熱機関に関する研究から，熱力学において重要な熱力学第二法則やエントロピーの概念が導き出された．熱力学第二法則は，前述の「エントロピー増大の法則」以外にも種々の表現が知られている．以下に2つの例を示す．

①熱機関が高温熱源から熱をもらい仕事をするとき，低温熱源にまったく熱を排出せずにすべての熱を仕事に変えることはできない(ケルビン[*3]あるいはトムソン[*4]による表現)．

②外部からの作用がなければ，熱は低温の物体から高温の物体に移動することはない(クラウジウス[*5]による表現)．

*3 ケルビン　L. Kelvin

*4 トムソン　W. Thomson

*5 クラウジウス　R. J. E. Clausius

熱源から熱をもらい，その熱を100％仕事に変換可能な熱機関を**第二種の永久機関**というが，これは「ケルビンあるいはトムソンによる表現」により不可能である．また，「クラウジウスによる表現」より，低温物体から高温物体に熱を移動させるには，外界から系にエネルギーを与えなければならないことがわかる．このように外界からエネルギーを与えることで，熱を低温物体から高温物体へくみ出す装置を**熱ポンプ**(ヒートポンプ)とよび，冷蔵庫やエアコンで応用されている．

古来より現代まで，熱機関に与えられた熱を仕事に変換する割合(**熱効率** η という)をできる限り1に近づけようとする努力がなされている．しかし，前述のケルビンあるいはトムソンによる表現でもわかるように，$\eta = 1$ を達成可能な熱機関は存在しない．

カルノー[*6]は，熱機関を熱力学的に研究するため，図6·3に示す熱機関のサイクル(**カルノーサイクル**[*7])を考案した．図6·3に示すように，温度の異なる2種の熱源に接触できるシリンダー内に充填された理想気体を「等温可逆膨張(過程Ⅰ)→断熱可逆膨張(過程Ⅱ)→等温可逆圧縮(過程Ⅲ)→断熱可逆圧縮(過程Ⅳ)」の4過程に従って膨張・圧縮し，もとの状態に戻す．

*6 カルノー　N. L. S. Carnot

*7 カルノーサイクル　Carnot cycle

等温可逆膨張(過程Ⅰ)：高温熱源(温度 T_H)からシリンダー内の理想気体に熱 $q_{I,\,rev}$ が与えられる．このとき，気体は状態A(圧力 p_1，体積 V_1，温度 T_H)から等温可逆的に膨張し，状態B(p_2，V_2，T_H)になる．

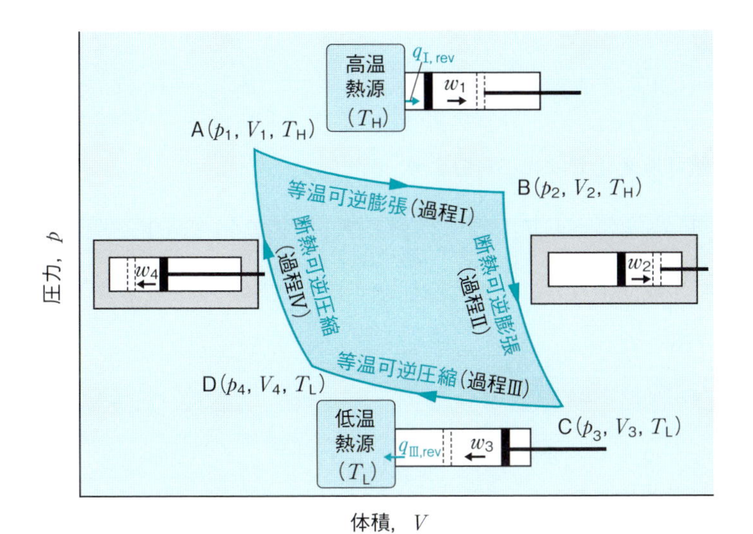

図6･3　カルノーサイクル

断熱可逆膨張(過程Ⅱ)：状態Bにおいて，高温熱源から熱の出入りを完全に遮断しても気体はさらに V_2 から V_3 へ断熱可逆的に膨張し，状態C(p_3，V_3，T_L)になる．このとき熱の出入りがない状態で気体は外界へ仕事をするため，気体の温度は T_H から T_L へ低下する．

等温可逆圧縮(過程Ⅲ)：状態Cにおいて，気体の温度を T_L に保ったまま，V_3 から V_4 へ等温可逆的に圧縮し，状態D(p_4，V_4，T_L)にする．圧縮によって気体になされた仕事のエネルギーは，熱 $q_{\text{III, rev}}$ として低温熱源(温度 T_L)に流入し，シリンダー内の温度は T_L に保たれる．

断熱可逆圧縮(過程Ⅳ)：状態Dにおいて，熱源から熱の出入りを完全に遮断しながら気体を V_4 から V_1 へ断熱可逆的に圧縮し，状態A(p_1，V_1，T_H)に戻す．このとき熱の出入りがない状態で外界から気体へ仕事を行うため，気体の温度は T_L から T_H へ上昇する．

過程X(X = Ⅰ，Ⅱ，Ⅲ，Ⅳ)における系の内部エネルギー変化を ΔU_X，系が得る熱量を $q_{X,\text{ rev}}$，系が得る仕事を $w_{X,\text{ rev}}$ とする．系の定容熱容量を C_V とすると，式(5･12)および式(5･16)より次の関係が得られる．

過程Ⅰ

$$\Delta U_{\text{I}} = 0 \qquad q_{\text{I, rev}} = nRT_H \ln \frac{V_2}{V_1} \qquad w_{\text{I, rev}} = -nRT_H \ln \frac{V_2}{V_1}$$

過程Ⅱ

$$\Delta U_{\text{II}} = -C_V(T_H - T_L) \qquad q_{\text{II, rev}} = 0 \qquad w_{\text{II, rev}} = -C_V(T_H - T_L)$$

過程Ⅲ

$$\Delta U_{\text{III}} = 0 \qquad q_{\text{III, rev}} = nRT_L \ln \frac{V_4}{V_3} \qquad w_{\text{III, rev}} = -nRT_L \ln \frac{V_4}{V_3}$$

過程Ⅳ

$\Delta U_{\text{IV}} = C_V(T_H - T_L)$　　$q_{\text{IV, rev}} = 0$　　$w_{\text{IV, rev}} = C_V(T_H - T_L)$

断熱可逆変化では式(5･19)より，

$$V_2 T_H^{C_V/nR} = V_3 T_L^{C_V/nR} \quad \text{および} \quad V_1 T_H^{C_V/nR} = V_4 T_L^{C_V/nR}$$

の関係が成立する．この2式の左辺同士および右辺同士を除すと，

$$\frac{V_2}{V_1} = \frac{V_3}{V_4} \tag{6･11}$$

となり，カルノーサイクルの過程Ⅲにおける $q_{\text{III, rev}}$ と $w_{\text{III, rev}}$ は下記のように表される．

$$q_{\text{III, rev}} = -nRT_L \ln \frac{V_2}{V_1} \qquad w_{\text{III, rev}} = nRT_L \ln \frac{V_2}{V_1}$$

カルノーサイクルが1回転したときの系の内部エネルギー変化の総和を ΔU，系が得る熱の総和を q_{rev}，仕事の総和を w_{rev} とする．

$$\Delta U = \Delta U_{\text{I}} + \Delta U_{\text{II}} + \Delta U_{\text{III}} + \Delta U_{\text{IV}} = 0 \tag{6･12}$$

$$\begin{aligned} q_{\text{rev}} &= q_{\text{I, rev}} + q_{\text{II, rev}} + q_{\text{III, rev}} + q_{\text{IV, rev}} \\ &= nR(T_H - T_L) \ln \frac{V_2}{V_1} \end{aligned} \tag{6･13}$$

$$\begin{aligned} w_{\text{rev}} &= w_{\text{I, rev}} + w_{\text{II, rev}} + w_{\text{III, rev}} + w_{\text{IV, rev}} \\ &= -nR(T_H - T_L) \ln \frac{V_2}{V_1} \end{aligned} \tag{6･14}$$

したがって，カルノーサイクルが1回転したときの熱効率 η は，

$$\begin{aligned} \eta &= \frac{\text{外界にした仕事}}{\text{外界から受け取った熱}} = \frac{-w_{\text{rev}}}{q_{\text{I, rev}}} = \frac{nR(T_H - T_L) \ln \frac{V_2}{V_1}}{nRT_H \ln \frac{V_2}{V_1}} \\ &= \frac{T_H - T_L}{T_H} \end{aligned} \tag{6･15}$$

で表され，明らかに $\eta < 1$ となるため，カルノーサイクルは高温熱源から受け取った熱を100%仕事に変えることはできないことがわかる．さらに T_H を極めて高くするか T_L を0Kに近づけるほど，η は1に近づくため熱効率がよくなることもわかる．

また，式(6･13)と式(6･14)より $-w_{\text{rev}} = q_{\text{rev}} = q_{\text{I, rev}} + q_{\text{III, rev}}$ なので，

$$\eta = \frac{-w_{\text{rev}}}{q_{\text{I, rev}}} = \frac{q_{\text{I, rev}} + q_{\text{III, rev}}}{q_{\text{I, rev}}} \tag{6･16}$$

式(6･15)と式(6･16)より，式(6･17)の関係が成立する．

$$\frac{q_{\mathrm{I,\,rev}}}{T_{\mathrm{H}}} + \frac{q_{\mathrm{III,\,rev}}}{T_{\mathrm{L}}} = 0 \tag{6・17}$$

式(6・7)より式(6・17)は，

$$\Delta S_{\mathrm{I}} + \Delta S_{\mathrm{III}} = 0$$

となる．カルノーサイクルの過程ⅡとⅣは断熱変化であるため $q_{\mathrm{rev}} = 0$ であり，$\Delta S_{\mathrm{II}} = \Delta S_{\mathrm{IV}} = 0$ である．したがってカルノーサイクルが1回転したとき，$\Delta S = \Delta S_{\mathrm{I}} + \Delta S_{\mathrm{II}} + \Delta S_{\mathrm{III}} + \Delta S_{\mathrm{IV}} = 0$ となり，S は状態関数であることが理解できる．

❺ 物理変化に伴うエントロピー変化

ⓐ 等温変化，定容変化，定圧変化

熱力学第一法則の式(5・8)より $\mathrm{d}U = \delta q_{\mathrm{rev}} - p\,\mathrm{d}V$ なので，これに式(6・7)を代入すると式(6・18)が得られる．

$$\mathrm{d}U = T\,\mathrm{d}S - p\,\mathrm{d}V \tag{6・18}$$

系を状態1(圧力 p_1，体積 V_1，温度 T_1)から状態2(p_2，V_2，T_2)へ可逆的に変化させる．系が理想気体ならば**ジュールの法則**[*8]より，体積が変化しても $\mathrm{d}U = C_V\,\mathrm{d}T$ が成立するため，式(6・18)は式(6・19)へ変形でき，ΔS は式(6・20)となる．ただし，C_V は系の定容熱容量である．

*8 **ジュールの法則** Joule's law

$$\mathrm{d}S = \frac{\mathrm{d}U}{T} + \frac{p}{T}\,\mathrm{d}V = \frac{C_V}{T}\,\mathrm{d}T + \frac{nR}{V}\,\mathrm{d}V \tag{6・19}$$

$$\Delta S = \int_{\text{状態1}}^{\text{状態2}} \mathrm{d}S = \int_{T_1}^{T_2} \frac{C_V}{T}\,\mathrm{d}T + nR\int_{V_1}^{V_2} \frac{1}{V}\,\mathrm{d}V$$

$$= \int_{T_1}^{T_2} \frac{C_V}{T}\,\mathrm{d}T + nR\ln\frac{V_2}{V_1} \tag{6・20}$$

①等温可逆変化：$T_1 = T_2$ より，式(6・20)は式(6・21)となる．

$$\Delta S = nR\ln\frac{V_2}{V_1} = -nR\ln\frac{p_2}{p_1} \tag{6・21}$$

式(6・21)より，気体が膨張($V_1 < V_2$ あるいは $p_1 > p_2$)すれば S は増加($\Delta S > 0$)し，気体を圧縮($V_1 > V_2$ あるいは $p_1 < p_2$)すれば S は減少($\Delta S < 0$)することがわかる．

②定容可逆変化：$V_1 = V_2$ より，式(6・20)は式(6・22)となり，C_V を一定とすれば式(6・23)が成立する．

$$\Delta S = \int_{T_1}^{T_2} \frac{C_V}{T}\,\mathrm{d}T \tag{6・22}$$

$$\Delta S = C_V \int_{T_1}^{T_2} \frac{1}{T} \mathrm{d}T = C_V \ln \frac{T_2}{T_1} \qquad (6\cdot23)$$

式(6·23)より，気体を加熱($T_1 < T_2$)すればSは増加($\Delta S > 0$)し，気体を冷却($T_1 > T_2$)すればSは減少($\Delta S < 0$)することがわかる．

③定圧可逆変化：定圧変化では$\Delta H = q_p$であり，式(6·7)は$\Delta S = q_p/T = \Delta H/T$となる．この式に式(5·13)を代入し，$C_p$を一定とすれば式(6·24)が成立する．

$$\Delta S = \int_{T_1}^{T_2} \frac{C_p}{T} \mathrm{d}T = C_p \int_{T_1}^{T_2} \frac{1}{T} \mathrm{d}T = C_p \ln \frac{T_2}{T_1} \qquad (6\cdot24)$$

式(6·24)より，気体を加熱($T_1 < T_2$)すればSは増加($\Delta S > 0$)し，気体を冷却($T_1 > T_2$)すればSは減少($\Delta S < 0$)することがわかる．

b　理想気体の混合によるエントロピー変化

主に窒素と酸素からなる空気のように，気体はいかなる組成でも均一に混合することができる．理想気体の混合によるSの変化について考えてみよう．

圧力p，温度Tにおいて，n_A molの理想気体Aとn_B molの理想気体Bが壁に仕切られて容器に入っているとする(図6·4状態Ⅰ)．仕切りを取り除いて気体AとBを混合したとき(図6·4状態Ⅱ)の気体AおよびBのエントロピー変化をそれぞれΔS_A，ΔS_Bとする．

状態Ⅱにおける気体AおよびBのモル分率をそれぞれx_A，x_B，分圧をそれぞれp_A，p_Bとする．理想気体の状態方程式より，気体の物質量nと気体の圧力pは比例するので，式(6·25)，式(6·26)および式(6·27)が成立する．

$$x_A = \frac{n_A}{n_A + n_B} = \frac{p_A}{p_A + p_B} \qquad (6\cdot25)$$

$$x_B = \frac{n_B}{n_A + n_B} = \frac{p_B}{p_A + p_B} \qquad (6\cdot26)$$

$$p = p_A + p_B \qquad (6\cdot27)$$

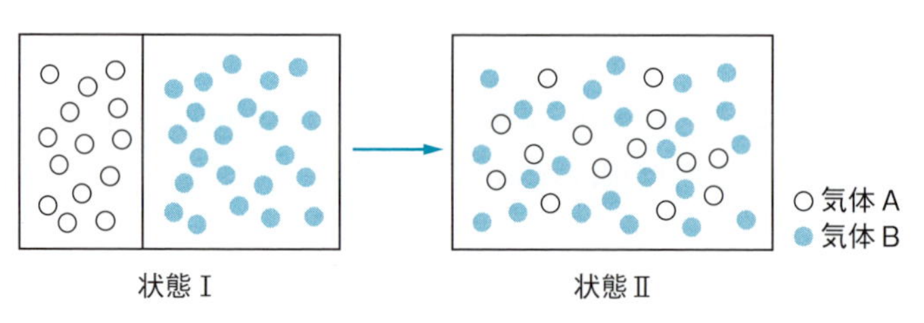

図6·4　理想気体の混合

混合によって気体Aの圧力はpからp_Aに変化し，気体Bの圧力はpからp_Bに変化する．温度は一定なので，式(6･21)，式(6･25)，式(6･26)および式(6･27)より混合による各気体のΔSは式(6･28)および式(6･29)で表され，系全体のΔSは式(6･30)で表される．

$$\Delta S_A = -n_A R \ln \frac{p_A}{p} = -n_A R \ln x_A \tag{6･28}$$

$$\Delta S_B = -n_B R \ln \frac{p_B}{p} = -n_B R \ln x_B \tag{6･29}$$

$$\Delta S = \Delta S_A + \Delta S_B = -R(n_A \ln x_A + n_B \ln x_B) \tag{6･30}$$

$0 < x_A < 1$，$0 < x_B < 1$より，式(6･30)において$\Delta S > 0$となる．つまり，理想気体の混合ではSは増大する．

c 相転移によるエントロピー変化

大気圧[*9]の条件下，0℃において氷(固相)と水(液相)は共存している(相平衡状態にある)．このとき系に出入りする熱量をq_{rev}，相転移温度をT_t，相転移によるエンタルピー変化をΔHとすると，一定圧力下では$q_{rev} = \Delta H$であるため，式(6･7)より式(6･31)が成立する．

*9 1atm = 1.013 25 bar = 1.013 25 × 10^5 Pa

$$\Delta S = \frac{q_{rev}}{T_t} = \frac{\Delta H}{T_t} \tag{6･31}$$

このとき，氷の融点をT_{mp}，標準融解エンタルピーを$\Delta_{fus}H^\circ$とすると，氷の融解に関する標準融解エントロピー$\Delta_{fus}S^\circ$は，

$$\Delta_{fus}S^\circ = \frac{\Delta_{fus}H^\circ}{T_{mp}} = \frac{6.01 \times 10^3\ \mathrm{J\ mol^{-1}}}{273.15\ \mathrm{K}} = 22.0\ \mathrm{J\ K^{-1}\ mol^{-1}} \tag{6･32}$$

となる．大気圧の条件下，100℃において水(液相)と水蒸気(気相)は共存している．水の沸点をT_{bp}，標準蒸発エンタルピーを$\Delta_{vap}H^\circ$とすると，水の蒸発に関する標準蒸発エントロピー$\Delta_{vap}S^\circ$は，

$$\Delta_{vap}S^\circ = \frac{\Delta_{vap}H^\circ}{T_{bp}} = \frac{40.7 \times 10^3\ \mathrm{J\ mol^{-1}}}{373.15\ \mathrm{K}} = 109.1\ \mathrm{J\ K^{-1}\ mol^{-1}} \tag{6･33}$$

となる．式(6･31)より，ΔHとΔSは同符号になるので，融解や気化のような吸熱変化($\Delta H > 0$)では$\Delta S > 0$となるため，Sは増大する．一方，凝固や凝縮のような発熱変化($\Delta H < 0$)では$\Delta S < 0$となるため，Sは減少する．

物質を蒸発させるには液相中の分子間の結合をすべて切断しなければならないが，融解では固相中の分子間の結合を完全に切断する必要はない．そのため，式(6･32)および式(6･33)より物質の$\Delta_{vap}H^\circ$は$\Delta_{fus}H^\circ$よ

りも大きくなり，$\Delta_{vap}S°$も$\Delta_{fus}S°$より大きくなる．

ポイント

- 場合の数を W，ボルツマン定数を k_B とすると，$S = k_B \ln W$ となる．
- エントロピーは示量性の状態関数である．
- エントロピー変化　$\Delta S = q_{rev} / T$
- 系に熱が流入するとエントロピーは増大し，系から熱が流出するとエントロピーは減少する．
- 熱力学第二法則は以下のように表される．
  1. 熱機関が高温熱源から熱をもらい仕事をするとき，低温熱源にまったく熱を排出せずに全部の熱を仕事に変えることはできない（ケルビンあるいはトムソンによる表現）．
  2. 外部からの作用がなければ，熱は低温の物体から高温の物体に移動することはない（クラウジウスによる表現）．
  3. 孤立系内での自発的に起こる変化は必ずエントロピーの増大を伴う（エントロピー増大の法則）．
- 孤立系の不可逆変化では $\Delta S > 0$，孤立系の可逆変化では $\Delta S = 0$ となる．
- カルノーサイクルの熱効率は1より小さい．
- カルノーサイクルにおいて，高温熱源の温度を極めて高温にするか，低温熱源の温度を0Kに近づけると，熱効率は1に近づく．
- 理想気体の等温可逆変化では $\Delta S = nR \ln(V_2 / V_1) = -nR \ln(p_2 / p_1)$ となる．
- 定容可逆変化では $\Delta S = \int_{T_1}^{T_2} \frac{C_V}{T} \mathrm{d}T$，定圧可逆変化では $\Delta S = \int_{T_1}^{T_2} \frac{C_p}{T} \mathrm{d}T$ となる．
- 気体を混合するとエントロピーは増大する．
- 一定圧力下において相転移温度を T_t，相転移によるエンタルピー変化を ΔH とすれば $\Delta S = \Delta H / T_t$ となる．

B　熱力学第三法則と絶対エントロピー

式(6･3)によれば，分子，原子あるいはイオンなどの系の構成粒子の配置の方法がただ1通りの場合は $W = 1$ となり，$S = 0$ となる．一般に，温度を下げると系の構成粒子の熱運動は小さくなるため，温度0Kでは純物質の完全結晶中の構成粒子は古典力学的には結晶格子に完全に固定され $W = 1$ となる．すなわち，「純物質の完全結晶の絶対零度におけるエントロピーはゼロである」．これを**熱力学第三法則**という．熱力学第二法則だけでは，状態1と状態2の2つの状態における S の相対的な差 $(\Delta S = S_2 - S_1)$ が測定されるだけであった．しかし，熱力学第三法則により S の絶対値を知ることができる．

たとえば，融点が T_{mp}，沸点が T_{bp} である純物質Aの温度 T_a K（この温度においてAは気体であるとする）における S を求める．Aが固体，液体，気体のときの定圧熱容量をそれぞれ，C_{ps}，C_{pl}，C_{pg} とし，融解エンタルピーを $\Delta_{fus}H$，蒸発エンタルピーを $\Delta_{vap}H$ とする．式(6･24)お

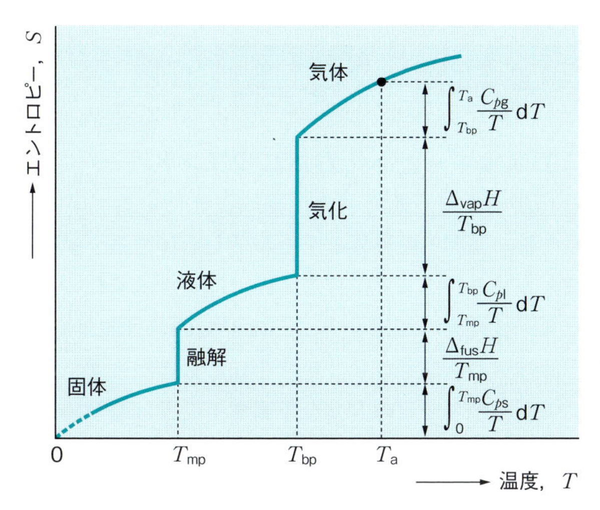

図 6･5　物質の状態変化におけるエントロピー変化

よび式(6･31)より，S は式(6･34)で表される(図 6･5).

$$S = \int_0^{T_{mp}} \frac{C_{ps}}{T} dT + \frac{\Delta_{fus}H}{T_{mp}} + \int_{T_{mp}}^{T_{bp}} \frac{C_{pl}}{T} dT + \frac{\Delta_{vap}H}{T_{bp}} + \int_{T_{bp}}^{T_a} \frac{C_{pg}}{T} dT \tag{6·34}$$

上記のように計算すれば，任意の温度(T_a K)における S の絶対値(**絶対エントロピー**あるいは**第三法則エントロピー**という)を求めることができる.

また，標準状態(1 bar)における物質 1 mol あたりの絶対エントロピーを**標準モルエントロピー**といい，S_m° で表す．標準状態において，ある化学反応「aA + bB → cC + dD」のエントロピー変化 $\Delta_r S^\circ$ は，A, B, C, D の標準モルエントロピーをそれぞれ $S_{m,A}^\circ$，$S_{m,B}^\circ$，$S_{m,C}^\circ$，$S_{m,D}^\circ$ とすれば，式(6･35)で表される.

$$\Delta_r S^\circ = cS_{m,C}^\circ + dS_{m,D}^\circ - (aS_{m,A}^\circ + bS_{m,B}^\circ) \tag{6·35}$$

ポイント

- 純物質の完全結晶の絶対零度におけるエントロピーはゼロである.
- 標準状態において，ある化学反応「aA + bB → cC + dD」のエントロピー変化 $\Delta_r S^\circ$ は，A，B，C，D の標準モルエントロピーをそれぞれ $S_{m,A}^\circ$，$S_{m,B}^\circ$，$S_{m,C}^\circ$，$S_{m,D}^\circ$ とすれば，$\Delta_r S^\circ = cS_{m,C}^\circ + dS_{m,D}^\circ - (aS_{m,A}^\circ + bS_{m,B}^\circ)$ である.

C　自由エネルギー

❶ ギブズエネルギーとヘルムホルツエネルギー

熱力学第二法則より，孤立系で自発的に進行する反応ではエントロピーは増大する．系とその外界とをあわせた全体の系，すなわち宇宙は孤立系と考えることができるため，系内で進行する変化の方向を，宇宙のエントロピー変化から予測することは理論的に可能である．しかし，多くの場合は外界のエントロピー変化を知ることが困難であり，宇宙のエントロピー変化から変化の方向を予測することは難しい．外界のことは気にせず，系だけで変化の方向を判断するために考案された熱力学関数が自由エネルギーである．

一定温度 T で系が外界から熱量 q を得たとする．このとき外界が失った熱量 q_{surr} と系が外界から得た熱量 q_{sys} とは等しいため，外界を含めた宇宙のエントロピー変化 ΔS_{univ} は式(6･36)で表される．

$$\Delta S_{\mathrm{univ}} = \Delta S_{\mathrm{sys}} + \Delta S_{\mathrm{surr}} = \Delta S_{\mathrm{sys}} + \frac{q_{\mathrm{surr}}}{T} = \Delta S_{\mathrm{sys}} + \frac{-q_{\mathrm{sys}}}{T} > 0 \tag{6･36}$$

ΔS_{sys} は系のエントロピー変化，ΔS_{surr} は外界のエントロピー変化である．

定温・定圧下では q_{sys} は系のエンタルピー変化 ΔH_{sys} と等しいので，式(6･37)が得られる．式(6･37)を変形して，式(6･38)を得る．

$$\Delta S_{\mathrm{univ}} = \Delta S_{\mathrm{sys}} - \frac{\Delta H_{\mathrm{sys}}}{T} > 0 \tag{6･37}$$

$$-T\Delta \mathrm{S}_{\mathrm{univ}} = \Delta H_{\mathrm{sys}} - T\Delta \mathrm{S}_{\mathrm{sys}} < 0 \tag{6･38}$$

ここで，**ギブズエネルギー**[*10] G を式(6･39)のように定義すると，式(6･38)より式(6･40)が得られる(ただし，$\Delta H_{\mathrm{sys}} = \Delta H$，$\Delta S_{\mathrm{sys}} = \Delta S$ とする)．

$$G = H - TS \tag{6･39}$$

$$\Delta G = \Delta H - T\Delta S < 0 \tag{6･40}$$

式(6･40)より，定温・定圧の不可逆変化(自発的変化)では $\Delta G < 0$，すなわち G の減少する方向に変化は進み，$\Delta G > 0$ となる方向に変化は進行しないことがわかる．また，系が平衡状態にあるときは $\Delta G = 0$ となる．

定温・定容下では，系の内部エネルギー変化を ΔU_{sys} とすると $q_{\mathrm{sys}} = \Delta U_{\mathrm{sys}}$ なので，**ヘルムホルツエネルギー**[*11] A を式(6･41)のように定義すると，式(6･36)を変形して式(6･42)が得られる(ただし，$\Delta U_{\mathrm{sys}} = \Delta U$,

＊10　**ギブズエネルギー**　Gibbs' energy

＊11　**ヘルムホルツエネルギー**　Helmholtz's energy

$\Delta S_{sys} = \Delta S$とする).

$$A = U - TS \tag{6·41}$$

$$\Delta A = \Delta U - T\Delta S < 0 \tag{6·42}$$

式(6·42)より，定温・定容の不可逆変化(自発的変化)では$\Delta A < 0$，すなわちAの減少する方向に変化し，$\Delta A > 0$となる方向には変化しないことがわかる．また，系が平衡状態にあるときは$\Delta A = 0$となる．また，GとAはともに示量性の状態関数である．

式(5·9)，式(6·39)および式(6·41)より，GとAの関係は式(6·43)で表される．

$$G = A + pV \tag{6·43}$$

ここで，Gの意味を考えてみよう．式(6·39)に式(5·9)を代入すると，$G = U + pV - TS$となる．「系のもつ全エネルギー」はUと考えてよいので，上式は$U = G - pV + TS$と変形できる．ところで，「系のもつ全エネルギー」=「仕事に使用可能なエネルギー」+「仕事に使用できないエネルギー」と考えられ，「仕事に使用できないエネルギー」のことを「束縛エネルギー」とよぶため，「仕事に使用可能なエネルギー」は「自由エネルギー」とよばれる．ギブズエネルギーおよびヘルムホルツエネルギーは自由エネルギーである．

したがって，「系のもつ全エネルギー(U)」=「自由エネルギー($G - pV$)」+「束縛エネルギー(TS)」=「体積変化以外の仕事に使える自由エネルギー(G)」+「体積変化の仕事に使える自由エネルギー($-pV$)」+「束縛エネルギー(TS)」となるため，定温・定圧下におけるGの減少量は，系が外界に対して行うことのできる体積変化以外の仕事の最大値に等しくなる．

❷ エンタルピー，エントロピーの変化とギブズエネルギー変化との関係

一般に，自発的な変化は系が安定化する方向に進む．系が安定化すれば，変化前の状態よりもエネルギーが低くなるため，過剰なエネルギーは熱として放出されて$\Delta H < 0$となる．一方，系は乱雑化する方向に変化しようとするので，$\Delta S > 0$となる．

このように，$\Delta H < 0$かつ$\Delta S > 0$ならば式(6·40)より$\Delta G = \Delta H - T\Delta S < 0$となるので，定温・定圧下では自発的に変化が進行する．一方，$\Delta H > 0$かつ$\Delta S < 0$ならば$\Delta G > 0$となるので，定温・定圧下では変化は自発的に進行しない．ΔHとΔSが同符号の場合は，ΔHと$T\Delta S$の絶対値の大小関係によりΔGの符号が決まり，変化するか否かが決定される．

❸ ギブズエネルギーの温度依存性

式(6･39)より $\mathrm{d}G = \mathrm{d}H - T\,\mathrm{d}S - S\,\mathrm{d}T$ となる．可逆変化で仕事が体積変化のみの場合，式(5･9)より $\mathrm{d}H = \mathrm{d}U + p\,\mathrm{d}V + V\,\mathrm{d}p$ となる．これらの式と式(6･18)より，式(6･44)が成立する．

$$\mathrm{d}G = V\,\mathrm{d}p - S\,\mathrm{d}T \qquad (6\cdot44)$$

定圧変化では $\mathrm{d}p = 0$ なので，式(6･44)は $\mathrm{d}G = -S\,\mathrm{d}T$ となり，式(6･45)が成立する．

$$\left(\frac{\partial G}{\partial T}\right)_p = -S \qquad (6\cdot45)$$

$S > 0$ であるので式(6･45)より，温度上昇により定圧変化では G は低下($\Delta G < 0$)することがわかる．

G の温度依存性をさらに詳しく調べるために，G/T の温度依存性を調べる．

$$\left\{\frac{\partial(G/T)}{\partial T}\right\}_p = \frac{(\partial G/\partial T)_p}{T} - \frac{G}{T^2} \qquad (6\cdot46)$$

式(6･46)に式(6･39)および式(6･45)を代入すると，

$$\left\{\frac{\partial(G/T)}{\partial T}\right\}_p = -\frac{H}{T^2} \qquad (6\cdot47)$$

となる．さらに，状態1から2への有限の変化を考慮すると，式(6･47)の G および H は ΔG および ΔH に置き換えることができるため，

$$\left\{\frac{\partial(\Delta G/T)}{\partial T}\right\}_p = -\frac{\Delta H}{T^2} \qquad (6\cdot48)$$

式(6･48)は**ギブズ・ヘルムホルツの式**[*12] とよばれ，化学反応の平衡定数，エンタルピー変化，絶対温度を関係づける重要な式である．

*12 **ギブズ・ヘルムホルツの式**
Gibbs-Helmholtz equation

❹ ギブズエネルギーの圧力依存性

定温変化では $\mathrm{d}T = 0$ なので，式(6･44)は $\mathrm{d}G = V\,\mathrm{d}p$ となり，式(6･49)が成立する．

$$\left(\frac{\partial G}{\partial p}\right)_T = V \qquad (6\cdot49)$$

$V > 0$ であるので式(6･49)より，圧力上昇により定温変化では G は増大($\Delta G > 0$)することがわかる．

n mol の理想気体を定温で圧力 p_1 から p_2 まで変化させたとき，ギブズエネルギーが G_1 から G_2 へ変化したとすれば，ΔG は式(6･50)で表される．

$$\Delta G = G_2 - G_1 = \int_{p_1}^{p_2} V\,\mathrm{d}p = \int_{p_1}^{p_2} \frac{nRT}{p}\,\mathrm{d}p = nRT\ln\frac{p_2}{p_1} \qquad (6\cdot50)$$

次に 1 mol の理想気体について考える．p_1 を標準状態の圧力 = 1 bar としたときのギブズエネルギーを G° とすれば，圧力 p bar における G は式(6･50)より式(6･51)で表される．

$$\Delta G = G - G^\circ = RT\ln\frac{p}{1}$$

$$G = G^\circ + RT\ln p \qquad (6\cdot51)$$

式(6･51)をみると，1 mol の理想気体の G は，G° より $RT\ln p$ だけ変化することを示している．すなわち，気体の圧力が 1 bar より増大すると，気体の G が増大することが理解できる．

❺ 標準生成ギブズエネルギーと標準反応ギブズエネルギー

式(6･40)より，標準状態での等温変化では，反応のギブズエネルギー変化 $\Delta_r G^\circ$，エンタルピー変化 $\Delta_r H^\circ$，エントロピー変化 $\Delta_r S^\circ$ の間に式(6･52)の関係が成り立つ．

$$\Delta_r G^\circ = \Delta_r H^\circ - T\Delta_r S^\circ \qquad (6\cdot52)$$

標準状態で 1 mol の化合物をその構成元素の単体から生成するときのギブズエネルギー変化 $\Delta_f G^\circ$ を**標準生成ギブズエネルギー**とし，標準状態において最も安定な成分元素の単体の G の値を 0 とする．また，標準状態での反応におけるギブズエネルギー変化 $\Delta_r G^\circ$ を**標準反応ギブズエネルギー**という．

ある反応「$a\mathrm{A} + b\mathrm{B} \rightarrow c\mathrm{C} + d\mathrm{D}$」における $\Delta_r G^\circ$ は，5 章 p.105 で示した標準生成エンタルピーから標準反応エンタルピーを求める手順と同様に式(6･53)で表される．なお，$\Delta_f G_A{}^\circ$，$\Delta_f G_B{}^\circ$，$\Delta_f G_C{}^\circ$，$\Delta_f G_D{}^\circ$ は，それぞれ化合物 A，B，C，D の標準生成ギブズエネルギーである．

$$\Delta_r G^\circ = c\Delta_f G_C{}^\circ + d\Delta_f G_D{}^\circ - a\Delta_f G_A{}^\circ - b\Delta_f G_B{}^\circ \qquad (6\cdot53)$$

ポイント

- ギブズエネルギー　$G = H - TS$
- 定温・定圧の自発的変化では G の減少する方向に変化し，系が平衡状態にあるときは $\Delta G = 0$ となる.
- ヘルムホルツエネルギー　$A = U - TS$
- 定温・定容の自発的変化では A の減少する方向に変化し，系が平衡状態にあるときは $\Delta A = 0$ となる.
- 定圧変化では $(\partial G / \partial T)_p = -S$ が成立し，G は T の増大に伴って減少する.
- ギブズ・ヘルムホルツの式　$\{\partial(\Delta G / T) / \partial T\}_p = -\Delta H/T^2$
- 定温変化では $(\partial G / \partial p)_T = V$ が成立し，G は p の増大に伴って増大する.
- n mol の理想気体を定温で圧力 p_1 から p_2 まで変化させたときの ΔG は，$\Delta G = nRT \ln(p_2 / p_1)$ となる.

Exercise

1 熱力学に関する次の記述の正誤を答えなさい.（難易度★★☆）

①孤立系で不可逆変化が起これば，エントロピーは減少する.

②熱力学第三法則でいう純物質の完全結晶のエントロピーは，絶対零度ではゼロである.

③ギブズエネルギーは，エントロピー，エンタルピーおよび温度の関数である.

④温度，圧力一定の閉じた系における平衡状態では，ギブズエネルギーが最大となる.

2 25℃において，グルコースの燃焼の反応式は次式で表される．この反応におけるグルコースの標準反応ギブズエネルギー(kJ mol^{-1})を求めなさい．ただし，この反応の標準反応エンタルピーは－2808 kJ mol^{-1}，標準反応エントロピーは 259 J K^{-1} mol^{-1} とする.（難易度★★☆）

$C_6H_{12}O_6(s) + 6O_2(g) \longrightarrow 6CO_2(g) + 6H_2O(l)$

3 標準状態における氷の融解熱は 6.01×10^3 J mol^{-1}(0 ℃)，水の蒸発熱は 4.07×10^4 J mol^{-1}(100 ℃)である．次の問いに答えなさい.（難易度★★★）

①標準状態における氷の融解エントロピー(J K^{-1} mol^{-1})および水の蒸発エントロピー(J K^{-1} mol^{-1})を求めなさい.

②氷および水の定圧モル熱容量はそれぞれ，37.2 J K^{-1} mol^{-1}，75.3 J K^{-1} mol^{-1} である．標準状態において－15 ℃の氷を加熱して 100 ℃の水蒸気にするときの 1 mol あたりのエントロピーの変化量(J K^{-1} mol^{-1})を求めなさい．ただし，氷および水の熱容量は一定とする.

7 化学平衡の原理

私たちが取り扱う多くの変化は，定温・定圧下で進行する．この条件における自発的な変化の方向は，ギブズエネルギー変化 ΔG の符号で決まることを6章で学んだ．

可逆反応の平衡状態において，温度あるいは圧力などの条件を変えると新しい平衡状態になる．この現象はルシャトリエの平衡移動の原理で説明される．たとえば，平衡状態に達している可逆反応において，反応温度 T を上昇させると，平衡は吸熱方向へ移動し，平衡定数 K は変化する．この K と T の関係は，標準ギブズエネルギー ΔG° によって関係づけられる．この章では，高校化学において直感的に考えていた平衡移動の原理を ΔG° を使って理論的に理解する．

A 化学平衡とギブズエネルギー

❶ 化学ポテンシャルと平衡定数

式(6･45)や式(6･49)で示したように，ギブズエネルギー G は温度 T，圧力 p によって変化する．しかし，私たちが取り扱う多くの反応は，温度および圧力一定の条件下，系の G が減少する方向に進行する．定温・定圧下でも G が減少するのは，反応の進行とともに反応に関与する成分の種類や量が変化することによる．つまり，G は示量性状態関数である．

溶液のような2種以上の成分からなる均一系において，着目する成分 i の物質量を n_i，$i \neq j$ なる成分 j の物質量を n_j とするとき，成分 i の1 molあたりのギブズエネルギー μ_i は式(7･1)のように定義される．この μ_i を成分 i の**化学ポテンシャル**という．

$$\mu_i = \left(\frac{\partial G}{\partial n_i}\right)_{p,\ T,\ n_j} \tag{7･1}$$

ここで系全体の G は，系中の各成分の化学ポテンシャル μ と物質量 n の積を全成分について足し合わせた値となるため式(7･2)で表され，$\mathrm{d}G$ は式(7･3)で表される．

$$G = \sum_i (\mu_i n_i) \qquad (7\cdot2)$$

$$dG = \sum_i (\mu_i \, dn_i) \qquad (7\cdot3)$$

＊1 ☞8章 p.134参照

さらに溶液中の溶質の化学ポテンシャル μ は式(7･4)[＊1]で表される．

$$\mu = \mu^\circ + RT \ln a \qquad (7\cdot4)$$

＊2 ☞8章 p.135参照

μ° は標準状態における溶質の純物質の化学ポテンシャル（＝溶質の**標準化学ポテンシャル**），R は気体定数，a は溶質の**活量**[＊2]である．本章では活量はモル分率あるいは濃度と同じように考えればよい．

❷ 温度変化による平衡の移動

等温での可逆反応「$a\mathrm{A} + b\mathrm{B} \rightleftarrows c\mathrm{C} + d\mathrm{D}$」において，A，B，C，D の物質量をそれぞれ n_A，n_B，n_C，n_D とする．式(7･5)を満たす dx だけ反応が右方向（正方向）に進行したとする．

$$dx = -\frac{dn_\mathrm{A}}{a} = -\frac{dn_\mathrm{B}}{b} = \frac{dn_\mathrm{C}}{c} = \frac{dn_\mathrm{D}}{d} \qquad (7\cdot5)$$

x は反応進行度とよばれ，反応が起こっていない最初の状態（A と B のみの状態）では $x = 0$，反応が完結して C と D のみの状態では $x = 1$ である．系の G と x および反応の進行性との関係について図7･1に示す．

A，B，C，D の化学ポテンシャルをそれぞれ μ_A，μ_B，μ_C，μ_D とすると，この反応における dG は式(7･3)および式(7･5)より，式(7･6)と

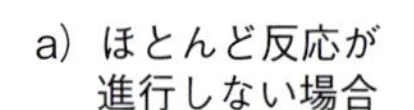

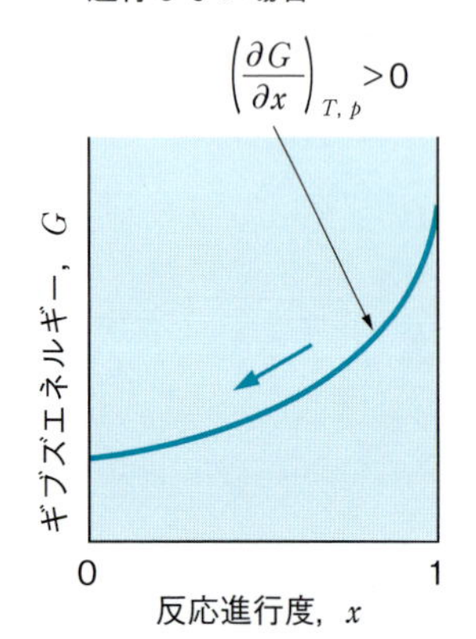

b）ほとんど完全に
反応する場合

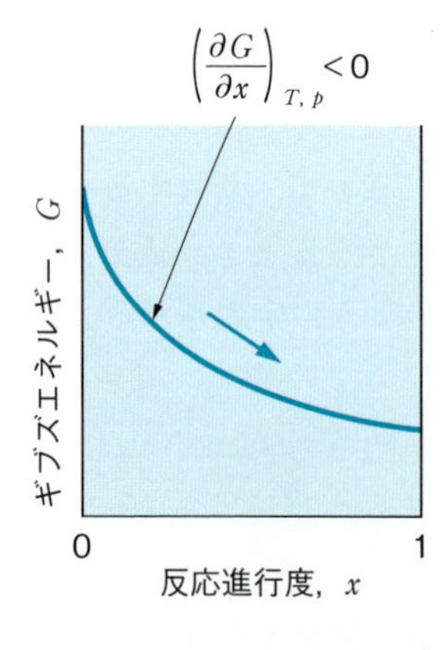

c）化学平衡になる場合

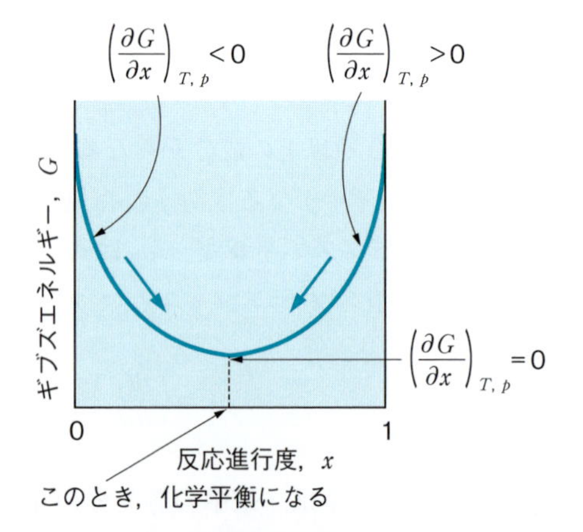

図7･1　系のギブズエネルギー G と反応進行度 x および反応の進行性との関係
a）G は x の単調増加関数であるため $x = 0$ のとき G が最小となり，反応は進行しない．
b）G は x の単調減少関数であるため $x = 1$ のとき G が最小となり，100％反応は進行する．
c）G は極小値をとり，そのときの x の値は平衡時の生成物の割合を表す．

なる．

$$dG = \mu_A\,dn_A + \mu_B\,dn_B + \mu_C\,dn_C + \mu_D\,dn_D$$
$$= (c\mu_C + d\mu_D - a\mu_A - b\mu_B)\,dx \qquad (7\cdot6)$$

さらに，反応ギブズエネルギー $\Delta_r G$ は式(7･7)で定義される．

$$\Delta_r G = \left(\frac{\partial G}{\partial x}\right)_{T,p} = c\mu_C + d\mu_D - a\mu_A - b\mu_B \qquad (7\cdot7)$$

式(7･4)より，成分 i(i = A，B，C，D)について $\mu_i = \mu_i^\circ + RT\ln a_i$ が成り立つので，式(7･7)から式(7･8)となる．

$$\Delta_r G = c(\mu_C^\circ + RT\ln a_C) + d(\mu_D^\circ + RT\ln a_D)$$
$$- a(\mu_A^\circ + RT\ln a_A) - b(\mu_B^\circ + RT\ln a_B)$$
$$= c\mu_C^\circ + d\mu_D^\circ - a\mu_A^\circ - b\mu_B^\circ + RT\ln\frac{a_C{}^c a_D{}^d}{a_A{}^a a_B{}^b} \qquad (7\cdot8)$$

ここで，標準反応ギブズエネルギー $\Delta_r G^\circ$ および**平衡定数** K は以下の2式

$$\Delta_r G^\circ = c\mu_C^\circ + d\mu_D^\circ - a\mu_A^\circ - b\mu_B^\circ \qquad (7\cdot9)$$
$$K = \frac{a_C{}^c a_D{}^d}{a_A{}^a a_B{}^b} \qquad (7\cdot10)$$

で表されるので，式(7･8)は，式(7･11)となる．

$$\Delta_r G = \Delta_r G^\circ + RT\ln K \qquad (7\cdot11)$$

式(7･11)において，実際には活量のかわりにモル濃度(c)を用いた**濃度平衡定数** $K_c = (c_C{}^c c_D{}^d)/(c_A{}^a c_B{}^b)$ を K として用いることが多い．ここで c_A，c_B，c_C，c_D は，それぞれ A，B，C，D のモル濃度である．

平衡に達した場合，$\Delta G = 0$ となるので式(7･11)より式(7･12)が成立する．

$$\Delta_r G^\circ = -RT\ln K \qquad (7\cdot12)$$

さらに，式(6･52)と式(7･12)より，式(7･13)が成立する．

$$\ln K = -\frac{\Delta_r H^\circ}{R}\frac{1}{T} + \frac{\Delta_r S^\circ}{R} \qquad (7\cdot13)$$

式(7･13)より，横軸に $1/T$，縦軸に $\ln K$ をプロットすると，**ファントホッフプロット**＊3が得られ，直線の傾きから標準反応エンタルピー $\Delta_r H^\circ$，縦軸切片から標準反応エントロピー $\Delta_r S^\circ$ を求めることができる(図 7･2)．

＊3　**ファントホッフプロット**
van't Hoff plot

吸熱反応では $\Delta_r H^\circ > 0$ なので，T の増加により K は増大する(図 7･2a)．すなわち，吸熱反応では高温になるほど，平衡は化学反応式の右

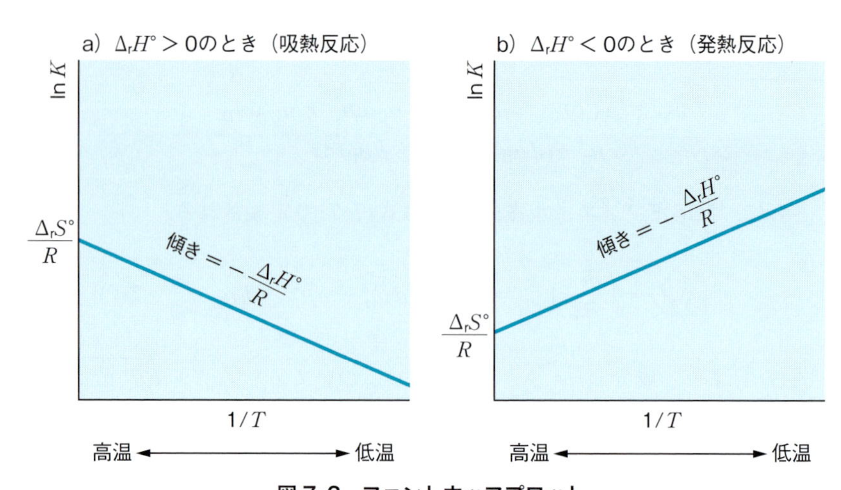

図 7･2　ファントホッフプロット
吸熱反応では T の増加により K が増大する．発熱反応では T の増加により K が減少する．

方向（正方向）へ移動する．一方，発熱反応では $\Delta_r H^\circ < 0$ のため，T の増加により K は減少する（図 7･2b）．すなわち，発熱反応では温度が高いほど平衡は化学反応式の左方向（逆方向）へ移動する．

これは，「化学反応が平衡状態にあるとき，温度，濃度，圧力などの反応条件を変化させると，その変化を緩和する方向に反応が進んで新たな平衡状態になる」という平衡移動の原理，すなわち**ルシャトリエの原理**[*4]に適合する．

式（7･13）を T で微分すると式（7･14）で表される**ファントホッフの式**[*5]が得られる．

$$\frac{\mathrm{d}\ln K}{\mathrm{d}T} = \frac{\Delta_r H^\circ}{RT^2} \qquad (7\cdot14)$$

ファントホッフの式は式（6･48）の ΔG と ΔH を $\Delta_r G^\circ$ と $\Delta_r H^\circ$ に置き換えた式と式（7･12）からも得られる．

❸ 圧力変化による平衡の移動

可逆反応「$a\mathrm{A} + b\mathrm{B} \rightleftharpoons c\mathrm{C} + d\mathrm{D}$」における物質 A，B，C，D がすべて気体の場合，各物質の活量のかわりに分圧 p_A，p_B，p_C，p_D を用いる．

成分 i（i ＝ A，B，C，D）のモル分率を x_i，分圧を p_i，全圧を p とすると，$x_i = p_i/p$ となるので，**圧平衡定数** K_p は式（7･15）で表される．

$$K_p = \frac{{p_\mathrm{C}}^c {p_\mathrm{D}}^d}{{p_\mathrm{A}}^a {p_\mathrm{B}}^b} = \frac{{x_\mathrm{C}}^c {x_\mathrm{D}}^d}{{x_\mathrm{A}}^a {x_\mathrm{B}}^b}\, p^{(c+d-a-b)} \qquad (7\cdot15)$$

K_p は温度のみの関数で圧力の影響を受けないので，温度一定の条件下で圧力を変えたときの平衡の移動について式（7･15）より以下の結論が得られる．

＊4　**ルシャトリエの原理**
Le Chatelier's principle

＊5　**ファントホッフの式**
van't Hoff equation

①系の圧力を高くしたとき(p を増大させたとき)は，

i）$a + b < c + d$ の場合(正方向に反応が進行した場合に物質量の合計が増大する場合)は $p^{(c+d-a-b)}$ が増大するので，$(x_C{}^c x_D{}^d)/(x_A{}^a x_B{}^b)$ が減少する方向に反応は進行する．すなわち，左方向(逆方向)に平衡は移動する．

ii）$a + b > c + d$ の場合(正方向に反応が進行した場合に物質量の合計が減少する場合)は $p^{(c+d-a-b)}$ が減少するので，$(x_C{}^c x_D{}^d)/(x_A{}^a x_B{}^b)$ が増大する方向に反応は進行する．すなわち，右方向(正方向)に平衡は移動する．

iii）$a + b = c + d$ の場合(正方向に反応が進行した場合に物質量の合計が変化しない場合)，平衡は移動しない．

②系の圧力を低下させたときは，上記 i），ii）いずれの場合も①と反対の方向に平衡は移動する．

①，②ともにルシャトリエの原理に適合しており，圧力変化による影響を緩和する方向に平衡は移動する．

ポイント

- 化学ポテンシャルは混合物中の各成分の 1 mol あたりのギブズエネルギー．
- 標準反応ギブズエネルギー $\Delta_r G°$ と平衡定数 K の関係式　$\Delta_r G° = -RT \ln K$
- ファントホッフプロット(縦軸：$\ln K$，横軸：$1/T$)の直線の傾きから $\Delta_r H°$，縦軸切片から $\Delta_r S°$ を求めることができる．$\ln K = -\frac{\Delta_r H°}{R}\frac{1}{T} + \frac{\Delta_r S°}{R}$
- 吸熱反応におけるファントホッフプロットの傾きは負であり，発熱反応におけるファントホッフプロットの傾きは正である．
- 圧力一定の条件下，系の温度を高くすると吸熱方向へ平衡は移動し，系の温度を低くすると発熱方向へ平衡は移動する．
- 温度一定の条件下，系の圧力を高くすると物質量の合計が減少する方向へ平衡は移動し，系の圧力を低くすると物質量の合計が増加する方向へ平衡は移動する．

B　共役反応

2つの可逆反応が共通の反応中間体を有して同時に生じる場合，それらの反応を**共役反応**という．

次の式(7･16)および式(7･17)で表される反応が生じるとする．

$$A + B \rightleftharpoons C + I \qquad (7\cdot16)$$

$$I + D \rightleftharpoons E + F \qquad (7\cdot17)$$

I が共通の反応中間体であり，式(7･16)と式(7･17)の各辺を足し合わせて式(7･18)で表すことができる．

$$A + B + D \rightleftarrows C + E + F \qquad (7\cdot18)$$

ここで，化合物X（X = A ～ F）の活量を a_X とし，式(7・16)と式(7・17)の平衡定数をそれぞれ K_1，K_2 とすると，$K_1 = (a_C\,a_I)/(a_A\,a_B)$，$K_2 = (a_E\,a_F)/(a_I\,a_D)$ となる．式(7・18)で表される反応全体の平衡定数 K は，$K = (a_C\,a_E\,a_F)/(a_A\,a_B\,a_D) = K_1K_2$ となり，$\ln K = \ln(K_1K_2) = \ln K_1 + \ln K_2$ となる．

式(7・16)～(7・18)の標準反応ギブズエネルギーをそれぞれ，$\Delta_rG_1^\circ$，$\Delta_rG_2^\circ$，Δ_rG° とすると，式(7・12)より $\Delta_rG^\circ = \Delta_rG_1^\circ + \Delta_rG_2^\circ$ となる．

式(7・16)の反応が $\Delta_rG_1^\circ > 0$ である場合，式(7・16)の反応だけでは自発的には進行しない．しかし，式(7・17)の反応が $\Delta_rG_2^\circ < 0$ で，かつ全体的にみて $\Delta_rG^\circ < 0$ であれば，式(7・16)の反応も自発的に進行する．ここで，$\Delta_rG^\circ > 0$ の反応を**吸エルゴン反応**，$\Delta_rG^\circ < 0$ の反応を**発エルゴン反応**とよぶ．

ポイント

- その反応単独では $\Delta_rG_1^\circ > 0$ のために進行しない反応であっても，$\Delta_rG_2^\circ < 0$ かつその絶対値が非常に大きな反応と共役反応を形成することで反応は進行する．
- $\Delta_rG^\circ > 0$ の反応を吸エルゴン反応，$\Delta_rG^\circ < 0$ の反応を発エルゴン反応とよぶ．

C　酵素反応とギブズエネルギー

生体内では，その反応単独では $\Delta_rG^\circ > 0$ のために進行しない反応であっても，$\Delta_rG^\circ < 0$ かつその絶対値が非常に大きな反応と共役反応を形成することで進行する反応が多く存在する．生体内の反応を取り扱う場合，**生化学的標準状態**を pH7.0（$[H^+] = 10^{-7}$ mol L^{-1}）とし，Δ_rG° のかわりに $\Delta_rG^{\circ\prime}$ を用いる．

たとえば，グルコースを乳酸またはアルコールに変える過程で式(7・19)の反応が生じる．この反応には酵素としてグリセルアルデヒド3-リン酸デヒドロゲナーゼが関与し，$\Delta_rG_1^{\circ\prime} = 6.3$ kJ mol^{-1}（37℃，pH7.0）であるため式(7・19)の反応だけでは進行しない．しかしホスホグリセリン酸キナーゼが関与して $\Delta_rG_2^{\circ\prime} = -18.8$ kJ mol^{-1} となる式(7・20)の反応が共役し，全体的には $\Delta_rG^{\circ\prime} = -12.5$ kJ mol^{-1} となる式(7・21)の反応となるので，式(7・19)の反応も進行する．

グリセルアルデヒド3-リン酸 + NAD^+ + H_3PO_4

$\rightleftarrows$ 1, 3-ジホスホグリセリン酸 + NADH + H^+ 　　(7・19)

1, 3-ジホスホグリセリン酸 + ADP
$\rightleftharpoons$ 3-ホスホグリセリン酸 + ATP　(7・20)

グリセルアルデヒド 3-リン酸 + NAD^+ + H_3PO_4 + ADP
$\rightleftharpoons$ 3-ホスホグリセリン酸 + NADH + H^+ + ATP　(7・21)

NAD はニコチンアミドアデニンジヌクレオチド，NADH は NAD の還元型，ATP はアデノシン 5′- 三リン酸，ADP はアデノシン 5′- 二リン酸である．

ポイント

- 生化学的標準状態を pH7.0（$[H^+] = 10^{-7}$ mol L^{-1}）とし，$\Delta_r G^\circ$ のかわりに $\Delta_r G^{\circ\prime}$ を用いる．

Exercise

1 **次の記述の正誤について答えなさい．** (難易度★★☆)

①溶液のような２種以上の成分からなる均一系において，注目する成分の 1 mol あたりのギブズエネルギーを化学ポテンシャルという．

②標準反応ギブズエネルギー $\Delta_r G°$ と平衡定数 K の関係は下式で表される．

$$\ln K = -RT\ \Delta_r G°$$

③ある可逆反応の正反応が発熱的に進行する場合，$\Delta_r H° > 0$ のため，加温すると平衡定数 K は低下する．

④２つの可逆反応が共通の反応中間体を有して同時に生じる場合，それらの反応を共鳴反応という．

2 **次の化学反応式に関する次の記述の正誤を答えなさい．ただし，$\Delta H°$ はアンモニアの標準生成エンタルピーであり，(g) は気体状態を示す．** (難易度★★☆)

$$\frac{3}{2}H_2(g) + \frac{1}{2}N_2(g) \rightleftharpoons NH_3(g) \qquad \Delta H° = -46.1\ kJ\ mol^{-1}$$

①反応が平衡状態にあるとき，温度を低下させると平衡は右へ移動する．

②反応が平衡状態にあるとき，圧力を増大させると平衡は左へ移動する．

③温度を変化させて，ファントホッフプロットを行うと，右上がりの直線性のプロットが得られる．

④温度を変化させて，ファントホッフプロットを行うと，縦軸切片から標準生成ギブズエネルギーが得られる．

3 **37℃，pH 7.0 において，以下の反応式 (1) で示される反応は，標準反応ギブズエネルギー ($\Delta_r G°$) が 13.8 kJ mol^{-1} であり自発的に進行しない．しかし，以下の反応式 (2) ($\Delta_r G° = -30.5$ kJ mol^{-1}) と共役反応を行うことで，反応式 (1) は進行する．この共役反応に関する以下の問いに答えよ．** (難易度★★☆)

反応式 (1)：グルコース + H_3PO_4 ⟶ グルコース 6-リン酸 + H_2O

反応式 (2)：ATP + H_2O ⟶ ADP + H_3PO_4

①この共役反応の全反応式を示せ．

②①で示される全反応の標準反応ギブズエネルギー (kJ mol^{-1}) を求めよ．

溶液の性質

ヒトは，生命活動を行うために，食物を摂取し，消化，吸収，代謝の過程を経てエネルギーに変換している．通常，これらの過程は，約1気圧，37 ℃（定温・定圧）の条件下で行われている．微視的にみれば，いずれの過程も水溶液中での物理的・(生)化学的変化で説明され，その際にエネルギーの授受が発生する．この章では，溶液現象の基本となる溶液のエネルギー状態やその変化について述べる．

A 理想溶液と実在溶液

❶ 理想溶液

ギブズエネルギー[*1]の変化量 dG は，定温・定圧条件下において，系がはじめの熱平衡状態から別の熱平衡状態に移るとき，膨張の仕事以外で外界に対してできる最大仕事である．物質と熱の出入りがある系（**開放系**[*2]）の場合，dG は，

$$dG = V\,dp - S\,dT + \sum_i \mu_i\,dn_i \qquad (8\cdot1)$$

で表される．式(8･1)は，**化学熱力学の基本方程式**とよばれ，溶液に限らず化学変化を考察するうえで重要な式である．さらに，式(8･1)は，定温・定圧条件下（$V\,dp = 0$，$S\,dT = 0$）では，

$$dG = \sum_i \mu_i\,dn_i \qquad (8\cdot2)$$

となる．μ_i（成分 i の**化学ポテンシャル**）は，

$$\mu_i = \left(\frac{\partial G}{\partial n_i}\right)_{T,\,p,\,n_{j(j\neq i)}} \qquad (8\cdot3)$$

と定義される．ここで，n_i は成分 i の物質量(mol)であるので，μ_i は1 mol あたりのギブズエネルギー（部分モルギブズエネルギー，$G_{m,i}$）に相当する．また，式(8･2)は，多成分系において，各成分の化学ポテンシャルの総和がギブズエネルギーとなることを表している．したがって，定温・定圧条件下，系の成分組成（モル分率）が変わると，ギブズエネルギーは変化することがわかる．

＊1　ギブズエネルギー　☞6章 p.118

＊2　開放系　☞5章 p.91

モルギブズエネルギー $G_{m(g)}^*$（$= \mu_{(g)}^*$）をもつ純物質からなる**理想気体**の圧力が p^* であるとき，ほかの圧力 p における $G_{m(g)}$（$= \mu_{(g)}$）は，

$$G_{m(g)} = G_{m(g)}^* + RT \ln \frac{p}{p^*} \quad \text{または} \quad \mu_{(g)} = \mu_{(g)}^* + RT \ln \frac{p}{p^*} \tag{8·4}$$

で表される．また，混合気体が理想気体としてふるまうとき，成分 i の化学ポテンシャル μ_i は，ドルトンの分圧の法則[*3]（$p_i = x_{i(g)}p^*$）を式(8·4)にあてはめると，

$$\mu_{i(g)} = \mu_{i(g)}^* + RT \ln x_{i(g)} \tag{8·5}$$

となる．

溶液において，理想気体と同様に，いずれの成分も式(8·6)が成立するとき，その溶液を**理想溶液**という．ここで，$\mu_{i(l)}$ は溶液中の成分 i の化学ポテンシャル，$\mu_{i(l)}^*$ は純物質 i（成分 i のモル分率が $x_i = 1$ のとき）の化学ポテンシャルを表す[*4]．

$$\mu_{i(l)} = \mu_{i(l)}^* + RT \ln x_{i(l)} \tag{8·6}$$

いま物質量 $n_{A(l)}$，$n_{B(l)}$（mol）の純物質 A，B からなる溶液が理想溶液であるとき，A，B の蒸気分圧 p_A，p_B は，それぞれ純物質 A，B の蒸気圧 p_A^*，p_B^* とモル分率 $x_{A(l)}$，$x_{B(l)}$ との積となる．これを**ラウールの法則**[*5]といい，

$$p_A = p_A^* \frac{n_{A(l)}}{n_{A(l)} + n_{B(l)}} = p_A^* x_{A(l)} \tag{8·7}$$

$$p_B = p_B^* \frac{n_{B(l)}}{n_{A(l)} + n_{B(l)}} = p_B^* x_{B(l)} \tag{8·8}$$

で表される．また，溶液の全蒸気圧 p は各蒸気分圧の総和で表され，

$$\begin{aligned} p &= p_A + p_B = x_{A(l)}p_A^* + x_{B(l)}p_B^* \\ &= (1 - x_{B(l)})\,p_A^* + x_{B(l)}p_B^* \\ &= (p_B^* - p_A^*)\,x_{B(l)} + p_A^* \end{aligned} \tag{8·9}$$

となる．ラウールの法則に従う場合，純物質 A，B からなる溶液のモル分率と蒸気圧との関係は，図 8·1 の直線（点線）で示される．このラウールの法則に従うとき，溶液中の分子 A–A 間，A–B 間，B–B 間に働く力，A と B の分子の大きさはいずれも等しく，定温・定圧条件下で成分を混合して溶液を調製するとき，体積の増減も熱の出入りもない．この法則に従うものとしてベンゼン–トルエン系，ヘキサン–ヘプタン系などが近い性質を示すが，その例は少ない．

＊3　**ドルトンの分圧の法則**　混合気体の全圧力 p は，成分気体の分圧 p_i の総和となる．また，$p_i = x_i p$ の関係になる．☞ 4 章 p.75 参照

＊4　ここでは，モル分率＝1 の純物質の化学ポテンシャルを基準として表しているが，モル濃度 1 mol L^{-1}，質量モル濃度 1 mol kg^{-1} などの化学ポテンシャルの値を基準としてもよい．その場合，式(8·6)はモル分率 x_i のかわりにモル濃度 c_i，質量モル濃度 m_i にする．

＊5　**ラウールの法則**　Raoult's law

❷ 実在溶液（非理想溶液）

純物質 A，B の一方を溶媒 A，他方を溶質 B とするとき，理想溶液では，溶媒と溶質のいずれもラウールの法則に従う．しかし，多くの溶液では，分子 A–A 間，A–B 間，B–B 間に働く力が異なるため，図 8･1 に示されるように，ラウールの法則に従った直線（点線）から正のずれ（図 8･1a）または負のずれ（図 8･1b）が生じる．アセトン-エタノール混合溶液（図 8･1a）では，理想溶液の場合に比べて，成分の蒸気分圧（p_A，p_B）および全蒸気圧（p）はいずれも正のずれを生じる．これは，アセトン-エタノール混合溶液中では，混合前よりそれぞれの成分が不安定になり（化学ポテンシャルが増加），蒸気になりやすくなるためである．一方，アセトン-クロロホルム混合溶液（図 8･1b）では，理想溶液の場合に比べて，成分の蒸気分圧（p_A，p_B）および全蒸気圧（p）はいずれも負のずれを生じる．これは，アセトン-クロロホルム混合溶液中では，混合前よりそれぞれの成分が安定になり（化学ポテンシャルが減少），蒸気になりにくくなるためである．

このような理想溶液からのずれを生じる溶液を**実在溶液**（非理想溶液）という．

実在溶液においても，溶質の濃度が低い希薄溶液の場合，その溶媒は理想溶液（ラウールの法則）に従うことがある（図 8･1 の丸で囲んだ領域）．

また，希薄溶液の場合，その溶質の蒸気分圧 p_B は溶質の濃度に比例することがある（図 8･1 の四角で囲んだ領域）．これを**ヘンリーの法**

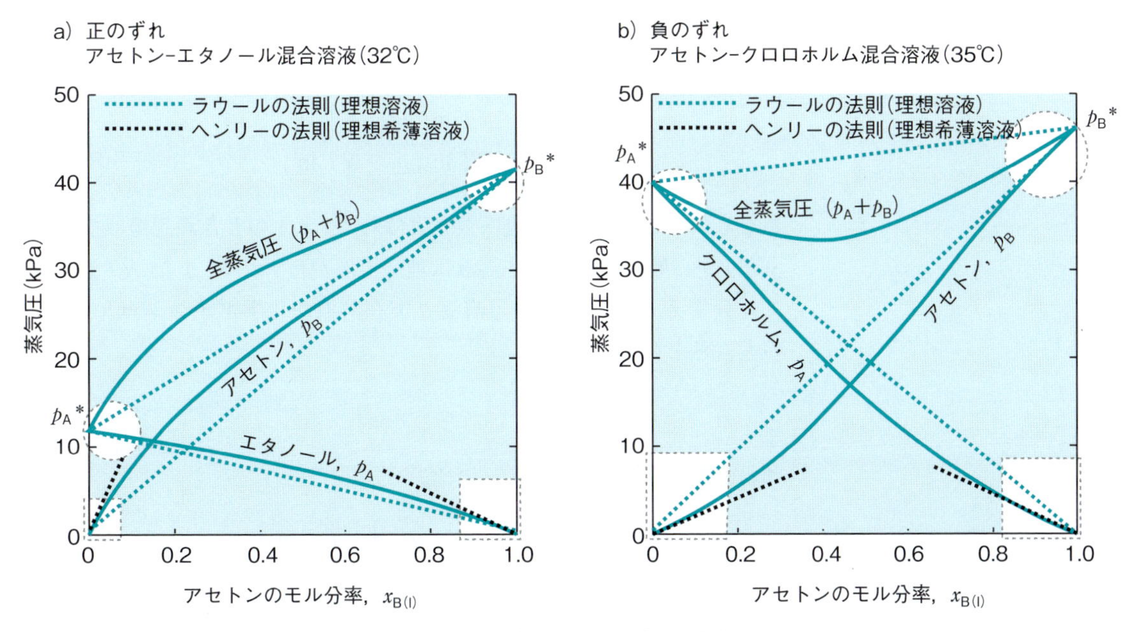

図 8･1　蒸気圧とモル分率との関係

＊6 ヘンリーの法則 Henry's law

則[＊6]といい，その関係は，式(8·10)で示される．また，この法則に従う溶液を**理想希薄溶液**という．

$$p_{B} = K_{H} x_{B(l)} \quad (8 \cdot 10)$$

ここで，K_{H} はヘンリー定数とよばれ，図8·1の直線(破線)の接線の傾きを表している．

ヘンリーの法則は，もともと溶解度の小さい気体の液体への溶解について示されたものであり，次のように表現される．

「定温・定圧条件下，一定量の溶媒に溶ける気体の質量は，その気体の圧力に比例する．」

❸ 活量と活量係数

図8·1の実在溶液の蒸気圧について考えてみる．実在溶液中の物質Bのモル分率が $x_{B(l)}$ のとき，その蒸気圧が p_{B} (曲線(実線)上)を示し平衡状態になるとすると，液相と気相の化学ポテンシャルは等しくなる($\mu_{B(g),実在} = \mu_{B(l),実在}$)．気相中のBを理想気体とみなし，気相中のBと平衡状態になる理想溶液が仮に存在するならば，$\mu_{B(g),実在} = \mu_{B(l)',理想}$ となるので，

$$\mu_{B(l)',理想} = \mu_{B(l)}^{*} + RT \ln x_{B(l)'} = \mu_{B(l),実在} \quad (8 \cdot 6')$$

の関係が成り立つ．ここで，$x_{B(l)'}$ はみかけのBのモル分率であり，ラウールの法則：式(8·8)より $p_{B} = p_{B}^{*} x_{B(l)'}$ の関係になる．それに対して，この実在溶液がヘンリーの法則に従うならば，式(8·10)より $p_{B} = K_{H} x_{B(l)}$ となり，これらを式(8·6′)に代入し，また K_{H}/p_{B}^{*} を γ とおくと，

$$\begin{aligned} \mu_{B(l),実在} &= \mu_{B(l)}^{*} + RT \ln \frac{p_{B}}{p_{B}^{*}} = \mu_{B(l)}^{*} + RT \ln \frac{K_{H} x_{B(l)}}{p_{B}^{*}} \\ &= \mu_{B(l)}^{*} + RT \ln (\gamma x_{B(l)}) \\ &= \mu_{B(l)}^{*} + RT \ln x_{B(l)} + RT \ln \gamma \end{aligned} \quad (8 \cdot 11)$$

となる．ここで，γ は**活量係数**とよばれ，$\gamma = 1$ のとき理想溶液であり，γ が1から離れるほど実在溶液は理想溶液からずれる．また，$RT \ln \gamma$ は，モル分率 $x_{B(l)}$ のときの理想溶液と実在溶液の化学ポテンシャルのずれの大きさを意味する．

$$a = \gamma x_{B(l)} \quad (8 \cdot 12)$$

とおくと，式(8·11)は，

$$\mu_{B(l),実在} = \mu_{B(l)}^{*} + RT \ln a \quad (8 \cdot 13)$$

と表される．実在溶液では，濃度(モル分率)のかわりに，理想溶液からのずれを含んだ濃度を導入することにより，理想溶液で成立する式に適

合できるようになる．この濃度を**活量** a といい，実効濃度を意味する．また，式(8･12)，(8･13)から $\gamma = 1$ のとき理想溶液になることがわかる．さらに，$\gamma > 1$(正のずれ)になるとき，理想溶液に比べて化学ポテンシャルが大きくなるため，溶液は不安定な状態になる．一方，$\gamma < 1$(負のずれ)になるとき，溶液はより安定な状態になる．

ただし，活量係数 γ は，式(8･12)であたかも比例定数のようにみえるが，条件によって変化することに注意が必要である(係数といわれるゆえん)．

ポイント

- 定温・定圧条件下，純物質の化学ポテンシャルは，モルギブズエネルギーに相当する．
- 理想溶液中の各成分の化学ポテンシャル μ については次式が成立し，そのモル分率 x が小さくなると μ も小さくなる．　$\mu = \mu^* + RT \ln x$
- 理想溶液では，各成分の蒸気分圧は，各成分の純物質の蒸気圧とモル分率との積となる(ラウールの法則)．
- ラウールの法則に従う溶液を理想溶液という．
- ヘンリーの法則に従うとき，定温・定圧条件下，一定量の溶媒に溶ける気体の質量は，その気体の圧力に比例する．
- 活量は，理想溶液からのずれを含んだ実効濃度である．
- 活量係数 $\gamma = 1$ のとき理想溶液であり，$\gamma \neq 1$ のとき実在溶液となる．

B 束一的性質

薬物は，それぞれ種類や構造の違いにより，それ自身のもつ性質や薬理活性などが異なる．しかし，少量の薬物を溶媒に溶かした後，その溶液の性質を調べると，薬物の種類によらず，その溶液中に存在する粒子の数(濃度)で決まってしまう物理化学的現象が認められることがある．この希薄溶液の示す特徴を**束一的性質**(束一性)といい，**蒸気圧降下**，**沸点上昇**，**凝固点降下**，**浸透圧の変化**の4つがあげられる．とくに，注射剤，点眼剤など体液の浸透圧と同じ浸透圧にする必要がある製剤の調製には，この束一的性質が利用されている．ただし，この束一的性質が成立するためには，次の2つの条件が必要になる．

☞ p.263 付表 4a，4b 参照

・製剤の調製
☞ p.141 コラム

①溶質は不揮発性物質で蒸気中には存在せず，蒸気は純溶媒の気体のみからなる．

②溶液が凝固しても溶質は固体にはとけず，固体は純溶媒の固体のみからなる．

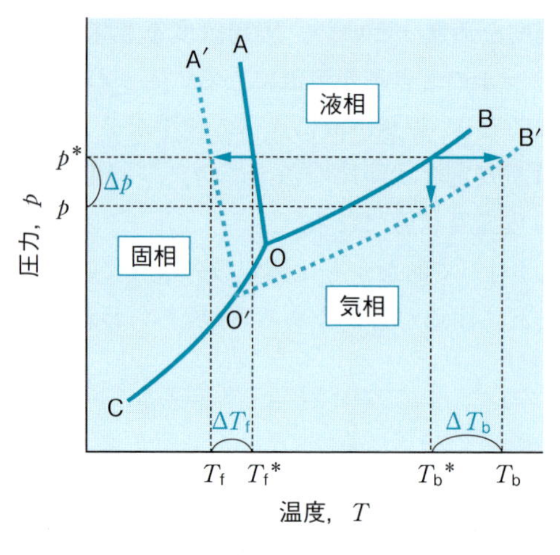

図 8・2　蒸気圧降下，沸点上昇，凝固点降下の模式図
実線：純溶媒，点線：希薄溶液

図8・2に蒸気圧降下，沸点上昇，凝固点降下の模式図を示す．純溶媒に不揮発性物質を溶解すると，純溶媒の融解曲線 OA は O′A′，蒸気圧曲線 OB は O′B′，昇華曲線 OC は O′C に変化する．それぞれの相平衡曲線のずれに伴う物理化学的現象の変化量 Δ は，それぞれ**蒸気圧降下度** Δp，**沸点上昇度** ΔT_b，**凝固点降下度** ΔT_f といい，いずれも溶媒に固有の定数と溶質の質量モル濃度 m_B の積で表される．

$$\text{物理化学的現象の変化量}\,\Delta = \text{定数} \times m_B$$

また，**浸透圧** Π についても同様に考えることができる．質量組成が明らかな希薄溶液では，これらの物理化学的現象の変化量を測定することにより，不揮発性物質の分子量を測定することができる．また，それらのうち1つの物理化学的現象の変化量が等しい溶液同士は，ほかの変化量も等しくなる．この束一的性質に基づいて，局方の浸透圧測定法では，圧力を測定するかわりに，測定が比較的容易な凝固点降下度を測定する方法がとられている．

また，希薄水溶液の場合は，質量モル濃度 m_B はモル濃度 c_B に近似できる（$m_B \approx c_B$）ので，

$$\text{物理化学的現象の変化量}\,\Delta = \text{定数} \times c_B$$

と表すこともできる．

❶ 蒸気圧降下

不揮発性物質を溶媒に溶解すると，溶媒の蒸気圧が降下する現象（**蒸気圧降下**）がみられる（図8・3）．この現象をラウールの法則から考えてみる．

ラウールの法則に従う溶液は理想溶液であるが，溶質 B が不揮発性物質（$p_B^* = 0$）の場合，式(8・9)は，

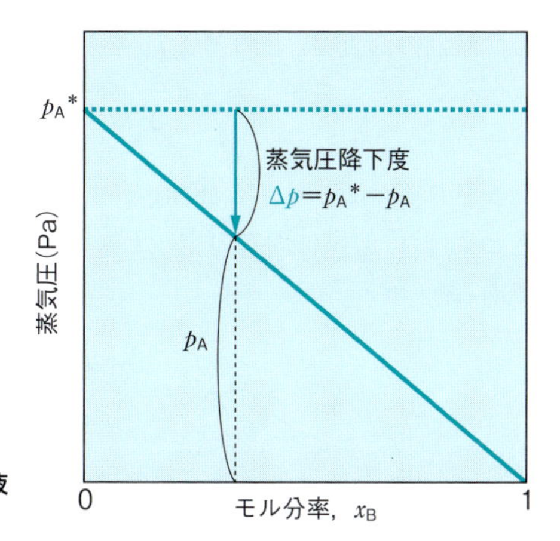

図 8・3 不揮発性物質の理想溶液における蒸気圧降下

$$p = p_A^* x_A = p_A^*(1 - x_B) \tag{8・14}$$

となる．したがって，溶媒 A の**蒸気圧降下度** Δp(Pa)は，

$$\Delta p = p_A^* - p_A = p_A^* x_B \tag{8・15}$$

となり，溶質のモル分率 x_B に比例する．ここで，モル分率 x_B を質量モル濃度 m_B に変換してみる．溶媒および不揮発性物質の物質量(mol)をそれぞれ n_A および n_B，溶媒のモル質量(g mol^{-1})を M_A とすると，溶媒 1 kg に不揮発性物質を少量溶かした希薄溶液($n_A >> n_B$)では，

$$x_B = \frac{n_B \text{ mol}}{n_A \text{ mol} + n_B \text{ mol}} \approx \frac{n_B}{n_A} = \frac{m_B \text{ mol kg}^{-1} \times 1 \text{ kg}}{1 \text{ kg} \Big/ \dfrac{M_A}{1000} \text{ kg mol}^{-1}} = \frac{M_A}{1000} m_B \tag{8・16}$$

となる．したがって式(8・15)は，

$$\Delta p = p_A^* x_B = \left(p_A^* \frac{M_A}{1000}\right) m_B \tag{8・17}$$

と表され，式(8・17)の(　)内は溶媒に関する定数とみなせるので，Δp は質量モル濃度に比例することがわかる．

❷ 沸点上昇

大気圧(外圧)が 1 気圧(1.013×10^5 Pa)のとき，水は 100 ℃で沸騰し，その蒸気圧は 1 気圧を示す．つまり，外圧と蒸気圧が等しくなる温度が沸点である．前述したように，不揮発性物質を溶媒に溶かすと，蒸気圧は降下する．この希薄溶液が沸騰するためには，図 8・2 に示すように，その蒸気圧が外圧と等しくなるように温度を高くする必要がある．このように沸点が高くなる現象を**沸点上昇**という．また，溶媒の沸点 T_b^* と

希薄溶液の沸点 T_b との差 ΔT_b を**沸点上昇度**（K または℃）といい，

$$\Delta T_b = K_b m_B \tag{8·18}$$

で表される．ここで，K_b（$\mathrm{K\ kg\ mol^{-1}}$）は**モル沸点上昇**または**沸点上昇定数**とよばれ，溶媒に固有の定数となり，水の場合，$K_b = 0.51$（$\mathrm{K\ kg\ mol^{-1}}$）である．

$$K_b = \frac{R(T_b{}^*)^2}{\Delta_{vap}H^*}\ \frac{M_A}{1000} \tag{8·19}$$

$\Delta_{vap}H^*$ は溶媒の蒸発熱（$\mathrm{J\ mol^{-1}}$）である．

❸ 凝固点降下

大気圧（外圧）が1気圧（1.013×10^5 Pa）のとき，水は0℃で凝固するが，海水（塩分約3%）の凝固点（氷点）は約-2℃を示す．このように溶液を冷却していくと，純溶媒の凝固点より低い温度で凝固する現象を**凝固点降下**という．とくに，溶媒が水の場合を**氷点降下**という．また，溶媒の凝固点 $T_f{}^*$ と希薄溶液の凝固点 T_f との差 ΔT_f を**凝固点（氷点）降下度**（K または℃）といい，

$$\Delta T_f = K_f m_B \tag{8·20}$$

で表される．ここで，K_f（$\mathrm{K\ kg\ mol^{-1}}$）は**モル凝固点（氷点）降下**または**凝固点（氷点）降下定数**とよばれ，溶媒に固有の定数となり，水の場合，$K_f = 1.86$（$\mathrm{K\ kg\ mol^{-1}}$）である．

$$K_f = \frac{R(T_f{}^*)^2}{\Delta_{fus}H^*}\ \frac{M_A}{1000} \tag{8·21}$$

$\Delta_{fus}H^*$ は溶媒の融解熱（$\mathrm{J\ mol^{-1}}$）である．

❹ 浸透圧の変化

セロハン膜のように，溶媒分子は通すが，溶質などの粒子は通さない選択性をもつ膜を**半透膜**という．図8·4aのように，この半透膜で仕切られたU字管に同じ体積の純溶媒と希薄溶液を入れる．濃度差をなくそうと[*7]，溶媒分子は半透膜を通り抜けて希薄溶液側へ移動（**浸透**）し，希薄溶液の体積は増加して平衡状態（図8·4b）になる．このとき，純溶媒および希薄溶液にかかる外圧 p_0 は等しい．この平衡状態で p_0 より高い圧力を希薄溶液側にかけると，溶媒分子は純溶媒側に移動する（**逆浸透**）．外圧 p をかけるともとの液面の高さに戻るとき，この外圧の増加分の圧力 $p - p_0$ は，純溶媒と希薄溶液を入れた直後（図8·4a）に純溶媒側から溶媒分子が浸透する圧力に等しい．この圧力を溶液の**浸透圧** Π という．

＊7　実際は，純溶媒の化学ポテンシャルが溶液より高く，化学ポテンシャルのより低い安定な状態に移ろうとするため［$\Delta\mu$（ΔG_m）< 0］，溶媒分子は純溶媒側から溶液側へ自発的に移動する．溶質分子も，溶液側（高濃度）から純溶媒側（低濃度）へ移動したいが半透膜を透過できない．

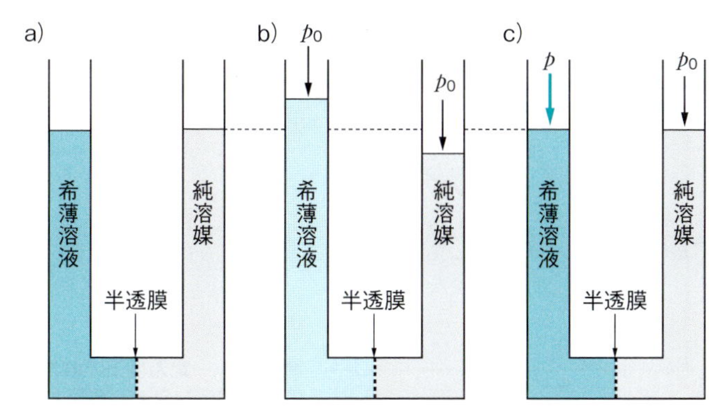

図 8・4 浸透圧の変化
a）純溶媒と希薄溶液を入れた直後，b）外圧 p_0 で平衡状態，c）希薄溶液側に外力 p をかけ，液面の高さをもとに戻した状態．

希薄溶液の浸透圧 Π と溶質のモル濃度 c_B との間には，ファントホッフの式[*8]が成り立つ．

$$\Pi = RTc_B \tag{8・22}$$

*8 ファントホッフの式は，ほかに平衡定数と温度との関係を表す式もある．☞ 7 章 p.126

希薄溶液の場合には，モル濃度と質量モル濃度は $c_B \approx m_B$ と近似できるので，

$$\Pi = RTm_B \tag{8・23}$$

と表すこともできる．

●アドバンス 浸透圧を溶液の化学ポテンシャルより導出してみる

図 8・4c において，希薄溶液側の外圧 p，純溶媒側の外圧 p_0 で平衡状態にあるものとする．このとき，希薄溶液と純溶媒の化学ポテンシャルは等しいので，

$$\mu_{(p)} = \mu_{(p_0)}{}^*$$

となる．一方，希薄溶液の化学ポテンシャルは，

$$\mu_{(p)} = \mu_{(p)}{}^* + RT \ln x_A$$

で表されるので，上の 2 つの式から，

$$\mu_{(p_0)}{}^* = \mu_{(p)}{}^* + RT \ln x_A$$

となる．一定温度下（$S_m \, dT = 0$）での純溶媒 A（物質の出入りがないので $\sum_i \mu_i \, dn_i = 0$）の化学ポテンシャルの圧力依存性は，式（8・1）より

$$(dG_m =) d\mu = V_m \, dp \tag{8・24}$$

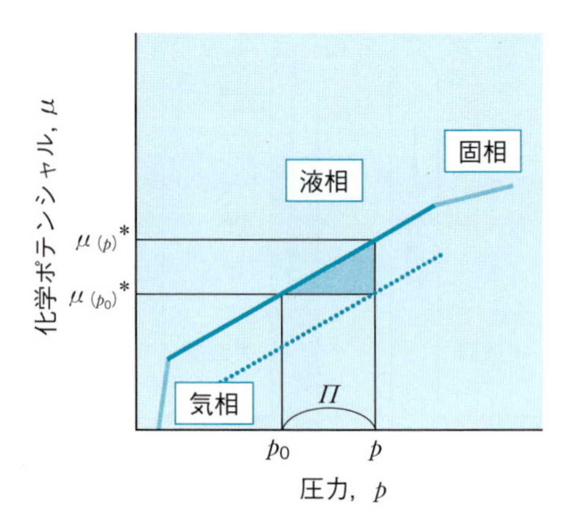

図 8・5　一定温度下での希薄溶液の化学ポテンシャルの圧力依存性
実線：純溶媒，点線：希薄溶液

となり，図 8・5 の実線で表される．

一方，純溶媒 A に不揮発性物質 B を溶かした希薄溶液の化学ポテンシャルは，図 8・5 の点線で示されるように，純溶媒よりも化学ポテンシャルは小さくなる．式(8・24)から，圧力変化に対する化学ポテンシャルの変化は，図 8・5 の青色で塗られた三角形の部分の傾き（V_m, 溶媒のモル体積）で示され，

$$\frac{\mathrm{d}\mu}{\mathrm{d}p} = V_\mathrm{m} = \frac{\mu_{(p)}{}^{*} - \mu_{(p_0)}{}^{*}}{p - p_0} = -\frac{RT \ln x_\mathrm{A}}{\Pi}$$

となる．この式を変形すると，

$$\Pi = -\frac{RT \ln x_\mathrm{A}}{V_\mathrm{m}} = -\frac{RT \ln (1 - x_\mathrm{B})}{V_\mathrm{m}} \approx \frac{RT}{V_\mathrm{m}} x_\mathrm{B}$$

$$\approx \frac{RT}{V_\mathrm{m}} \frac{n_\mathrm{B}}{n_\mathrm{A}} \approx RTc_\mathrm{B} \qquad (8\cdot22)$$

が得られる．ここで，希薄溶液の場合，$\ln(1 - x_\mathrm{B}) \approx -x_\mathrm{B}$ と近似でき，溶媒の体積を表す $V_\mathrm{m} n_\mathrm{A}$ を溶液の体積とみなすことができる．

5 ファントホッフ係数とオスモル濃度

不揮発性物質を溶媒に溶かしたとき電離や会合をする場合，溶液中の各イオンや会合体それぞれが粒子としてふるまい，加えた物質量(mol)とは異なる粒子数が存在するようになる．このため，束一的性質を取り扱う場合，補正係数 i（**ファントホッフ係数**[*9]）を導入して実際の溶液中の粒子数に補正しなければならない．たとえば，酢酸（電離度 α）を水に溶かしたとき，その溶液の濃度を c_B とすると，

*9 **ファントホッフ係数** van't Hoff coefficient

$$\mathrm{CH_3COOH} \xrightarrow{\alpha} \mathrm{CH_3COO^-} + \mathrm{H^+}$$
$$(1-\alpha)c_\mathrm{B} \qquad\qquad \alpha c_\mathrm{B} \qquad \alpha c_\mathrm{B}$$

$$全粒子濃度 = (1-\alpha)c_B + \alpha c_B + \alpha c_B = (1+\alpha)c_B$$

となる．つまり，$1+\alpha$ がファントホッフ係数となる．

一方，安息香酸はベンゼン中で2分子会合体（会合数 $P = 2$）を形成することが知られている．濃度 c_B の安息香酸のすべてが会合体になるとすると，会合体の濃度は $c_B/2$，

$$\begin{array}{ccc} 2C_6H_5COOH & \longrightarrow & (C_6H_5COOH)_2 \\ 0 & & c_B/2 \end{array}$$

つまり，$1/P = 1/2$ がファントホッフ係数となる．

ファントホッフ係数 i を導入すると，以下のように束一的性質は補正される．

蒸気圧降下	$\Delta p = i p_A^* x_B$	(8・15′)
沸点上昇	$\Delta T_b = i K_b m_B$	(8・18′)
凝固点降下	$\Delta T_f = i K_f m_B$	(8・20′)
浸透圧	$\Pi = i R T c_B$	(8・22′)

したがって，溶液中に存在する総粒子濃度はファントホッフ係数 i を導入して $i \times m_B$ で表される．この総粒子濃度は，いずれの束一的性質の変化量からも求めることができ，**オスモル濃度**と定義される．

$$質量オスモル濃度\ m(\mathrm{osmol\ kg^{-1}}) = i \times m_B(\mathrm{mol\ kg^{-1}})$$
$$容量オスモル濃度\ c(\mathrm{osmol\ L^{-1}}) = i \times c_B(\mathrm{mol\ L^{-1}})$$

希薄水溶液では $m_B \approx c_B$ とみなすことができるので，局方では実用的な容量オスモル濃度が採用されている．その単位として **Osm**（$\mathrm{osmol\ L^{-1}}$）が用いられ，「1 Osm ＝溶液1L中にアボガドロ定数（$6.022 \times 10^{23}\ \mathrm{mol^{-1}}$）に等しい粒子数が存在する濃度」とされ，その1/1000を「1 mOsm」とし，通例，mOsmの単位が用いられる．

体液と同じ浸透圧（等張）を示す生理食塩液（0.900 g/100 mL）のオスモル濃度は286 mOsmである．局方では，束一的性質に基づいて，測定が比較的容易な凝固点降下法によりオスモル濃度を求めており，次元（単位）は異なるものの，オスモル濃度を浸透圧と同様に取り扱っている．

コラム

束一的性質の製剤への応用

● **等張化**

血清，涙液などの体液と薬物溶液の浸透圧が等しいとき，**等張**であるという．薬物溶液の浸透圧が体液より高い（高張）溶液や低い（低張）溶液を注射剤，点眼剤として人体に適用すると，組織障害，疼痛や溶血の原因となるので，できるだけ等張にすることが望ましい．等張にするための操作を**等張化**といい，束一的性質に基づいて行われている．

a. 氷点降下法

体液は−0.52℃で凝固する．すなわち，体液の氷点降下度は0.52℃である．したがって，束一的性質に基づいて，薬物溶液の氷点降下度を0.52℃になるようにすれば，体液と等張になる．この操作法を**氷点降下法**という．

ある低張な薬物溶液100 mLの氷点降下度をa℃とすると，0.52 − a℃分の氷点を降下させるために，それに相当した溶質粒子を加える必要がある．これには，表8･1にまとめられているように1 w/v% 薬物溶液の氷点降下度b℃が利用され，

$$0.52(℃) = a + bx$$

$$x = \frac{0.52 - a}{b}$$

により，等張化のために薬物溶液100 mL中に添加される溶質の質量x (g)が求められる．

b. 食塩価法(食塩当量法)

ある薬物1 gと同じ浸透圧を示す塩化ナトリウム(NaCl)の質量(g)を**食塩価**(食塩当量)という．生理食塩液(0.9 w/v%NaCl水溶液)は等張であるので，薬物溶液100 mLの食塩価を0.9とすればよい(50 mLの場合は0.45)．たとえば，硫酸亜鉛(食塩価0.15)0.2 gとホウ酸(食塩価0.5)1.3 gからなる点眼液100 mLの食塩価は，0.15 × 0.2 + 0.5 × 1.3 = 0.68となる．したがって，等張にするためには，食塩価として0.9 − 0.68 = 0.22の添加剤を加えなければならない．そこで，食塩の食塩価は1であるので，0.22 gの食塩を添加すれば等張になる．

ある薬物溶液100 mLの食塩価をaとするとき，加えるべき食塩の質量x (g)は，

$$x = 0.9 - a$$

で求められる．主な薬物の食塩価を表8･1にまとめた．

c. 容積価法

ある薬物1 gを溶かして等張にするために必要な水の体積(mL)を**容積価**という．たとえば，2 w/v% ピロカルピン塩酸塩(容積価26.7)点眼液を100 mL調製するには，ピロカルピン塩酸塩2 gに水26.7 × 2 = 53.4 mLを加えて等張溶液とし，この溶液に等張である生理食塩液などを加えて100 mLにすればよい．主な薬物の容積価を表8･1にまとめた．

表8･1　主な薬物の氷点降下度，食塩価，容積価

薬　物	1w/v%薬物溶液の氷点降下度(℃)	食塩価	容積価(mL)
塩化ナトリウム	0.576	1.00	111.1
アトロピン硫酸塩	0.073	0.13	14.4
エフェドリン塩酸塩	0.169	0.30	33.3
ピロカルピン塩酸塩	0.134	0.24	26.7
プロカイン塩酸塩	0.122	0.21	23.3
ブドウ糖	0.10	0.18	20.0
白糖	0.047	0.08	8.9
ベンジルアルコール	0.095	0.17	18.9
ホウ酸	0.283	0.50	55.6

ポイント

- 薬物の種類によらず，その溶液中に存在する粒子の数で決まってしまう物理化学的現象を束一的性質という．
- 束一的性質には，蒸気圧降下，沸点上昇，凝固点降下，浸透圧の変化がある．
- ファントホッフ係数は，溶液中に加えられた物質量(mol)を溶液中に存在する粒子数に補正するための係数である．
- 溶液中の総粒子濃度をオスモル濃度という．
- 血清，涙液などの体液と薬物溶液の浸透圧が等しいとき，等張であるという．
- 等張にするための操作を等張化といい，氷点降下法，食塩価法，容積価法などがある．
- 氷点降下法は，薬物溶液の氷点降下度を 0.52 ℃となるようにする操作法である．
- 食塩価とは，ある薬物 1 g と同じ浸透圧を示す塩化ナトリウムの質量(g)である．
- 容積価とは，ある薬物 1 g を溶かして等張にするために必要な水の体積(mL)である．
- 生理食塩液(0.9%食塩水)は等張溶液である（そのほか 5%ブドウ糖水溶液，10%ショ糖水溶液）．

C　電解質溶液の性質

水，液体アンモニアなど極性が高い溶媒に溶かしたとき，陽イオンと陰イオンに電離(解離)する物質を**電解質**という．電解質は**電離度**の大きさによって，**強電解質**と**弱電解質**に大別される．強電解質としては，強酸(HCl など)，強塩基(NaOH など)，塩類(KCl，CH_3COONa など)があげられ，電離度が大きく水溶液中ではほとんどが電離している．一方，弱電解質としては，弱酸(CH_3COOH など)，弱塩基(NH_3 など)があげられ，電離度が小さく水溶液中では一部のみしか電離しておらず，非解離形(分子形)と解離形(イオン形)が共存して電離平衡の状態になる．イオンは電荷をもった粒子であるため，その溶液は電気的な性質を含み，また，イオン間の相互作用により理想からのずれを生じる．ここでは，電解質溶液の性質について述べる．

❶ 電解質溶液の電気伝導性

金属導体が**電気伝導性**を有するのは，自由電子が金属原子間を動くことができるためである(電子伝導)．電解質溶液も電気伝導性をもつが，これは，溶液に電場をかけると陽イオンは陰極，陰イオンは陽極に向かって移動し，電極で電荷の授受が行われるためである(イオン伝導)．

電解質溶液でも**オームの法則**[*10] が成立し，図 8･6 に示すように，電流を I(A)，電位差を V(V)とすると電極間の電気抵抗 R(Ω)は，

*10　**オームの法則**　Ohm's law

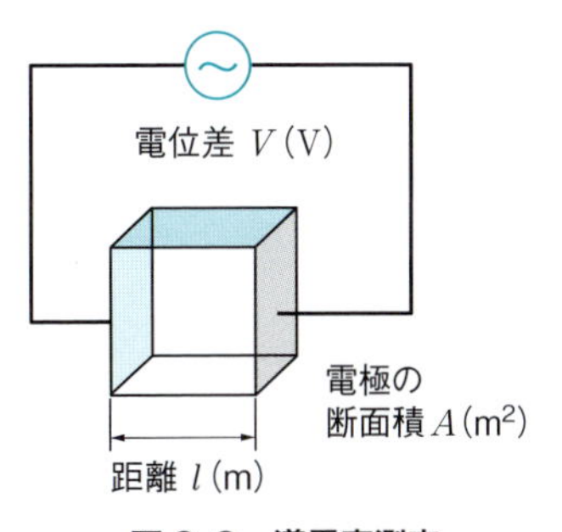

図 8･6　導電率測定

$$R = \frac{V}{I} = \rho \frac{l}{A} \tag{8·25}$$

となり，さらに，電解質溶液中の電極間の長さlに比例し，断面積Aに反比例する．ここで，比例定数ρは**抵抗率**とよばれる．また，Rの逆数Gを**コンダクタンス**（**電気伝導度**）といい，その単位を**ジーメンス**(S)で表す．

$$G = \frac{1}{R} = \frac{1}{\rho}\frac{A}{l} = \kappa \frac{A}{l} \tag{8·26}$$

ここで，比例定数κ ($\mathrm{S\ m^{-1}}$)はρの逆数であり，**導電率**（**電気伝導率**）とよばれ，イオン導電性の強弱，すなわち電気の流れやすさの指標である．

コラム

純水の導電率

水道水には種々のイオンが溶存しており，イオン交換樹脂で処理することにより，導電率が 1 $\mu\mathrm{S\ cm^{-1}}$ ($1 \times 10^{-4}\ \mathrm{S\ m^{-1}}$) 以下の精製水（脱イオン水）が得られる．理論的には，純水の導電率は 0.055 $\mu\mathrm{S\ cm^{-1}}$ である．導電率の測定には，導電率計や抵抗率計が用いられる．

❷ モル導電率の濃度依存性

単位濃度($1\ \mathrm{mol\ m^{-3}} = 1\ \mathrm{mmol\ L^{-1}}$)あたりの電解質溶液の導電率を**モル導電率**（モル伝導率）Λ ($\mathrm{S\ m^2\ mol^{-1}}$)という．

$$\Lambda = \frac{\kappa}{c} \tag{8·27}$$

ⓐ 強電解質

電解質のモル導電率Λと濃度cとの関係を図8·7に示す．強電解質では，Λは$\sqrt{c}$の増加とともに直線的に減少する．この関係を**コールラウシュの法則**[*11]という．

＊11　**コールラウシュの法則**
Kohlrausch's law

$$\Lambda = \Lambda^{\infty} - k\sqrt{c} \tag{8·28}$$

Λ^{∞}は電解質溶液を無限希釈したときのモル導電率であり，**極限モル導電率**という．kはパラメータであり，温度，溶媒の種類などに依存する．直接Λ^{∞}は測定できないので，図の直線を濃度0に外挿して求める．

ここで，Λが濃度の増加とともに減少するのは，濃度の増加につれてイオン間の静電的な相互作用が大きくなるためであり，主に次の2つの効果から説明できる．

(1)非対称効果

電解質溶液中のイオンは，いくつかの水分子と結合（**水和**）して，水和イオンとなり溶解している．ある水和イオンに着目すると，そのまわりには反対の電荷をもつイオンが取り囲み，**イオン雰囲気**を形成している．そこに電場をかけると，中心のイオンは，その大きさがまわりのイオン雰囲気よりも小さいので，電極に向かって速く移動する．その結果，反対の電荷をもつイオン雰囲気は移動したイオンの後方に取り残されてしまうので，移動したイオンは反対の電荷をもつイオン雰囲気から静電引力を受け，移動速度は遅くなる．これを**非対称効果**という．

(2)電気泳動効果

電解質溶液中に電場をかけると，イオンは水和している水分子を伴って電極に向かって移動する．それとは反対の電荷をもつイオンは，水分子を伴って逆方向に向かって移動する．したがって，イオンの移動に水の流れの抵抗が生じ，移動速度は遅くなる．これを**電気泳動効果**という．

b　弱電解質

弱電解質である酢酸(CH_3COOH)は，水中で電離して，次のように電離平衡となる．

$$CH_3COOH \xrightleftharpoons{K_a} H^+ + CH_3COO^-$$

酢酸の濃度 c_B のとき電離度 α が1より十分に小さいものとすると，電離定数(酸解離定数)K_a は，

$$K_a = \frac{[H^+][CH_3COO^-]}{[CH_3COOH]} = \frac{\alpha c_B \times \alpha c_B}{(1-\alpha)c_B} = \frac{\alpha^2 c_B}{1-\alpha} \approx \alpha^2 c_B \qquad (8\cdot29)$$

となる．式(8･29)を変形すると，

$$\alpha = \sqrt{\frac{K_a}{c_B}} \qquad (8\cdot30)$$

と表され，α は濃度の平方根に反比例する．さらに，α はモル導電率 Λ と比例し，

$$\alpha = \frac{\Lambda}{\Lambda^\infty} \qquad (8\cdot31)$$

の関係が成立する．したがって，式(8･30)，(8･31)から，図8･7に示すように，弱電解質の Λ は濃度の平方根の増加とともに急激に減少することがわかる．

また，弱電解質ではコールラウシュの法則は成立せず濃度0に外挿することは困難であるため，図8･7からは極限モル導電率を求めることができない．

c　コールラウシュのイオン独立移動の法則

コールラウシュ[*12]は多くの電解質のモル導電率を調べた結果，「無限

*12　**コールラウシュ**　F. W. G. Kohlrausch

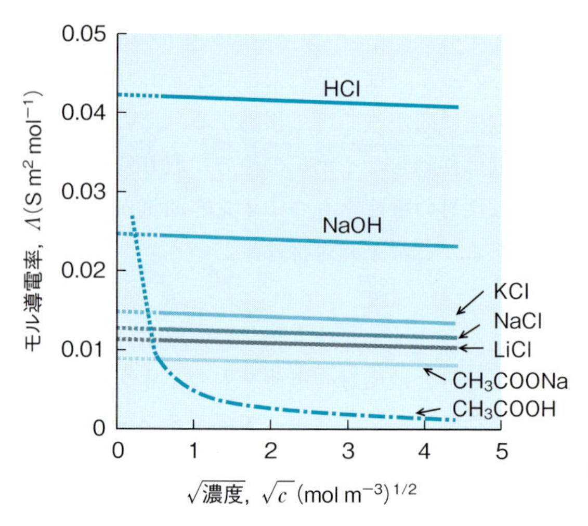

図8･7　モル導電率の濃度依存性

希釈ではイオンは独立して移動し，電解質の極限モル導電率 Λ^{∞} は陽イオンの極限モル導電率 λ_{+}^{∞} と陰イオンの極限モル導電率 λ_{-}^{∞} の和に等しい」ことを見出した．これを**コールラウシュのイオン独立移動の法則**[*13] といい，

*13　**コールラウシュのイオン独立移動の法則**　Kohlrausch's law of independent migration of ions

$$\Lambda^{\infty} = \lambda_{+}^{\infty} + \lambda_{-}^{\infty} \qquad (8\cdot32)$$

で表される．主なイオンの極限モル導電率を表8･2にまとめた．弱電解質である酢酸の極限モル導電率は，表8･2の値を用いて式(8･32)から容易に算出することができる．

表8･2　主なイオンの極限モル導電率

イオン	λ^{∞} $(10^{-2}\ \mathrm{S\ m^2\ mol^{-1}})$
H^+	3.50
K^+	0.74
Na^+	0.50
Li^+	0.39
OH^-	1.98
Br^-	0.78
Cl^-	0.76
F^-	0.55
CH_3COO^-	0.41

$$\begin{aligned}\Lambda_{\mathrm{CH_3COOH}}^{\infty} &= \lambda_{\mathrm{H^+}}^{\infty} + \lambda_{\mathrm{CH_3COO^-}}^{\infty} = 3.50 \times 10^{-2} + 0.41 \times 10^{-2} \\ &= 3.91 \times 10^{-2}\ \mathrm{S\ m^2\ mol^{-1}}\end{aligned}$$

また，酢酸ナトリウムと塩酸から，酢酸と塩化ナトリウムが生成する反応は，

$$\mathrm{CH_3COONa + HCl \longrightarrow CH_3COOH + NaCl}$$

と表される．そこで，両辺の電解質の極限モル導電率は，

$$\Lambda_{\mathrm{CH_3COONa}}^{\infty} + \Lambda_{\mathrm{HCl}}^{\infty} = \Lambda_{\mathrm{CH_3COOH}}^{\infty} + \Lambda_{\mathrm{NaCl}}^{\infty}$$

の関係が成り立つので，

$$\therefore \quad \Lambda_{\mathrm{CH_3COOH}}^{\infty} = \Lambda_{\mathrm{CH_3COONa}}^{\infty} + \Lambda_{\mathrm{HCl}}^{\infty} - \Lambda_{\mathrm{NaCl}}^{\infty}$$

となり，酢酸の極限モル導電率を，ほかの電解質の極限モル導電率を用いて算出することができる．

先にも述べたが，イオンが電気伝導性をもつのはイオンが電極に直接電荷を運ぶイオン伝導のためである．したがって，イオンの移動速度が

大きいものほど電気を流しやすく，イオンの大きさが小さいものほど極限モル導電率の値は大きくなる．表8･2のアルカリ金属イオンの極限モル導電率を比べると，λ_{+}^{∞}の大きい順にK^{+} > Na^{+} > Li^{+}であるが，それらイオンの結晶半径は，大きい順にK^{+} (0.152 nm) > Na^{+} (0.116 nm) > Li^{+} (0.090 nm)となり，イオンの結晶の大きさでは説明できない．これは，水中ではイオンが水分子と水和して粒子を形成しているためであり，その水和イオンの半径が大きい順にLi^{+} (0.240 nm) > Na^{+} (0.180 nm) > K^{+} (0.130 nm)となる．この水和イオン半径が大きいものほど，非対称効果や電気泳動効果が大きくなるため，イオンの移動速度が遅くなり，極限モル導電率の値は小さくなる．表8･2のハロゲン化物イオンについても同様に考えることができる．

また，コールラウシュのイオン独立移動の法則より，同じ対イオンからなる電解質のΛ^{∞}の大きさは，λ_{+}^{∞}の大きさの順(K^{+} > Na^{+} > Li^{+})で決まり，KCl > NaCl > LiClの順になる(図8･7参照)．

H^{+}とOH^{-}の極限モル導電率の値がほかのイオンに比べて大きいことがわかる．H^{+}は水中でオキソニウムイオン(H_3O^{+})となり，その水和イオン半径はほかのイオンとあまり変わらないものと考えられている．イオン伝導の考えからすると，H^{+}の極限モル導電率が高い理由が説明できない．現在，この理由は**プロトンジャンプ機構**(**グロータス機構**，図8･8)から説明されている．すなわち，H_3O^{+}は自らが移動して電荷を運ぶのではなく，H_3O^{+}が隣の水分子にプロトン(H^{+})を渡して自らは水分子になり，プロトンを受け取った水分子がH_3O^{+}になる．さらに，H_3O^{+}は順次隣の水分子にプロトンを渡しながら，電極に電荷を運ぶ．一方，OH^{-}では，OH^{-}が隣の水分子のプロトンを引き抜き水分子になり，プロトンを引き抜かれた水分子がOH^{-}になる．さらに，OH^{-}は順次隣の水分子のプロトンを引き抜きながら，電極に電荷を運ぶ．H^{+}とOH^{-}では，このプロトンジャンプ機構により電荷が運ばれるため，極限モル導電率の値がほかのイオンに比べて大きい．

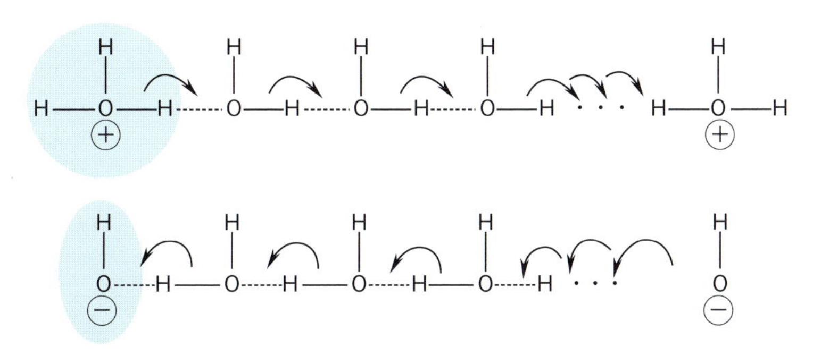

図8･8　プロトンジャンプ機構

❸ イオンの輸率と移動度

電解質溶液に電気伝導性があるのはイオン伝導のためであり，イオンが電荷を電極に運び電気を流すことができる．この陽イオンと陰イオンによって運ばれる電気量の割合を**輸率**といい，各イオンの輸率 t_+, t_- は，

$$t_+ = \frac{\text{陽イオンによる電気量}}{\text{全電気量}} = \frac{I_+}{I} \tag{8・33}$$

$$t_- = \frac{\text{陰イオンによる電気量}}{\text{全電気量}} = \frac{I_-}{I} \tag{8・34}$$

と表され，それらの和は，

$$t_+ + t_- = 1 \tag{8・35}$$

となる．また，輸率は，電解質のモル導電率 Λ に対する各イオンのモル導電率 λ_+，λ_- の割合に対応し，

$$t_+ = \frac{\lambda_+}{\Lambda} \tag{8・36}$$

$$t_- = \frac{\lambda_-}{\Lambda} \tag{8・37}$$

と表される．電解質溶液に電場 $E(\mathrm{V\ m^{-1}})$ をかけると，イオンの移動速度 $v(\mathrm{m\ s^{-1}})$ は E に比例し，

$$v = uE \tag{8・38}$$

となる．ここで，比例定数 $u(\mathrm{m^2\ s^{-1}\ V^{-1}})$ は**移動度**とよばれ，$1\ \mathrm{V\ m^{-1}}$ あたりのイオンの移動速度を意味する．また，各イオンのモル導電率 λ と u との間には，

$$\lambda_+ = Fu_+ \tag{8・39}$$

$$\lambda_- = Fu_- \tag{8・40}$$

の関係が成り立つ．F はファラデー定数[*14]である．したがって，u が大きいイオンほど v，λ が大きく電気を流しやすくなることがわかる．

＊14 **ファラデー定数** Faraday constant

また，式(8・36)，(8・37)，(8・39)，(8・40)から，t と u との間に

$$t_+ = \frac{u_+}{u_+ + u_-} \tag{8・41}$$

$$t_- = \frac{u_-}{u_+ + u_-} \tag{8・42}$$

の関係が成り立つ．

❹ 電解質溶液の非理想性

電解質溶液を無限希釈するとイオン間の静電的な相互作用がなくな

り，イオンは独立した粒子として挙動できるようになり，理想溶液となる．しかし，希薄な電解質溶液でさえその相互作用は無視できず，理想溶液からのずれを生じる実在溶液となる．本章A項❸(☞ p.134)で述べたように，実在溶液の理想溶液からのずれの大きさは活量係数として表される．電解質溶液中で陽イオン，陰イオンは共存しているので，イオンの活量係数は個別に求めることはできない．そこで，電解質溶液の場合，両者のイオンの活量係数を幾何平均した**平均活量係数** $\gamma_\pm$ が用いられ，

$$\gamma_\pm = \sqrt{\gamma_+ \gamma_-} \qquad (8\cdot43)$$

で表される．また，その実効濃度を**平均活量** $a_\pm$ という．

電解質溶液の濃度が高くなると，それに伴いイオン間の距離が短くなり，静電的な相互作用も大きくなる．電解質の総濃度の尺度として，静電的な効果の重みをかけた**イオン強度** I が用いられ，

$$I = \frac{1}{2}\sum c_i {z_i}^2 \qquad (8\cdot44)$$

と定義される．ここで，c_i と z_i はそれぞれ各イオン i のモル濃度と電荷である．たとえば，0.01 mol L^{-1} NaCl 水溶液($NaCl \rightarrow Na^+ + Cl^-$)と 0.01 mol L^{-1} $CaCl_2$ 水溶液($CaCl_2 \rightarrow Ca^{2+} + 2Cl^-$)のイオン強度はそれぞれ，

$$I_{NaCl} = \frac{1}{2}\{0.01 \times 1^2 + 0.01 \times (-1)^2\} = 0.01 \text{ mol L}^{-1}$$

$$I_{CaCl_2} = \frac{1}{2}\{0.01 \times 2^2 + 0.02 \times (-1)^2\} = 0.03 \text{ mol L}^{-1}$$

となる．デバイ[*15]とヒュッケル[*16]は，強電解質の希薄溶液の平均活量係数 $\gamma_\pm$ とイオン強度との間に理論式を導き出し，25℃のときには，

$$\log \gamma_\pm = -0.509\,|z_+ z_-|\sqrt{I} \qquad (8\cdot45)$$

の関係となることを明らかにした．これを**デバイ・ヒュッケルの極限則**[*17]といい，この式から強電解質における希薄溶液の理想溶液からのずれを計算により見積もることができる．0.01 mol L^{-1} NaCl 水溶液(I = 0.01)の $\gamma_\pm$ を式(8･45)から算出してみると，

$$\log \gamma_{\pm,\,NaCl} = -0.509\,|1 \times (-1)|\sqrt{0.01} = -0.0509$$
$$\therefore \quad \gamma_{\pm,\,NaCl} = 0.89$$

となり，実測値 0.902 とよく一致する．さらに，水和イオンの大きさを考慮に入れて I = 0.1 程度まで実測値と一致するように拡張された式も導き出されているが，ここでは省略する．

*15　**デバイ**　J. W. Debye

*16　**ヒュッケル**　E. A. J. Hückel

*17　**デバイ・ヒュッケルの極限則**　Debye-Hückel limiting law

ポイント

- 電解質溶液の電気伝導性には，オームの法則が成立する.
- コンダクタンスは，電気抵抗の逆数であり，その単位をジーメンス(S)で表す.
- 強電解質溶液のモル導電率は，濃度の平方根に対して直線的に減少する(コールラウシュの法則).
- 強電解質溶液のモル導電率が濃度とともに減少するのは，イオン間の静電的な相互作用(非対称効果，電気泳動効果)のためである.
- 弱電解質溶液のモル導電率は，濃度が増加すると急激に減少する.
- 無限希釈したとき(濃度0)のモル導電率を極限モル導電率という.
- 無限希釈ではイオンは独立して移動し，電解質の極限モル導電率Λ^∞は陽イオンの極限モル導電率λ_+^∞と陰イオンの極限モル導電率λ_-^∞の和に等しい（コールラウシュのイオン独立移動の法則）. $\Lambda^\infty = \lambda_+^\infty + \lambda_-^\infty$
- H^+とOH^-の極限モル導電率の値がほかのイオンに比べて大きいのは，プロトンジャンプ機構から説明される.
- 陽イオンと陰イオンによって運ばれる電気量の割合を輸率という.
- 移動度とは，$1\ V\ m^{-1}$あたりのイオンの移動速度を意味する.
- 電解質溶液の理想溶液からのずれの大きさには，陽イオン，陰イオンの活量係数を幾何平均した平均活量係数$\gamma_\pm$が用いられる.
- 強電解質の希薄溶液の平均活量係数$\gamma_\pm$とイオン強度Iとの間にデバイ・ヒュッケルの極限則が成立する.
  $\log \gamma_\pm = -0.509\,|z_+\,z_-|\sqrt{I}$　(25 ℃)

●アドバンス　物質の移動

本章では，主に平衡状態における希薄溶液の性質について述べてきた．平衡状態になるまでの過程においては，溶液中では物質，電荷および熱の移動が起こる．また，同時にそれらの移動に対する抵抗力も働く．ここでは，溶液中における物質の移動(拡散)とその速度について考えてみる．また，物質が移動するときに働く抵抗力の要因の1つである粘度について述べる.

a. 拡散と固体薬物の溶解速度

水の入ったビーカー(図8·9)中に固体薬物を沈め，固体薬物の界面付近で起こる溶解現象について，ビーカーを横に傾けた状態で考えてみる．固体薬物の溶媒への溶解は，はじめに固体薬物界面から薬物分子が脱離し(界面脱離反応)，次に脱離した薬物分子が溶液内部に向かって移動(拡散)する連続的な2つの過程(連続反応)からなる．この2つの過程の速度を比べると，一般に，界面脱離反応 >> 拡散であるため，拡散が**律速段階**(拡散律速)となる．その結果，固体薬物の界面に薬物の飽和濃度(溶解度)を示す層(飽和層)が形成される．飽和層の薬物分子は，濃度(化学ポテンシャル)の低い溶液内部に向かって(x軸方向へ)拡散層を経由して自発的に移動する.

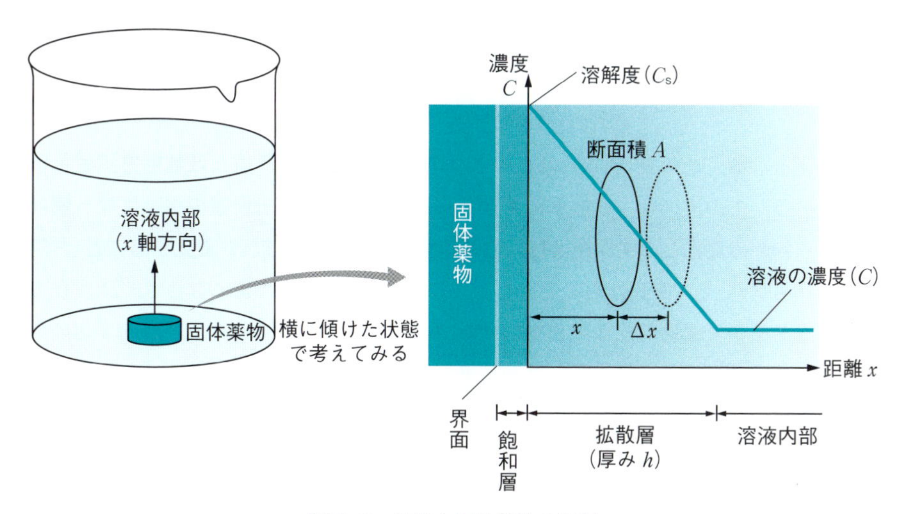

図 8･9　拡散と固体薬物の溶解

拡散層の任意の位置 x における拡散について考えてみる．その位置での断面積 A を単位時間に通過する薬物分子の物質量 n(または質量 w)は拡散速度 J(流束，フラックス)として示され，J は拡散層の濃度勾配($\mathrm{d}C/\mathrm{d}x$)に比例し，式(8･46)が成り立つ．これを**フィックの拡散第一法則**[*18]という．ここで，濃度勾配は負であるため，式(8･46)の右辺にはマイナスの符号がつけられている．

*18　**フィックの拡散第一法則**
Fick's first law of diffusion

$$J = \frac{\mathrm{d}n/\mathrm{d}t}{A} = -D\frac{\mathrm{d}C}{\mathrm{d}x} \qquad (8\cdot46)$$

さらに，D($\mathrm{m^2\,s^{-1}}$)は**拡散係数**であり式(8･47)で示される．R は気体定数，N_A はアボガドロ定数，k_B はボルツマン定数である．

$$D = \frac{RT}{6\pi r\eta N_\mathrm{A}} = \frac{k_\mathrm{B}T}{6\pi r\eta} \qquad (8\cdot47)$$

したがって，温度 T が高いほど，溶媒の粘度 η (後述する)が小さいほど，薬物分子の半径 r が小さいほど D が大きくなるため，拡散は速くなる．

図 8･9 に示すように，実線の断面積の位置(x)から点線の断面積の位置($x + \Delta x$)に移動したときの拡散速度の変化量($\mathrm{d}J/\mathrm{d}x$)は負の値となり，

$$\frac{\mathrm{d}J}{\mathrm{d}x} = -\frac{\mathrm{d}n/\mathrm{d}t}{A\,\mathrm{d}x}\left(= -\frac{\mathrm{d}C}{\mathrm{d}t}\right) = -D\frac{\mathrm{d}^2C}{\mathrm{d}x^2} \qquad (8\cdot48)$$

で表される．ここで，$A\,\mathrm{d}x$ は移動位置の間で形成される体積，その体積内に存在する薬物分子の物質量[$\mathrm{d}n/(A\,\mathrm{d}x)$]は濃度($\mathrm{d}C$)とみなすことができる．また，$C$ は x と t により変化するため，偏微分で置き換えると，式(8･48)は

$$\frac{\partial C}{\partial t} = D\frac{\partial^2 C}{\partial x^2} \qquad (8\cdot49)$$

となる．この式(8·49)は**フィックの拡散第二法則**[*19]または**拡散方程式**という．この法則は，拡散層における経時的な濃度変化と位置の移動に伴う濃度勾配の変化との関係を表し，位置の移動により拡散速度が変化すること(非定常状態)を考慮したものである．ここで，$\partial C/\partial t = 0$ であるならば，$D > 0$ であるので濃度勾配の変化量は $\partial^2 C/\partial x^2 = 0$ となる．つまり，経時的変化のない定常フラックスを示す状態であることを意味し，この状態が得られる条件を**シンク条件**という．

*19　**フィックの拡散第二法則** Fick's second law of diffusion

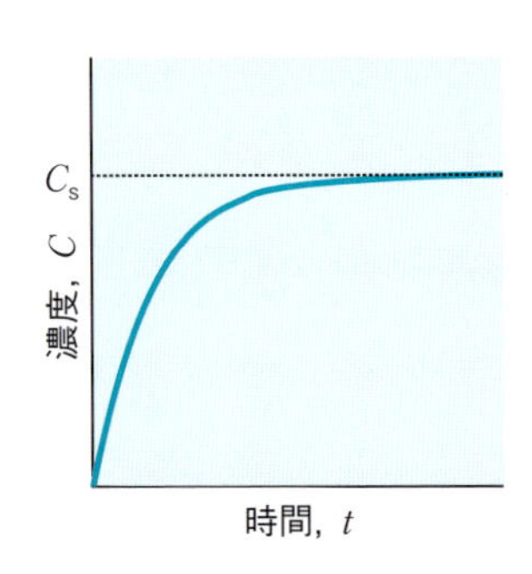

図8·10　固体薬物の溶解の経時変化

ここまで拡散について考えてきたが，もう一度図8·9をみてみることにする．固体薬物の溶解が拡散律速である場合，フィックの拡散法則に従って薬物分子は溶液内部(x 軸方向)へ拡散し，時間の経過とともに溶液の濃度は上昇し，最終的に溶解平衡(溶解度 C_s)に到達する(図8·10)．フィックの拡散第一法則：式(8·46)から，その式の両辺を溶液の体積 V で割り，式を変形すると，**ネルンスト・ノイエス・ホイットニーの式**[*20]：式(8·50)が得られる．この式は固体薬物の溶解速度($\mathrm{d}C/\mathrm{d}t$)を表す重要な式である．

*20　**ネルンスト・ノイエス・ホイットニーの式** Nernst-Noyes-Whitney equation

$$\frac{\mathrm{d}C}{\mathrm{d}t} = \frac{AD}{V}\,\frac{(C_s - C)}{h} \qquad (8\cdot50)$$

また，拡散層を考慮しないで $k = AD/(Vh)$ とおくと，

$$\frac{\mathrm{d}C}{\mathrm{d}t} = k(C_s - C) \qquad (8\cdot51)$$

となり，この式(8·51)を**ノイエス・ホイットニーの式**[*21]という．ここで k はみかけの溶解速度定数である．また，この式を積分すると

*21　**ノイエス・ホイットニーの式** Noyes-Whitney equation

$$\ln(C_s - C) = -kt + \ln C_s \qquad (8\cdot52)$$

となるので，$\ln(C_s - C)$ と t との関係をプロットし，得られた直線の勾配より k を求めることができる(図8·11)．

固体薬物の溶解速度を大きくするには，次のような条件にすればよい．

① T を高くして D，C_s を大きくする．

②撹拌速度を増加させて h を小さくし，濃度勾配を大きくする．

③固体薬物を粉砕して粒子径を小さくし，その(比)表面積 A を大きくする．

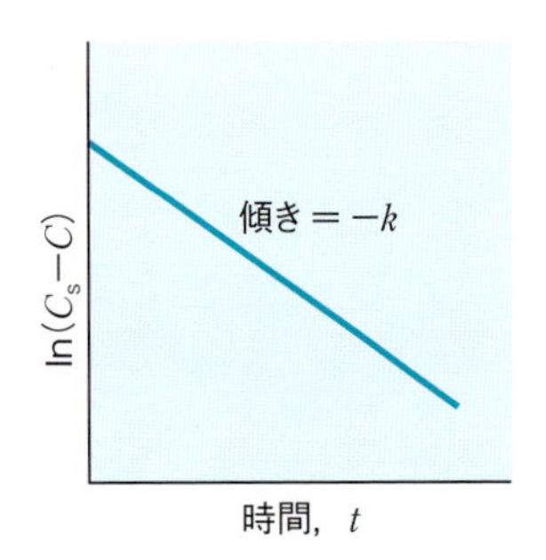

図8·11　$\ln(C_s - C)$ と時間 t との関係

b．粘度と流動現象

溶液中の物質の拡散速度 J は，上述のように式(8·47)で示される拡散係数 D の大きさに依存する．その式の分母($6\pi r\eta$)は，薬物分子(粒子)が拡散するときの抵抗率を表す．η は溶媒の粘度であり，η が大きいものほど抵抗率が大きくなるため拡散速度は小さくなる．ここでは流体の粘度と流動現象に

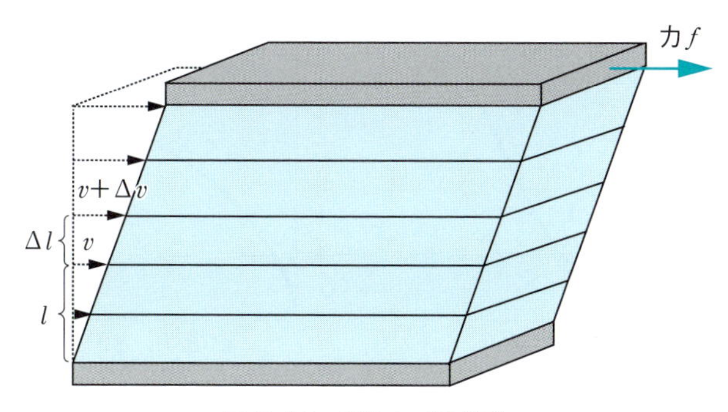

図 8・12　液体のずり流動

ついて理解する．

面積 A の平行な板の間（図 8・12）に液体（流体）が挟まれた状態で，下の板は固定して上の板に力 f をかけてみると，液体は力の方向にひずみを生じる．このような現象を**ずりひずみ**または**せん断ひずみ**（液体：**ずり流動**または**せん断流動**，固体：ずり変形またはせん断変形）という．さらに流動を詳細にみてみると，液体は層を形成し，上の板に接する液体の層は板と同じ速さで流動するが，上の板から離れた層ほど遅くなることがわかる．このとき各流動層の面（ずり面）にかかる力を**ずり応力** S（Pa または $\mathrm{N\,m^{-2}}$）という．また，固定した下の板からの距離 l(m) におけるずり面の流動する速さを v($\mathrm{m\,s^{-1}}$) とするとき，Δl 離れたずり面の速さは $v + \Delta v$ となり，その変化量（$\Delta v/\Delta l$）を**ずり速度** D($\mathrm{s^{-1}}$) という．水，グリセリンなど多くの低分子化合物からなる液体では，S と D との間に**ニュートンの粘性法則**[*22]：式（8・53）が成り立つ．

*22　**ニュートンの粘性法則**
Newton's law of viscosity

$$S = \eta D \qquad \text{または} \qquad D = \frac{1}{\eta} S \tag{8・53}$$

ここで，η を**絶対粘度**（単に**粘度**）といい，液体が流動するときに働く内部摩擦力（流動の抵抗力）の大きさの指標となり，η が大きいほど液体は流れにくい．また，この法則に従う液体を**ニュートン流体**[*23]（**理想的粘性流体**），その流動を**ニュートン流動**[*24]（**理想的粘性流動**）という．局方では，η の単位をパスカル秒（Pa s）で表し，通常，ミリパスカル秒（mPa s）が用いられる．

*23　**ニュートン流体**
Newtonian fluid

*24　**ニュートン流動**
Newtonian flow

また，粘度を密度で割った値を動粘度といい，その単位は $\mathrm{m^2 s^{-1}}$ である．

D と S との関係を表す図を**流動曲線**または**レオグラム**という（図 8・13）．ニュートン流動(a)以外の流動を総称して非ニュートン流動といい，**準粘性流動**(b)，**ダイラタント流動**(c)，**ビンガム流動**[*25]（**塑性流動**, d)，**準塑性流動**(e) などが知られ，D と S との間に式（8・54）が成り立つ．

*25　**ビンガム流動**　Bingham flow

$$(S - S_0)^n = kD \tag{8・54}$$

ここで，S_0 を**降伏値**（**降伏応力**），k を非ニュートン粘性係数，n を非ニュートン粘性指数という．

静置状態ではゲル状態であるが，これにずりをかける（揺する）と流動性が

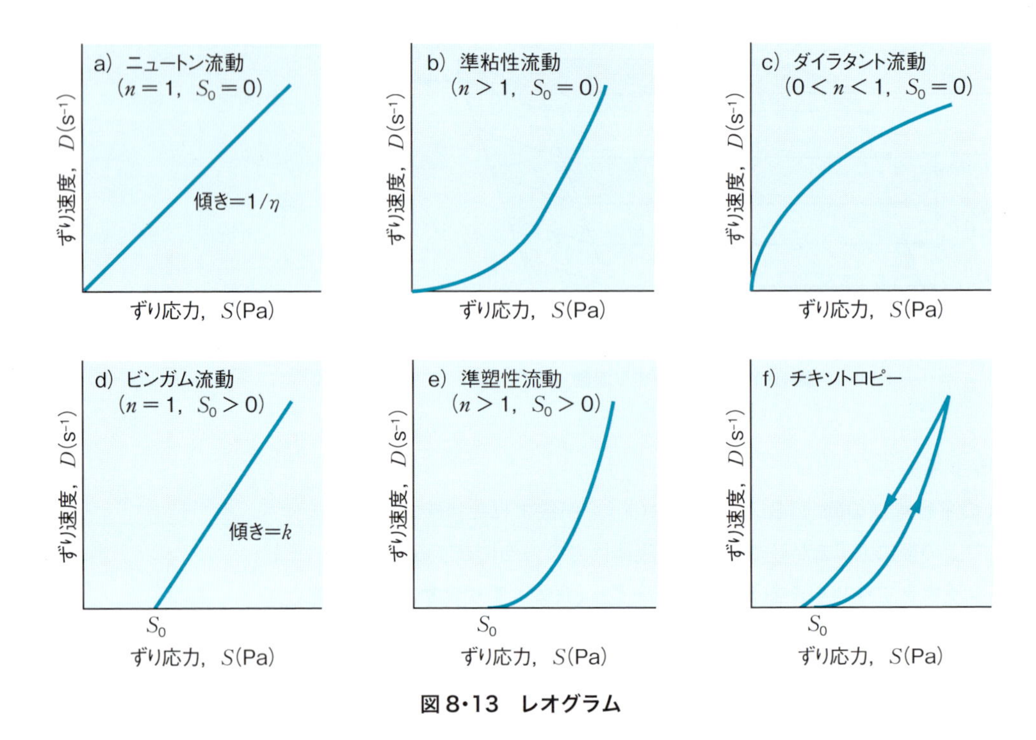

図 8・13　レオグラム

増大してゾル状態になることを**チキソトロピー**(**揺変性**)という．濃厚な高分子溶液やコロイド溶液は，粒子同士のからみ合い構造をとるが，これに外力を加えていくと，からみ合い構造が解消されて流動性が増大する．この状態からずりを減らすと，からみ合い構造が再構築されていく．しかし，構造が解消される時間よりも再構築される時間のほうが長いときには，上昇曲線と下降曲線は重ならずに**ヒステリシスループ**(図 8・13f)がみられる．チキソトロピーとは反対に，ずりをかけるとゾル状態からゲル状態になる現象を**レオペクシー**という．

ニュートン流体にずりをかけると，その力(エネルギー)はすべて流動のために使われ，ずりをやめると流動は止まる．一方，非ニュートン流体の場合は，流動だけでなく，その力の一部は蓄積(貯蔵)され，ずりをやめても変形(流動)や変形をもとに戻すために使われる．つまり，非ニュートン流体は粘性体とバネのような弾性体としての性質をあわせもつ粘弾性液体である．このように，物質の変形と流動を扱う科学を**レオロジー**という．

物質のレオロジー特性について力学的モデルを用いて説明する．粘弾性液体の最も単純なものに**マクスウェルモデル**[*26](図 8・14)がある．粘性体としてはニュートンの粘性法則に従うダッシュポット(粘性要素，記号を d)，弾性体としては**フックの法則**[*27]に従うバネ(弾性要素，記号を s)を要素モデルとすると，マクスウェルモデルはそれらを直列につないだものとして表現される．このモデルでは全応力は各要素の応力と等しく($\sigma = \sigma_s = \sigma_d$)，また，全ひずみ(伸びの割合)は各要素のひずみの和($\gamma = \gamma_s + \gamma_d$)となる．図 8・14 に示すように，ひずみのない状態(a)に瞬時にひずみ γ_0 をかけると，そのす

*26　**マクスウェルモデル** Maxwell model

*27　**フックの法則** Hooke's law　フックの法則ではバネの伸びと加えた力が比例関係にある．この法則を拡張すると，理想的な弾性体において，ひずみ(変形) γ_s(-)と引張応力 σ_s(Pa)との間に $\sigma_s = G\gamma_s$ の関係式を与える．ここで，G(Pa)は弾性係数である．

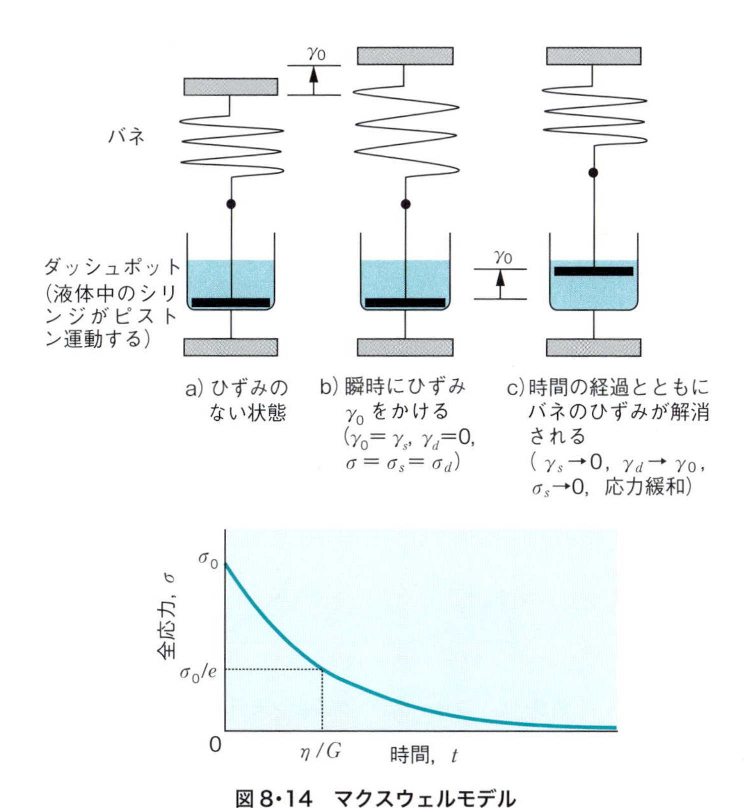

図 8・14　マクスウェルモデル

べてがバネのひずみとなり，バネに引張応力 σ_s が蓄積される(b)．このときの全応力を σ_0 とする．時間の経過とともに，バネに蓄積された σ_s がダッシュポットのひずみ(流動)に使われ，最終的にバネのひずみは解消($\gamma_s \to 0$, $\sigma_s \to 0$)される(**応力緩和**，c)．また，この応力が σ_0 の $1/e$ になるまでに要する時間を**緩和時間** τ という．ダッシュポットの粘度を η，バネの弾性係数を G とすると，緩和時間は $\tau = \eta/G$ で表される．これらの関係は図 8・14 の下図および式(8・55)で示される．

$$\sigma = G\gamma_0 e^{-t/\tau} \qquad (8\cdot55)$$

つまり，瞬時にひずみをかけた場合，粘性体としての性質は働かずに，弾性体としての性質が優位に働くことを意味する．τ と同じくらいの時間でひずみをかけると，バネとダッシュポットのいずれにもひずみが生じ，粘弾性体としてふるまう．さらに，τ よりも十分長い時間でひずみをかけるとダッシュポットのみにひずみが生じ，粘性体としてふるまうようになる．したがって，粘弾性液体はずりのかけ方で粘性体と弾性体の優位性が変わる．

一方，粘弾性固体の場合は，ダッシュポットとバネが並列につながれた**フォークト・ケルビンモデル**[*28](図 8・15)で説明される．このモデルでは全応力は各要素の応力の和($\sigma = \sigma_s + \sigma_d$)となり，また，全ひずみは各要素と等しい($\gamma = \gamma_s + \gamma_d$)．図 8・15 に示すように，$\sigma = 0$ の状態(a)に，一定のひ

*28　**フォークト・ケルビンモデル**
Voigt-Kelvin model

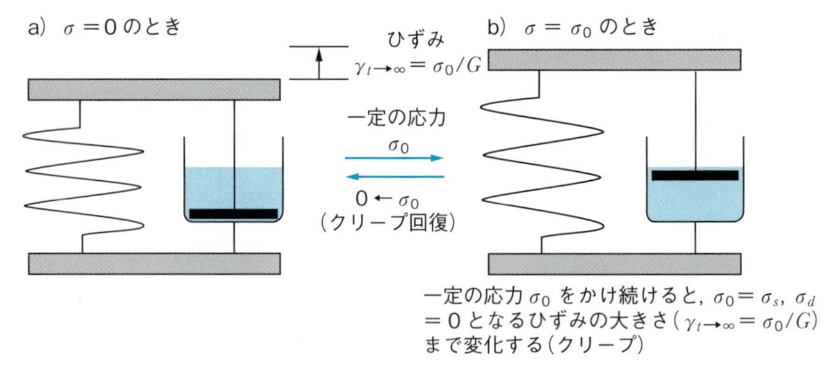

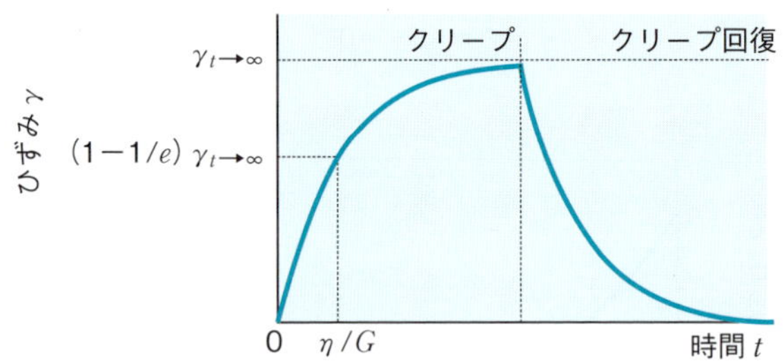

図８･15　フォークト・ケルビンモデル

ずみ応力σ_0をかけ続けると，はじめはσ_0のほとんどをダッシュポットの流動に消費される．時間の経過とともに全ひずみは大きくなるため，バネに蓄積されるσ_sは増えていく．バネとダッシュポットのひずみは同じ大きさで変化していき，最終的に，ひずみ応力は$\sigma_0=\sigma_s$，$\sigma_d=0$，ひずみの大きさは$\gamma_{t\to\infty}=\sigma_0/G$の弾性体となる（クリープ，b）．ひずみの大きさが$(1-1/e)\,\gamma_{t\to\infty}$になるまでの時間を**遅延時間**$\lambda$といい，クリープの速さの１つの尺度となり，$\lambda=\eta/G$で表される．これらの関係は図８･15の下図および式(8･56)で示される．

$$\gamma=\frac{\sigma_0}{G}(1-e^{-t/\lambda}) \qquad (8\cdot56)$$

ひずみが増加した状態(b)からひずみ応力を0($\sigma_0\to0$)にすると，バネに蓄積されたσ_sがダッシュポットの流動に使われ，ひずみは解消($\gamma=0$)される（クリープ回復）．

c．人工透析

何らかの原因で腎臓の機能が低下すると，老廃物や水分などが正常に体外へ排泄されずに尿毒症などのさまざまな症状が現れる．人工透析は，腎臓の働きのかわりを行う療法（腎代替療法）であり，**血液透析**[*29]（HD）と**腹膜透析**[*30]（PD）がある．ここでは血液透析について説明する．

血液透析は，**拡散**と**限外濾過**[*31]（逆浸透）の原理を用いて行われる．図８･16aに示すように，初期状態において，いずれも等張溶液である血液と透析

＊29　**血液透析**　hemodialysis

＊30　**腹膜透析**　peritoneal dialysis

＊31　**限外濾過**　限外濾過（膜の孔径：1～10 nm）は，逆浸透（膜の孔径：1 nm未満）と同じ原理（圧力差（化学ポテンシャルの差））による自発的変化である．

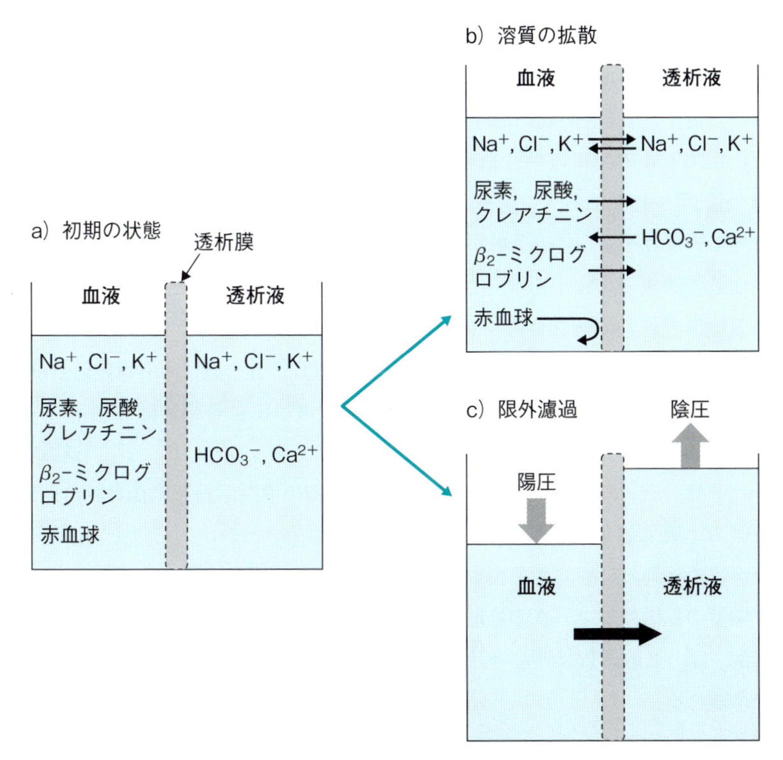

図 8･16　血液透析の原理

液の 2 相が半透膜の一種である透析膜で隔てられている．2 相に浸透圧の差がないため，溶媒である水の浸透はみかけ上起こらないが，溶質は，2 相の溶質濃度(化学ポテンシャル)の差により，溶質濃度が高いほうから低いほう($\Delta\mu < 0$ の方向)へ透析膜を拡散して移動する(図 8･16b)．一方，血液側を陽圧または透析液側を陰圧にすることにより 2 相に圧力(化学ポテンシャル)の差が生じるので，圧力が高い血液から低い透析液($\Delta\mu < 0$ の方向)へ限外濾過され，体内に過剰に蓄積した水および膜の孔径より小さい溶質(老廃物など)が除去される(図 8･16c)．

透析液の組成の一例を表 8･3 に示す．一方, 透析膜には, **セルロース系膜**(セルローストリアセテート膜)や**合成高分子系膜**(ポリアクリロニトリル共重合

表 8･3　透析液の組成(一例)

Na^+	140.0 mEq/L	血中濃度とほぼ同じ
K^+	2.0 mEq/L	血中濃度(4.0 mEq/L)より低い
Ca^{2+}	3.0 mEq/L	血中濃度より高め
Mg^{2+}	1.0 mEq/L	血中濃度(3.0 mEq/L)より低い
Cl^-	110.0 mEq/L	血中濃度より高め
CH_3COO^-	8.0 mEq/L	Ca や Mg の結晶化防止，防腐
HCO_3^-	30.0 mEq/L	pH 調整，酸性アシドーシス防止
ブドウ糖	100.0 mg/dL	等張化，低血糖防止

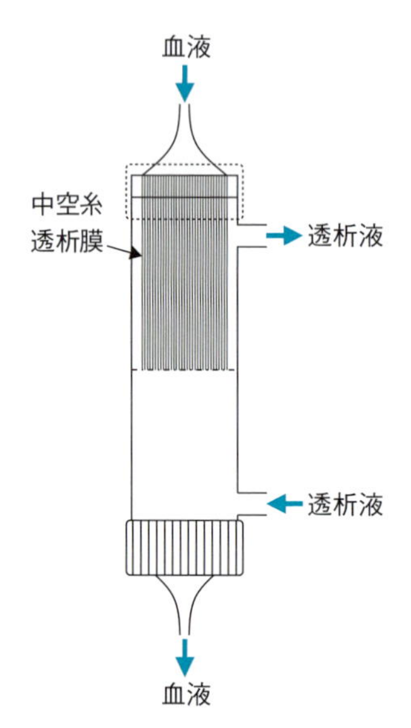

図8・17　中空糸型ダイアライザ

・**フィックの拡散第一法則**
☞p.151

体膜，ポリメタクリレート膜，エチレンビニルアルコール膜，ポリスルホン膜，ポリエーテルスルホン膜，ポリエステル系膜など）がある．図8・17に示すように，現在，これらの透析膜には膜厚20～50 μm，内径約200 μm，長さ10～30 cmの筒状の中空糸を約1万本束ねた中空糸型ダイアライザ（透析器）が汎用されている．中空糸透析膜内に血液を流し，その外側を血液とは逆方向に透析液を流して，透析が行われる．

血液や透析液のような流体が固定された透析膜表面に接触すると，接触面に近いほど流動の速さは遅く（接触面では流動の速さは0），流動の速さの分布（ずり）が生じる境膜（境界層）を形成する．血液透析における溶質の拡散は，透析膜による移動抵抗（R_M）と血液，透析液の流れによる移動抵抗（R_B，R_D）の和である全溶質移動抵抗（R_t）を受ける．また，R_M，R_B，R_D，R_tの逆数をそれぞれ，透析膜の溶質透過係数（k_M），血液側の境膜溶質移動係数（k_B），透析側の境膜溶質移動係数（k_D），全溶質移動係数（k_t）といい，それぞれの層での溶質の移動のしやすさを表す．

溶質の拡散はフィックの拡散第一法則に従い，式（8・46）が成立する．拡散速度Jは，拡散層（透析膜，境膜）における溶質の濃度差に比例し，式（8・57）で示される．

$$J = k_t(C_B - C_D) \tag{8・57}$$

ここで，C_BおよびC_Dは血液中および透析液中の溶質濃度である．また，Jは，血液側および透析側の境膜面溶質濃度をそれぞれC_{BM}およびC_{DM}とすると，

$$J = k_B(C_B - C_{BM}) = k_M(C_{BM} - C_{DM}) = k_D(C_{DM} - C_D) \tag{8・58}$$

で表される．これを二重境膜モデルという（図8・18）．

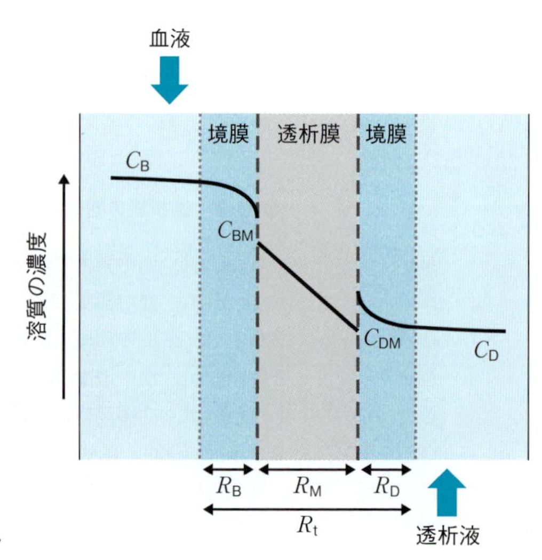

図8・18　二重境膜モデル

ポイント

- 固体薬物の溶解は一般に拡散律速である.
- 拡散律速の固体薬物の溶解速度にはネルンスト・ノイエス・ホイットニーの式が成り立つ.
- 拡散は，フィックの拡散法則で説明される.
- 粘度は液体が流動するときに働く内部摩擦力(流動の抵抗力)の大きさの指標となり，粘度が大きいほど液体は流れにくい.
- ずり応力とずり速度の関係を示した図をレオグラム(流動曲線)という.
- 粘弾性液体はマクスウェルモデル(バネとダッシュポットが直列)で説明される.
- 粘弾性固体はフォークト・ケルビンモデル(バネとダッシュポットが並列)で説明される.
- 血液透析では，拡散と限外濾過の原理が用いられている.
- 血液透析における溶質の拡散は，フィックの拡散法則で説明される.
- 拡散速度 J は，拡散層（透析膜，境膜）における溶質の濃度差に比例する.
- 透析器として，中空糸型ダイアライザが汎用されている.

Exercise

1 記述の正誤を答えなさい． (難易度★☆☆)

①定温・定圧条件下，化学ポテンシャルは物質 1 mol あたりのエンタルピーに等しい．

②純物質の化学ポテンシャルは温度には依存しない．

③理想溶液の場合，活量係数は 1 となる．

④ヘンリーの法則に従う溶液は，理想溶液である．

⑤ 1 価-1 価型の電解質 M^+A^- の平均活量係数 $\gamma_\pm$ は， $\gamma_\pm = (\gamma_+ + \gamma_-)/2$ で与えられる．

⑥ 0.1 mol L^{-1} $CaCl_2$ 溶液のイオン強度は 0.3 mol L^{-1} である．

⑦ HCl のモル導電率 Λ がほかの強電解質と比べ非常に大きいのは，H^+のイオン結晶半径が小さいためである．

⑧無限希釈ではイオンは独立して移動し，電解質の極限モル導電率 Λ^∞ は陽イオンの極限モル導電率 λ_+^∞ と陰イオンの極限モル導電率 λ_-^∞ の積に等しい．

2 (　)内に適する語句を入れて文章を完成しなさい． (難易度★★☆)

電解質溶液は電気伝導性を示し，オームの法則が成立する．電気抵抗 R の逆数を(① 　)といい，その単位は(② 　)と表す．(① 　)は電解質溶液中の電極間の長さに反比例し，電極の断面積に比例し，この比例定数は(③ 　)とよばれる．(③ 　)を電解質の単位濃度あたりで表した(④ 　)は，強電解質の場合，(⑤ 　)と直線関係が成立する．

3 1 価 -1 価型の電解質薬物 M^+A^-(式量 MA = 186)の等張溶液を 100 mL 調製したい．この電解質薬物は何 g 必要か答えなさい．ただし，この電解質薬物の等張溶液の電離度は 0.90 であり，また，体液の氷点降下度を 0.52 ℃，水のモル氷点降下を 1.86 ℃ kg mol^{-1} とする． (難易度★★☆)

4 塩化カリウムの容積価は 84.4 mL である．塩化カリウムの食塩価を求めなさい． (難易度★★☆)

5 局方「生理食塩液」のオスモル濃度(mOsm)を求めなさい．ただし，NaCl の式量は 58.5，NaCl の電離度は 0.86 とする． (難易度★★☆)

6 37.0℃における 5.00 w/v% ブドウ糖水溶液の浸透圧(Pa)を求めなさい．ただし，ブドウ糖($C_6H_{12}O_6$)の分子量を 180.16，気体定数 R を 8.314 J/(mol・K)とする． (難易度★★☆)

9 相平衡

物質はさまざまな条件に応じてさまざまな相になる．物質がどのような条件においてどのような相になるかを示した図を状態図(相図)とよぶが，この章ではそれら状態図の読み方を示すとともに，状態図によって表されるさまざまな相に関連した概念を説明する．また，相と相との間の平衡を意味する相平衡についてもいくつかの例とともに解説する．なお，この章で扱う系はすべて平衡状態に達した安定な系である．

A 相

相[*1]とは，同じ組成，同じ性質をもつ部分からなる集団を意味する．すなわち，物質の均一な集団(たとえば「液体の水」や「固体の鉄」など)を1つの「かたまり」ととらえた概念である．たとえば図9･1aではビーカー内部には液体の水しか入っておらず，これは系のすべての部分が同じ組成(H_2O)で同じ性質であるため，相が1つしかないことになる．図9･1bでは液体の水と液体のベンゼンが入っているため2相となる．図9･1cでは液体の水と固体の氷が入っており，組成は同じであるものの水の部分と氷の部分では性質が違うため，2相となる．一方で，図9･1dの完全に均一に溶解した食塩水では，組成(どの部分も濃度は均一)も性質も溶液の全領域で同じであるため1相となる．

物質の3態に対応して，固体状態の相，液体状態の相，気体状態の相をそれぞれ，固相，液相，気相という．また物質が1つの相からほかの相へ変わることを**相転移**[*2]といい，相転移の起こる温度を**転移点**[*3]と

*1 **相** phase

*2 **相転移** phase transition

*3 **転移点** transition point

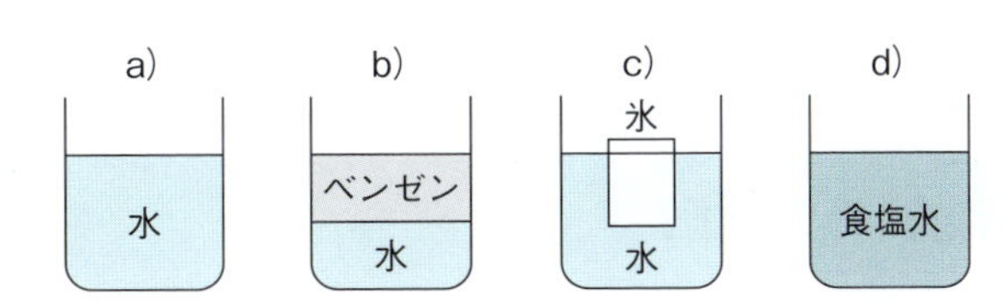

図9･1 さまざまな相
ビーカー内を系とする．a) 液体の水のみ，b) 液体のベンゼンと液体の水，c) 液体の水と固体の氷，d) 食塩水のみ．

いう．たとえば固相が液相になる現象を融解，液相が固相になる現象を凝固といい，液相が気相になる現象を沸騰，気相が液相になる現象を凝縮というが，これらはすべて相転移である．固相が気相になる現象と気相が固相になる現象はともに昇華とよばれるが，気相から固相への昇華については凝華ともいう．また，複数の相の間で平衡が成立していることを**相平衡**[*4]という．たとえば図9・2に示したように真空密閉容器に純物質の液体を入れて放置すると，十分な時間が経過したのちに気相と液相が共存し，

$$液相 \rightleftharpoons 気相$$

が平衡に達する．これが相平衡（この例では気液平衡）である．

＊4 **相平衡** phase equilibrium

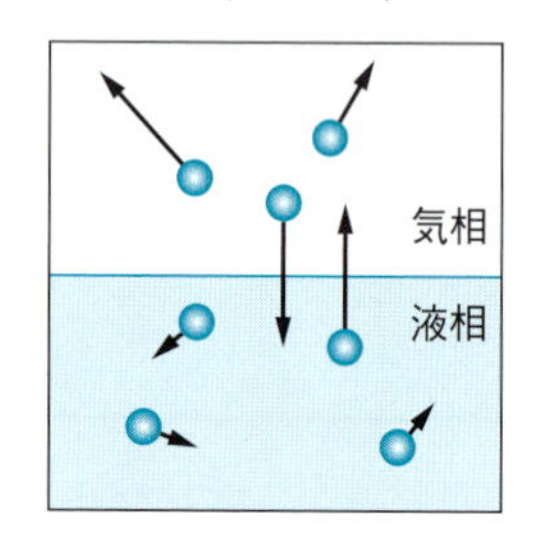

図9・2 気液平衡
密閉容器内で，液相から気相に蒸発する分子の数と，気相から液相に凝縮する分子の数が釣り合っている．

コラム

過冷却・過熱

液体を冷やしていくと，凝固点を下回る温度になっても凝固しない場合がある（図9・3）．これを**過冷却**[*5]という．過冷却では系は最安定な状態になっていない．さらに冷却していくと凝固の核となる集団が生じ，その核を中心に凝固するが，そのときは過冷却の状態より温度が上がって凝固点の温度となる．また液体を加熱した場合には，沸点を超えても液体のまま沸騰しない場合があり，これを**過熱**[*6]という．過熱状態では何らかの衝撃が加わることで液体が突然激しく沸騰するが，これを突沸という．

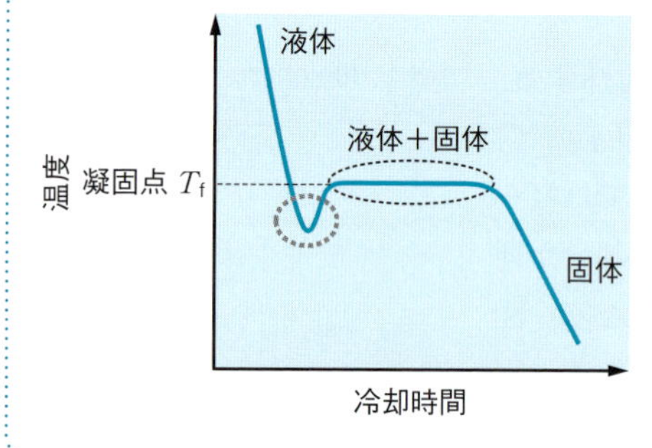

図9・3 冷却曲線
太い点線で囲んだ部分が過冷却．また，凝固中はどれだけ冷却しても温度が T_f 以下に下がらない（グラフの細い点線で囲んだ部分）．

＊5 **過冷却** supercooling

＊6 **過熱** superheating

ポイント

■ 物質を均質な「かたまり」としてとらえたものを相とよぶ．

B 純物質の状態図

物質は条件（温度・圧力）によってさまざまな相になる．そこで，温度や圧力の値に応じて物質がどんな相になるか（どんな相になるのが最も

安定なのか）を示した図を状態図（相図）とよぶ．純物質の状態図の例として，水の状態図を図9･4に示す．温度 T_1，圧力 p_1 のときの水の状態を知りたい場合，この状態図の温度 T_1，圧力 p_1 の点がどこにあるかを読む．この例では温度 T_1，圧力 p_1 の点は液体を示す領域の内部にあり，これは水の温度 T_1，圧力 p_1 での最安定状態は液体であることを示している．また曲線OAは融解曲線，曲線OBは昇華曲線，曲線OCは蒸気圧曲線とよばれており，曲線OA上では固体と液体が共存し，曲線OC上では気体と液体が共存，曲線OB上では気体と固体が共存していることを示している．この状態図は与えられた条件における最安定状態を示しているため，「共存」は安定に共存していること，すなわち平衡状態に達していることを意味している．

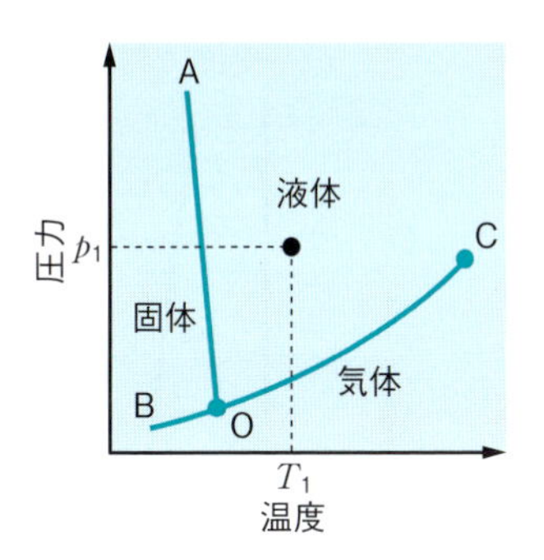

図9･4　水の状態図

曲線OA, 曲線OB, 曲線OCの交点である点Oの条件では固相･液相･気相の3相が共存しており，この点Oを**三重点**[*7]とよぶ．三重点は物質さえ決まればただ1つに決まり，三重点の温度・圧力は物質に固有の値となる（水では273.16 K，610.6 Pa）．また，蒸気圧曲線OCは点Cが終点となる（水では647 K，22.064 MPa）．これ以上の温度・圧力では，物質は液体とも気体ともいえない状態をとり，この状態を**超臨界流体**[*8]とよぶ．点Cを**臨界点**といい，このときの温度･圧力を臨界温度･臨界圧力という．臨界温度・臨界圧力も三重点の温度・圧力と同じく物質に固有の値である．

状態図の曲線の傾きを表す式を，**クラペイロンの式**[*9]とよぶ．

$$\frac{\mathrm{d}p}{\mathrm{d}T} = \frac{\Delta_{\mathrm{trs}}H}{T\Delta_{\mathrm{trs}}V} \tag{9･1}$$

ここで p は圧力，T は温度，$\Delta_{\mathrm{trs}}H$ は相転移に伴ったエンタルピー変化，$\Delta_{\mathrm{trs}}V$ は相転移に伴った体積変化である．多くの場合，この式は気液平衡に対して使用するが，気体を理想気体とした場合

$$\frac{\mathrm{d}p}{\mathrm{d}T} = \frac{p\Delta_{\mathrm{vap}}H}{RT^2} \tag{9･2}$$

が蒸気圧曲線の傾きとなる．ここで $\Delta_{\mathrm{vap}}H$ は蒸発に伴うエンタルピー変化（気体のモルエンタルピーから液体のモルエンタルピーを減じたもの）である．この式を**クラウジウス・クラペイロンの式**[*10]という．

ここまでは純物質の状態図に一般な説明であったが，水の状態図に特有の性質もある．図9･5で水の状態図と一般的な物質の状態図を比較する．図9･5aに示したように，水の状態図は融解曲線OAの傾きが負であるのに対して，それ以外の多くの物質では融解曲線の傾きは正である．これは，この状態図で示される範囲においては，固体状態の水（氷）に圧力をかけると液体になることを示している．圧力をかけることは，状態図で鉛直上向きに点を移動させることに対応する．水では固体から

＊7　**三重点**　triple point

＊8　**超臨界流体**　supercritical fluid

ここにつながる

・**臨界点**　☞ p.77

＊9　**クラペイロンの式**　Clapeyron equation

＊10　**クラウジウス・クラペイロンの式**　Clausius-Clapeyron equation

a) 一般的な物質の状態図との比較

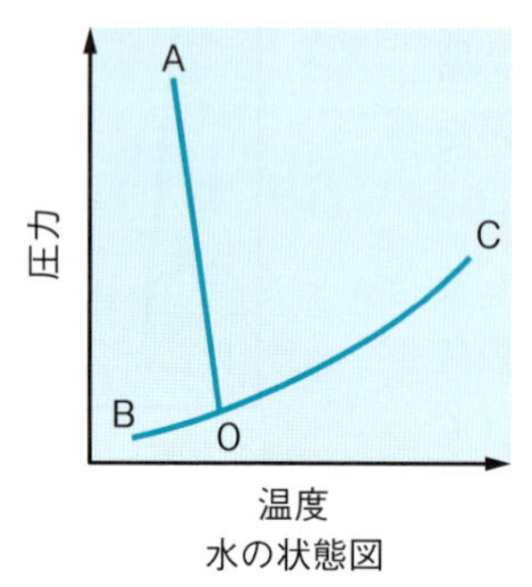

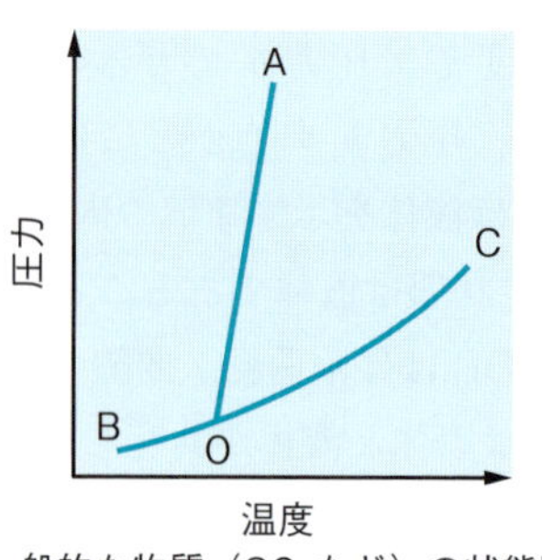

b) 氷に圧力をかけた場合の状態変化

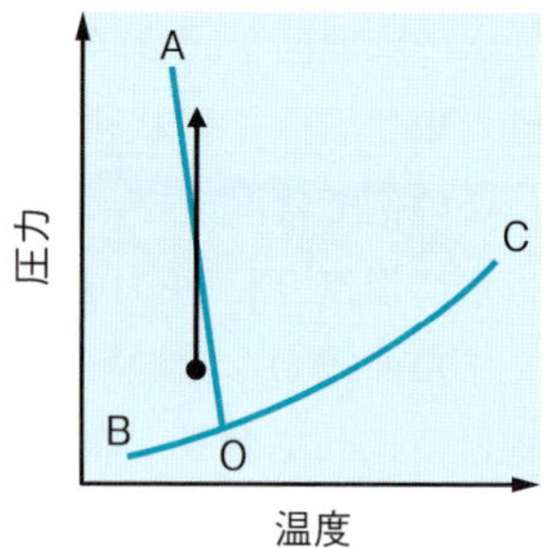

図 9・5　水の状態図の特徴

鉛直上向きに進めると，液体の領域に入る（図 9・5b）．これは，水分子間の強い水素結合によって距離を保ったまま氷が固体になっていることに起因している．圧力をかけることで水素結合が壊れて水分子が入り込めるようになり，ある程度自由に運動できるようになって液体となる．このように，融解曲線の傾きが負であることから，水では固体のほうが液体より密度が低いことが理解できる．融解曲線の傾きはクラペイロンの式：式(9・1)によって求めることができるが，融解エンタルピー $\Delta_{\mathrm{fus}}H$ は常に正であるため，$\Delta_{\mathrm{fus}}V$ の符号が傾きを決めることになる．すなわち，融解曲線の傾きが負であるということは $\Delta_{\mathrm{fus}}V$ が負であることを意味しており，クラペイロンの式からも，水では固体のほうが液体よりも密度が低いことがわかる．

コラム

結晶多形

図 9・4 は常温・常圧付近を図示しているため，水の固体を単一の領域で表現している．しかし通常の（1013 hPa・0℃付近の）氷に圧力をかけると，異なった性質をもつ固体となる．たとえば常温かつ 1 GPa 付近の条件では，氷 VI とよばれる密度の高い固体となる．このように，同一の化学組成の物質が異なる結晶形をとる現象を結晶多形という．結晶形には，その温度・圧力において安定な安定形と，安定ではないが何らかのエネルギーを加えられない限り相転移を起こさない準安定形とがある．準安定状態は固体以外にも存在し，たとえば過冷却状態は準安定状態の液体である．

ある結晶形から別の結晶形への相転移が可逆的に起こる場合，その 2 つの結晶形を互変二形といい，相転移が不可逆的な（一方から他方には進むものの，他方から一方には進まない）場合は単変二形という．また，準安定状態の固体の一種で，分子が近くの分子とは相互作用するものの全体としては結晶を形成していない状態を非晶質（アモルファス）という．

なお，この章の状態図では安定状態のみを記述しているため，状態図中に準安定状態は一切示されていないことに注意すること．

ポイント

- 状態図は，その条件下で物質が最も安定である状態を表す．
- 三重点および臨界点の温度・圧力は物質に固有の値である．

C　混合物の状態図

❶ ギブズの相律

物質の状態を考える際に扱うべき状態関数の数を求める式が**ギブズの相律**[*11]である．系の状態を表す状態関数のうち，独立に(実験者が勝手に)決めることのできる状態関数の数を**自由度**[*12]といい，ギブズの相律ではこれを求める．自由度を F，系を構成する物質の種類(成分数)を C，いくつの相が安定に共存しているか(相の数)を P としたとき，ギブズの相律は

$$F = C - P + 2 \tag{9・3}$$

で表される．

たとえば，液相のみからなる水について考えよう．系には水しかないため，成分数 C は 1，液相しかないため相の数 P も 1 である．したがって自由度は，$F = C - P + 2 = 1 - 1 + 2 = 2$ となる．自由度 F が 2 であるため，2 つの状態関数，すなわち圧力と温度をそれぞれ(ある程度は)自由に設定できることになる．

混合物の場合を考えよう．H_2O と CH_3OH の混合溶液が液相のみで存在している場合，成分は 2 つあるので $C = 2$，相の数は液相しかないため $P = 1$ である．したがって自由度は，$F = C - P + 2 = 2 - 1 + 2 = 3$ となり，これは圧力と温度に加えて**組成**[*13]も自由に変えられることを意味している．すなわち，ちょっとくらい温度や圧力を変化させても液体のままであるのに加えて，ちょっとくらい水を増やしたり減らしたりしても液体のままであることを示している．混合物においては，この組成(液体の場合濃度で考えることが多い)が重要となる．

*11　**ギブズの相律**　Gibbs' phase rule

*12　**自由度**　degree of freedom

*13　**組成**　composition

❷ 二成分系の状態図：液相-気相平衡

上で述べたように，二成分系の自由度は最大で 3 であり，温度・圧力・組成の 3 つを自由に操作することが可能である．しかし実際に三次元の図を描くのは困難であるため，いずれかの物理量を固定して残る 2 つを変数とした二次元の図で表すことが多い．混合物において組成(たとえば濃度)は系の性質を語るうえで極めて重要な物理量であるため，温度か圧力のいずれかを固定する(それぞれ定温・定圧下での系の状態を表

す状態図となる）．また液相–気相平衡では，**理想溶液**[*14]と**非理想溶液**[*15]で大きく様子が異なる．

*14 **理想溶液** ideal solution ☞8章 p.131 参照

*15 **非理想溶液** ☞8章 p.133 参照

a 圧力一定の場合（理想溶液）

圧力をある固定値にとったとき，状態図の変数は組成と温度の2つである．図9·6に，圧力一定の場合の液相–気相平衡の状態図（温度–組成図）を示す．この図で示された系は成分Aと成分Bを含んでおり，また液相は**理想溶液**とみなすことができる．横軸がBのモル分率であるため，図の左端（Bのモル分率0）は純粋な物質A，右端（Bのモル分率1）は純粋な物質Bを示している．すなわち，温度 T_A は純物質Aの沸点，温度 T_B は純物質Bの沸点である．縦軸は温度であるため，温度の低い状態が液相，高い状態が気相に対応している．その間にある領域は気液平衡（気液共存）の状態を示している．このように，二成分系では気液共存の温度は1点ではなく幅があり，沸騰している最中に温度を上下させることができる．純物質では沸騰中の温度は沸点1点のみに限られるため，これは混合物に特徴的な性質である．気液共存の領域と液相の領域の境界にある線を液相線，気液共存の領域と気相の領域の境界にある線を気相線といい，それぞれ沸騰の開始する温度および沸騰の終了する温度を示している（図9·7）．

系が気液共存のとき，相の数は2である（気相と液相）．たとえば，図9·8において組成 x の混合物を温度 T_3 にすると，気相と液相が共存していることがわかる（点D）．このとき，気相も液相もどちらも組成が x ではないことに注意しなければならない．この状態図は，組成 x の混合

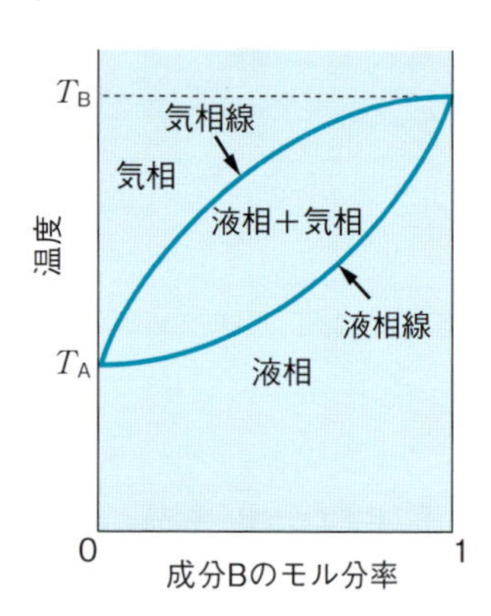

図9·6 定圧条件下における二成分系の液相–気相平衡の状態図（理想溶液の場合）
組成と温度で系の状態がどのように変わるかを示した図であるため，温度–組成図とよばれる．

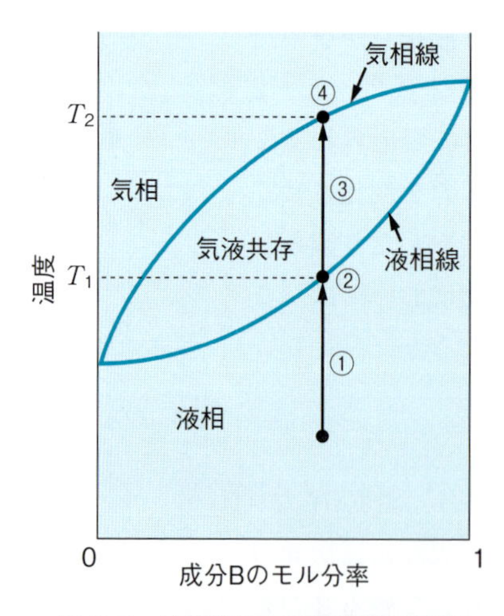

図9·7 液相線および気相線の役割
ある組成の混合物液体を，各成分の混合比を変えずに加熱した場合を状態図で表す．①ある組成の液体を加熱，②液相線に達すると（T_1）沸騰開始，③加熱し続けると気液共存のまま温度が上がり続ける，④気相線に達すると（T_2）沸騰が終了し，すべて気体になる．

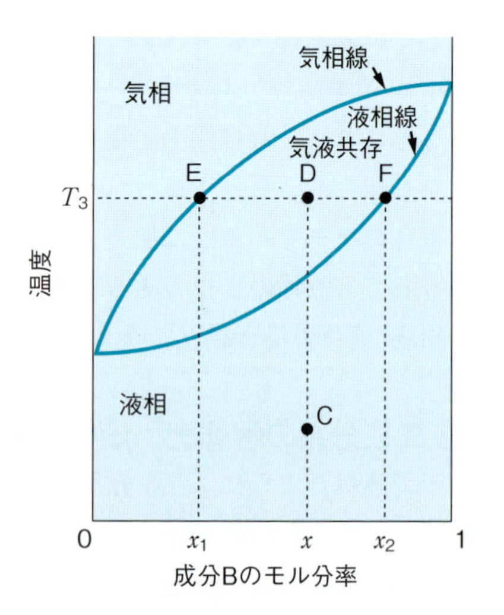

図9·8 気液共存のときの気相・液相の組成および存在比
組成 x の混合物液体（点C）を加熱して温度 T_3 にした場合を示す．

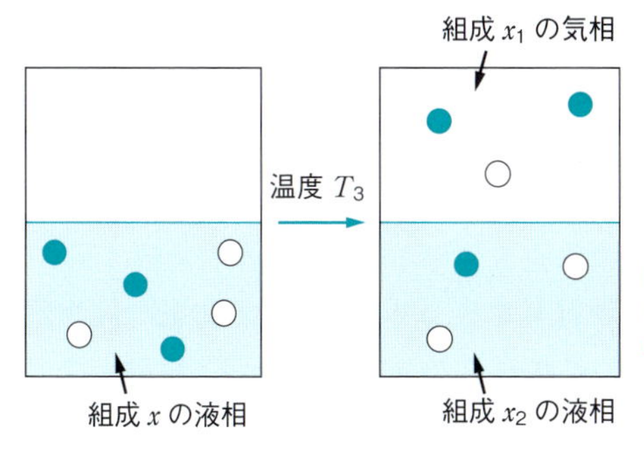

図 9･9　A と B の混合物を加熱して気液共存にしたとき
●：分子 A，○：分子 B.
沸点の低い A が先に多く気体になる.

物は組成を保ったままでは温度 T_3 になれないことを意味している．点 D の状態における気相と液相の組成は，状態図から読み取ることができる．点 D の状態では温度は T_3 のため，気相と液相に分かれたとしても温度は必ず T_3 である．もとの組成が x であることから，気相・液相ともに組成はできるだけ x に近い状態となる．温度 T_3 で組成が x に最も近い気相領域の点は点 E，液相領域の点は点 F であることから，組成 x の混合物を温度 T_3 にすると，組成 x_1 の気相と組成 x_2 の液相に分かれて共存することがわかる(図 9･9)．またこのとき気相の物質量と液相の物質量の比も状態図から読み取ることができ，

気相の物質量：液相の物質量 = 線分 DF の長さ：線分 DE の長さ

である．これを**てこの規則**という．

コラム

てこの規則の導出

図 9･9 の点 D の状態における気相の物質量と液相の物質量の比を求める．点 E の状態に含まれる全物質量(A と B の和)を n_E，点 F の状態に含まれる全物質量を n_F，系全体の全物質量を n とすると，

$$n = n_E + n_F \quad \cdots ①$$

また，成分 B だけに注目すると，点 E の状態に含まれる成分 B の物質量はモル分率の定義から $x_1 n_E$，点 F の状態に含まれる成分 B の物質量は $x_2 n_F$，系全体に含まれる成分 B の物質量は xn なので，

$$xn = x_1 n_E + x_2 n_F \quad \cdots ②$$

①の両辺に x をかけると $xn = xn_E + xn_F \quad \cdots ①'$ なので，② − ①′ より

$$0 = (x_1 - x)\, n_E + (x_2 - x)\, n_F$$

すなわち

$$(x - x_1)/(x_2 - x) = n_F/n_E$$
$$\text{DE の長さ /DF の長さ} = n_F/n_E$$

よって，

気相の物質量 n_E：液相の物質量 n_F = 線分 DF の長さ：線分 DE の長さ

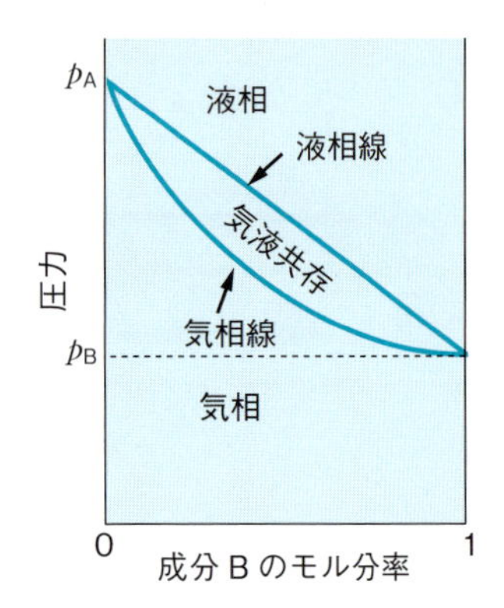

図9･10　定温条件下における二成分系の液相–気相平衡の状態図(理想溶液の場合)
組成と圧力で系の状態がどのように変わるかを示した図であるため，圧力–組成図とよばれる．

b 温度一定の場合（理想溶液）

温度をある固定値にとったとき，状態図の変数は組成と圧力の2つである．図9･10に温度一定条件における理想溶液の液相–気相平衡の状態図(圧力–組成図)を示す．成分AおよびBは図9･6と同じであるとすると，Aが低沸点成分，Bが高沸点成分である．図の左右両端は図9･6と同じく純物質Aおよび純物質Bを表しており，沸点の低い純物質Aの蒸気圧が高く，沸点の高い純物質Bの蒸気圧が低い．縦軸が圧力であるため，高圧のとき液相，低圧のとき気相となる．気液共存の場合の組成は図9･8と同じ方法で読み取ることができる．また気相・液相の存在比については，この状態図においてもてこの規則が成立する．

c 圧力一定の場合（非理想溶液）

AとBの混合物が**非理想溶液**となる場合，液相–気相平衡の状態図は図9･6とは違った形になる．図9･11に，非理想溶液の液相–気相平衡の状態図を2種類示した．図9･11aは極大点がある場合，図9･11bは極小点がある場合である．いずれにおいても，T_Aは純物質Aの沸点，T_Bは純物質Bの沸点である．図9･11aのような状態図が得られるのは，実際の溶液の蒸気圧が理想溶液の場合の蒸気圧(ラウールの法則で求められる値)より小さくなるタイプの非理想溶液である．これは，成分A–B間の相互作用が非常に強く，理想溶液での値よりも蒸気圧が低くなってしまった(すなわち沸騰する温度が高い)溶液であることを意味している．一方で図9･11bのようになるのは，成分A–B間の相互作用が非常に弱い，蒸気圧が理想溶液での値より大きくなるタイプの非理想溶液である．いずれの場合でも，状態図が図9･11のようになると，組成x_1およびx_2のとき沸騰の開始温度と終了温度が等しくなる．このとき気液が共存する温度に幅がなくなるため，組成x_1およびx_2の系を気

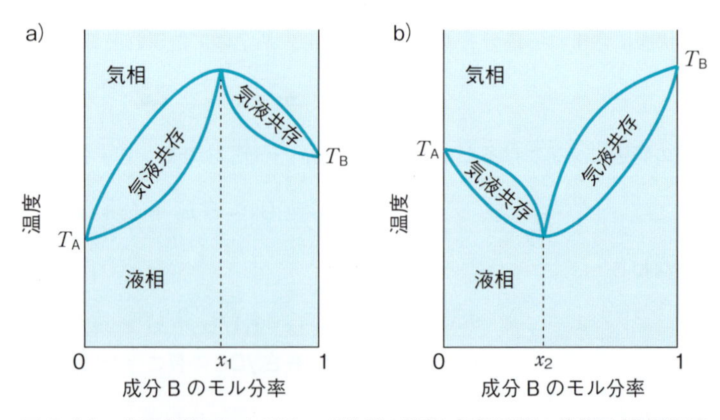

図9･11　定圧条件下における二成分系の液相–気相平衡の状態図(非理想溶液の場合)
a) A–B間の相互作用が強い場合，b) A–B間の相互作用が弱い場合

液共存の状態にしても，図 9･9 に示したような「沸点の低いほうの成分が優先的に気体になる」という現象が起こらず，気相の組成と液相の組成が等しくなる．これは，組成 x_1 および x_2 の溶液を**蒸留**[*16] で分離できないことを意味している．この組成 x_1 および x_2 の状態を**共沸混合物**[*17] といい，共沸混合物の沸点を**共沸点**[*18] という．

＊16　**蒸留**　distillation　ただし 1 回の操作で純物質が得られるわけではなく，ある程度以上の純度まで精製するためには蒸留操作を繰り返す必要がある．

＊17　**共沸混合物**　azeotropic mixture

＊18　**共沸点**　azeotropic point

コラム

蒸留

蒸留とは，沸点の違い（蒸気圧の違い）を利用して混合物から目的物を分離する操作である．蒸発させてから凝縮させる，という操作を繰り返して低沸点成分を取り出す．状態図を使って蒸留操作を表すと図 9･12 のようになり（理想溶液の場合），最終的に純物質 A を得る．理想溶液では，蒸留で気相を繰り返し採取することで低沸点成分が，液相を繰り返し採取することで高沸点成分が得られる．一方で，非理想溶液では図 9･13 のようになるため，蒸留で一方の成分は得られるものの他方の成分は得られず，共沸混合物が得られてそこで蒸留がストップしてしまう．これは，共沸混合物の気液共存状態では気相の組成と液相の組成が等しいためである．

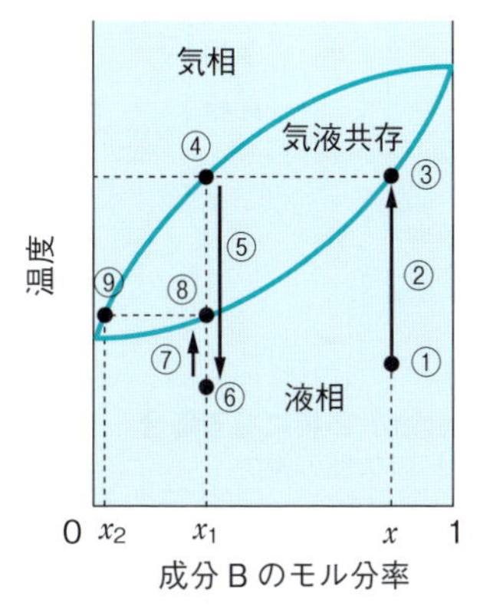

図 9･12　蒸留操作を状態図で示した場合（理想溶液）
①組成 x の溶液からスタートする
②加熱
③沸騰開始
④気相部分を取り出す（組成 x_1）
⑤冷却
⑥組成 x_1 の溶液
⑦再度加熱
⑧沸騰開始
⑨再び気相部分を取り出す（組成 x_2）

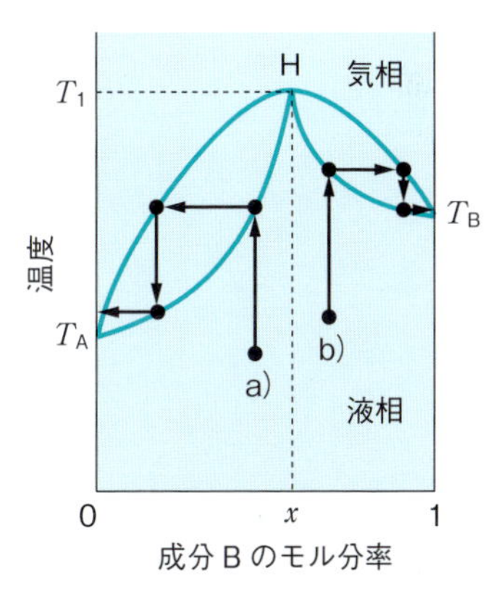

図 9･13　蒸留操作を状態図で示した場合（非理想溶液）
T_A，T_B はそれぞれ純物質 A および純物質 B の沸点，T_1 は共沸点．
a）最初の組成が x よりも A に富んでいるとき，蒸留作業を続けると，気相部分から純物質 A が得られる．液相部分は共沸混合物 H になる．
b）最初の組成が x よりも B に富んでいるとき，蒸留作業を続けると，気相部分から純物質 B が得られる．液相部分は共沸混合物 H になる．

❸ 二成分系の状態図：液相-液相平衡

液体の物質 A と液体の物質 B を混ぜて平衡状態に達したとき，「きれいに溶けて 1 相になる」か「溶けきらなくて 2 相になる」のいずれかが起こっている．温度・圧力・組成を指定したとき，このどちらが起こるかを図示したものが液相-液相平衡の状態図である．液相-液相平衡では液体しか扱わないため圧力の影響は小さく，ほとんどの場合で圧力を固定して温度と組成で状態図を描く．

液相-液相平衡の状態図の代表例として，フェノールと水の混合物の

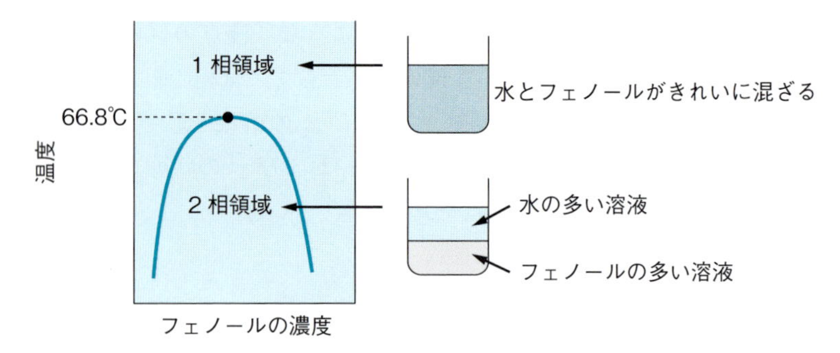

図 9･14　フェノールと水の混合物についての液相–液相平衡の状態図

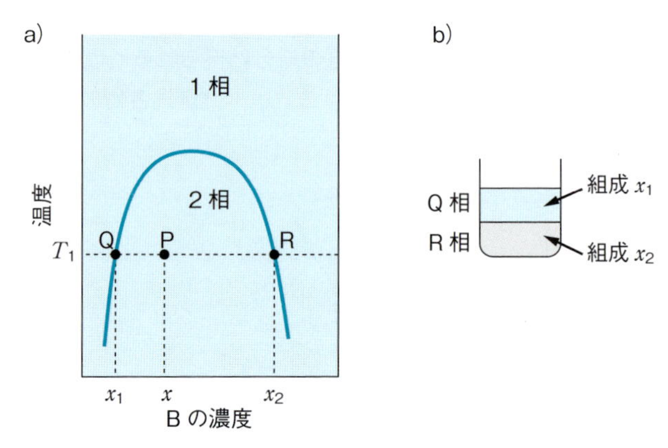

図 9･15　混合物が 2 相になる場合
a）状態図の読み方，b）点 P の状態の系

状態図を図 9･14 に示す．この系では温度が上がると溶解度が上がる．図 9･14 に示したとおり，1 相とは水とフェノールが完全に混ざり合い溶け合って 1 相となった状態をさし，2 相は 2 つの溶液に分離している状態をさす．縦軸は温度であるため，温度を上げることで混合物が 1 相になる，つまり完全に溶け合うことを示している．この状態図中の曲線は，さまざまな組成の混合物が完全に溶け合う最低温度を表し，これに極大点があるということは，水とフェノールはある温度(66.8 ℃)以上ではいかなる組成であっても必ず溶け合うことを意味している．この温度を**臨界溶解温度**[*19](臨界共溶温度)という．とくにこの状態図は上に凸であるため，上部臨界溶解温度(上部臨界共溶温度)という．

＊19　**臨界溶解温度**　critical solution temperature

2 相に分かれる場合，各相の組成は状態図から求めることができる．例として，組成 x の系を温度 T_1 にした場合を図 9･15 に示した．このとき系は図 9･15a の点 P で示した状態となるが，組成 x の混合物は温度 T_1 では 2 つの相に分離し，どちらの相の組成も x ではない．どちらの相も温度 T_1 を示す水平な点線上のいずれかの状態になり，かつ組成 x から出発した系は組成 x に最も近い状態になる．温度 T_1 で 1 相で，かつ組成 x に最も近い状態は点 Q と点 R であるため，組成 x の系を温度

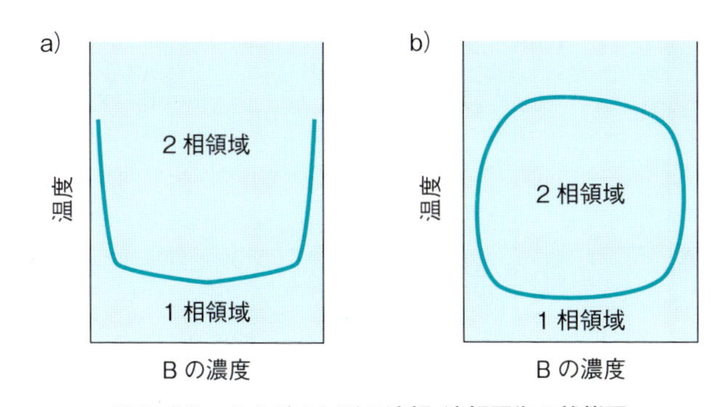

図9・16　さまざまな形の液相–液相平衡の状態図
a）温度を下げると溶解度が上がる場合，b）温度を上げても下げても溶解度が上がる場合

T_1にすると，点Qの状態の溶液と点Rの状態の溶液の2相に分かれることになる．すなわち，組成x_1の相と組成x_2の相の2相になる．ここで水の密度(1.00×10^3 kg m^{-3})はフェノールの密度(1.07×10^3 kg m^{-3})より小さいため，フェノールの多いx_2の相が下になる(図9・15b)．また，点Qの相と点Rの相の存在比は，てこの規則

Q相の物質量：R相の物質量 ＝ PRの長さ：PQの長さ

によって求められる．

液相–液相平衡の状態図には，ほかにも図9・16に示したように温度が低い側に1相の領域がある図(図9・16a)や中間の温度のみに2相の領域がある図(図9・16b)もある．図9・16aの状態図で示される系では温度を下げると完全に溶けるため，下部臨界溶解温度(下部臨界共溶温度)をもつ．また図9・16bの状態図で示される系では温度を上げても温度を下げても完全に溶け，上部臨界溶解温度と下部臨界溶解温度の両方をもつ．

❹ 二成分系の状態図：固相–液相平衡

二成分系の状態図には，混合物の凝固(固相–液相平衡)について示す状態図もある．液体と固体を扱うため圧力を固定し，温度と組成で図を描くことがほとんどである．まず，図9・17aに液相のときは2成分が完全に溶け合い，固相では完全に別々に存在している(分子化合物を形成しない)場合の状態図を示す．ここではベンゼンとナフタレンの固相–液相平衡の状態図を例としてあげている．この図において，T_Bはベンゼンの融点，T_Nはナフタレンの融点である．組成x_1の溶液(点Oの状態)を冷却していくと，点Pの温度で溶液中のベンゼンのみが凝固し始め，点Qの温度までナフタレンは凝固しない．点Qの温度になってようやくナフタレンも凝固し，点Q以下の温度でベンゼンとナフタレンそれぞれが別々の固体として存在することになる．一方，組成x_2の溶液(点

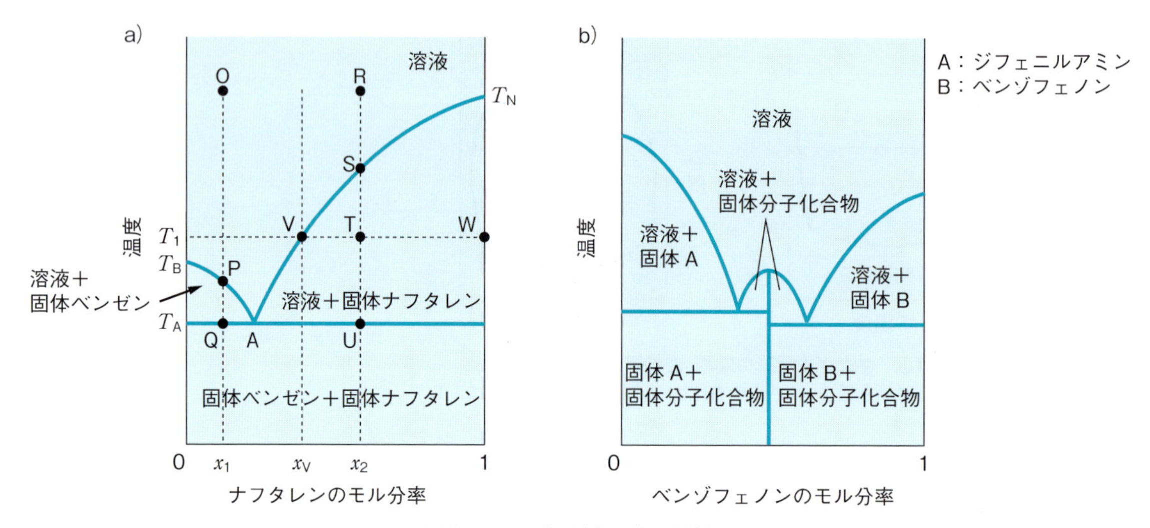

図 9・17　固相–液相平衡の状態図
a) 分子化合物を形成しない場合(ベンゼン–ナフタレン系)，b) 分子化合物を形成する場合(ベンゾフェノン–ジフェニルアミン系)

R の状態)を冷却していくと，点 S の温度で今度は溶液中のナフタレンのみが凝固し始め，点 U の温度までベンゼンは凝固しない．点 U の温度になってようやくベンゼンも凝固し，点 U 以下の温度でベンゼンとナフタレンそれぞれが別々の固体として存在することになる．純物質としての凝固点はナフタレンのほうが高いが，それとは関係なく組成によってベンゼンとナフタレンのどちらが先に凝固を始めるかが決まる．その境界にある点 A ではベンゼンとナフタレンが同時に凍り始めることになり，液相と固相で組成が常に同じになる．点 A の組成の混合物を**共融混合物**[*20]といい，温度 T_A を共融点，このときの組成 x_A を共融組成という．ほかの状態図と同様，固相と液相が共存しているときの組成および相同士の存在比を状態図から読み取ることができる．組成 x_2 の混合物を温度 T_1 まで冷却したとき(点 T の状態)，純物質ナフタレンの固体と溶液が得られるが，溶液の組成は点 V の組成 x_V である(固相側は右端の点 W なので純物質のナフタレン)．また液相と固相の存在比は，てこの規則より，

溶液：固体ナフタレン ＝ 線分 TW の長さ：線分 TV の長さ

である．

一方，混合物の 2 つの成分が凝固の際に分子化合物を形成する場合の状態図を図 9・17b に示す．これはベンゾフェノン–ジフェニルアミン混合物の固液平衡の状態図である．図 9・17a では固相はベンゼンの固体とナフタレンの固体のみであり，両者が凝固する場合も別々に固体となる．それに対し，図 9・17b ではベンゾフェノンの固体，ジフェニルアミンの固体に加え，ベンゾフェノンとジフェニルアミンが 1：1 の割

＊20　**共融混合物**　eutectic mixture

合で結びついてそのまま固体となる場合もある．ただし「分子化合物」とはいっても，ベンゾフェノンとジフェニルアミンは共有結合するわけではない．

なお，固体には分子の性質に応じてさまざまな状態が存在するため，固液平衡については図 9･17a，b 以外にもさまざまな状態図が存在するが(固液平衡であるにもかかわらず気液平衡のような形状の状態図をとる混合物もある)，ほとんどの場合で横軸に組成を，縦軸に温度をとったグラフとなる．

ポイント

- 系の自由度はギブズの相律で求めることができる．
- 理想溶液と非理想溶液では液相-気相平衡の状態図が異なる．
- 非理想溶液では共沸混合物が生じて成分を蒸留で完全に分離できない場合がある．
- 2 つの相が共存した状態の場合，状態図からそれぞれの相の組成を求めることができる．
- 2 つの相が共存した状態の場合，それぞれの相の存在比はてこの規則で求めることができる．

D　相平衡と化学ポテンシャル

化学ポテンシャル[*21]は相平衡を扱ううえで重要な物理量である．一例として，純物質 A の気液平衡について考えよう．気液平衡では気相から液相へ移動する分子と液相から気相に移動する分子の両方が存在するが，ここでは液相から気相への微小量の分子の移動のみを考える．移動する前の気相の物質量を n_g，液相の物質量を n_l，移動する物質 A の物質量を dn とすると，移動後の気相の物質量は $n_g + dn$，移動後の液相の物質量は $n_l - dn$ となる．したがって，気相の物質 A の化学ポテンシャルを μ_g，液相の物質 A の化学ポテンシャルを μ_l とすると，物質の移動前後でのギブズエネルギー変化 dG は 7 章の式(7･3)より

$$dG = \mu_g\,dn - \mu_l\,dn \qquad (9\cdot4)$$

となる．平衡状態では $dG = 0$ なので

$$\mu_g\,dn = \mu_l\,dn \qquad (9\cdot5)$$

物質 A の微小な移動に注目しているため $dn \neq 0$ より，

$$\mu_g = \mu_l \qquad (9\cdot6)$$

すなわち，気液平衡では気相の物質 A の化学ポテンシャルと液相の物質 A の化学ポテンシャルは等しい．一般に，複数の相の間で相平衡が成立しているとき，それらの相の化学ポテンシャルはすべて等しい．

＊21　化学ポテンシャル　☞7 章 p.123 参照

ポイント

- 相平衡において，それぞれの相の化学ポテンシャルはすべて等しい．

E 溶解平衡

固体などの溶質が液体(溶媒)中に均一に分散していくことを溶解という．溶媒に固体の溶質を入れると固体の表面から溶解が進むが，溶質を十分な量加えると飽和溶液となる．飽和状態では，固体溶質(たとえば沈殿した溶質)から溶液中に溶解していく分子の数と溶液中から析出する分子の数が釣り合っており，この平衡状態を**溶解平衡**[*22]という(図9・18)．また，飽和溶液の濃度を**溶解度**[*23]という．一般に，医薬品は水に対する溶解度がある程度高くなければならないとされることが多く，溶解度は薬学において重要な物理量となる．

溶解平衡は相平衡の一種であるため，**ファントホッフの式**[*24]が成立する．固相の相変化や化学変化が起こらず固相中の物質の組成が変化しない場合，溶解度を S とすると(溶液が理想溶液の場合)，

$$\ln S = \frac{\Delta H}{RT} + C \qquad (9 \cdot 7)$$

となる．ここで R は気体定数，T は系の温度，ΔH は溶解エンタルピー，C は定数である．この式が示すように，溶解度の対数は温度の逆数に対する一次式として表すことが可能で，縦軸を溶解度の対数，横軸を温度の逆数としたグラフの傾きから溶解エンタルピーを求めることができる．

*22 **溶解平衡** solution equilibrium

図9・18 溶解平衡

*23 **溶解度** solubility

*24 **ファントホッフの式** ☞7章 p.126 参照

コラム

物理的配合変化

注射剤は，単独で使用する場合においては安定に存在する．しかし注射剤を混合した際に成分に変化が起こることがあり，それを**配合変化**とよぶ．配合変化のうち，眼でみてわかる変化を慣例的に物理的配合変化とよぶが，実際には混合したことによるpHの変化や化学反応に起因する化学的現象であることが多い．とくに多いのはpHの変化による溶解度の低下で，それによって溶液内に白濁や沈殿が生じることがある．溶解度低下に対しては，通常の溶解と同様，溶媒を増やすことによる希釈などで対応する．ただし溶媒を増量することによって溶解補助剤の効果を薄めることもあるため，注意が必要である．溶解度そのものは，ファントホッフの式からの展開式でも示されるとおり熱力学量で規定された物理量であるため，医療現場で改善するのは困難である．

ポイント

- 固体の析出した飽和溶液においては，溶質が溶液中と固体中で平衡状態に達している．

F　分配平衡

1つの容器に混じり合わない2種類の溶媒(水と油など)を入れて，さらに溶質を溶かすと，2つの溶媒のそれぞれにある濃度で溶質が溶解する．これを**分配**[*25]という(図9･19)．この図の例では，十分かき混ぜると，溶媒1から溶媒2に移る溶質の分子数と溶媒2から溶媒1に移る溶質の分子数が等しくなり，平衡に達する．これを**分配平衡**[*26]とよぶ．分配平衡においては，温度などの条件が一定であれば，それぞれの溶液の濃度は一定に保たれている．このときの溶媒1中の溶質の化学ポテンシャルをμ_1，溶媒2中の溶質の化学ポテンシャルをμ_2とすると，分配平衡は相平衡であるため$\mu_1 = \mu_2$である．よって，溶媒1中の溶質の標準化学ポテンシャル$\mu_1{}^\circ$，溶媒2中の溶質の標準化学ポテンシャル$\mu_2{}^\circ$，溶媒1中の溶質の濃度をx_1，溶媒2中の溶質の濃度をx_2，気体定数をR，系の温度をTとすると

$$\mu_1{}^\circ + RT \ln x_1 = \mu_2{}^\circ + RT \ln x_2 \qquad (9·8)$$

$$\ln\left(\frac{x_1}{x_2}\right) = \frac{\mu_2{}^\circ - \mu_1{}^\circ}{RT} \qquad (9·9)$$

となるため，温度が一定であればx_1/x_2は定数となる．すなわち，溶質をどれだけ加えたとしても，分配平衡に達していればその濃度の比は常に一定である．このx_1/x_2を**分配係数**[*27]といい，2つの溶媒のどちらに溶けやすいかを表す値である．

＊25　**分配**　partition

＊26　**分配平衡**　partition equilibrium

＊27　**分配係数**　partition coefficient

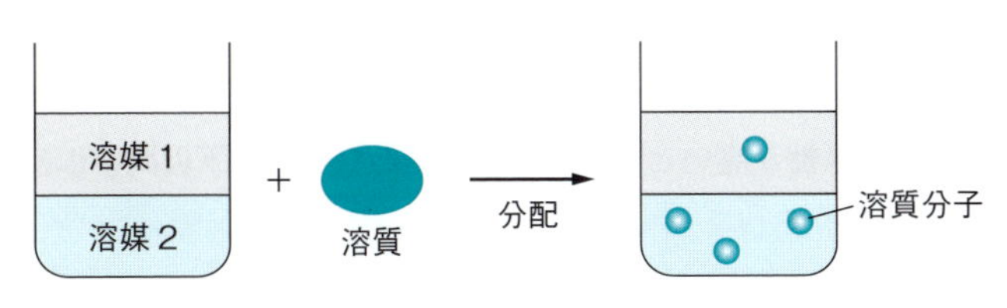

図9･19　分配

ポイント

■ 分配係数は温度が一定のとき定数である．

Exercise

1 **右に示した純物質の状態図について，以下の問いに答えなさい．** (難易度★☆☆)

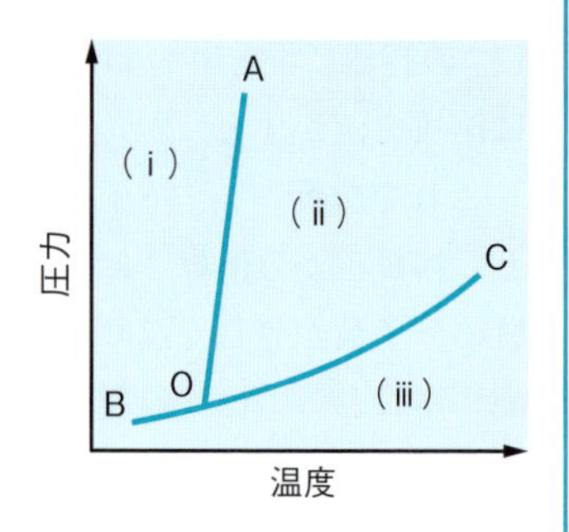

①状態 i，ii，iii はそれぞれ固体，液体，気体のうちのどれか，答えなさい．

②点 O および点 C の名称を答えなさい．

③この物質において，固体と液体ではどちらの密度が高いか．

④系が曲線 OC 上の状態にあるとき，この系の自由度はいくらか．

2 **成分 A と B からなる混合物の液相-気相平衡の状態図を右に示した．** (難易度★☆☆)

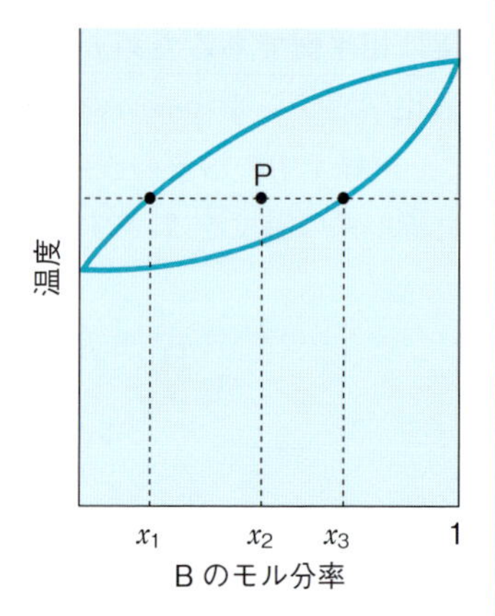

①点 P で示される条件下では，系はどのような状態になっているか．また系を構成する相の組成はどのようになっているか．

②点 P で示される状態において，それぞれの相の物質量の比はどのようにして求めることができるか．

3 **液相-液相平衡において，温度を上げると溶解度が上がるとする．このとき，なぜ状態図に極大点があるか答えなさい．すなわち，純物質 A に少しずつ物質 B を加えていく場合，最初は B の存在量が増えるにつれて温度を上げていかなければ溶けないが，ある点を超えると温度を上げなくても溶けるようになる，その理由を答えなさい．** (難易度★★★)

4 **水-オクタノール分配係数 P_{ow} は，溶質の疎水性が高いときほど大きい値となる．以下の問いに答えなさい．** (難易度★★☆)

① $P_{ow} = x_2/x_1$ としたとき，溶質の水中における濃度を表しているのは x_1 と x_2 のどちらか．

② P_{ow} が 1 より大きいとき，水中の溶質とオクタノール中の溶質ではどちらの標準化学ポテンシャルが大きいか．このとき温度を上げると P_{ow} はどうなるか．

10 界面化学

2相間に生じる境界面を界面といい，この界面では内部にはみられない重要な物理現象が起こる．身近な例をあげれば，コップにゆっくり水を注ぐと水面はコップの上端よりも盛り上がるがこぼれない．しかし，この水面を洗剤のついた指で触れると，水は一気にこぼれる．また，炭素の粉末はそれだけでは水中に分散することはないが，墨汁では，にかわの添加により無定形の炭素が安定に分散している．

これらの界面現象は，医薬品製剤の剤形として用いられる粉体，コロイド分散系，エマルジョン(乳濁液)などに存在する界面においても起こり，製剤の物理化学的性質を理解し，安定性の向上を図るうえで大変重要である．本章では，界面で起こる表面張力，ぬれ，吸着，分散などの基本的な界面現象について述べる．

A 表面張力

❶ 表面張力

界面とは，2つの相–相(気相–液相，気相–固相，液相–液相，液相–固相，固相–固相)間に生じる境界面のことであり，表面とは，このうち気相–液相，気相–固相の界面について用いられる用語である．液体内部の分子は周囲の液体分子から均等に分子間引力を受けているが，液体表面の分子は，内部の液体分子からの引力を受け，内部に引き込まれる．この結果，液体には表面積を小さくしようとする力，表面張力が生じるのである(図10·1)．なお，引力はファンデルワールス力，クーロン力，水素結合などの分子間力であるため，同一物質であれば，表面張力は固体状態よりも液体状態のほうが小さく，温度が上昇する(分子の振動が激しくなる)と低下する(表10·1)．

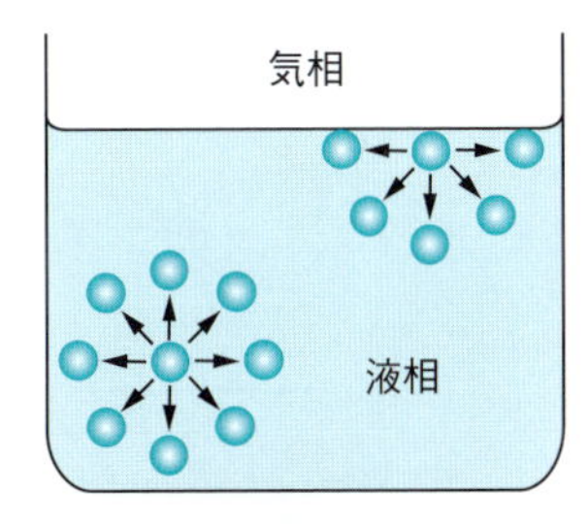

図10·1 液体表面と内部において働く分子間引力

表10·1 水の表面張力の温度による変化

温度(℃)	表面張力(mN m^{-1})
0	75.6
20	72.8
40	69.6
80	62.6
100	58.8

図10·2に示すように，針金で枠(ABCD，ADは可動)をつくり，そこに液膜(たとえばセッケン膜)を張る．すると，膜は表面張力γのために縮もうとして，可動の針金ADはBC側に力fで引き寄せられる．ADの位置で平衡を保とうとすれば，BCと反対側に力fで引っ張ることになる．この力fはBCの長さLに比例し，膜の表面は表と裏の2面あるため，

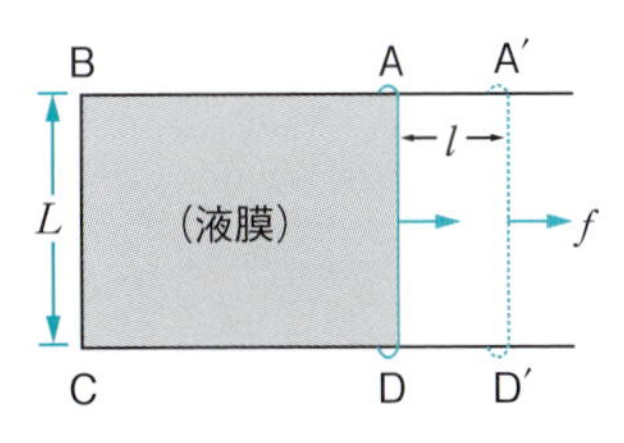

図10·2 表面張力と表面エネルギー

$$f = 2\gamma L \qquad (10\cdot1)$$

で表される．したがって，表面張力 γ は長さあたりの力[N m^{-1} あるいは dyn cm^{-1}]となる[*1]．

*1　国際単位系(SI)あるいはMKS単位系では N m^{-1}，CGS単位系では dyn cm^{-1} である．前者はメートル，キログラム，秒を，後者ではセンチメートル，グラム，秒を基本単位とする．1 N m^{-1} = 10^3 dyn cm^{-1} の関係がある．したがって，1 mN(ミリニュートン)m^{-1} = 1 dyn cm^{-1} である．

また，針金ADを力の平衡を保ちながらA′D′まで l だけ移動させたときの仕事 W は，

$$W = fl = 2\gamma Ll \qquad (10\cdot2)$$

で表され，定温・定圧の条件においては，**表面エネルギー**として液膜に蓄えられる．この仕事によって広がった液膜の表面積は，$2Ll$ である．式(10·2)より表面張力 γ は，

$$\gamma = \frac{W}{2Ll} \qquad (10\cdot3)$$

で表される．つまり，表面張力 γ は単位面積あたりの仕事(エネルギー)[J m^{-2}]でもある[*2]．

*2　単位 J m^{-2} = Nm m^{-2} = N m^{-1} からも，同じであることがわかる．

❷ 微小液滴と表面張力

微小液滴の表面張力について考えてみよう．半径 r の微小液滴(図10·3)の場合，表面エネルギー W は，表面張力 γ × 球体の表面積 $4\pi r^2$ であり，

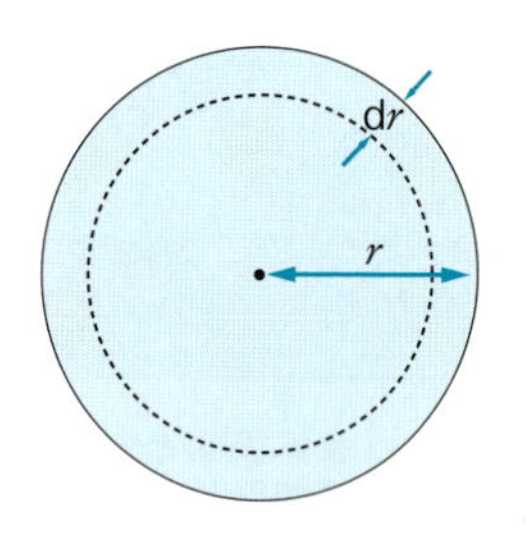

図10·3　微小液滴の内圧と表面張力

$$W = 4\pi r^2 \gamma \qquad (10\cdot4)$$

となる．この微小液滴の半径が dr 減少し r − dr になったとすると，$r >> \mathrm{d}r$ であるため，表面エネルギー W は，

$$W = 4\pi\gamma(r - \mathrm{d}r)^2 = 4\pi\gamma r^2 - 8\pi\gamma r\,\mathrm{d}r + 4\pi\gamma(\mathrm{d}r)^2$$
$$\approx 4\pi\gamma r^2 - 8\pi\gamma r\,\mathrm{d}r \qquad (10\cdot5)$$

と近似できる．したがって，半径が dr 減少することによる表面エネルギーの変化 ΔW は，

$$\Delta W = -8\pi\gamma r\,\mathrm{d}r \qquad (10\cdot6)$$

となる．一方，この変化に伴う微小液滴の内圧の変化を Δp として，表面エネルギー ΔW(=力×距離)を表すと，

$$\Delta W = \Delta p \times 4\pi r^2 \times (-\mathrm{d}r) = -4\Delta p\pi r^2\,\mathrm{d}r \qquad (10\cdot7)$$

となり，式(10·6)と式(10·7)は等しいため

$$-8\pi\gamma r\,\mathrm{d}r = -4\Delta p\pi r^2\,\mathrm{d}r \qquad (10\cdot8)$$

が成り立つ．この式を変形して**ヤング・ラプラスの式**[*3]

*3　**ヤング・ラプラスの式**
Young-Laplace equation

$$\Delta p = \frac{2\gamma}{r} \qquad (10\cdot9)$$

を得る．Δp だけ内圧のほうが外圧よりも高く，この圧力差を**ラプラス圧**という．式(10･9)より，微小液滴の半径が小さいほど，表面張力が大きいほど，ラプラス圧が大きいことがわかる．

❸ ぬれと表面張力

固体表面に液体が吸着する現象を**ぬれ**といい，固体表面を液体が薄膜状に広がる**拡張ぬれ**，固体を液体に浸すあるいは毛細管を形成する固体表面に沿って液体が浸透する**浸漬**（しんし）**ぬれ**（**浸透ぬれ**），固体表面に液体が付着する**付着ぬれ**の3つに分類される．

机の上に水を滴下するとレンズ状に盛り上がるが，水よりも表面張力の小さいアルコールなどではレンズ状にならず，より大きな面積に広がる．この現象を理解するため，固体表面に液体を滴下した場合を考えてみよう．

固体表面において液体がレンズ状液滴となってそれ以上広がらないとき，水平方向の力は釣り合った状態にあり，固体の表面張力を γ_S，液体の表面張力を γ_L，固体と液体の界面張力を γ_{SL}，液体表面の接線と固体のなす**接触角**を θ として，**ヤングの式**[*4]

$$\gamma_S = \gamma_{SL} + \gamma_L \cos\theta \qquad (10\cdot10)$$

が成り立っている(図 10･4)．

一方，表面エネルギーの減少量である**拡張係数** S は，

$$S = \gamma_S - (\gamma_{SL} + \gamma_L) \qquad (10\cdot11)$$

で表され，式(10･10)を式(10･11)に代入して

$$S = \gamma_L(\cos\theta - 1) \qquad (10\cdot12)$$

を得る．$S \geq 0(\theta = 0°)$ のとき液体は固体表面を広がり，$S < 0$ のとき液体はそれ以上広がらない．

図 10･5 に示すとおり，接触角 θ が小さいほどぬれやすく，液体を固体から引き離しにくい．逆に接触角 θ が大きいほどぬれにくく，液体を固体から引き離しやすいことがわかる．

＊4 **ヤングの式** Young's equation

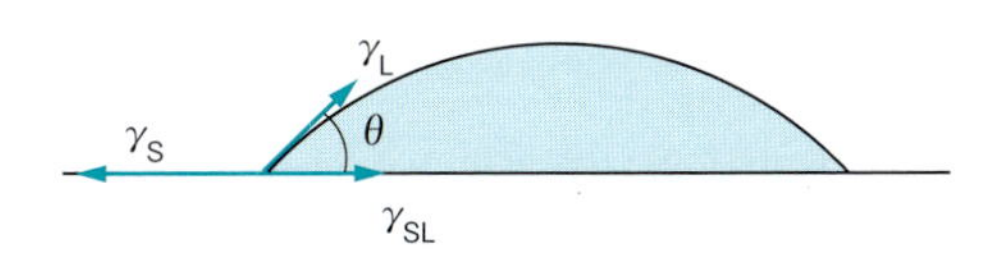

図 10･4 固体表面におけるレンズ状液滴

ヤングの式 $\gamma_S = \gamma_{SL} + \gamma_L \cos\theta$ が成り立っている．θ は接触角，γ_S は固体の表面張力，γ_L は液体の表面張力，γ_{SL} は固体と液体の界面張力である．

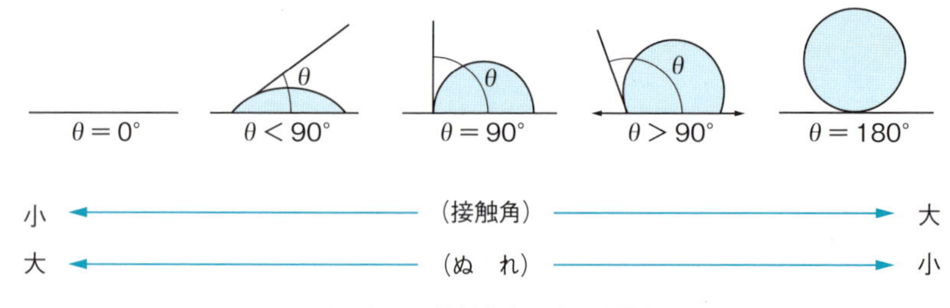

図 10・5　接触角とぬれの関係

❹ ぬれの測定法

ぬれは，浸透速度法により測定することができる．カラムに粉体を充填し，この下端を液体につけると，液体は上昇し粉体中に浸透していく．このときの浸透に要した時間と上昇距離を測定することにより，浸透速度やぬれ(接触角)を得ることができる(図 10・6)．

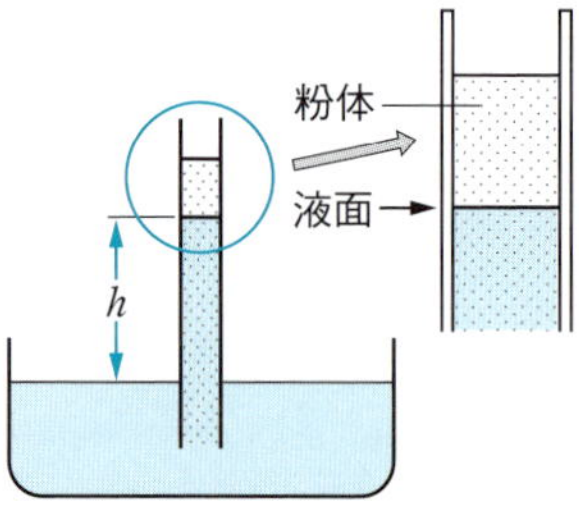

図 10・6　粉体のぬれ測定(浸透速度法)

時間 t における液面の上昇距離を h，充填粉体の粒子が形成する毛細管半径を r，液体の粘度を η，液体の表面張力を γ，接触角を θ とすると，

$$\frac{h^2}{t} = \frac{r\gamma\cos\theta}{2\eta} \qquad (10\cdot13)$$

の関係があり，この式をウォッシュバーンの式[*5]という．液体に界面活性剤を添加すると，接触角 θ は小さくなってぬれが大きくなり，液面の上昇距離 h も大きくなる．

＊5　ウォッシュバーンの式　Washburn's equation

ポイント

- 表面張力の単位は単位長さあたりの力 N m^{-1}，表面エネルギーの単位は単位面積あたりのエネルギー J m^{-2} であり，同じ次元である．
- 固体表面のレンズ状液滴では，ヤングの式が成り立っており，接触角 θ が大きいほどぬれにくく，接触角が小さいほどぬれやすい．

B　表面張力の測定法

界面張力または表面張力の測定法である，毛管上昇法，滴重法，デュヌイのリング法，ウィルヘルミーのプレート法について説明する．

❶ 毛管上昇法[*6]

＊6　毛管上昇法　capillary rise method

毛細管の片方を液体に垂直に立てると，液体は毛細管壁面をぬらし，上昇していく．毛細管の内半径を r とすると，高さ h だけ上昇した密度 ρ の液体にかかる重力は，重力加速度を g として $\pi r^2 h\rho g$ である．一方，表面張力 γ は毛細管の内壁のまわりに働き，接触角を θ とすると，上向き

の成分は $2\pi r\gamma\cos\theta$ となる．この2つの力が釣り合うので，$2\pi r\gamma\cos\theta = \pi r^2 h\rho g$ とおいて

$$\gamma = \frac{rh\rho g}{2\cos\theta} \qquad (10\cdot14)$$

を得る（図10·7）．

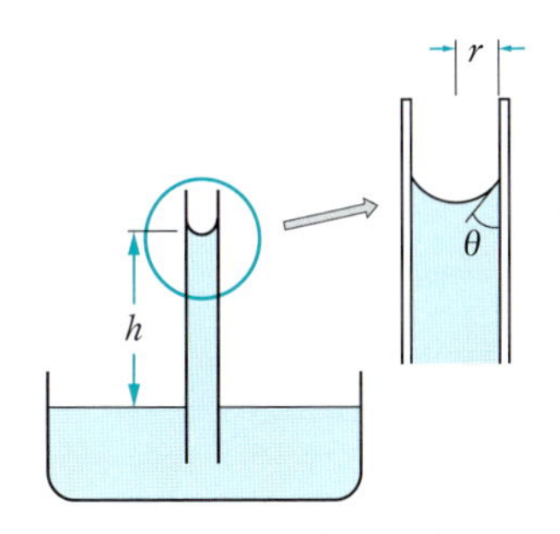

図10·7 毛管上昇法

❷ 滴 重 法 [*7]

鉛直に立てた管から液体を滴下するとき，液体は管の下端に液滴を形成する．液体が管をぬらす場合，液滴は表面張力 γ によって，重力に逆らい管の外周に付着しているが，液滴が大きくなり，液滴に働く重力が表面張力と等しくなったとき，液滴は落下する．このとき，管の外半径を r，液滴の質量を M，体積を V，密度を ρ，重力加速度を g とすれば，$Mg = 2\pi r\gamma$ であるので

$$\gamma = \frac{Mg}{2\pi r} = \frac{V\rho g}{2\pi r} \qquad (10\cdot15)$$

となる（図10·8）．なお，液体と管の間にぬれが生じない場合，液滴は管の外周ではなく内周に付着するため，r は内半径を用いる．

*7 滴重法 drop weight method

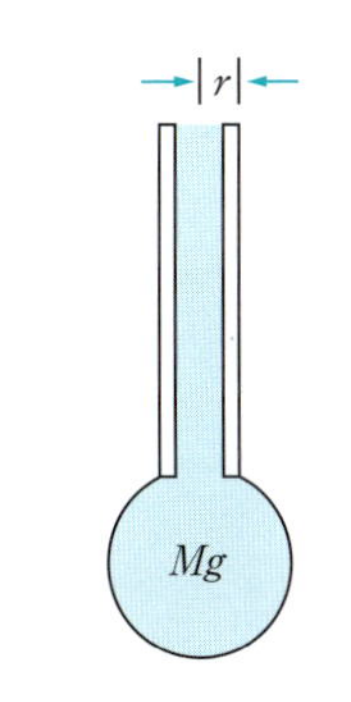

図10·8 滴重法

❸ デュヌイのリング法 [*8]（円環法）

白金の円環を液体表面に接触させたのち，この円環を垂直に引き上げ，液面から引き離すときの力 f を**デュヌイ張力計**で測定する．表面張力 γ は，円環の外周と内周に働くため，円環の半径を r とすれば，円環が液体から離れるとき $f = 4\pi r\gamma$ が成り立ち

$$\gamma = \frac{f}{4\pi r} \qquad (10\cdot16)$$

となる（図10·9）．

*8 デュヌイのリング法 du Noüy's ring method

❹ ウィルヘルミーのプレート法 [*9]（つり板法）

薄い板，たとえばカバーガラスの下端を液体表面に浸し，これを垂直に引き上げるときの力 f を測定する．表面張力を γ，接触角を θ，板の浮力を B，板の質量を M，液体に接している板の長辺を l，短辺を d，重力加速度を g とすれば，

$$\text{上方向の力}(f + B) = \text{下方向の力}\{Mg + 2(l + d)\gamma\cos\theta\}$$

が成り立つ．このとき表面張力は

*9 ウィルヘルミーのプレート法 Wilhelmy's plate method

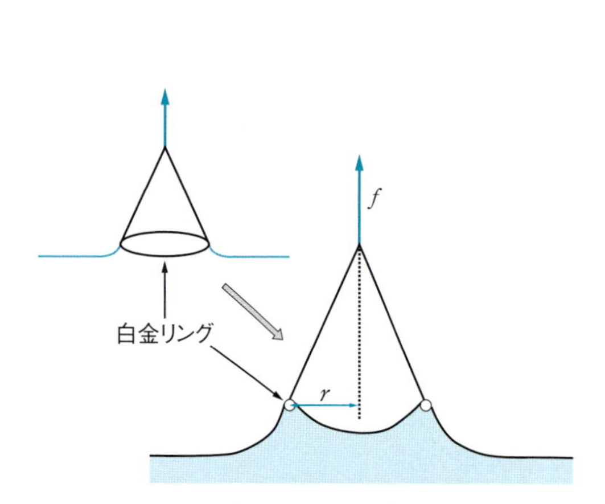

図 10・9　デュヌイのリング法(円環法)

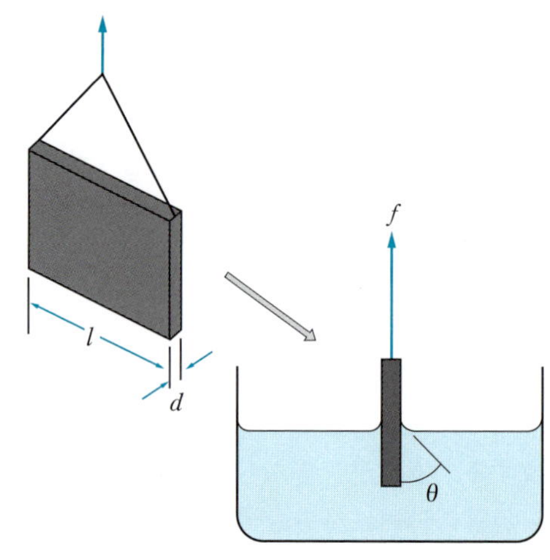

図 10・10　ウィルヘルミーのプレート法(つり板法)

$$\gamma = \frac{f + B - Mg}{2(l + d)\cos\theta} \qquad (10 \cdot 17)$$

となるが，板が非常に薄い場合，板の浮力および短辺を無視することができ，また板が完全にぬれる条件(接触角 = 0°)では，

$$\gamma = \frac{f - Mg}{2l} \qquad (10 \cdot 18)$$

となる(図 10・10).

ポイント

- 表面張力の測定法には，毛管上昇法，滴重法，円環法，つり板法がある.
- いずれの方法も，測定データと表面張力は，比例関係にある.

C 界面活性剤

❶ 界面活性剤の構造と分類

界面活性剤は，分子中に疎水性(親油性，非極性)基と親水性(極性)基をもつ**両親媒性物質**である(図 10・11). このような構造をもつ界面活性剤は，液体–気体，液体–液体の界面に**吸着**[*10] し，界面張力を著しく低下させる. 親水性基がイオン性(カチオン性，アニオン性，両性)と非イオン性のものに大きく分けられる. 代表的な界面活性剤を表 10・2 に示す.

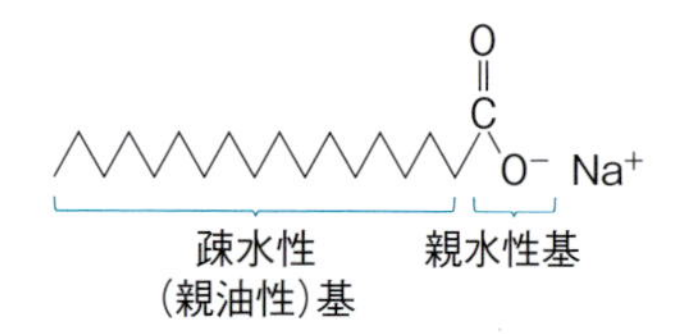

図 10・11　界面活性剤(ステアリン酸ナトリウム)の構造

*10　☞ p.191 参照(ギブズ吸着等温式)

表 10・2 界面活性剤の種類と分類

分類			例	用途
イオン性界面活性剤	陰イオン性	脂肪酸塩 R — $COO^{-}Na^{+}$	セッケン	洗剤
		硫酸エステル塩 R — $OSO_3^{-}Na^{+}$	ラウリル硫酸ナトリウム(SLS) ドデシル硫酸ナトリウム(SDS)	
		リン酸エステル塩 R — $OPO(OH)O^{-}Na^{+}$	ラウリルリン酸ナトリウム	
		スルホン酸塩 R — $SO_3^{-}Na^{+}$	アルキルベンゼンスルホン酸ナトリウム(ABS)	
	陽イオン性	第四級アンモニウム塩 $\left[R_1R_2N R_3R_4 \right]^{+} Cl^{-}$	ベンザルコニウム塩化物 ベンゼトニウム塩化物	殺菌剤 保存剤
	両性	ベタイン型 R — $N^{+}(CH_3)_2CH_2COO^{-}$	アルキルベタイン	洗剤(洗顔料, 化粧品)
		アミノ酸型	ラウロイルグルタミン酸ナトリウム	
非イオン性界面活性剤	エステル型	ソルビタン脂肪酸エステル(Span 類)	ソルビタンラウレート ソルビタンパルミテート	乳化剤 可溶化剤
		ポリオキシエチレンソルビタン脂肪酸エステル(Tween 類)	ポリオキシエチレンソルビタンモノラウレート ポリオキシエチレンソルビタンモノパルミテート	
	エーテル型	ポリオキシエチレンアルキルエーテル	ポリオキシエチレンラウリルエーテル(ラウロマクロゴール)	

❷ ミセル

ⓐ ミセルの形成

界面活性剤を水に溶解すると，低濃度では単分子として存在するが，疎水性基は水のエントロピーを減少させてしまうため，界面活性剤分子は溶液の表面に吸着する．界面活性剤の濃度が上昇すると，表面への吸着が飽和し，**単分子膜**が形成される．さらに濃度が上昇すると溶液中の単分子の濃度も飽和して，疎水性相互作用(**エントロピー駆動**＊11)によって疎水性基同士を内部に向け会合した**ミセル**を形成する(図 10・12)．このミセル形成が始まる濃度を**臨界ミセル濃度**(cmc)＊12といい，界面

＊11 **エントロピー駆動** 自然に起こる現象は，ギブズエネルギーが減少する方向に進む．$\Delta G = \Delta H - T\Delta S$($\Delta G$：ギブズエネルギー変化，$\Delta H$：エンタルピー変化，$\Delta S$：エントロピー変化，$T$：絶対温度)の関係から，$\Delta G$ の符号の決定に ΔH の寄与が大きい場合をエンタルピー駆動，$T\Delta S$ の寄与が大きい場合をエントロピー駆動という．

＊12 **臨界ミセル濃度** critical micelle concentration

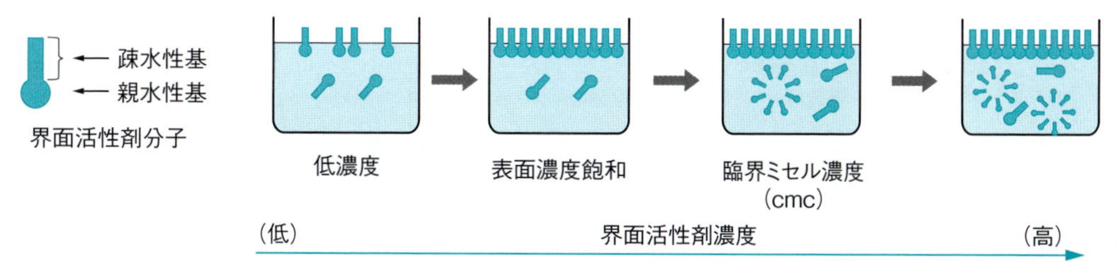

図 10・12 界面活性剤濃度とミセルの形成

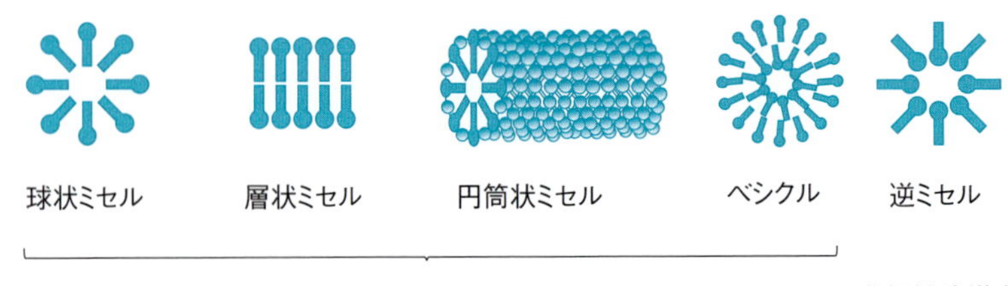

図 10・13　界面活性剤会合体のさまざまな形態

活性剤に固有の値である．

また，ミセルの構造は，球状，層状，円筒状，**ベシクル**[*13]などをとることが知られており，溶媒が非極性溶媒の場合は，親水性基を内部に向けて会合した**逆ミセル**を形成する（図 10・13）．

*13 **ベシクル** vesicle リポソーム（liposome）ともいう．脂質二重層が球状に閉じた構造で内部に液層をもち，機能成分の担体としても利用される．

b cmc と溶液の物理化学的性質

界面活性剤水溶液の濃度を cmc より大きくすると，溶液表面に吸着して形成された単分子膜および溶液中における単分子の濃度は，ほぼ一定である一方，増加した界面活性剤はミセルを形成し，ミセル濃度は上昇する．このとき，cmc 前後で溶液の物理化学的性質は大きく変化する（図 10・14）．たとえば，浸透圧は cmc まで界面活性剤の濃度上昇に伴って上昇するが，cmc を超えるとゆるやかに上昇する．これは，cmc まで界面活性剤単分子の濃度が上昇するのに対し，cmc を超えると界面活性剤分子は会合してミセルを形成し，ミセルとしての濃度がゆるやかに上昇するためである．表面張力は，界面活性剤分子の溶液表面への吸着に伴い，急激に減少するが，cmc を超えると吸着量は飽和するため，ほぼ一定となる．また，疎水性分子をミセル内部に取り込むことを**可溶化**といい，可溶化力は cmc を超えると急激に増加する．これらの物理化学的性質を測定することにより cmc を得ることができる．

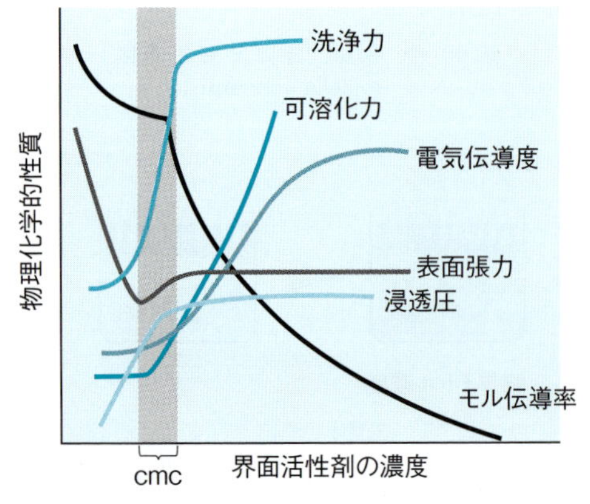

図 10・14　cmc を境に変化する物理化学的性質

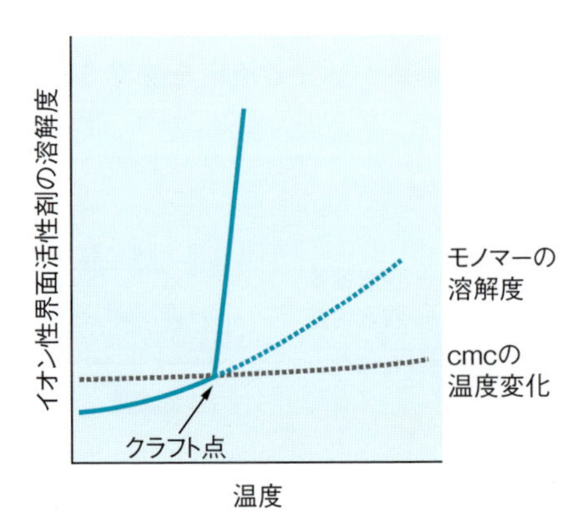

図 10・15　イオン性界面活性剤溶解度の温度依存性

❸ 界面活性剤の性質

ⓐ イオン性界面活性剤

イオン性界面活性剤の溶解度は，温度の影響を受ける．低温で界面活性剤の溶解度がcmcよりも低い場合，単量体として溶解しており温度上昇とともに溶解度も徐々に増大する．

また，cmcも温度上昇とともに大きくなるが，この変化は単量体の溶解度上昇よりもさらにゆるやかであり，ある温度で単量体の溶解度はcmcを超えるため，ミセルが形成されて急激に溶解度が上昇する．この温度を**クラフト点***14という(図10・15)．また，疎水性基である炭化水素鎖(アルキル鎖)の炭素数の増加に伴ってクラフト点は上昇する．

*14 **クラフト点** Krafft point

ⓑ 非イオン性界面活性剤

非イオン性界面活性剤は，その構造中にエーテル結合，エステル結合，ヒドロキシ基をもち，これらは水溶液中において水分子と水素結合を形成し溶解している．温度を上昇させると分子の熱運動が大きくなり，この水素結合が切れ，界面活性剤の溶解度低下により沈殿が生じ白濁する．この温度を**曇点**(どんてん)*15といい，親水性基が多くなると形成される水素結合も多くなるので，曇点も高くなる．なお，非イオン性界面活性剤においては，一般にクラフト点は観測されない．

*15 **曇点** cloud point

ⓒ 親水性-親油性バランス(HLB)

界面活性剤は分子内に親水性基と疎水性(親油性)基をもつため，それぞれの性質の相対値を**親水性-親油性バランス(HLB)***16として表す．この相対値は0〜20であり，小さいほど疎水性が高く，大きいほど親水性が高い．HLB値に基づいた界面活性剤の用途を表10・3に示す．

*16 **親水性-親油性バランス** hydrophile-lipophile balance

界面活性剤の混合物のHLB値は，界面活性剤iのHLBをHLB_i，質量分率をx_iとしたとき，それぞれのHLBとその質量分率の積の総和

$$HLB = \sum (HLB_i \times x_i) \qquad (10\cdot19)$$

で表される．たとえば2つの界面活性剤AとBをそれぞれ質量m_A，m_B混合すると

表10・3 HLB値に基づいた界面活性剤の用途

	HLB	用途
疎水性	＜3	消泡剤
↑	3〜6	w/o型乳化剤
	7〜9	湿潤剤
	8〜18	o/w型乳化剤
↓	13〜16	洗浄剤
親水性	15〜20	可溶化剤

$$\mathrm{HLB} = \mathrm{HLB_A} \times \frac{m_A}{m_A + m_B} + \mathrm{HLB_B} \times \frac{m_B}{m_A + m_B}$$

$$= \frac{\mathrm{HLB_A} \times m_A + \mathrm{HLB_B} \times m_B}{m_A + m_B} \qquad (10\cdot20)$$

となる.

ポイント

- 界面活性剤は，分子中に疎水性基と親水性基をもつ両親媒性物質である.
- 界面活性剤は，イオン性界面活性剤と非イオン性界面活性剤に大きく分類される.
- 界面活性剤を溶媒に溶かすと，cmc 以上でミセルを形成する.
- cmc 前後で，溶液の物理化学的性質が大きく変化する.
- イオン性界面活性剤は，クラフト点を超えると急激に溶解度が増す.
- 非イオン性界面活性剤は，曇点を超えると水素結合が切れ急激に溶解度が低下する.
- 界面活性剤の混合物の HLB 値は，それぞれの HLB とその質量分率の積の総和である.

D コロイド分散系

❶ コロイドの分類

コロイドは，ある物質の微粒子(**分散相**)が，媒質(**分散媒**)中に分散した状態であり，この系を**コロイド分散系**，微粒子をコロイド粒子という．たとえば，タンパク質，ゼラチン，デンプンなどの水溶性高分子の水溶液はコロイド溶液となる．コロイド粒子のもつ総界面面積は非常に大きいため*17，コロイド分散系では，吸着，界面張力などの界面現象がみられる．コロイド分散系の分類を表 10･4 に示す．

*17 たとえば，一辺 1 mm の立方体が一辺 1 nm の立方体に細分化された場合，その総表面積は 6 m^2 にもなる.

表 10･4 コロイド分散系の分類

コロイド分散系	説 明
分子コロイド	タンパク質，ゼラチン，アラビアゴム，寒天などの水溶性高分子化合物が分散した水溶液である. 分子のサイズが大きく，1 分子だけでコロイド粒子となり得る. 熱力学的に安定
会合コロイド	界面活性剤は両親媒性物質であり，cmc 以上で溶媒分子と親和性のある側を溶媒側に向け，ミセル，ベシクルなどの多様な形態で会合し，コロイド粒子となる. 熱力学的に安定
分散コロイド	固体粒子が液体中に分散した分散系を**懸濁液(サスペンジョン)**といい，互いに溶けない 2 つの液体の一方が，もう一方の中に分散した分散系(o/w 型，w/o 型など)を**乳濁液(エマルジョン)**という. 熱力学的に不安定

❷ コロイドの性質

ⓐ コロイド粒子の大きさと性質

コロイド粒子の直径は1 nm ～ 1 μm(1×10^{-9} m ～ 1×10^{-6} m)であり，ろ紙を通過することはできるが，セロハン，半透膜，生体膜を通過することはできない．たとえば，コロイド溶液を半透膜チューブに入れ純水中に浸しておくと，コロイド粒子は半透膜を通過できないため，コロイド溶液を精製することができる．これを**透析**という．分散媒分子に比べ大きなコロイド粒子は，まわりの分散媒との衝突により，ランダムな動きをし，沈降することなく分散し続ける(**ブラウン運動**＊18)．粒子径が1 μm を超える粗大粒子になると，ブラウン運動は起こらず，**ストークスの式**＊19 に従って沈降する．

＊18 **ブラウン運動** Brownian movement

＊19 **ストークスの式** Stokes' equation

$$\nu = \frac{2r^2(\rho - \rho_0)g}{9\eta} \qquad (10\cdot21)$$

ここで，ν は沈降速度，r は粒子の半径，ρ は粒子の密度，ρ_0 は溶媒の密度，η は溶媒の粘度，g は重力加速度である．

ⓑ 光散乱(チンダル現象)

コロイド溶液に横からレーザー光などの強い光を当てると，透明にみえる溶液もコロイド粒子が光を散乱して光路がみえる．この現象を**チンダル現象**＊20 といい，コロイド溶液がもつ特徴の1つである．限外顕微鏡はこの現象を利用したもので，光学顕微鏡ではみることのできない，粒子の存在や運動を観察することができる．

＊20 **チンダル現象** Tyndall phenomenon

ⓒ コロイドの電気的性質

コロイド粒子表面への陽イオンあるいは陰イオンの吸着や，コロイド粒子を構成する分子の解離が起こると，粒子は帯電することになる．正の電荷を帯びているコロイドを**正コロイド**，負の電荷を帯びているコロイドを**負コロイド**という．

コロイド粒子表面の電荷と反対の電荷をもつイオンが，粒子表面に引き寄せられて粒子を取り囲む**イオン雰囲気**を形成し，安定化している．このイオン雰囲気は，コロイド粒子から自由に動けず固定されているイオンが存在する**固定層**(**シュテルン層**＊21)と，自由に動くことができる**拡散層**からなる．シュテルン＊22 の**電気二重層**モデルを図10・16に示す．固定層において粒子表面から離れるにつれ，表面電位は直線的に減少し，拡散層におけるイオンの分布は**ボルツマン分布**＊23 をとるため，表面電位は指数関数的に減少する．表面からの距離 H における電位 $\phi(H)$ は，近似的に次の式で表される．

＊21 **シュテルン層** Stern layer

＊22 **シュテルン** O. Stern

＊23 **ボルツマン分布** Boltzmann distribution

$$\phi(H) = \phi_0 e^{-\kappa H} \qquad (10\cdot22)$$

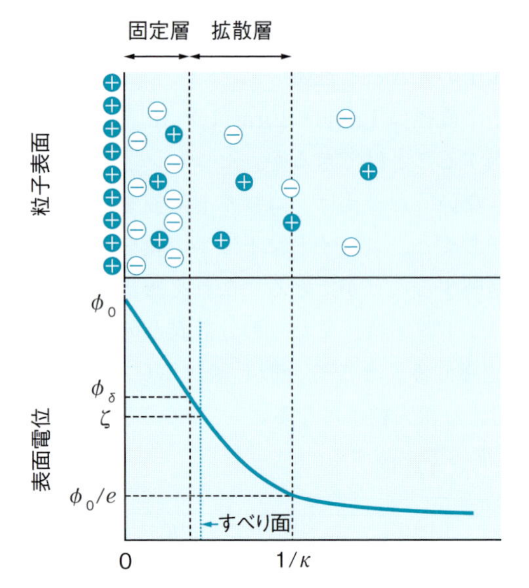

図 10・16　シュテルンの電気二重層モデル

＊24　**デバイパラメータ**　Debye parameter

ここで，ϕ_0 は粒子の表面電位，κ は**デバイパラメータ**＊24である．式(10・22)より，$H = 1/\kappa$ のとき，電位 $\phi(H)$ は表面電位 ϕ_0 の $1/e$ 倍に減少することがわかる．この $1/\kappa$ は**電気二重層の厚さ**とよばれ，電気二重層効果の指標として用いられる．固定層と拡散層の境界近傍のすべり面における電位を ζ（ゼータ）電位といい，電気泳動法などの実験法により決定することができる．また，ζ 電位は**シュテルン電位** ϕ_δ に等しいと近似できる．ζ 電位が高いと，コロイド粒子は安定に存在することができるが，逆に ζ 電位が低いと，コロイド粒子は凝集して沈殿を起こす．

d　コロイドの安定性

(1)親水コロイド

親水コロイドは，粒子の表面電荷に加え，粒子表面を構成する分子が親水性であるため溶媒である水と水和した水和層をもち，安定化している．電解質を少量加え表面電荷が中和されたとしても，粒子は水和層をまとっており，凝集は起こらない．しかし，多量の電解質を加え水和層の水を脱水すると，粒子は凝集して沈殿する．この現象を**塩析**という（図10・17）．

塩析効果はイオンにより異なり，その序列を**離液順列**あるいは**ホフマイスター順列**＊25という．

＊25　**ホフマイスター順列**　Hofmeister series

陰イオン：$SO_4^{2-} > Cl^- > Br^- > NO_3^- > ClO_3^- > I^- > SCN^-$
一価陽イオン：$Li^+ > Na^+ > K^+ > Rb^+ > Cs^+$
二価陽イオン：$Mg^{2+} > Ca^{2+} > Sr^{2+} > Ba^{2+}$

親水コロイドに脱水作用のある有機溶媒あるいは反対符号に帯電した

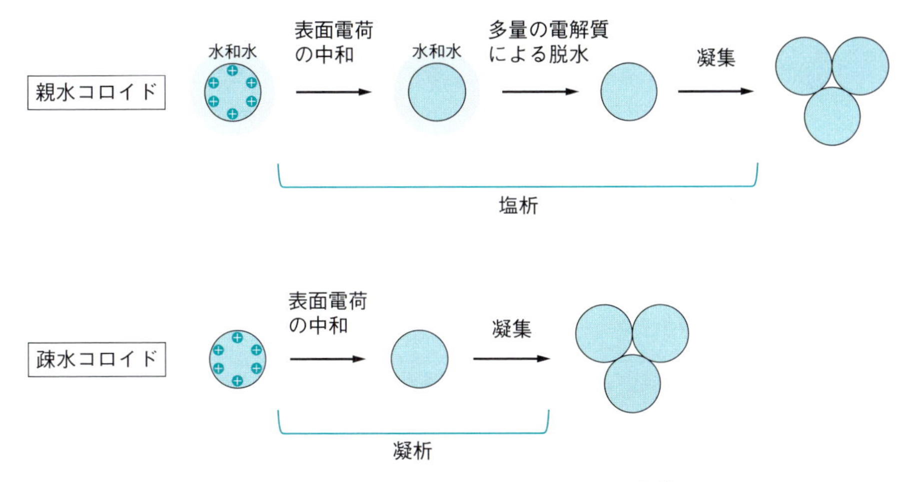

図 10・17 親水コロイドと疎水コロイドの凝集

親水コロイドを加えると，分散状態からコロイド粒子濃度が高い相と低い相の2相に分離する．この現象を**コアセルベーション**[*26]といい，マイクロカプセルの調製に利用される．

単純コアセルベーション：アルコール，アセトンなど脱水作用のある有機溶媒をコロイド溶液に加えると，水和層が破壊され相分離が起こる．

複合コアセルベーション：コロイド粒子の表面電荷と反対符号に帯電した水溶性高分子コロイドを加えると，コロイド粒子同士で電荷が中和され(電気二重層の破壊)，相分離が起こる．

(2)疎水コロイド

疎水コロイドは，水分子との親和性が低く粒子の表面電荷により電気二重層を形成しているものの，水和層をもたないため，親水コロイドに比べ安定性は低い．したがって，少量の電解質を加えただけでコロイド粒子の表面電荷が中和され，凝集が起こる．この現象を**凝析**といい，凝析させるのに必要な最小濃度を**臨界凝集濃度**(**凝析価**)という(図 10・17)．この臨界凝集濃度は，疎水コロイドの反対電荷をもつイオン価数の6乗に反比例することが知られている(**シュルツ・ハーディの規則**[*27])．

コロイド粒子間には反発力や引力が働いており，疎水コロイドの安定性は，静電反発力とファンデルワールス引力のバランスで決まる．これらのポテンシャルエネルギーから疎水コロイドの安定性を理論的に論ずることができ，これを**DLVO 理論**[*28]という．

コロイド粒子間のファンデルワールスポテンシャルエネルギー V_a は，コロイド粒子の半径を a，コロイド粒子間の距離を H とし，$H << a$ であるとき

$$V_a(H) = -\frac{Aa}{12}\frac{1}{H} \tag{10·23}$$

*26 **コアセルベーション** coacervation

*27 **シュルツ・ハーディの規則** Schulze-Hardy rule

*28 **DLVO理論** B. V. Derjaguin, L. D. Landau, E. J. W. Verwey, J. T. G. Overbeek の名前の頭文字をとったもの．

*29 **ハマカー定数** Hamaker constant

である．A はハマカー定数[*29]とよばれる粒子間のファンデルワールス引力を特徴づける定数である．その単位はJであり，$V_a(H)$は粒子間距離に反比例する．

表面が正に帯電したコロイド粒子間の静電ポテンシャルエネルギー V_r を考えてみよう(図10・18)．コロイド粒子の周囲には電気二重層があるため，粒子が接近すると電気二重層同士の静電反発が生じる．

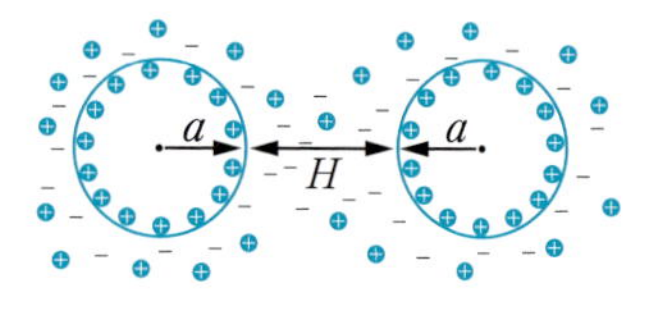

図10・18 疎水コロイド粒子間の相互作用モデル

粒子径 a と $1/\kappa$ の関係が $a >> 1/\kappa$ である(半径に比べ相対的に電気二重層が薄い)ときは

$$V_r(H) = \frac{\varepsilon a \phi_0^2}{2} \ln(1 + e^{-\kappa H}) \qquad (10 \cdot 24)$$

となり，粒子径 a と $1/\kappa$ の関係が $a << 1/\kappa$ である(半径に比べ相対的に電気二重層が厚い)ときは

$$V_r(H) = \frac{\varepsilon a^2 \phi_0^2}{H + 2a} e^{-\kappa H} \qquad (10 \cdot 25)$$

となる．ε は拡散層中の誘電率である．

DLVO理論においてコロイドの安定性は，ファンデルワールスポテンシャルエネルギー $V_a(H)$ と静電ポテンシャルエネルギー $V_r(H)$ の和である全ポテンシャルエネルギー $V(H)$ によって判定される．

$$V(H) = V_a(H) + V_r(H) \qquad (10 \cdot 26)$$

図10・19aは，疎水コロイド溶液について $V(H)$ と H の関係をグラフ化したものである．全ポテンシャルエネルギー $V(H)$ には極大値 V_{max} があり，コロイド粒子同士が凝集するためには，この極大値を超

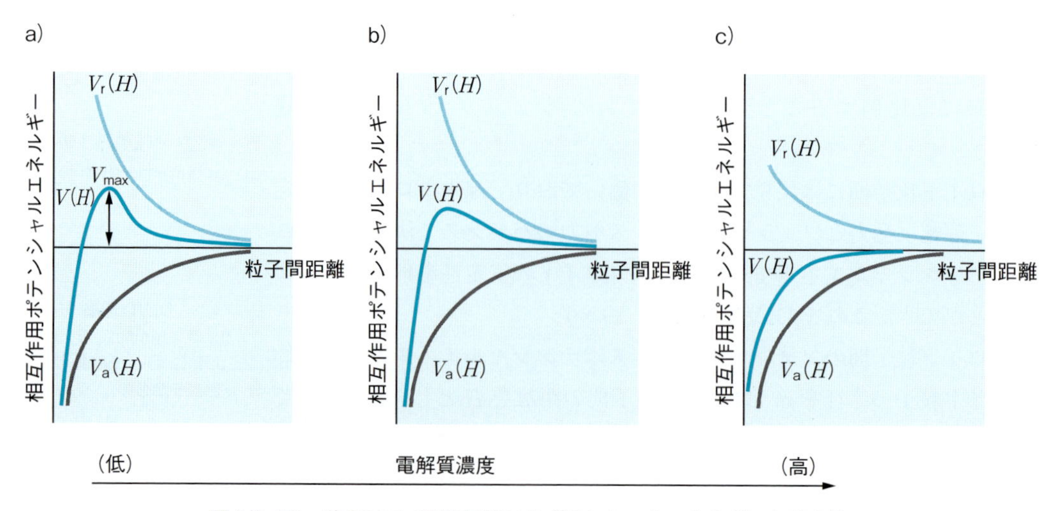

図10・19 疎水コロイド粒子間の全ポテンシャルエネルギーと安定性

えて近づかなくてはならない．粒子の熱運動エネルギーに比べ，V_{max} が十分に大きければ，凝集は起こらず安定である．次にこの疎水コロイド溶液に電解質を加えていくと，電荷の中和により静電ポテンシャルエネルギー $V_r(H)$ は低下し，V_{max} も低下する(図 10･19b)．さらに電解質濃度が増すと，極大値は消失する(図 10･19c)．$V_{max} = 0$ となるときの電解質濃度が臨界凝集濃度であり，これ以上の濃度では急激に凝析が起こる．

(3)保護コロイド

疎水コロイドに親水コロイド(ゼラチン，アラビアゴムなどの親水性高分子)を加えると，疎水コロイドを親水コロイドが取り囲み，全体として親水コロイドの性質を示すようになる．このように疎水コロイドを安定化させる(保護する)目的で添加される親水コロイドを**保護コロイド**という．たとえば，墨汁にはにかわ(ゼラチン)，インクにはアラビアゴムが添加されている．

ポイント

- コロイド粒子の直径は，1 nm ～ 1 μm であり，ろ紙を通過することはできるが，セロハン，半透膜，生体膜を通過することはできない．
- コロイド溶液は，チンダル現象を示す．
- コロイド溶液は，親水コロイド，疎水コロイド，保護コロイドに大きく分類される．
- 親水コロイド溶液に多量の電解質を加えると表面電荷の中和，水和水の脱水が起こりコロイド粒子が凝集する．これを塩析という．
- 疎水コロイド溶液に電解質を加えると表面電荷の中和が起こりコロイド粒子が凝集する．これを凝析という．

E 吸着等温式

分子や原子が物質表面に付着することを**吸着**といい，吸着する物質を**吸着質**，吸着質が吸着する相手の物質を**吸着媒**という．また吸着は**物理吸着**(一般に可逆的)と**化学吸着**(一般に不可逆的)に大別される．

1 気相–液相界面における物理吸着

a ギブズ吸着等温式

界面活性剤を水に加えると，界面活性剤は分子内の疎水性部位を気相側に向け，溶液表面に集まって(吸着して)，表面張力を低下させる．界面活性剤濃度は，溶液内部よりも気相–液相界面(溶液表面)の濃度のほうが高い．この差を表面過剰濃度または単位面積あたりの吸着量 Γ (ガ

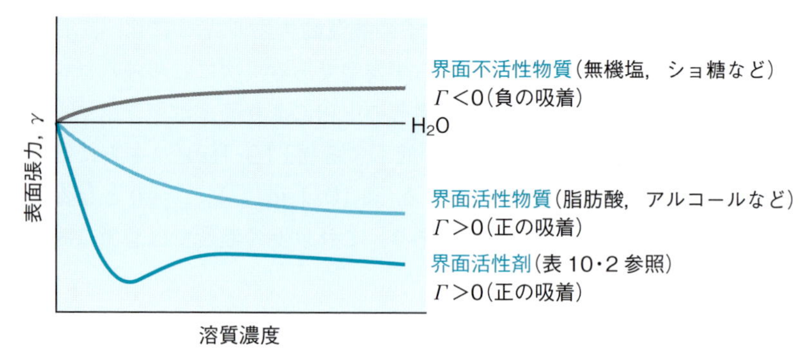

図 10・20　溶質の違いによる表面張力の変化

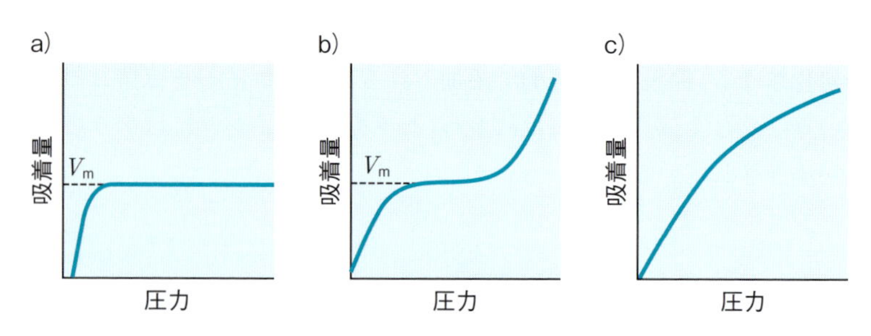

図 10・21　吸着等温線の代表例

a) ラングミュア吸着等温線(単分子吸着)
b) BET 吸着等温線(多分子吸着)
c) フロイントリッヒ吸着等温線

＊30　**ギブズ吸着等温式**　Gibbs adsorption isotherm equation

ンマ)といい，定温・定圧の条件において**ギブズ吸着等温式**＊30

$$\Gamma = -\frac{c}{RT}\frac{\mathrm{d}\gamma}{\mathrm{d}c} \qquad (10\cdot27)$$

で表される．ここで，c は溶質濃度であり，Γ の単位は mol m^{-2} である．

溶質濃度の変化に対する表面張力の変化 $\mathrm{d}\gamma/\mathrm{d}c$ を測定することにより，吸着量 Γ を求めることができる．$\Gamma<0$ であるとき，**負の吸着**といい，溶質濃度は表面よりも内部のほうが高く，$\Gamma>0$ であるとき，**正の吸着**といい，溶質濃度は内部よりも表面のほうが高い(図 10・20)．

❷ 気相–固相界面，液相–固相界面における物理吸着

以下に気相–固相界面における物理吸着について説明するが，圧力を濃度に代えれば液相–固相界面においても成り立つ．

ⓐ ラングミュア吸着等温式

固体表面に気体(吸着質)が単分子層吸着する場合の吸着量と圧力の関係を図 10・21a に示す．定温条件下における吸着媒 1 g あたりの吸着量を V，単分子飽和吸着量を V_m，吸着定数を b(＝吸着速度定数/脱着速度定数)，気体の平衡圧力を p とすると，

$$V = V_{\mathrm{m}} \frac{bp}{(1 + bp)} \qquad (10\cdot28)$$

が成り立ち，これをラングミュア吸着等温式[*31]という．

式(10・28)の両辺の逆数に p をかけると，

$$\frac{p}{V} = \frac{1}{bV_{\mathrm{m}}} + \frac{p}{V_{\mathrm{m}}} \qquad (10\cdot29)$$

となり，p/V を y 軸，p を x 軸としてプロットすると，勾配は $1/V_{\mathrm{m}}$，y 切片は $1/(bV_{\mathrm{m}})$ であるため，V_{m}，b を得ることができる(図 10・22)．また，気体分子の断面積(固体表面での占有面積) S_{m} (m^2) と V_{m} ($\mathrm{mol\ g^{-1}}$) から，固体(たとえば粉体)の比表面積 S ($\mathrm{m^2\ g^{-1}}$) を求めることができる．

$$S = N_{\mathrm{A}} S_{\mathrm{m}} V_{\mathrm{m}} \qquad (10\cdot30)$$

ここで，N_{A} はアボガドロ定数である．

*31　ラングミュア吸着等温式　Langmuir adsorption isotherm equation

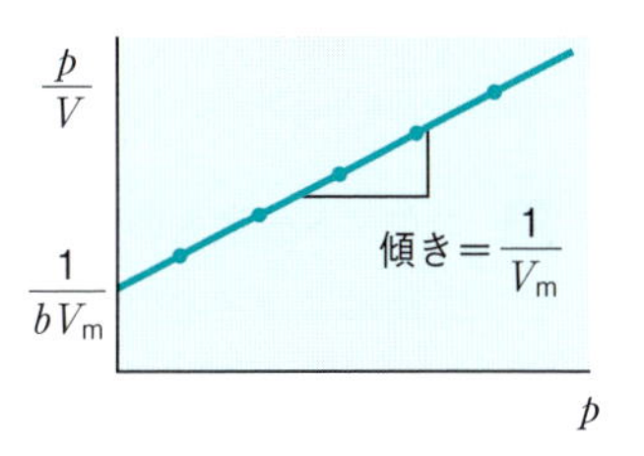

図 10・22　p に対する p/V のプロット

b　BET 吸着等温式

固体表面に気体(吸着質)が多分子層吸着する場合の吸着量と圧力の関係の典型例を図 10・21b に示す．定温条件下における吸着媒 1 g あたりの吸着量を V，単分子飽和吸着量を V_{m}，吸着定数を b(＝吸着速度定数/脱着速度定数)，気体の蒸気圧を p_0，気体の平衡圧力を p とすると，

$$V = \frac{V_{\mathrm{m}} bp}{(p_0 - p)\left\{1 + (b - 1)\dfrac{p}{p_0}\right\}} \qquad (10\cdot31)$$

が成り立ち，これを BET 吸着等温式[*32]という．

*32　BET 吸着等温式　BET adsorption isotherm equation　S. Brunauer，P. H. Emmett，E. Teller によって示された式である．

c　フロイントリッヒ吸着等温式

活性炭やシリカゲルなどの多孔質である固体に気体(吸着質)が吸着する場合の吸着量と圧力の関係の典型例を図 10・21c に示す．定温条件下における吸着媒 1 g あたりの吸着量を V，気体の平衡圧力を p，k および n は実験的に得られる定数とすると，

$$V = kp^{1/n} \qquad (10\cdot32)$$

が成り立ち，これをフロイントリッヒ吸着等温式[*33]という．

*33　フロイントリッヒ吸着等温式　Freundlich adsorption isotherm equation

ポイント

- 気相–液相界面における物理吸着量は，ギブズ吸着等温式で表される．
- 気相–固相界面，液相–固相界面における物理吸着量は，ラングミュア吸着等温式，BET 吸着等温式，フロイントリッヒ吸着等温式で表される．

Exercise

1　界面に関する各記述について，正誤を答えなさい． （難易度★☆☆）

①極性が小さく分子間力が弱い液体ほど，空気と液体の界面に働く表面張力は大きい．

②界面張力は，単位面積の界面をつくるのに要する仕事量である．

③界面活性剤は，界面張力を上昇させる作用をもつ．

④界面活性剤は，水中あるいは油中で，ミセル，ベシクルあるいは逆ミセルを形成する．

⑤表面張力の測定法として，毛管上昇法などがある．

（第92回薬剤師国家試験　問20改）

2　コロイド分散系の性質に関する各記述について，正誤を答えなさい． （難易度★★☆）

①疎水コロイドの安定性は，粒子間のファンデルワールス引力と静電反発力の総和で評価できる．

②疎水コロイドに電解質が共存すると粒子表面の電気二重層は厚くなり，分散状態は不安定となる．

③疎水コロイドの電荷と反対符号のイオンの価数が大きくなるほど，凝析価(mol/L)は大きくなる．

④親水コロイドに対する同濃度の1価陽イオンの塩析作用の強さは，$K^+ > Na^+ > Li^+$である．

⑤親水性の高分子コロイドにアルコールを添加すると，コロイドに富む液相と乏しい液相の2つに分離するコアセルベーションが起こる．

（第104回薬剤師国家試験　問171改）

3　次の文章を読み，設問①，②に答えなさい． （難易度★★★）

リポ化製剤であるアルプロスタジル注射液は，ダイズ油を分散体の主成分とする油滴分散体である．この分散体を球体とし，平均直径は120 nm，分散体の主成分であるダイズ油の注射液界面に対する界面ギブズエネルギーは25 mJ/m^{2}とする．ただし，分散体中の界面活性剤の影響はないものとし，この分散体について次のヤング・ラプラスの式が成り立つものとする．

$$\Delta p = \frac{2\gamma}{r}$$

Δp：液滴内外の圧力差　γ：界面張力　r：液滴の半径

①この分散体1つあたりの界面ギブズエネルギー(J)を求めなさい．

②この分散体の内圧と外圧の圧力差Δp(Pa)を求めなさい．

（第100回薬剤師国家試験　問199改）

4　HLB（親水性−親油性バランス）の値が4の界面活性剤AとHLBの値が10の界面活性剤Bを質量比3：2で混合したとき，混合物のHLB値を求めなさい． （難易度★☆☆）

5　医療用活性炭の品質管理を目的として，ガス吸着法による比表面積測定を行った．試料2.0 gに対する窒素ガスの単分子吸着量が3.0×10^{-2} molであったとき，この試料の比表面積(m^2/g)を求めなさい．ただし，アボガドロ定数を6.0×10^{23} mol^{-1}，窒素分子の分子占有断面積を1.6×10^{-19} m^{2}とする． （難易度★☆☆）

（第103回薬剤師国家試験　問175改）

電気化学

グルコースは酸素により生体内で二酸化炭素まで完全に酸化される.

$$C_6H_{12}O_6 + 6O_2 \longrightarrow 6CO_2 + 6H_2O$$

この反応を2つの半反応で示してみると, 電子移動反応がみえてくる.

$$C_6H_{12}O_6 + 6H_2O \longrightarrow 6CO_2 + 24H^+ + 24e^- \quad \text{(酸化反応)}$$
$$6O_2 + 24H^+ + 24e^- \longrightarrow 12H_2O \quad \text{(還元反応)}$$

生体内では多段階の電子移動ステップを経て上記酸化還元反応が進行し, 遊離するエネルギーをATPに変換している. 生命は非常に多くの電子移動反応により支えられていることが垣間みえる. この章では酸化還元反応の理解を深めるための基礎となる電気化学を学ぶ.

A 化学エネルギーの電気化学エネルギーへの変換

❶ 化学電池とは

正電荷が電極から溶液のほうへ向かって移動する電極と, 溶液側から電極へ正電荷が移動していく電極とをつなぎ, 一定の回路に持続的に電流を流すように組み立てられた装置を化学電池という. つまり化学電池とは, 化学反応のエネルギーを電気エネルギーに変換するシステムである. 酸化反応が起こる電極は**アノード(陽極)**, 還元反応が起こる電極は**カソード(陰極)**と定義されている. 化学電池の概念を学習することは酸化還元反応(電子移動反応)を理解するうえで非常に重要である.

電極の呼称として, 電極反応の進行方向を示す「アノード(陽極)・カソード(陰極)」のほかに,「正極(より正の電位をもつ電極)・負極(より負の電位をもつ電極)」というものがある. 化学電池では「アノードが負極」,「カソードが正極」である. しかし外部から電流を流して電気分解を行う場合は,「アノードが正極」,「カソードが負極」になることに注意しよう. また, 陽極・陰極はアノード・カソードの意味のほかに, 電位の高低を表すこともある. 電池においては「正極・負極」とよぶほうが一般的であるが, 本書では混乱を避けるためにアノード, カソードで統一して表記する.

❷ 化学電池の構成

溶液に電極を浸すと半電池ができ，半電池2つをつなぐと電池ができる．最も簡単な半電池は金属電極をその金属イオンを含む溶液に浸したものである．

$$Zn^{2+} \mid Zn \quad , \quad Cu^{2+} \mid Cu$$

この2つの半電池の組み合わせを考えよう．硫酸亜鉛水溶液に亜鉛板を浸した半電池と硫酸銅溶液に銅板を入れた半電池を多孔性の隔膜で仕切る(図11・1a)か塩橋[*1]でつなぐ(図11・1b)．そして両金属を導線で結ぶと，銅から亜鉛に向かって電流が流れる．これが**ダニエル電池**[*2]であり以下のように表記される．

*1　**塩橋**　細いガラス管(またはチューブ)にKClなどの正負のイオン輸率が等しい電解質の飽和寒天溶液を充填して固めたもの．

*2　**ダニエル電池**　Daniell cell

$$Zn \mid ZnSO_4 \,\vdots\, CuSO_4 \mid Cu \quad (\text{図 } 11\cdot1a)$$
$$Zn \mid ZnSO_4 \,\vdots\vdots\, CuSO_4 \mid Cu \quad (\text{図 } 11\cdot1b)$$

これらを電池図といい，電池の構造を表す．電池図は右側がカソード，左側がアノードになるように表記する．また縦の1本線は相界面を表しており，1重破線は多孔性の隔膜，2重破線は塩橋で両溶液の混合が防止されていることを示している．溶液の濃度(活量)が併記されることもある．

ダニエル電池の場合，亜鉛電極(アノード)では，

$$Zn \rightleftharpoons Zn^{2+} + 2e^- \quad (\text{酸化反応，右向き}) \qquad (11\cdot1)$$

の変化が起こって電極上に電子を残す．この電子が導線を伝って銅電極(カソード)に達し，その表面で銅イオンに渡され銅が析出する．

$$Cu^{2+} + 2e^- \rightleftharpoons Cu \quad (\text{還元反応，右向き}) \qquad (11\cdot2)$$

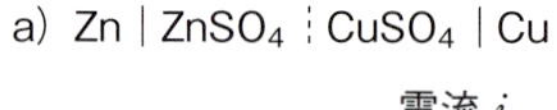

b) Zn | ZnSO4 ⁞ CuSO4 | Cu

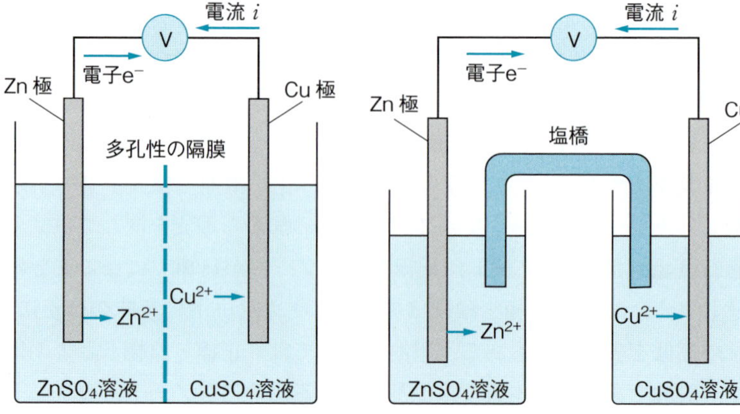

図11・1　ダニエル電池

この2つの電極反応（半反応）が組み合わさって式（11･3）の反応（電池反応，右向き）が進行する．

$$Zn + Cu^{2+} \rightleftharpoons Zn^{2+} + Cu \quad （酸化還元反応） \qquad (11\cdot3)$$

これは自然に起こるギブズエネルギーの減少する反応で，上式はずっと右に偏った平衡になる．銅よりも亜鉛のほうが電気的に陽性で，電子を放出する傾向（イオン化傾向）が大きいためである．

ここで Zn は Cu^{2+} に電子を与える**還元剤**（Zn 自身は酸化されて Zn^{2+} になる），Cu^{2+} は Zn から電子を受け取る**酸化剤**（Cu^{2+} 自身は還元されて Cu になる）である．このように電気エネルギーを取り出すために用いられる反応は酸化反応と還元反応の組み合わせ（酸化還元系）である．

ポイント

- 化学電池は化学反応を直接電気エネルギーに変換する装置である．
- 溶液に電極を浸すと半電池ができ，半電池を2つつないだものが電池である．
- ダニエル電池は Zn | $ZnSO_4$ ⁞⁞ $CuSO_4$ | Cu と表される．
- アノード（陽極）では酸化反応が起こり，カソード（陰極）では還元反応が起こる．
- 電極反応（半反応）の和が電池反応（酸化還元反応）である．
- 酸化剤は相手から電子を受け取り自身は還元される．酸化剤＝電子受容体
- 還元剤は相手に電子を与えて自身は酸化される．還元剤＝電子供与体

B　起電力とネルンストの式

❶ 化学電池の起電力

おさえておこう
- 平衡定数
- ギブズエネルギー

電池において電子がアノードから導線を伝ってカソードへ流れるのは，カソードのほうがアノードよりも相対的に正の電位にあるためである．負の電荷をもつ電子は，より正の電位をもつ電極に引きつけられて移動する．このアノード・カソード間の電位差をその電池の**起電力** E_{emf} という．正負は右側にカソード，左側にアノードを置いたときに起電力が正になるように定義されている．

電池の起電力は，補償法の原理により正確に測定することができる．図11･2のように電圧を任意に変えられる外部電源 P と電流計 G を電池端子間に接続する．そして電源 P の加電圧 E_p を電流計 G がゼロになるように調節する．つまり電源 P の電圧 E_p と電池の起電力 E_{emf} が釣り合って電流が流れない状態をつくることで，$E_p = E_{emf}$ の関係から電池の起電力が得られる．

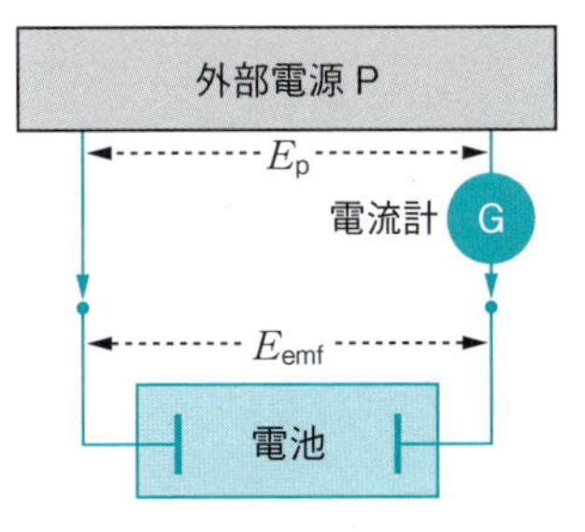

図11･2　補償法による起電力の測定

起電力は電池内化学反応のギブズエネルギーに関係づけられる．たと

えばダニエル電池(図11・1)の場合を考えてみよう．ファラデーの法則[*3]より，1 molの銅を析出させるためには$2F$[*4]の電気量が必要である．このとき電池の起電力をE_{emf}とすると電池反応の仕事は$2FE_{\mathrm{emf}}$であり，反応のギブズエネルギーの減少量($-\Delta G$)と等しい．したがって，仕事とギブズエネルギーには式(11・4)の関係が成り立つ．

*3　**ファラデーの法則**　Faraday's law　電解によって反応する物質の量は流れた電気量に比例し，同一電気量によって反応する物質の質量はその物質の化学当量に比例する．(ファラデー M. Faraday)

*4　Fはファラデー定数．$F = 96\,485\ \mathrm{C\ mol^{-1}}$

$$\Delta G = -2FE_{\mathrm{emf}} \tag{11・4}$$

一般にn molの電子が受け渡される電池反応については，

$$\Delta G = -nFE_{\mathrm{emf}} \tag{11・5}$$

の関係が成り立つ．また標準状態では標準ギブズエネルギーは式(11・6)のように表される．

$$\Delta G^\circ = -nFE^\circ_{\mathrm{emf}} \tag{11・6}$$

E°_{emf}は電池固有の値となり，このE°_{emf}を**標準起電力**とよぶ．

❷ ネルンストの式

次の2つの半電池の組み合わせからなる可逆電池反応を考えてみよう．

$$\text{アノード反応：} a\mathrm{A} \rightleftarrows c\mathrm{C} + n\mathrm{e}^- \tag{11・7}$$
$$\text{カソード反応：} b\mathrm{B} + n\mathrm{e}^- \rightleftarrows d\mathrm{D} \tag{11・8}$$

アノードでは酸化反応，カソードでは還元反応が進行し[式(11・7)，(11・8)の右向きの反応]，系全体として電池反応：式(11・9)は右向きに進行して平衡状態に達する．

$$\text{電池反応：} a\mathrm{A} + b\mathrm{B} \rightleftarrows c\mathrm{C} + d\mathrm{D} \tag{11・9}$$

・化学ポテンシャル

電池反応：式(11・9)に伴うギブズエネルギー変化はA，B，C，D各化学種の活量a_{A}，a_{B}，a_{C}，a_{D}を用いて式(11・10)のように表される[*5]．

*5　☞7章p.125参照

$$\Delta G = \Delta G^\circ + RT\ \ln\left(\frac{a_{\mathrm{C}}{}^{c}\,a_{\mathrm{D}}{}^{d}}{a_{\mathrm{A}}{}^{a}\,a_{\mathrm{B}}{}^{b}}\right) \tag{11・10}$$

式(11・10)に式(11・5)，(11・6)を代入して整理すると起電力E_{emf}は

$$E_{\mathrm{emf}} = E^\circ_{\mathrm{emf}} - \frac{RT}{nF}\ \ln\left(\frac{a_{\mathrm{C}}{}^{c}\,a_{\mathrm{D}}{}^{d}}{a_{\mathrm{A}}{}^{a}\,a_{\mathrm{B}}{}^{b}}\right) \tag{11・11}$$

と表される．式(11・11)は電池の起電力が電池反応を構成する物質の活量に依存して変化することを示しており，化学種の活量がいずれも1のときの起電力E_{emf}は標準起電力E°_{emf}と等しくなる．この関係式を**ネルンストの式**[*6]という．

*6　**ネルンストの式**　Nernst equation(ネルンスト W. H. Nernst)

③ 標準起電力と平衡定数

電池反応：式(11・9)が平衡状態に達すると，起電力 $E_{\mathrm{emf}} = 0$($\Delta G = 0$)となる．これを式(11・11)に代入して整理すると，

$$E^{\circ}_{\mathrm{emf}} = \frac{RT}{nF} \ln\left(\frac{a_{\mathrm{C}}{}^{c}\, a_{\mathrm{D}}{}^{d}}{a_{\mathrm{A}}{}^{a}\, a_{\mathrm{B}}{}^{b}}\right) = \frac{RT}{nF} \ln K \qquad (11\cdot12)$$

となる．式(11・12)は起電力 E°_{emf} と平衡定数 K との関係を表しており，平衡定数 K が起電力 E°_{emf} の値から求められることがわかる．

ポイント

- 電池の両電極間の電位差を起電力 E_{emf} という．
- 電池の起電力は補償法の原理により正確に測定できる．
- 電池反応に関与する化学種の活量が 1 のときの起電力を標準起電力 E°_{emf} という．
- 電池のした仕事と反応のギブズエネルギー減少量は等しい．$\Delta G = -nFE_{\mathrm{emf}}$
- 電池反応(酸化還元反応)の平衡定数 K は標準起電力から求められる．$E^{\circ}_{\mathrm{emf}} = (RT/nF)\ln K$

C 電極電位と電池の応用

① 電極電位

電池の起電力は電池を構成する「電極間の電位差」であり，測定により値を得ることが可能である．しかし「電極の電位」の絶対値はわからない．ここでは「電極の電位」について考える．

ある金属電極をその金属イオンの溶液に浸した半電池の反応

$$\mathrm{M}^{n+} + n\mathrm{e}^- \rightleftharpoons \mathrm{M} \qquad (11\cdot13)$$

がどちら向きに進行するかは，この反応に伴うギブズエネルギー変化で決まる．金属(固体)の活量は 1 と取り扱う[*7]ため，式(11・14)の関係が導かれる．

$$\Delta G = \Delta G^{\circ} - RT \ln a_{\mathrm{M}}{}^{n+} \qquad (11\cdot14)$$

ΔG° は標準反応ギブズエネルギーであり，ΔG° が負でその絶対値が大きいほど，式(11・13)は還元反応(右向き)が起こりやすく，その反対に，ΔG° が正で大きいほど式(11・13)は酸化反応(左向き)が起こりやすい．

式(11・13)の G の絶対値を知ることはできないが，基準となる半電池と組み合わせて電池をつくり，起電力を測ることで ΔG の相対値が得られる．通常，H^+ の活量 a_{H^+} が 1 で，H_2 は 25℃ 1 bar の圧力にある以下の半電池を基準とする．

*7 ☞ 7 章 p.124，8 章 p.135 参照

$$\frac{1}{2}\,H_2(1\ \mathrm{bar}) \rightleftarrows H^+(a=1) + e^- \qquad (11\cdot15)$$

これを**標準水素電極**＊8(SHE または NHE と表記される，図 11・3)といい，式(11・15)の反応ギブズエネルギーをゼロ(＝電極の電位をゼロ)と取り扱う．

＊8　**標準水素電極**　normal hydrogen electrode(NHE)または standard hydrogen electrode(SHE)

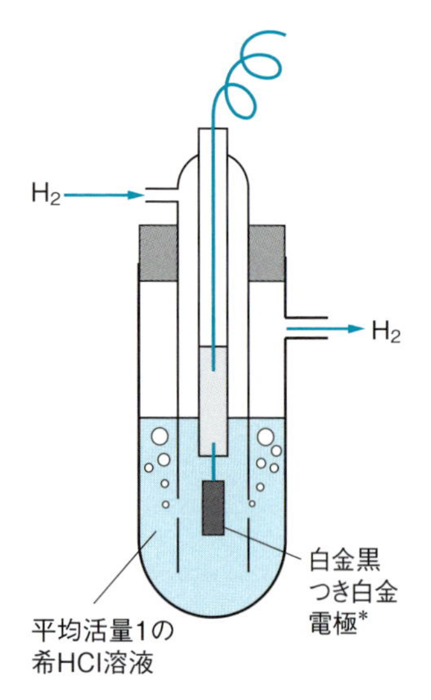

図 11・3　標準水素電極
＊白金電極表面に極めて微細な白金粒子を析出させたもので，表面積が大きいため電極反応に有利となる．

標準水素電極と半電池：式(11・13)をつないで

$$\mathrm{Pt}(H_2,\ 1\ \mathrm{bar})\ |\ H^+(a=1)\ \vdots\vdots\ M^{n+}(a_{M^{n+}})\ |\ M \qquad (11\cdot16)$$

という電池をつくり，その起電力 E_{emf} を測定すれば式(11・5)より電池反応：式(11・17)の ΔG が求められる．

$$M^{n+} + n \times \frac{1}{2}\,H_2 \rightleftarrows M + nH^+ \qquad (11\cdot17)$$

ここでは標準水素電極反応の $\Delta G = 0$ と定めているので，得られた ΔG は半電池：式(11・13)の反応ギブズエネルギーとなる．式(11・14)に式(11・5)，(11・6)を代入し整理すると，式(11・11)同様のネルンスト式が導かれる．

$$E = E^\circ + \frac{RT}{nF}\ln a_{M^{n+}} \qquad (11\cdot18)$$

ここで E は半反応：式(11・13)の**電極電位**であり，$a_{M^{n+}} = 1$ における E は**標準電極電位**または**標準電位**(E°)という．E° は ΔG° と式(11・19)の関係にあるので，半電池反応の起こりやすさの指標となる．

表 11・1　標準電極電位(25℃水溶液中)

半反応	E° (V vs. NHE)	半反応	E° (V vs. NHE)
$Ag^+ + e^- \rightleftarrows Ag$	0.7991	$H_2O + e^- \rightleftarrows 1/2H_2 + OH^-$	−0.828
$Al^{3+} + 3e^- \rightleftarrows Al$	−1.676	$H_2O_2 + 2H^+ + 2e^- \rightleftarrows 2H_2O$	1.763
$Br_2 + 2e^- \rightleftarrows 2Br^-$	1.0874	$Hg_2^{2+} + 2e^- \rightleftarrows 2Hg$	0.7960
$Ca^{2+} + 2e^- \rightleftarrows Ca$	−2.84	$2Hg^{2+} + 2e^- \rightleftarrows Hg_2^{2+}$	0.9110
$Cd^{2+} + 2e^- \rightleftarrows Cd$	−0.4025	$I_2 + 2e^- \rightleftarrows 2I^-$	0.5355
$Ce^{4+} + e^- \rightleftarrows Ce^{3+}$	1.72	$K^+ + e^- \rightleftarrows K$	−2.925
$Cl_2 + 2e^- \rightleftarrows 2Cl^-$	1.3583	$Mn^{2+} + 2e^- \rightleftarrows Mn$	−1.18
$Co^{3+} + e^- \rightleftarrows Co^{2+}$	1.92	$MnO_4^- + 8H^+ + 5e^- \rightleftarrows Mn^{2+} + 4H_2O$	1.51
$Cr_2O_7^{2-} + 14H^+ + 6e^- \rightleftarrows 2Cr^{3+} + 7H_2O$	1.36	$Na^+ + e^- \rightleftarrows Na$	−2.714
$Cu^{2+} + e^- \rightleftarrows Cu^+$	0.159	$O_2 + 2H^+ + 2e^- \rightleftarrows H_2O_2$	0.695
$Cu^{2+} + 2e^- \rightleftarrows Cu$	0.340	$O_2 + 4H^+ + 4e^- \rightleftarrows 2H_2O$	1.229
$Fe^{2+} + 2e^- \rightleftarrows Fe$	−0.44	$Pb^{2+} + 2e^- \rightleftarrows Pb$	−0.1251
$Fe^{3+} + e^- \rightleftarrows Fe^{2+}$	0.771	$Sn^{2+} + 2e^- \rightleftarrows Sn$	−0.1375
$Fe(CN)_6^{3-} + e^- \rightleftarrows Fe(CN)_6^{4-}$	0.3610	$Sn^{4+} + 2e^- \rightleftarrows Sn^{2+}$	0.15
$2H^+ + 2e^- \rightleftarrows H_2$	0.0000	$Zn^{2+} + 2e^- \rightleftarrows Zn$	−0.7626

[E° は A. J. Bard, L. R. Faulkner : Electrochemical Methods: Fundamentals and Applications, 2nd ed., John Wiley & Sons Inc., p.808-810, Table C.1, 2001 に基づいて作成]

$$\Delta G^\circ = -nFE^\circ \tag{11·19}$$

表 11·1 に代表的な半反応とその標準電極電位 E° を示す．標準電極電位 E° の値が負で絶対値が大きいほど酸化されやすく，E° の値が正で大きいほど還元されやすいことを示している．金属についてみると，イオン化傾向の大きな金属ほど E° の値が小さいことがわかる．また，$Fe^{3+} + e^- \rightleftharpoons Fe^{2+}$ のような溶液内反応に対しては電極電位のかわりに**酸化還元電位**と表記されることが多い．

現在，国際的な規約により標準水素電極を基準電極として電極電位を表すことになっているが，水素ガスを扱うため測定は煩雑であり危険も伴う．そこで実際の実験室での測定には，銀-塩化銀電極*9(図 11·4)など比較的安定で簡便に使用できる電極を基準に用いる．このような電極を**参照電極**とよぶ．

*9 **銀-塩化銀電極**　銀線の表面を塩化銀で覆い，塩化物イオンを含む溶液に浸した電極．

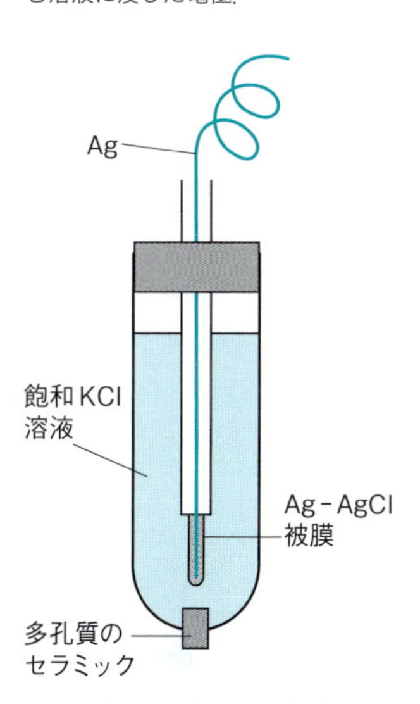

図 11·4　銀-塩化銀電極

図 11·4 に示す銀-塩化銀電極の標準水素電極に対する電位は 0.197(V vs. NHE)であるので，銀-塩化銀電極を用いた測定で得られた電極電位に 0.197 を加えれば標準水素電極に対する電極電位の値(V vs. NHE)に換算できる．

❷ 電池の応用

表 11·1 に示された標準電極電位の値から多くの情報を得ることができる．まず任意の半電池 2 つを組み合わせた電池を考えよう．ここでは E° の値の大きいほうがカソード(還元反応が起こる)，E° の値の小さいほうがアノード(酸化反応が起こる)となり電池反応(酸化還元反応)が進行する．この電池の標準起電力 E°_{emf} は，標準電極電位の値 E° を用いて求めることができる．

$$E^\circ_{\mathrm{emf}} = E^\circ(\text{右側}) - E^\circ(\text{左側}) \tag{11·20}$$

たとえば，図 11·1 に示したダニエル電池の標準起電力 E°_{emf} は，表 11·1 より以下の値が得られる．

$$E^\circ_{\mathrm{emf}} = 0.34(\text{右側：Cu}) - \{-0.7626(\text{左側：Zn})\} = 1.10\ \mathrm{V}$$

得られた E°_{emf} 値を式(11·12)に代入すれば電池反応の平衡定数 K が求められる．

電池の概念は，溶液内での酸化還元反応にも同様に応用できる．以下の水溶液中の酸化還元平衡を考えよう．

$$\mathrm{Br_2} + 2\mathrm{I^-} \rightleftharpoons \mathrm{I_2} + 2\mathrm{Br^-} \tag{11·21}$$

式(11·21)は以下の 2 つの半反応の組み合わせであり，表 11·1 よりそれぞれの E° を記す．

$$Br_2 + 2e^- \rightleftarrows 2Br^- \qquad E^\circ = 1.0874\ \mathrm{V} \qquad (11\cdot22)$$

$$I_2 + 2e^- \rightleftarrows 2I^- \qquad E^\circ = 0.5355\ \mathrm{V} \qquad (11\cdot23)$$

ここで，半反応：式(11･22)の E° は式(11･23)の E° よりも大きいので右向きの反応(還元反応)が起こり，半反応：式(11･23)は左向きの反応(酸化反応)が起こる．反応:式(11･21)は右向きの反応(酸化還元反応)が進行して平衡に達する．ここで，E° の値の差 ΔE° (＝1.0874 V − 0.5355 V ＝ 0.5519 V)と酸化還元反応：式(11･21)の標準ギブズエネルギー ΔG° および平衡定数 K とは以下の関係にあるので，

$$\Delta E^\circ = \frac{RT}{nF} \ln K, \quad \Delta G^\circ = -nF\Delta E^\circ \qquad (11\cdot24)$$

25℃のとき，

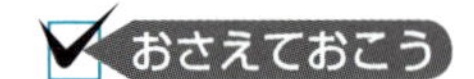

・SI 単位と誘導単位
・基礎物理単位
・対数の計算：自然対数を常用対数に変換($\ln A = 2.303 \times \log A$)

$$\begin{aligned}\Delta G^\circ &= -2 \times 96\,485\ \mathrm{C\ mol^{-1}} \times 0.5519\ \mathrm{V} \\ &= -106.5 \times 10^3\ \mathrm{V\ C\ mol^{-1}} \\ &= -106.5\ \mathrm{kJ\ mol^{-1}}\end{aligned}$$

$$0.5519 = \frac{8.3144 \times 298.15}{2 \times 96\,485} \times 2.303 \times \log K$$

$$K = 10^{18.65}$$

と計算することができる．

以上のことから，電池反応(酸化還元反応)の進行方向は2つの半反応の E° 値の大小によって決定される．E° の大きいほうの半反応は還元方向，E° の小さいほうの半反応は酸化方向に進行し，ΔE° が大きいほど平衡定数 K が大きく，その酸化還元反応は定量的に進行する．

ポイント

- 半電池：Pt (H_2, 1 bar) | H^+ (a ＝ 1) を標準水素電極 (E ＝ 0) といい，電極電位を決定する基準電極である．
- ある半電池の電極電位 E は，標準水素電極とつないだときの電池の起電力に等しい．
- 電池反応に関与する化学種の活量が1のときの電極電位を標準電極電位(標準電位) E° という．
- E° の値が負で絶対値が大きいほど酸化されやすく，E° の値が正で大きいほど還元されやすい．
- イオン化傾向の大きな金属ほど E° の値が小さい．
- 電池の標準起電力 E°_{emf} は，標準電極電位の値 E° を用いて求めることができる．
- 電池反応(酸化還元反応)の進行方向は2つの半反応の E° 値の大小によって決まる．
- E° の大きいほうの半反応は還元方向，E° の小さいほうの半反応は酸化方向に進行し，ΔE° が大きいほどその酸化還元反応の平衡定数 K は大きい．

D　膜電位とその応用

❶ 細胞膜電位

2種類の電解質溶液を膜で仕切ったとき，膜の両側にイオン濃度差があれば電位差が生じる．この電位差を**膜電位**という．生体内で生じる膜電位は細胞間の情報伝達などに重要な役割を果たしている．

まず細胞をイメージしてみよう．ある物質Aが細胞外と細胞内を移動するとき，細胞膜を通る輸送は熱力学的には化学平衡と同様に扱うことができる．

$$\mathrm{A(out)} \rightleftharpoons \mathrm{A(in)} \tag{11・25}$$

Aがイオンである場合，膜内外において化学ポテンシャルに静電場を考慮した**電気化学ポテンシャル**の差が生じる．イオンの電気化学ポテンシャル $\overline{\mu}_i$ は化学ポテンシャルと静電場のポテンシャルエネルギーの和で定義され，式(11・26)で示される．

$$\overline{\mu}_i = \mu_i + Z_i F \phi \tag{11・26}$$

ここで μ_i は溶質の化学ポテンシャル，Z_i は溶質の電荷，F はファラデー定数，ϕ は静電ポテンシャル（電位）である．よって物質Aの膜内外の電気化学ポテンシャルの差 $\overline{\mu}_{i\,\mathrm{in}} - \overline{\mu}_{i\,\mathrm{out}}$ ($\Delta\overline{G}$) は式(11・27)で示される．

$$\Delta\overline{G} = RT \ln \frac{[\mathrm{A}]_{\mathrm{in}}}{[\mathrm{A}]_{\mathrm{out}}} + Z_i F(\phi_{\mathrm{in}} - \phi_{\mathrm{out}}) \tag{11・27}$$

ϕ_{in} および ϕ_{out} をそれぞれ膜内および膜外の電位とすれば，$Z_i F(\phi_{\mathrm{in}} - \phi_{\mathrm{out}})$ は膜内外の電位差に基づく静電的な仕事であり，この $\phi_{\mathrm{in}} - \phi_{\mathrm{out}}$ が**膜電位** E_ϕ である．式(11・25)が平衡状態では $\Delta\overline{G} = 0$ であるので，平衡状態での膜電位 E_ϕ は式(11・28)となる．

$$E_\phi = -\frac{RT}{Z_i F} \ln \frac{[\mathrm{A}]_{\mathrm{in}}}{[\mathrm{A}]_{\mathrm{out}}} \tag{11・28}$$

生細胞の膜電位はミクロ電極により測定することができる．

細胞膜内より膜外のほうがAの $\overline{\mu}_i$ が高ければ（$\Delta\overline{G} < 0$），外部から内部にAが移動する．このように高い側から低い側への電気化学ポテンシャルの勾配に従った移動を**受動輸送**という．しかし，内部のほうが外部より電気化学ポテンシャルが高ければ ΔG は正となり，ATP加水分解などの**発エルゴン反応**[*10] と共役して全体のギブズエネルギー変化が負にならなければAは細胞内に流入しない．この $\overline{\mu}_i$ 勾配に逆らった移動を**能動輸送**という．

おさえておこう
・化学ポテンシャル

ここにつながる
・イオンチャネル
☞ p.204 コラム

＊10 **発エルゴン反応**　自発的過程，すなわち ΔG が負の反応．ergon（仕事：ギリシャ語）

コラム

膜電位とイオンチャネル

膜電位の変化に応答して開くイオンチャネルを電位依存チャネルという．たとえば，神経細胞において刺激が入ると活動電位が発生する．この活動電位とは膜電位の変化を意味しており，膜電位変化を感知した電位依存チャネルがニューロンに沿って次々に開くことにより情報が伝達される．テトロドトキシン(フグ毒)は選択的に電位依存 Na^+ チャネルを塞ぐことで神経毒を示すことが知られている．

一方，膜電位の変化を作用機序とする医薬品にスルホニル尿素(SU)剤がある．服用すると膵臓の β 細胞膜の SU 受容体に結合して ATP 依存性 K^+ チャネルが閉じ，細胞内に K^+ がたまることで細胞膜電位が上昇する．すると上昇した膜電位に反応して電位依存 Ca^{2+} チャネルが開き，インスリン分泌が促進される．SU 剤は代表的な経口血糖降下薬である．

❷ 膜電位測定と濃淡電池

半電池を構成する電極と電解質溶液が等しく，活量のみが異なる電池を**濃淡電池**という．代表的な濃淡電池である pH 測定系の電池図は式(11･29)で表される．

ガラス電極(銀–塩化銀電極＋内部液) | 試料溶液 ¦¦ 銀–塩化銀電極　(11･29)

ガラス電極の内部には内部液が満たされており，その溶液内に通常銀–塩化銀電極が入れられている．このガラス電極の薄膜を隔てた内部液のプロトン活量($a_{H^+, G}$)と試料溶液中のプロトン活量($a_{H^+, S}$)の違いにより，膜電位 E_ϕ (式(11･30))が発生する．

$$E_\phi = -\frac{RT}{F} \ln \frac{a_{H^+, S}}{a_{H^+, G}} \tag{11･30}$$

ガラス電極の内部液のプロトン活量は既知であるので，膜電位 E_ϕ を測定することにより試料溶液中のプロトン活量が得られる．この電池：式(11･29)はアノードとカソードが同一であるため標準起電力は 0 V となり，測定される起電力 E は式(11･31)に示すように膜電位 E_ϕ と E_C(液間電位差と不斉電位)の和となる．

$$E = E_\phi + E_C \tag{11･31}$$

液間電位差とは電極内部液と試料溶液の間に生じる電位であり，不斉電位とはガラス膜のひずみなどによって生じる電位で，それぞれ電極ごとに異なる値を示す．そこで pH が既知の pH 標準液を用いて起電力 E を測定し補正する．この作業が pH メーターの校正である．

半電池を構成する電解質溶液の活量のみが異なることで起電力を生じる濃淡電池の作動原理を理解することは，生体内で生じる膜電位を理解することにつながる．

ポイント

- 膜で隔てられた両側のイオン濃度が異なるとき膜電位が発生する.
- 膜電位は膜内外の電気化学ポテンシャルの差から求められる.
- 電気化学ポテンシャルは化学ポテンシャルと静電場のポテンシャルエネルギーの和である.
- 電気化学ポテンシャルの高いほうから低いほうへの物質移動を受動輸送，電気化学ポテンシャル勾配に逆らった物質移動を能動輸送という.
- 半電池を構成する電極と電解質溶液が等しく，活量のみが異なる電池を濃淡電池という.
- pH 測定系は濃淡電池である.
- 溶液の pH は，ガラス電極の薄膜で隔てられた試料溶液と電極内部液のプロトン活量差により発生する膜電位を測定することで得られる.
- 濃淡電池の作動原理を理解することは，生体における膜電位の原理を理解することにつながる.

コラム

血糖値測定

糖尿病の患者にとって血糖値のコントロールは非常に重要であり, 実際自宅で簡単に血糖値測定ができる. 現在市販されている自己血糖測定器の多くは，酵素電極を用いたグルコース濃度測定方法を用いている. 指先を針で刺し，少量の血液を測定電極上にのせる. すると図 11･5 に示すように，電極表面にある酵素(酸化還元酵素)が血液中のグルコースをグルコン酸に酸化して自身が還元される. 続いてメディエーター分子が酵素を酸化して自身が還元され，最終的に電極上へ電子を渡す流れをつくる. そしてグルコース量に相当する電流を観測することで血糖値を知ることができる.

この一連の酵素触媒反応を介した電子移動をエレクトロバイオカタリシスとよぶ. 酵素にはグルコースデヒドロゲナーゼ類，メディエーター分子にはオスミウム錯体などが使用されており，酵素とメディエーター分子の組み合わせの差異による多種多様の測定電極が市販されている. 自己血糖測定器の酵素電極添付文書には酵素とメディエーター分子の組み合わせが記載されているので確認することができる.

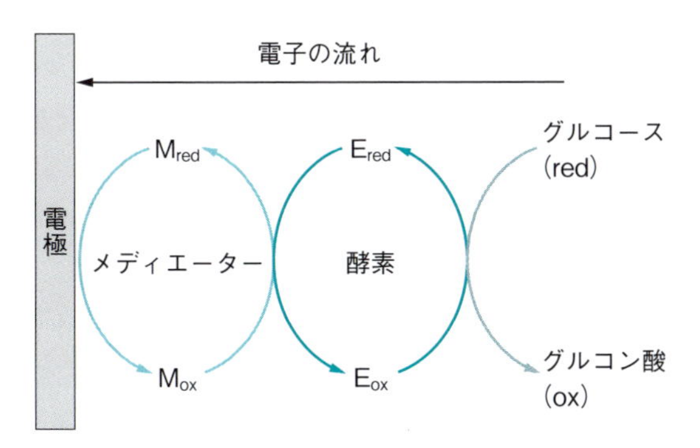

図 11･5 酵素触媒反応を介した電子移動

Exercise

1 **次の電池に関する記述の正誤を答えなさい．** 難易度★☆☆

①酸化反応が起こる電極はカソード(陰極)である．

②電池図では右側にカソード，左側にアノードとなるように表記する．

③酸化剤は相手から電子を受け取り自身は還元される電子供与体である．

④電池の両電極間の電位差を標準起電力という．

⑤電池図の二重破線は塩橋で両溶液の混合が防止されていることを示している．

2 **次の標準電極電位(標準酸化還元電位)に関する記述の正誤を答えなさい．** 難易度★☆☆

①半電池反応の標準電極電位は，銀-塩化銀電極を0 Vとしたときの電位である．

②標準電極電位が大きいほど半電池反応は左向き(酸化方向)に進行しやすい．

③右側の電極と左側の電極の標準電極電位から標準起電力が求められる．

④イオン化傾向の大きな金属ほど標準電極電位が大きい．

⑤電池を構成する半電池反応の標準電極電位がわかれば電池反応の平衡定数が求められる．

3 **水溶液中の酸化還元平衡：$Cl_2 + 2I^- \rightleftharpoons I_2 + 2Cl^-$について，以下の問いに答えなさい．**

難易度★★☆

①上記反応を構成する半反応を記し，それぞれの標準酸化還元電位を表11･1より選べ．

②標準酸化還元電位の値からそれぞれの半反応の進行方向を考察せよ．

③ 25℃における上記反応の平衡定数を計算せよ．

4 **NAD^+/NADH および CH_3CHO/CH_3CH_2OH の半反応およびそれぞれの標準電位を下に示す．**

難易度★★☆

$NAD^+ + H^+ + 2e^- \rightleftharpoons NADH$　　標準電位：－0.315 V / vs. NHE(pH7，25℃)

$CH_3CHO + 2H^+ + 2e^- \rightleftharpoons CH_3CH_2OH$　　標準電位：－0.197 V / vs. NHE(pH7，25℃)

pH7，25℃において，NAD^+/NADH および CH_3CHO/CH_3CH_2OH からなる化学電池が放電するときの標準ギブズエネルギー変化($kJ \cdot mol^{-1}$)を計算せよ．ただし，ファラデー定数 $F = 9.65 \times 10^4\ C \cdot mol^{-1}$ とし，CH_3CHO/CH_3CH_2OH を右側の電極とする．　(第100回薬剤師国家試験　問95改)

5 **濃淡電池 Zn | $ZnSO_4$(c_1 mol/L) ┆ $ZnSO_4$(0.1 mol/L) | Zn について，以下の問いに答えなさい．**

難易度★★☆

①上記反応を構成する半反応を記し，標準酸化還元電位を表11･1より選べ．

②この電池の標準起電力はいくつか．

③ c_1 = 0.01のとき，この電池の起電力を計算せよ．ただし，この場合の亜鉛半電池の電極電位 E V は次の式で表されることとする．

$$E = E^\circ + \frac{0.059}{2} \log 10\ [Zn^{2+}]$$

(第105回薬剤師国家試験　問100改)

物質の変化について理解する

反応速度論

化学平衡論では変化の始まりと終わりの状態に着目するのに対し，反応速度論では，物質の濃度や状態の時間に対する変化を扱う．物質が変化する速度はすべてが一様ではなく，爆発のように非常に速い速度で進む反応もあれば，鉄が錆びるときのようにゆっくりと変化する反応もある．錠剤や顆粒剤から薬物が溶け出す速度や溶出した薬物が消化管内で移動する速度，薬が消化管から吸収される速度などは，薬物の血中濃度とその効果の強さに関係する．また，薬物が肝臓や腎臓などで代謝，排泄される速度を評価することは，薬物の作用時間を予測し，投与計画を立てるうえで必要である．さらに，医薬品に設けられている有効期限は，医薬品（薬物）の安定性（分解速度）に基づいて決定される．このように，反応速度論は薬物の合成だけでなく，体内動態や作用にいたるまで幅広く関連している．

A 反応速度式

反応物 A が変化して生成物 B となる反応の反応速度は，反応物 A の濃度[A]の単位時間あたりの減少量，あるいは生成物 B の濃度[B]の単位時間あたりの増加量で表され，その単位（次元）は濃度/時間である．図 12･1 のように，ある時間 t_1 における濃度曲線の傾きが，その時間における反応速度となる．これを式で表すと，

$$\text{反応速度}(v) = \frac{\text{微小単位時間における濃度変化}(\mathrm{d}[\text{濃度}])}{\text{微小単位時間}(\mathrm{d}[\text{時間}])} = -\frac{\mathrm{d}[\mathrm{A}]}{\mathrm{d}t} = \frac{\mathrm{d}[\mathrm{B}]}{\mathrm{d}t} \qquad (12\cdot1)$$

となる．式(12･1)では，反応速度が正の値となるように，$\mathrm{d}[\mathrm{A}]/\mathrm{d}t$ には負号をつけて表している．

例示した曲線の傾きは時間とともに変化しているが，反応の様式によっては，傾きの変化する割合が異なったり，傾きが変化せず直線となる場合もある．

ある温度における反応速度と物質濃度との関係は，反応物濃度の累乗

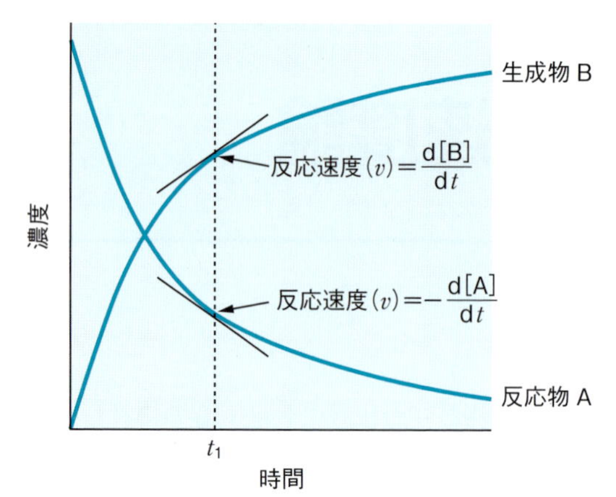

図 12・1　反応における物質濃度の経時変化

の関数となることが多く，その場合以下のように表される．

$$\text{反応速度}(v) = -\frac{\mathrm{d}[\mathrm{A}]}{\mathrm{d}t} = k[\mathrm{A}]^n \qquad (12\cdot2)$$

式(12・2)を反応速度式とよび，k は系の圧力や温度，分子の配向および分子のエネルギー状態などで決まる定数(**反応速度定数**)で，濃度には依存しない．n は実験により求められる定数で，**反応次数**とよばれ，必ずしも整数であるとは限らない．

より一般化した反応，$a\mathrm{A} + b\mathrm{B} \rightarrow c\mathrm{C} + d\mathrm{D}$ の反応速度 v は，

$$\text{反応速度}(v) = -\frac{1}{a}\frac{\mathrm{d}[\mathrm{A}]}{\mathrm{d}t} = -\frac{1}{b}\frac{\mathrm{d}[\mathrm{B}]}{\mathrm{d}t} = \frac{1}{c}\frac{\mathrm{d}[\mathrm{C}]}{\mathrm{d}t} = \frac{1}{d}\frac{\mathrm{d}[\mathrm{D}]}{\mathrm{d}t} \qquad (12\cdot3)$$

と表され，反応速度式は，

$$\text{反応速度}(v) = k[\mathrm{A}]^m[\mathrm{B}]^n \qquad (12\cdot4)$$

となる．このとき，$m + n$ が反応次数となる．実験で求められる反応次数は，反応に関わる化学量論の係数(a, b)とは必ずしも一致しない．

ポイント

- 反応速度は，反応物や生成物の濃度が単位時間あたりに変化する割合であり，単位は濃度/時間である．
- 反応速度式は，反応速度定数と反応物濃度の累乗の関数で表されることが多い．
- 反応速度定数は，系の圧力や温度などの環境因子や化合物の反応のしやすさで決まる定数で，濃度には依存しない．

B 反応次数と反応速度式

❶ 0 次反応

0 次反応は，式(12･2)に示した反応速度式の n が 0，すなわち反応物の濃度 C に関係なく，反応速度(傾き)は変化しないため，図 12･2 に示すように反応物の濃度が直線的に減少する反応である．

反応速度 v は，以下のように表すことができる．

$$反応速度(v) = -\frac{dC}{dt} = kC^0 = k \qquad (12･5)$$

ここで，k は 0 次反応速度定数である．0 次反応速度定数(k)の次元は，濃度・時間$^{-1}$ となる．この式を積分すると

$$C = C_0 - kt \qquad (12･6)$$

となる．式(12･6)で，k は 0 次反応速度定数，t は時間，C は t 時間経過後の反応物の濃度，C_0 は反応物の初濃度($t = 0$ のときの濃度)である．

反応物の初濃度 C_0 が半分の濃度($C_0/2$)に減少するのに要する時間を**半減期** $t_{1/2}$ という．式(12･6)に $C = C_0/2$ および $t = t_{1/2}$ を代入して整理すると，半減期 $t_{1/2}$ は以下のように書き表すことができる．

$$t_{1/2} = \frac{C_0}{2k} \qquad (12･7)$$

式(12･7)は，半減期と初濃度が比例関係にあり，初濃度が大きいほど半減期は長くなることを意味している．たとえば，濃度が 10%から 5%に変化するのに 1 時間かかる反応の場合，はじめの濃度が 2 倍の 20%であれば，半分である 10%に減少するのには 2 倍の 2 時間が必要となる．また，半減期の 2 倍の時間が経過すると，濃度は 0 になる．

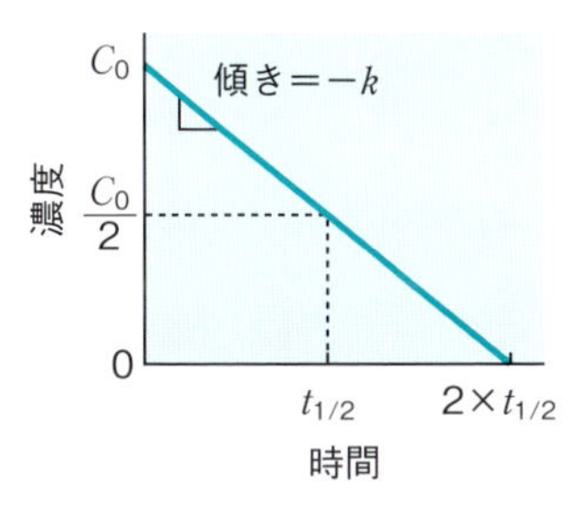

図 12･2 0 次反応における反応物濃度の経時変化

❷ 1 次反応

反応速度に影響を与える反応物が 1 種類の場合，1 次反応は，式(12･2)に示した反応速度式の n が 1 である．このとき反応速度 v は次のようになる．

$$反応速度(v) = -\frac{dC}{dt} = kC \qquad (12･8)$$

ここで，k は 1 次反応速度定数で，次元は時間$^{-1}$ である．反応速度は濃度に比例して変化する．このため，濃度と時間の関係をグラフに表すと，図 12･3 のように濃度の減少とともに反応速度(傾き)は小さくなる．

式(12･8)の両辺を積分すると式(12･9)となり，自然対数では，

$$C = C_0 \exp(-kt) \qquad (12･9)$$

両辺の自然対数をとると，

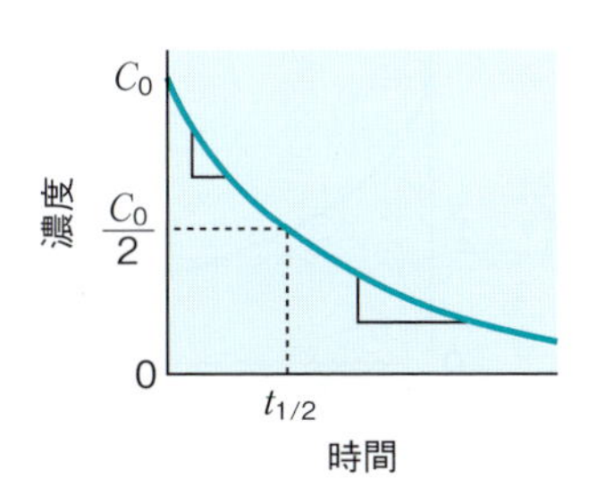

図 12･3 1 次反応における反応物濃度の経時変化

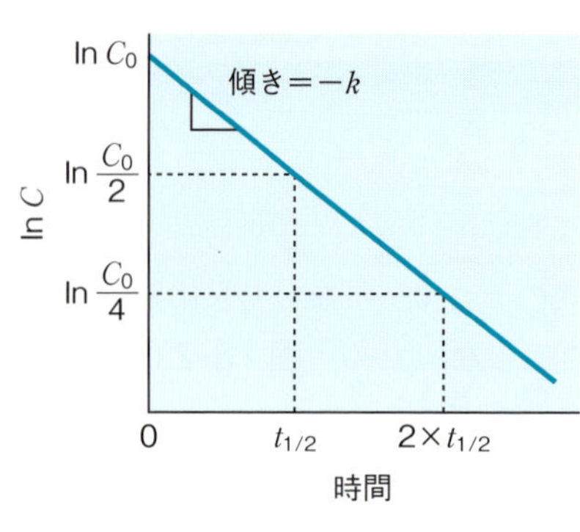

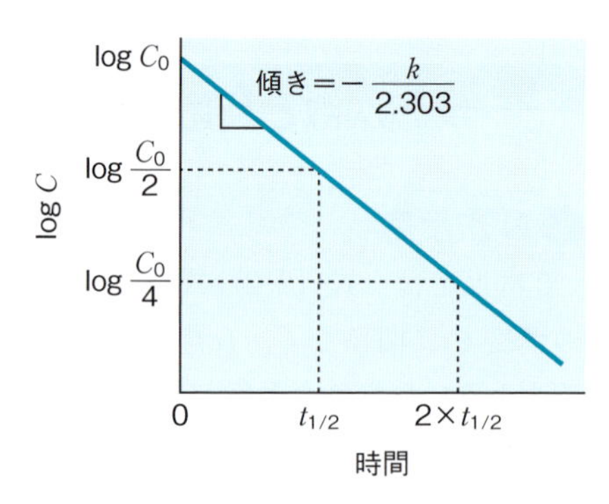

図 12･4　1 次反応における反応物濃度の対数値の経時変化

$$\ln C = \ln C_0 - kt \qquad (12\cdot10)$$

常用対数では，

$$\log C \approx \log C_0 - \frac{kt}{2.303} \qquad (12\cdot11)$$

となる．式(12・9)，式(12・10)，式(12･11)で，k は 1 次反応速度定数，t は時間，C は t 時間経過後の反応物の濃度，C_0 は反応物の初濃度(t = 0 のときの濃度)である．縦軸に濃度の自然対数，横軸に時間をとったグラフにプロットすると，図 12･4 のように傾き $-k$，切片 $\ln C_0$ の直線関係となる．なお，常用対数でグラフをプロットした場合，傾きは $-k/2.303$ となる．

1 次反応での半減期 $t_{1/2}$ は，$C = C_0/2$，$t = t_{1/2}$ を式(12･10)に代入して整理すると，

$$t_{1/2} = \frac{\ln 2}{k} \approx \frac{0.693}{k} \qquad (12\cdot12)$$

となり，半減期は初濃度に関係なく一定である．これは，反応物濃度が 10%から 5%に減少するのに 1 時間かかる反応の場合，20%から 10%に半減するのにも 1 時間ですむことを意味している．1 次反応では，半減期の 2 倍の時間が経過すると濃度は初濃度の 1/4 となる．

❸ 2 次反応

反応速度に影響を与える反応物が 1 種類の場合，2 次反応は，式(12･2)に示した反応速度式の n が 2 で，反応速度と濃度との関係は次のようになる．

$$\text{反応速度}(v) = -\frac{\mathrm{d}C}{\mathrm{d}t} = kC^2 \qquad (12\cdot13)$$

ここで，k は 2 次反応速度定数で，次元は濃度$^{-1}$・時間$^{-1}$である．1 次反応に比べさらに反応速度変化の濃度依存性が大きくなり，濃度と時間の関係をグラフに表すと，図 12･5 のように反応初期の傾きが大きく，時間の経過に伴って傾きは大きく減少していく．

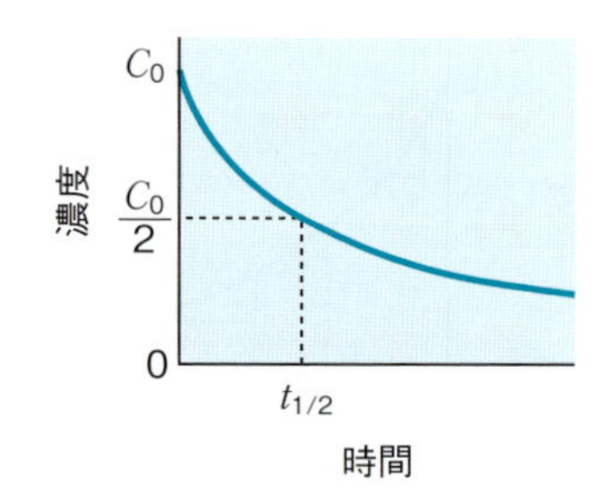

図 12･5　2 次反応における反応物濃度の経時変化

式(12･13)を積分すると，以下のような式が得られる．

$$\frac{1}{C} = \frac{1}{C_0} + kt \qquad (12\cdot14)$$

式(12･14)で，k は2次反応速度定数，t は時間，C は t 時間経過後の反応物の濃度，C_0 は反応物の初濃度($t = 0$ のときの濃度)である．濃度の逆数を縦軸に，時間を横軸にプロットすると，傾き k で切片が $1/C_0$ の直線関係が得られる(図12･6)．

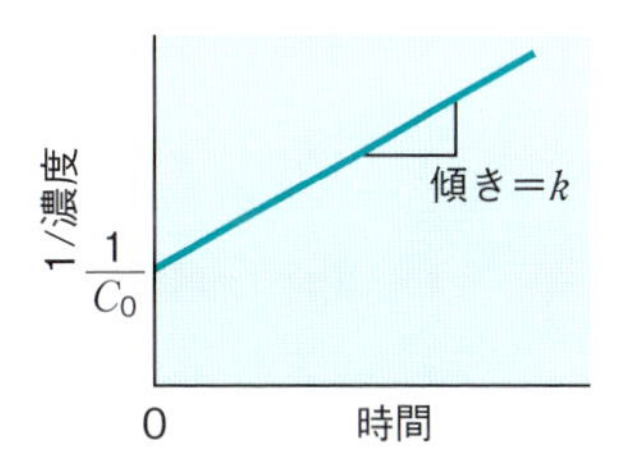

図12･6　2次反応における反応物濃度の逆数の経時変化

半減期 $t_{1/2}$ は，$C = C_0/2$，$t = t_{1/2}$ を式(12･14)に代入して整理すると，

$$t_{1/2} = \frac{1}{kC_0} \qquad (12\cdot15)$$

となる．

図12･7には，0次反応から2次反応の濃度と時間との関係を，表12･1には反応速度式(微分型，積分型)と反応速度定数の次元をまとめた．図12･7のように，半減期が等しいそれぞれの反応次数における残存濃度は，半減期までは0次＞1次＞2次の順であるが，半減期を過ぎるとこの関係は逆転し，2次＞1次＞0次の順となる．また，0次反応では，半減期の2倍の時間が経過すると濃度は0となる．

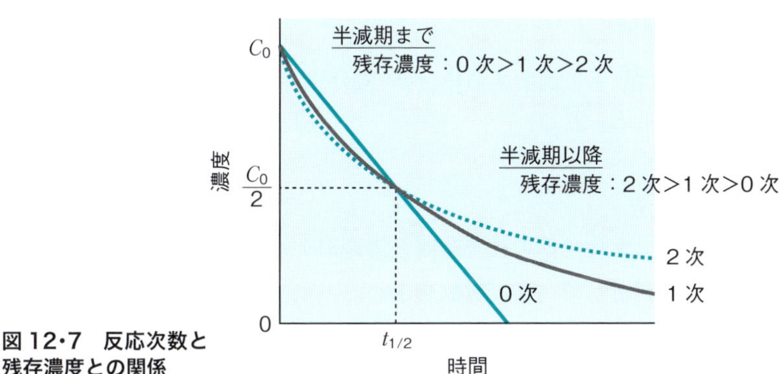

図12･7　反応次数と残存濃度との関係

表12･1　0次，1次，2次反応の反応速度式

	0次反応	1次反応	2次反応
反応速度 $-\frac{dC}{dt}$	$-\frac{dC}{dt} = k$ C に無関係	$-\frac{dC}{dt} = kC$ C に比例	$-\frac{dC}{dt} = kC^2$ C の2乗に比例
積分式	$C = C_0 - kt$	$C = C_0 \exp(-kt)$ $\ln C = \ln C_0 - kt$ $\log C = \log C_0 - \frac{kt}{2.303}$	$\frac{1}{C} = \frac{1}{C_0} + kt$
半減期 $t_{1/2}$	$t_{1/2} = \frac{C_0}{2k}$ C_0 に比例	$t_{1/2} = \frac{\ln 2}{k} \approx \frac{0.693}{k}$ C_0 に無関係	$t_{1/2} = \frac{1}{kC_0}$ C_0 に反比例
k の次元	濃度・時間$^{-1}$	時間$^{-1}$	濃度$^{-1}$・時間$^{-1}$

k：反応速度定数，C：濃度，C_0：初濃度，t：時間

ポイント

［0 次反応］

- 反応速度は濃度に依存せず一定．
- 反応物の濃度を時間に対してプロットすると，$-k$ の傾きの直線となる．
- 反応速度定数（k）の次元は濃度・時間$^{-1}$．
- 半減期は初濃度に比例する．

［1 次反応］

- 反応物の濃度の自然対数を時間に対してプロットすると，$-k$ の傾きの直線となる．常用対数でプロットした場合の傾きは，$-k/2.303$ である．
- 反応速度定数（k）の次元は時間$^{-1}$．
- 半減期は初濃度によらず一定．

［2 次反応］

- 反応物の濃度の逆数を時間に対してプロットすると，k の傾きの直線となる．
- 反応速度定数（k）の次元は濃度$^{-1}$・時間$^{-1}$．
- 半減期は初濃度に反比例する．

C　反応次数の決定法

反応次数は以下に説明する**積分法**，**微分法**，**半減期法**などの方法によって実験的に求められる．

❶ 積 分 法

積分法は，実験で得られた時間と濃度のデータと表 12･1 に示してある積分式を利用して，反応次数を求める方法である．反応速度定数 k は反応に固有の値（一定値）をとる．反応の各積分式に時間と濃度のデータを入れて，k の値が一定となる最適の反応次数を求める．

❷ 微 分 法

反応速度 v が，次式のように 1 つの反応物の濃度の n 乗に比例する反応：式（12･16）で表される関数において，

$$v = kC^n \qquad (12\cdot16)$$

両辺の自然対数をとると，

$$\ln v = \ln k + n \ln C \qquad (12\cdot17)$$

となる．

縦軸に $\ln v$ を，横軸に $\ln C$ をとってプロットすると，図 12･8 のような直線関係が得られる．このグラフの傾きから反応次数 n を求める．

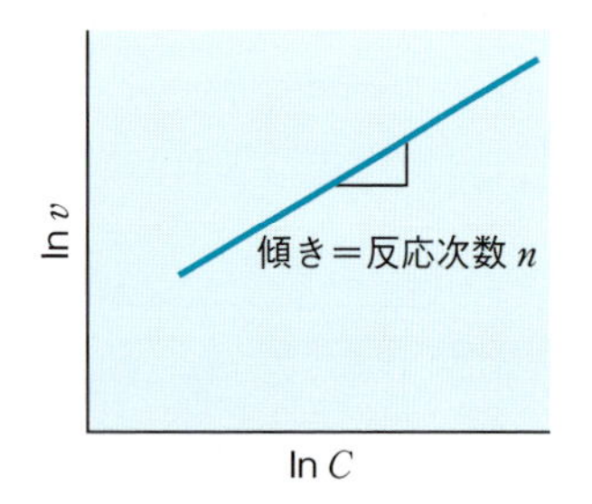

図 12･8　微分法における反応速度と濃度の関係

表 12・2　0 次，1 次，2 次反応の半減期

	0次反応	1次反応	2次反応
半減期	$t_{1/2}=\dfrac{C_0}{2k}$	$t_{1/2}=\dfrac{\ln 2}{k}\approx\dfrac{0.693}{k}$	$t_{1/2}=\dfrac{1}{C_0 k}$
	$\ln t_{1/2}=\ln C_0-\ln 2k$	$\ln t_{1/2}=\ln 2-\ln k$	$\ln t_{1/2}=-\ln C_0-\ln k$

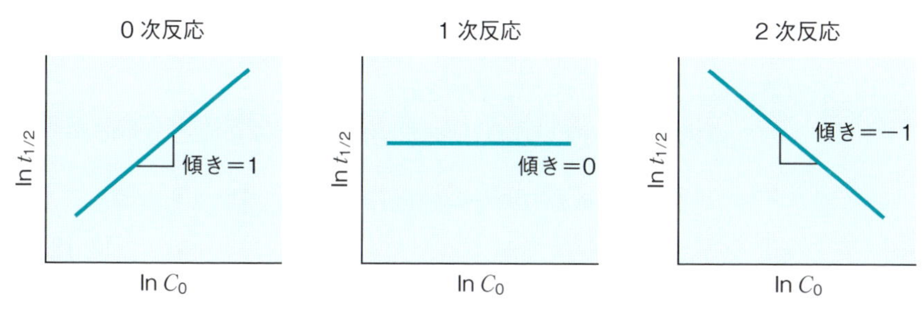

図 12・9　0 次，1 次，2 次反応の半減期と初濃度の関係

❸ 半減期法

0 次反応から 2 次反応までの半減期 $t_{1/2}$ と初濃度 C_0 および反応速度定数との間には，表 12・2 の上段のような関係がある．これらの関係式の両辺の自然対数をとると，表 12・2 の下段のように整理できる．初濃度の異なる数種の溶液について実験を行い，半減期を求め，$\ln t_{1/2}$ に対して $\ln C_0$ をプロットすると，その傾きは図 12・9 のように $1-n$ となり，0 次反応では 1 に，1 次反応では 0 に，2 次反応では −1 となり，反応次数が求められる．

ポイント

［積分法］
- 実験データの積分式への適合性から反応次数を決定する．

［微分法］
- 反応速度の自然対数を濃度の自然対数に対してプロットした傾き n から反応次数（n 次反応）を決定する．

［半減期法］
- 半減期の自然対数を初濃度の自然対数に対してプロットした直線の傾き n から反応次数（$(1-n)$ 次反応）を決定する．

D　みかけの反応速度

医薬品の加水分解反応など，1 次反応として取り扱うことのできる反応は比較的多い．アスピリン水溶液中におけるアスピリンの加水分解反応もその一例である．加水分解反応では，加水分解を受ける化合物と水

の濃度が関係するため，反応速度は式(12・18)のように2次反応速度式で表せる．

$$\text{アスピリンの分解速度}(v) = \text{加水分解の反応速度定数}(k) \times [\text{アスピリン}] \times [H_2O] \quad (12 \cdot 18)$$

この反応において，水溶液中では，アスピリン分子の数に対して，水分子の数は圧倒的に多い．このため，分解が生じた際のアスピリンの濃度変化に比べ，アスピリンと同じ数の分子が消費されたとしても，水分子の濃度変化は無視できるほど小さい．

このため式(12・18)の $k[H_2O]$ は一定$(= k_{obs})$とみなすことができ，

$$\text{アスピリンのみかけの分解速度}(v_{obs}) = k_{obs}[\text{アスピリン}] \quad (12 \cdot 19)$$

となり，加水分解反応はみかけ上アスピリンの濃度のみに依存する1次反応として取り扱える．このように反応速度が2種以上の分子濃度に依存しているにもかかわらず，一方が溶媒分子のように大過剰にあることでみかけ上1次反応速度式で整理できる反応を**擬1次反応**とよぶ．

●アドバンス　懸濁液中での加水分解反応（擬0次反応）

みかけ上，0次反応速度式で取り扱える反応もある．よく知られる例は，上記同様アスピリンの加水分解反応である．擬1次反応との違いは，系内に存在するアスピリンの量である．擬1次反応がアスピリン水溶液でみられる反応であったのに対し，擬0次反応は，溶解度以上にアスピリンが添加された懸濁液において観察される．固体として存在する分子と液体中に溶解している分子では，液体中に存在する分子のほうが高いエネルギー状態にあるため，反応する速度が著しく速い．溶解度以上の物質を含む懸濁液中では，溶液中に溶解できる最大量，すなわち飽和濃度(C_s)まで溶解した状態となっている(図12・10①)．この溶液中で主にアスピリンの加水分解が生じる．擬1次反応で説明したとおり，アスピリンの加水分解反応は本来2次反応であるが，水が大量に存在するため，みかけ上アスピリンの濃度のみに依存して反応は進行する(擬1次反応)．このとき，みかけの反応速度 v_{obs} は

$$v_{obs} = -\frac{d[\text{アスピリン}]}{dt} = k_{obs}C_s \quad (12 \cdot 20)$$

となる．ここで，k_{obs} はみかけの分解速度定数，C_s は飽和濃度である．

加水分解反応によって溶液中のアスピリンは減少するが，加水分解速度よりもアスピリンが固体から溶解する速度のほうが非常に速く，アスピリン結晶から減少した分が補われ，溶液の飽和濃度(C_s)が保たれる(図12・10②)．このため，アスピリン結晶が系内に残存している間は，系内のアスピリン量

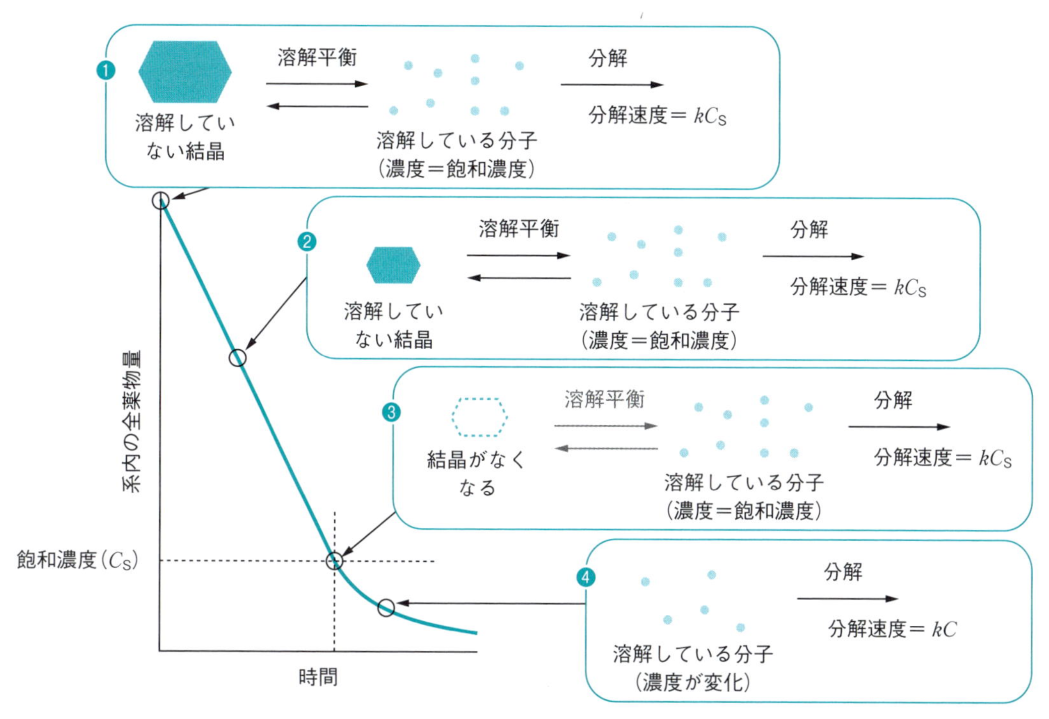

図 12・10 擬 0 次反応における系内全薬物量の経時変化

自体は減少しているが，アスピリン懸濁液の溶液部分の濃度は一定(飽和濃度)に保たれた状態となり，分解速度は式(12・20)の関係が成り立つ．

溶解度 C_s は，温度，圧力，pH などの環境が一定であれば定数として取り扱うことができ，溶解しているアスピリン濃度はみかけ上一定となる．このため，みかけの反応速度 v_{obs} も一定となる．このように反応速度がみかけ上，濃度には依存しない反応を，**擬 0 次反応**とよぶ．

さらに加水分解が進み溶け残ったアスピリンがなくなると，加水分解の進行に伴いアスピリン溶液の濃度が変化し始め，反応速度もアスピリンの濃度に依存して変化する擬 1 次反応に移行し，式(12・19)に従う(図 12・10 ④)．

ポイント

- 2 種以上の反応物が関係する反応において，1 つの反応物濃度に対してほかの反応物の濃度が著しく濃い場合，反応速度はみかけ上，低濃度の反応物の濃度のみに依存するように取り扱うことができ，その反応を擬 1 次反応という．

E 複合反応

これまでは，A→Bのように反応物が生成物に変化する単純な反応(**素**

反応，単純反応）を取り扱ってきた．しかし実際には，反応によって生じた生成物がさらに別の物質へと変化したり，1 種の反応物から数種の生成物が生じたりすることもある．このような反応は，ヒトの体の中でよく観察される．このように複数の素反応が組み合わさって進行する反応のことを**複合反応**という．

❶ 可逆反応

A → B のように進む反応（正反応）に対し，B → A のように逆方向に進む反応（逆反応）が同時に起こる反応を**可逆反応**という．いま，下に示す可逆反応において，正反応，逆反応がいずれも 1 次反応の場合，それぞれの反応速度式は式(12･21)および式(12･22)のように表すことができる．

$$\mathrm{A} \underset{k_{-1}}{\overset{k_1}{\rightleftarrows}} \mathrm{B}$$

$$正反応の反応速度(v_1) = -\frac{\mathrm{d}[\mathrm{A}]}{\mathrm{d}t} = \frac{\mathrm{d}[\mathrm{B}]}{\mathrm{d}t} = k_1[\mathrm{A}] \tag{12･21}$$

$$逆反応の反応速度(v_{-1}) = \frac{\mathrm{d}[\mathrm{A}]}{\mathrm{d}t} = -\frac{\mathrm{d}[\mathrm{B}]}{\mathrm{d}t} = k_{-1}[\mathrm{B}] \tag{12･22}$$

全体の A の濃度が変化する速度(v)は，正反応と逆反応の差，すなわち，正反応で消失する A の濃度の減少速度と逆反応で生成される A の濃度の増加速度の合計となる．

$$v = v_1 - v_{-1} = k_1[\mathrm{A}] - k_{-1}[\mathrm{B}] \tag{12･23}$$

反応の開始時，A のみが存在し，そのときの初濃度を$[\mathrm{A}]_0$とすると，B の濃度[B]は，$[\mathrm{B}] = [\mathrm{A}]_0 - [\mathrm{A}]$で表すことができる．これを式(12･23)に代入して整理すると，

$$v = (k_1 + k_{-1})[\mathrm{A}] - k_{-1}[\mathrm{A}]_0 \tag{12･24}$$

となる．可逆反応では，A が B に変化する速度（正反応の反応速度）と B が A に変化する速度（逆反応の反応速度）がやがて等しくなる．すなわちみかけ上 A も B も濃度が変化していない状態になる（反応が止まっているわけではない）．この状態を，**平衡状態**とよぶ．

このとき，正反応と逆反応の反応速度が等しいことから，

$$k_1[\mathrm{A}]_{\mathrm{eq}} = k_{-1}[\mathrm{B}]_{\mathrm{eq}} \tag{12･25}$$

の関係が成立する．ここで$[\mathrm{A}]_{\mathrm{eq}}$および$[\mathrm{B}]_{\mathrm{eq}}$はそれぞれ，A および B の平衡状態における濃度である．

平衡定数 K は $K = [\mathrm{B}]_{\mathrm{eq}}/[\mathrm{A}]_{\mathrm{eq}}$ で表され，式(12･25)より

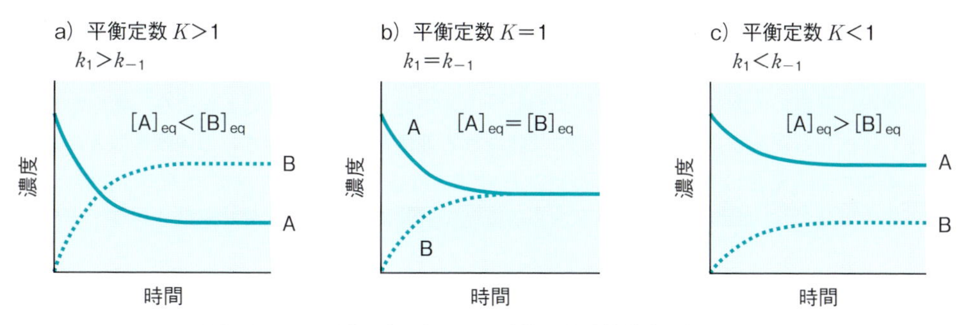

図 12・11 可逆反応における反応物と生成物濃度の経時変化

$$K = \frac{[\mathrm{B}]_{\mathrm{eq}}}{[\mathrm{A}]_{\mathrm{eq}}} = \frac{k_1}{k_{-1}} \qquad (12\cdot 26)$$

となる．図 12・11 に示すように，平衡定数が 1 よりも大きければ平衡は右に傾き，B が多く生成される (図 12・11a)．一方，平衡定数が 1 よりも小さければ平衡は左に傾き，A が多く残存する (図 12・11c)．

おさえておこう

- **平衡状態における A および B の比率については，それぞれが有するギブズエネルギーに関連する．さらに，平衡定数と絶対温度との関係を表すファントホッフプロットについても復習しておこう．**

☞ 7 章 p.125

❷ 平行反応

物質 A が反応して物質 B と物質 C が生成することもある．このように 1 つの反応物から複数の生成物へと変化する反応を**平行反応** (**併発反応**) という．

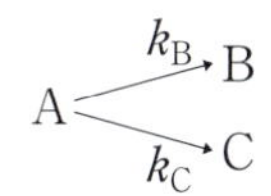

どちらの反応も 1 次反応の場合，B が生成される速度 v_{B} および C が生成される速度 v_{C} は，それぞれ式 (12・27)，式 (12・28) で表される．

$$v_{\mathrm{B}} = \frac{\mathrm{d}[\mathrm{B}]}{\mathrm{d}t} = k_{\mathrm{B}}[\mathrm{A}] \qquad (12\cdot 27)$$

$$v_{\mathrm{C}} = \frac{\mathrm{d}[\mathrm{C}]}{\mathrm{d}t} = k_{\mathrm{C}}[\mathrm{A}] \qquad (12\cdot 28)$$

A が消失する速度 v_{A} は v_{B} と v_{C} の和に等しいから，

$$v_{\mathrm{A}} = -\frac{\mathrm{d}[\mathrm{A}]}{\mathrm{d}t} = \frac{\mathrm{d}[\mathrm{B}]}{\mathrm{d}t} + \frac{\mathrm{d}[\mathrm{C}]}{\mathrm{d}t}$$
$$= k_{\mathrm{B}}[\mathrm{A}] + k_{\mathrm{C}}[\mathrm{A}] = (k_{\mathrm{B}} + k_{\mathrm{C}})[\mathrm{A}] \qquad (12\cdot 29)$$

と表される．

B と C の生成速度は，A の濃度に対するそれぞれの反応速度定数に依存するので，B と C の生成比 [B]/[C] は，両者の生成反応の反応次数が等しい場合，反応の経過時間によらず $k_{\mathrm{B}}/k_{\mathrm{C}}$ となる (図 12・12)．

ここにつながる

平行反応は医薬品を合成する過程でも起こる．必要としない化合物はできる限り生成させず，目的とする化合物を効率よく合成できる手法や条件を確立することは重要である．

- **体内で起こる平行反応** ☞ p.220 コラム

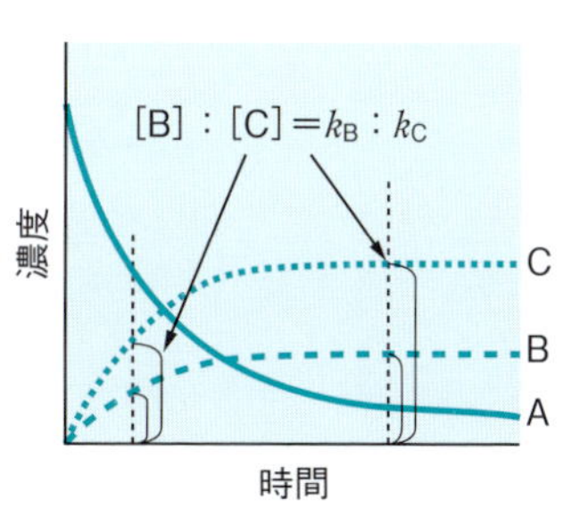

図 12・12 平行反応における反応物と生成物濃度の経時変化

コラム

体内で起こる平行反応

体内に投与された薬物は肝臓で代謝を受けたり，尿中や胆汁中に排泄されたりすることにより，体内から消失する．このとき，体内から消失する速度は，肝臓で代謝される速度と尿中に排泄される速度を加えた速度である．胆汁から排泄される割合の多い薬物は，胆汁から排泄される速度も加えた速度で消失していく．体内での薬物の消失速度は薬の作用時間や投与間隔を決める薬剤師業務にも必要不可欠な知識であり，十分な理解が必要である．

❸ 連続反応

A → B の反応で生成した B がさらに B → C の反応に使われ C が生成するといった，連続的に起こる反応を**連続反応**または**逐次反応**とよぶ．

いま，以下のように各段階で 1 次反応によって反応が進行する連続反応を考える．

$$\mathrm{A} \xrightarrow{k_1} \mathrm{B} \xrightarrow{k_2} \mathrm{C}\ （安定）$$

この反応において，A の消失速度は A の濃度に比例し式(12･30)で，C の生成速度は B の濃度に比例し式(12･31)で表される．

$$\frac{\mathrm{d}[\mathrm{A}]}{\mathrm{d}t} = -k_1[\mathrm{A}] \qquad (12･30)$$

$$\frac{\mathrm{d}[\mathrm{C}]}{\mathrm{d}t} = k_2[\mathrm{B}] \qquad (12･31)$$

B の濃度変化は，B が生成する速度と C に変化する速度の差で表すことができる．

$$\frac{\mathrm{d}[\mathrm{B}]}{\mathrm{d}t} = -\frac{\mathrm{d}[\mathrm{A}]}{\mathrm{d}t} - \frac{\mathrm{d}[\mathrm{C}]}{\mathrm{d}t} = k_1[\mathrm{A}] - k_2[\mathrm{B}] \qquad (12･32)$$

すなわち，B の濃度変化は k_1 と k_2 の大きさに左右されて変化する．

たとえば $k_1 > k_2$ の場合，図 12･13a のように A, B, C は変化する．これに対し，$k_1 < k_2$ の場合は図 12･13b のように B はあまり蓄積され

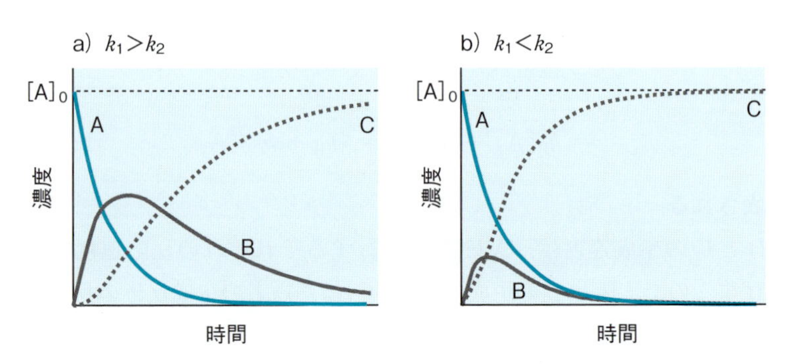

図 12･13　連続反応における反応物と生成物の経時変化

ず，すぐにCに変化していくため濃度変化が小さくなる．連続反応では，全体の反応AがCへと変化するために要する時間のうち，最も時間がかかる段階を**律速段階**とよぶ．たとえばAからCが生成する反応において，AからBへの反応は速く進行し，BからCへの反応は遅く進行するような反応(図12・13a)では，B→Cの反応が全体の反応速度を決めている(律している)ので，B→Cが律速段階となる．

●アドバンス　連続反応における濃度変化

1次反応のみから構成される連続反応において反応開始時にAのみが存在し，そのときの濃度を$[A]_0$とすると，$[A]_0 = [A] + [B] + [C]$が成立する．A, B, Cの濃度は以下のようになる．

$$[A] = [A]_0 \exp(-k_1 t) \tag{12・33}$$

$$[B] = \frac{k_1 [A]_0}{k_2 - k_1} \{\exp(-k_1 t) - \exp(-k_2 t)\} \tag{12・34}$$

$$[C] = [A]_0 \left\{1 + \frac{k_1 \exp(-k_2 t) - k_2 \exp(-k_1 t)}{k_2 - k_1}\right\} \tag{12・35}$$

ここにつながる

・過渡平衡 ☞13章 p.252

ポイント

[可逆反応]

- 平衡状態とは正反応の反応速度と逆反応の反応速度が等しい状態である．
- 正反応と逆反応がどちらも1次反応の場合，それぞれの反応速度定数の比が平衡定数(K)を示す．$K = k_1/k_{-1}$

[平行反応]

- 全体の反応速度定数(k)は，各反応の反応速度定数の和($k_B + k_C$)で表される．
- BとCの生成比 [B]/[C] は，両者の生成反応の反応次数が等しい場合，反応の経過時間によらずk_B/k_Cとなる．

[連続反応]

- 全体の反応に要する時間のうち，最も時間がかかる段階を律速段階とよぶ．
- 中間体Bの濃度はいったん増加して極大値を迎えた後，減少する．極大値の大きさは，Bが生成する速度と，Bが消失する速度によって決まる．

F 反応速度の温度依存性

一般に反応速度は温度に依存するが，この温度依存性は反応の種類によって図12・14のように種々異なる．

*1　**アレニウス式**　Arrhenius equation

一般的な反応は図 12・14a のような温度依存性を示し，温度の上昇とともに反応速度は増加する．この反応では，反応速度定数 k と絶対温度 T との関係式である**アレニウス式**[*1] 式(12・36)が成立する．

$$k = A \exp\left(-\frac{E_a}{RT}\right) \qquad (12\cdot36)$$

ここで，A は**頻度因子**，E_a は反応の**活性化エネルギー**，R は気体定数である．

両辺の自然対数をとると

$$\ln k = \ln A - \frac{E_a}{RT} \qquad (12\cdot37)$$

となる．$\ln k$ を $1/T$ に対してプロットすると図 12・15 のように右下がりの直線関係が得られる．この直線の傾き($-E_a/R$)から活性化エネルギー(E_a)が，また $1/T$ を 0 に外挿した切片から頻度因子(A)が求められる．この図をアレニウスプロット[*2] とよび，直線関係が得られる反応様式をアレニウス型反応という．なお，アレニウス式への適否は反応次数には無関係である．アレニウスプロットを応用することで室温付近では長期間を要する保存安定性試験において，短期間で医薬品の安定性を予測すること(**加速試験**)が可能となり，有効期限の設定に利用されている．

*2　**アレニウスプロット**　Arrhenius plot

・**医薬品の滅菌**
☞ p.223 コラム

アレニウス型以外の反応速度と温度との関係を示す図 12・14b〜e は，非アレニウス型反応として分類される．

b は爆発反応でみられ，ある温度以上になると反応速度が急激に上昇する．

c は酵素反応でみられるパターンで，温度の上昇とともに反応速度は上昇していくが，ある温度以上になると反応速度が減少する．酵素の特異的な触媒作用は，酵素を構成しているタンパク質が複雑に折りたたまれ，特定の化合物を認識できる三次元構造に起因する．高温になるとタンパク質が変性し，この構造が破壊されることで触媒機能を失うため，反応速度が減少する．本反応様式において，最も反応速度が高くなる温

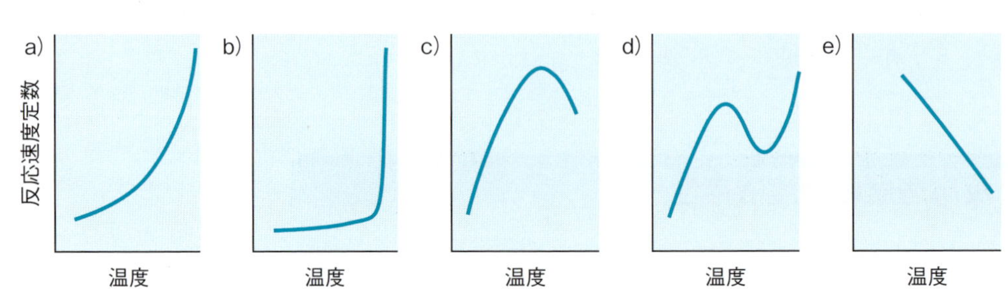

図 12・14　反応速度定数に対する温度の影響

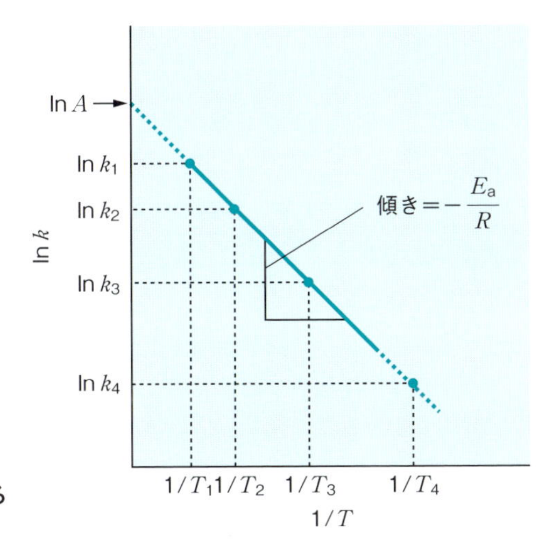

図 12・15　反応速度に対する温度の影響

度を**至適温度**とよぶ．

d は炭素の酸化や吸着現象を伴う反応にみられるパターンである．

e は気体同士で起こる反応にみられ，温度の上昇とともに反応速度が減少する．

コラム

医薬品の滅菌

注射剤や点眼剤のように，医薬品のなかには無菌的に製造されるもの（無菌製剤）がある．無菌的に製造する工程のなかには，高圧蒸気滅菌法や乾熱滅菌法といった加熱によって菌を死滅させる方法がある．一般に，医薬品の分解反応だけでなく菌の死滅速度と温度の関係もアレニウス型を示す．高温になると医薬品化合物の分解速度も速くなるが，菌が死滅する活性化エネルギーは医薬品の活性化エネルギーよりも大きく，菌の死滅速度のほうが温度依存性が大きい（図 12・16）．このため，高温環境下，短時間で滅菌処理をすることにより，医薬品の分解を最小限に抑えた滅菌が可能となる．

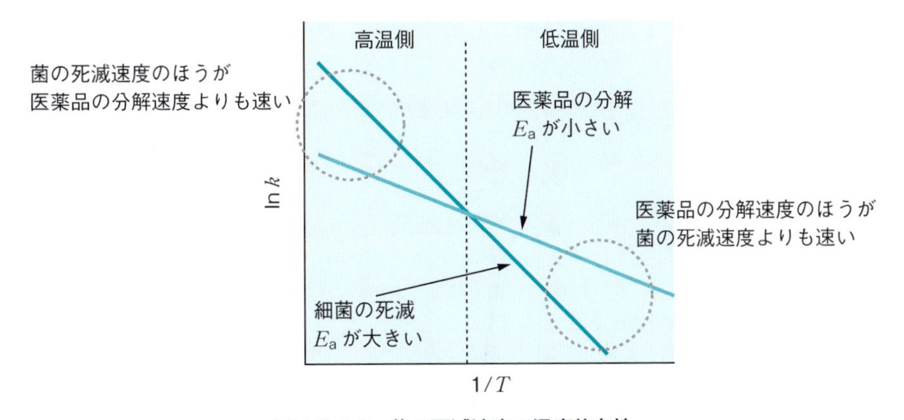

図 12・16　菌の死滅速度の温度依存性

ポイント

- アレニウス型反応では，温度の上昇とともに反応速度定数が増加し，反応速度定数と絶対温度との関係は以下の式で表される．$k = A\exp\left(-\frac{E_a}{RT}\right)$
- アレニウスプロット（縦軸に反応速度定数の自然対数，横軸に絶対温度の逆数）の直線の傾きから，反応の活性化エネルギーを求めることができる．
- 反応速度は，一般に高温であるほど速くなる．
- 反応がアレニウス式型になるかどうかには，反応次数は無関係である．
- 反応速度定数の自然対数に対して絶対温度の逆数をプロット（アレニウスプロット）すると，傾きが$-E_a/R$の直線となる．
- アレニウスプロットで，反応の速い高温での実験結果から，直線関係の成り立つ範囲で反応の遅い低温での反応速度を予測することができる．

G　反応座標と活性化エネルギー

図 12･17 に示す**反応座標**とは，化学反応における反応物から生成物へと変化する過程の反応進行度を表す座標である．いま，A + B → C + D の反応を考える．

反応物 A と B は A…B で表す**遷移状態**（活性錯合体）を経た後，生成物 C，D となる．遷移状態の A…B のエネルギーは，反応物や生成物よりも高く，反応が進行するためにはこのエネルギーの山（**活性化エネルギー**）を越える必要がある．

反応物と生成物がそれぞれ有するエネルギーの差は，**反応エンタルピー**（反応熱，ΔH）とよばれる．図 12･17a のように，反応物のエネルギーよりも生成物のエネルギーが低くなる場合（$\Delta H < 0$），減少したエネルギーは熱として系の外に放出される（**発熱反応**）．これに対し，図

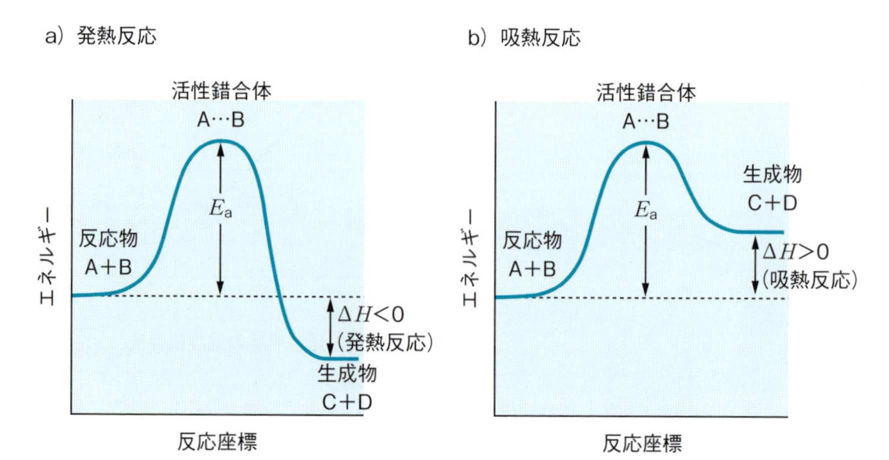

図 12･17　反応座標に沿ったエネルギー曲線

12・17b のように反応物のエネルギーよりも生成物のエネルギーのほうが大きい場合($\Delta H > 0$)，外界からエネルギーを受け取ることになる(**吸熱反応**).

●アドバンス　衝突理論と遷移状態理論

a. 衝突理論

2 つの分子が反応する際，2 つの分子は活性化エネルギー以上のエネルギーを有し，その分子同士が適切な方向で衝突(図 12・18a)しなければ反応が進行しないという考えが**衝突理論**である．図 12・18b のように，たとえ分子同士が衝突したとしても適切な方向でなければ，活性化エネルギー以上のエネルギーを有していたとしても反応は進行しない．

気体分子が温度 T において有する速度分布(**マクスウェル・ボルツマン分布**[*3])や分子の単位時間あたりの衝突数などの関係から，気体分子の反応速度定数 k_{AB} は式(12・38)で表すことができる．

$$k_{\mathrm{AB}} = PN_{\mathrm{A}}\pi d_{\mathrm{AB}}{}^2 \sqrt{\frac{8k_{\mathrm{B}}T}{\pi\mu}} \exp\left(-\frac{E_{\mathrm{a}}}{RT}\right) \qquad (12\cdot38)$$

ここで，P は分子の衝突に関わる立体因子，N_{A} はアボガドロ定数，$\pi d_{\mathrm{AB}}{}^2$ は衝突断面積，k_{B} はボルツマン定数，μ は換算質量，E_{a} は活性化エネルギー，R は気体定数である．

式(12・38)をアレニウス式と比較すると，アレニウス式の頻度因子 A の項が，

$$A = PN_{\mathrm{A}}\pi d_{\mathrm{AB}}{}^2 \sqrt{\frac{8k_{\mathrm{B}}T}{\pi\mu}} \qquad (12\cdot39)$$

に相当していることがわかる．この頻度因子についても温度 T がパラメータとして含まれているが，本項に含まれる $\sqrt{T}$ は指数因子の温度依存性に比べ，その影響は非常に弱い．

*3　**マクスウェル・ボルツマン分布**　Maxwell-Boltzmann distribution

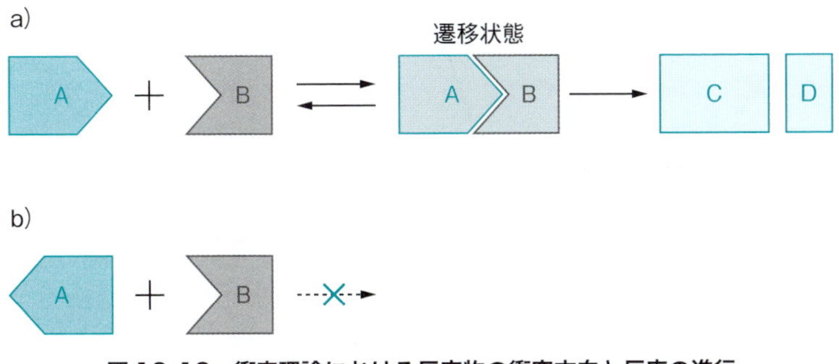

図 12・18　衝突理論における反応物の衝突方向と反応の進行

b. 遷移状態理論

反応物から生成物へと変化する過程で，最大のエネルギーを有する活性錯合体を形成する．この活性錯合体と反応物との間には平衡状態が形成されており，活性錯合体が反応物に変化する．反応物と活性錯合体が平衡状態にあるとして，反応速度を求める方法を**遷移状態理論**という．

ポイント

- 反応に必要となるエネルギー（活性化エネルギー）以上のエネルギーをもった分子同士が，適切な方向で衝突することによって反応が進行する．
- 反応エンタルピー（ΔH）が負（生成物のエネルギー＞反応物のエネルギー）であれば発熱反応（$\Delta H < 0$），反応エンタルピーが正（生成物のエネルギー＜反応物のエネルギー）であれば吸熱反応（$\Delta H > 0$）で反応が進行する．

H 触媒反応

触媒は，少量の添加で反応速度を変化させる物質である．熱力学的には，触媒は反応物や生成物のエネルギーには影響を及ぼさないため，反応エンタルピーには影響を与えず，図12・19のように活性錯合体の活性化エネルギーのみを変化させる．このため，触媒は平衡定数Kには影響を及ぼさない．反応速度を増大させる触媒を正触媒，減少させる触媒を負触媒という．また，触媒には**不均一触媒**と**均一触媒**が存在し，不均一触媒とは，液相で起こる反応に対して固体の金属粉末が触媒として作用するように，触媒が，反応が起こる相とは異なる相として存在するものである．これに対し，均一触媒は，反応が起こる相と同じ相に存在し，反応に影響を及ぼす．

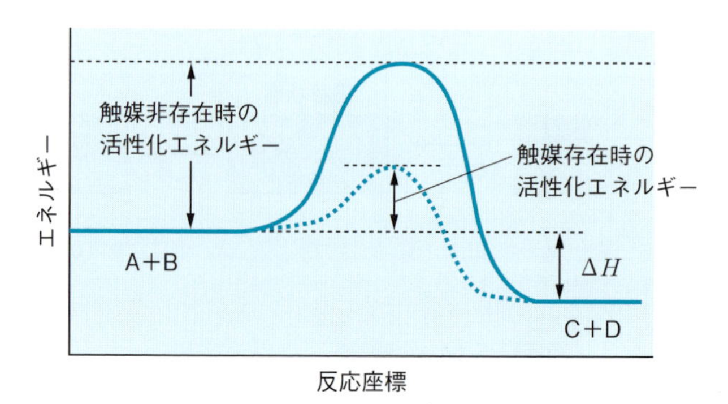

図12・19 触媒存在時の反応座標

❶ 酸・塩基触媒

加水分解反応などでは，pH などの反応が起こる環境によって反応速度が変化することがある．これは，系内に存在する物質が触媒として作用するためである．水溶液中で起こる反応において，H^+（H_3O^+）が触媒として作用する反応を**特殊酸触媒反応**，OH^-が触媒として作用する反応を**特殊塩基触媒反応**という．これらに対し酢酸イオンなどの酸やアンモニウムイオンなどの塩基が触媒として作用する反応を，それぞれ一般酸触媒反応，一般塩基触媒反応という．

いま，一般酸・塩基触媒による速度定数を k_{ga}，k_{gb}，無触媒の速度定数を k_0，特殊酸・塩基触媒による速度定数を k_{H^+}，k_{OH^-}とすると，酸・塩基触媒が働く場合のみかけの速度定数 k_{obs} は，

$$k_{obs} = k_0 + k_{H^+}[H^+] + k_{OH^-}[OH^-] + k_{ga}[\text{一般酸}] + k_{gb}[\text{一般塩基}] \tag{12・40}$$

と表すことができる．

H^+や OH^-が特殊酸・塩基触媒として作用する場合について考える．その場合，みかけの速度定数 k_{obs} は式(12・41)のように表せる．

$$k_{obs} = k_0 + k_{H^+}[H^+] + k_{OH^-}[OH^-] \tag{12・41}$$

k_0 が k_{H^+}や k_{OH^-}に比べ非常に小さい場合，pH の低い酸性領域では，$[H^+] >> [OH^-]$となっており，k_{obs} は

$$k_{obs} = k_0 + k_{H^+}[H^+] + k_{OH^-}[OH^-] \approx k_{H^+}[H^+] \tag{12・42}$$

のように近似できる．両辺の常用対数をとると

$$\log k_{obs} = \log k_{H^+} + \log[H^+] \tag{12・43}$$

となり，$pH = -\log[H^+]$なので

$$\log k_{obs} = \log k_{H^+} - pH \tag{12・44}$$

と整理することができる．式(12・44)は，みかけの速度定数 k_{obs} の常用対数値を pH に対してプロットすると，傾きが−1 の直線となることを表している．

同様にk_0がk_{H^+}やk_{OH^-}に比べ非常に小さくpHが高い領域では，$[OH^-] >> [H^+]$であるので，k_{obs} は

$$k_{obs} = k_0 + k_{H^+}[H^+] + k_{OH^-}[OH^-] \approx k_{OH^-}[OH^-] \tag{12・45}$$

のように近似でき，両辺の常用対数をとると

$$\log k_{obs} = \log k_{OH^-} + \log[OH^-] \tag{12・46}$$

となる．$pOH = -\log[OH^-]$，$pH + pOH = pK_w = 14$（25℃）の関係か

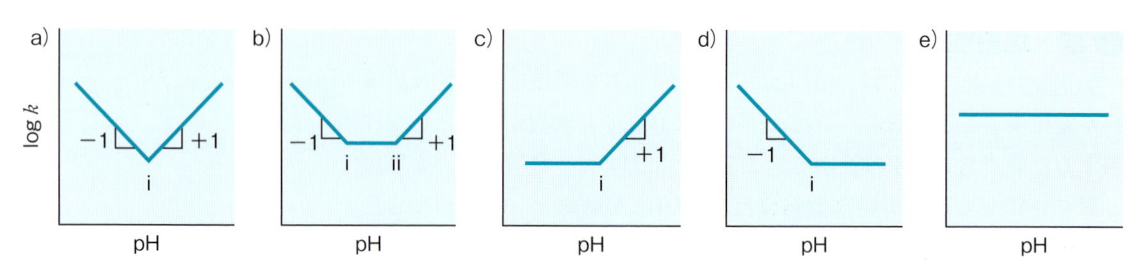

図 12・20　さまざまな反応速度–pH プロファイル

a) i 点の左側：特殊酸触媒作用域，i 点の右側：特殊塩基触媒作用域
b) i 点の左側：特殊酸触媒作用域，ii 点の右側：特殊塩基触媒作用域，i〜ii 間：触媒作用を受けない pH 領域
c) i 点の右側：特殊塩基触媒作用域，特殊酸触媒作用なし
d) i 点の左側：特殊酸触媒作用域，特殊塩基触媒作用なし
e) 特殊酸・塩基触媒作用なし，pH 依存性なし

ら（K_w は水の解離定数），

$$\log k_{obs} = \log k_{OH^-} - 14 + pH \qquad (12\cdot47)$$

となり，みかけの速度定数 k_{obs} の常用対数値を pH に対してプロットすると，傾きが 1 の直線となる．

k_0 が $k_{H^+}[H^+]$ や $k_{OH^-}[OH^-]$ に比べ非常に大きくて支配的であれば，

$$k_{obs} = k_0 + k_{H^+}[H^+] + k_{OH^-}[OH^-] \approx k_0 \qquad (12\cdot48)$$

となり，pH の依存性がほとんど認められない．

反応速度の pH に対する依存性は化合物の性質によって異なり，図 12・20 に示すように，さまざまなパターンとなる．また，化合物の官能基によって pK_a も異なるので，複雑なパターンとなることもある．

❷ 酵素反応

酵素は，生体内で生じる種々の反応を緩和な条件で起こさせる触媒である．酵素の多くはアミノ酸がペプチド結合したタンパク質であるが，リボヌクレオチドがホスホジエステル結合でつながった核酸である RNA も，細胞内で酵素として作用することが報告されている（リボザイム）．酵素反応では触媒効果を受ける化合物のことを基質というが，一般的な触媒と酵素との大きな違いは，鍵と鍵穴の関係にたとえられるほど，酵素によって触媒作用を受ける化合物に高い特異性をもつことにある（図 12・21）．たとえば，化学構造式が同じであっても光学異性体の関係にある 2 つの化合物である場合，一方の配置の化合物は触媒作用を受けるのに対し，他方の光学異性体は触媒作用を受けないことがある．

酵素反応の特徴として，さらに至適温度や至適 pH の存在があげられる．一般に酵素は体温付近で最も反応速度を促進させる効果を発揮する．また，pH についても，たとえば胃で食物中のタンパク質を分解するペ

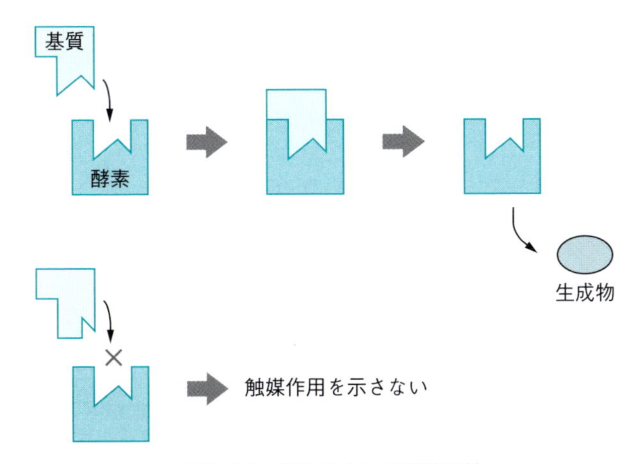

図 12・21　酵素の高い基質特異性

プシンとよばれる酵素は，胃の中が胃酸により酸性となっていることに関係して，低い pH 領域において最大の効果を発揮する．また，酵素は一般的な触媒よりも非常に反応効率に優れている．一方，高温条件など酵素が過酷な条件にさらされると，変性して高次構造が崩れ，酵素としての機能を失う(**失活**)．

a 酵素反応の反応速度論

酵素反応におけるミカエリス・メンテン機構では，酵素(E)と基質(S)が酵素–基質複合体(ES)を形成し，その後，生成物(P)へと変換される．

$$\mathrm{E} + \mathrm{S} \underset{k_{-1}}{\overset{k_1}{\rightleftarrows}} \mathrm{ES} \xrightarrow{k_2} \mathrm{P} + \mathrm{E}$$

ここで，k_1 は酵素–基質複合体(ES)の形成速度定数，k_{-1} は酵素–基質複合体(ES)の解離速度定数，k_2 は生成物(P)の生成速度定数である．また，これらの反応の反応速度はすべて反応物の濃度の 1 乗あるいは反応物の濃度の 1 乗の積に比例するものとする．

生成物(P)の生成速度(v)は，

$$v = \frac{\mathrm{d}[\mathrm{P}]}{\mathrm{d}t} = k_2\,[\mathrm{ES}] \qquad (12\cdot49)$$

で表される．

酵素–基質複合体(ES)の生成速度は，ES が形成される速度と解離する速度，ならびに生成物(P)へと変換される速度で表すことができる．

$$\begin{aligned}\frac{\mathrm{d}[\mathrm{ES}]}{\mathrm{d}t} &= k_1\,[\mathrm{E}][\mathrm{S}] - k_{-1}\,[\mathrm{ES}] - k_2\,[\mathrm{ES}] \\ &= k_1\,[\mathrm{E}][\mathrm{S}] - (k_{-1} + k_2)\,[\mathrm{ES}] \qquad (12\cdot50)\end{aligned}$$

いま，生成物(P)に変化した酵素-基質複合体(ES)はただちに基質(S)と酵素(E)によって補われるとすると，その濃度変化は0とおくことができる(定常状態近似).

$$k_1[\mathrm{E}][\mathrm{S}] - (k_{-1} + k_2)[\mathrm{ES}] = 0 \qquad (12\cdot51)$$

式を整理すると，

$$[\mathrm{ES}] = \frac{k_1}{k_{-1} + k_2}[\mathrm{E}][\mathrm{S}] \qquad (12\cdot52)$$

となり，定常状態における酵素-基質複合体ESの濃度が表される.

濃度の項と反応速度定数の項を整理すると，

$$\frac{[\mathrm{E}][\mathrm{S}]}{[\mathrm{ES}]} = \frac{k_{-1} + k_2}{k_1} \qquad (12\cdot53)$$

となる．いま，式(12･53)をK_mと定義する.

$$K_\mathrm{m} = \frac{[\mathrm{E}][\mathrm{S}]}{[\mathrm{ES}]} = \frac{k_{-1} + k_2}{k_1} \qquad (12\cdot54)$$

このとき，酵素濃度[E]は，

$$[\mathrm{E}] = \frac{K_\mathrm{m}[\mathrm{ES}]}{[\mathrm{S}]} \qquad (12\cdot55)$$

で表される．系内に存在する総酵素濃度$[\mathrm{E}]_\mathrm{T}$は，$[\mathrm{E}]_\mathrm{T} = [\mathrm{E}] + [\mathrm{ES}]$なので，

$$[\mathrm{E}]_\mathrm{T} = [\mathrm{E}] + [\mathrm{ES}] = \frac{K_\mathrm{m}[\mathrm{ES}]}{[\mathrm{S}]} + [\mathrm{ES}] = \left(\frac{K_\mathrm{m}}{[\mathrm{S}]} + 1\right)[\mathrm{ES}] \qquad (12\cdot56)$$

酵素-基質複合体濃度[ES]は

$$[\mathrm{ES}] = \frac{[\mathrm{E}]_\mathrm{T}}{\dfrac{K_\mathrm{m}}{[\mathrm{S}]} + 1} = \frac{[\mathrm{E}]_\mathrm{T}[\mathrm{S}]}{K_\mathrm{m} + [\mathrm{S}]} \qquad (12\cdot57)$$

で表せる.

この関係を式(12･49)に代入すると，生成物(P)の生成速度(v)は，

$$v = \frac{\mathrm{d}[\mathrm{P}]}{\mathrm{d}t} = k_2[\mathrm{ES}] = k_2\frac{[\mathrm{E}]_\mathrm{T}[\mathrm{S}]}{K_\mathrm{m} + [\mathrm{S}]} \qquad (12\cdot58)$$

となる．式(12･58)から，生成物の生成速度は，系内に存在する酵素濃度に比例することがわかる.

酵素反応の速度は，通常，基質濃度に対して酵素が非常に低い濃度で存在する条件で測定される．この条件では，基質濃度$[\mathrm{S}] \gg K_\mathrm{m}$となり，

生成速度(v)は

$$v = k_2 \frac{[\mathrm{E}]_\mathrm{T}[\mathrm{S}]}{K_\mathrm{m} + [\mathrm{S}]} \approx k_2 \frac{[\mathrm{E}]_\mathrm{T}[\mathrm{S}]}{[\mathrm{S}]} = k_2[\mathrm{E}]_\mathrm{T} (= V_\mathrm{max}) \qquad (12\cdot59)$$

と近似できる．

基質濃度[S]が大きくなるほど，酵素はほぼすべて酵素-基質複合体(ES)を形成し($[\mathrm{ES}] \approx [\mathrm{E}]_\mathrm{T}$)，生成物(P)の生成速度は最大($V_\mathrm{max}$)に近づく．

式(12・59)の，$V_\mathrm{max} = k_2[\mathrm{E}]_\mathrm{T}$ の関係を式(12・58)に代入すると，

$$v = \frac{V_\mathrm{max}[\mathrm{S}]}{K_\mathrm{m} + [\mathrm{S}]} \qquad (12\cdot60)$$

となる．式(12・60)は**ミカエリス・メンテンの式**[*4]とよばれ，K_m は**ミカエリス定数**[*5]とよばれる．

*4 **ミカエリス・メンテンの式** Michaelis-Menten equation

*5 **ミカエリス定数** Michaelis constant

基質濃度[S]が小さい領域($K_\mathrm{m} >> [\mathrm{S}]$)では，分母の基質濃度[S]が無視できるので，生成物(P)の生成速度(v)は，

$$v = \frac{\mathrm{d}[\mathrm{P}]}{\mathrm{d}t} = k_2 \frac{[\mathrm{E}]_\mathrm{T}[\mathrm{S}]}{K_\mathrm{m}} \qquad (12\cdot61)$$

となり，式(12・59)の V_max で $k_2[\mathrm{E}]_\mathrm{T}$ の関係を代入すると，

$$v = V_\mathrm{max} \frac{[\mathrm{S}]}{K_\mathrm{m}} \qquad (12\cdot62)$$

となる．さらに，$v = (1/2)V_\mathrm{max}$ の場合は，

$$(1/2)V_\mathrm{max} = V_\mathrm{max} \frac{[\mathrm{S}]_{1/2}}{K_\mathrm{m} + [\mathrm{S}]_{1/2}} \qquad (12\cdot63)$$

となり，整理すると，

$$[\mathrm{S}]_{1/2} = K_\mathrm{m} \qquad (12\cdot64)$$

となる．すなわち，$v = (1/2)V_\mathrm{max}$ のときの基質濃度$[\mathrm{S}]_{1/2}$ がミカエリス定数と等しい(図 12・22)．

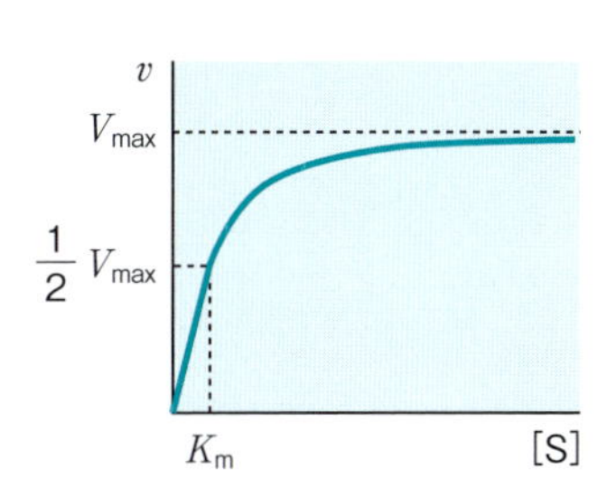

図 12・22 酵素の反応速度と基質濃度との関係

酵素研究において，K_m 値と V_max 値を求めることは非常に重要である．なぜなら K_m 値は酵素と基質間の親和性の高さ(小さいほど親和性が高い)を表し，V_max は基質に対する酵素の触媒効率を示すからである．

ミカエリス・メンテンの式の両辺の逆数をとると

$$1/v = \frac{K_\mathrm{m}}{V_\mathrm{max}[\mathrm{S}]} + \frac{1}{V_\mathrm{max}} \qquad (12\cdot65)$$

となる．この式は**ラインウィーバー・バークの式**[*6]とよばれ，$1/v$ を

*6 **ラインウィーバー・バークの式** Lineweaver-Burk equation

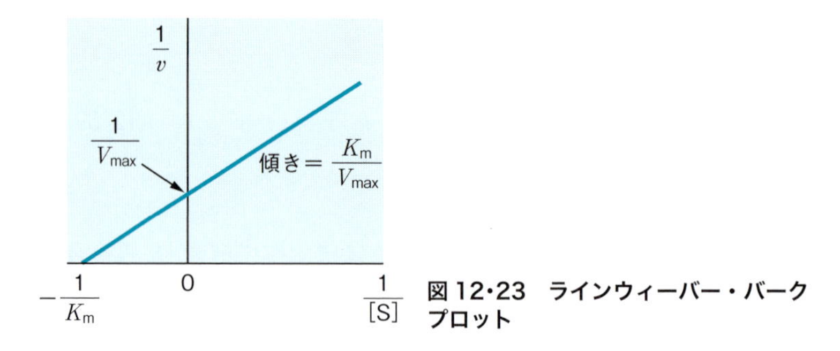

図 12・23　ラインウィーバー・バークプロット

*7　**ラインウィーバー・バークプロット**　Lineweaver-Burk plot

1/[S]に対してプロット(**ラインウィーバー・バークプロット**[*7](図 12・23)すると，傾き K_m/V_{max}，縦軸の切片 $1/V_{max}$ の直線関係となる．これらの関係から，V_{max} 値，K_m 値を求めることができる．

b　酵素阻害反応

酵素は高い基質特異性を有するが，時には非常に類似した構造をもつ化合物を誤認識し，触媒として作用しなくなる場合がある．たとえば，体内には血圧上昇に関わるアンジオテンシン II というホルモンがある．アンジオテンシン II は，アンジオテンシン変換酵素(ACE)によって，アンジオテンシン I より生成される．*Bothrops jararaca* という大蛇の蛇毒は，ACE と結合することのできる構造を有しているため，血液中の ACE と結合し，アンジオテンシン II の生成を抑制し，低血圧を引き起こしヒトを死に至らしめる．この蛇毒による酵素活性阻害機構をもとに，降圧剤であるカプトプリルが合成され，医薬品として開発された．そのほかにも酵素の活性を阻害することによって薬理効果を発揮させる医薬品が数多く開発されている．

上述した酵素の失活では酵素の活性が戻ることはないが，阻害は阻害剤との非共有結合的な反応により起こることが多いため，阻害剤が除去されれば，多くの場合その活性は回復する．

酵素の阻害様式は，大きく 3 種類の様式(**競合阻害**，**非競合阻害**，**不競合阻害**)に分類される．

(1)競合阻害

競合阻害(拮抗阻害)は，酵素活性を阻害する物質(阻害剤，I)が基質と似た立体構造を有し，酵素の基質結合部位に基質と競合的に結合する阻害様式である(図 12・24a)．

$$\begin{array}{ccccc} E + S & \underset{k_{-1}}{\overset{k_1}{\rightleftarrows}} & ES & \xrightarrow{k_2} & E + P \\ + & & & & \\ I & & & & \\ k_3 \downarrow\uparrow k_{-3} & & & & \\ EI & & & & \end{array}$$

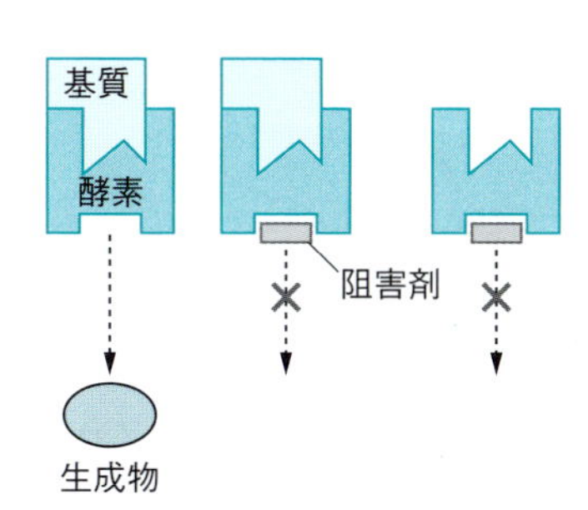

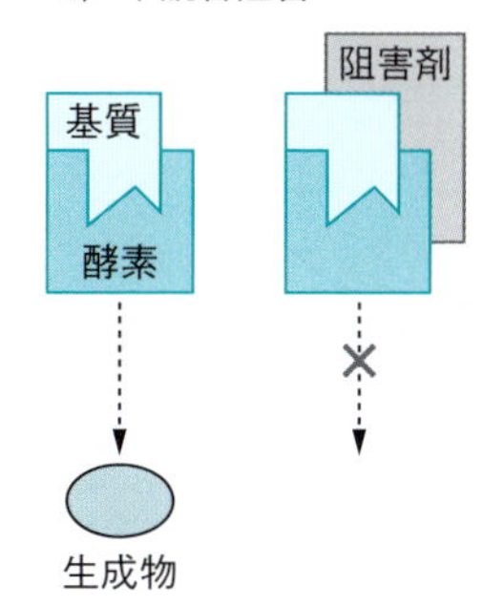

図 12･24　阻害剤による酵素の阻害様式

これにより，基質が酵素に結合できる割合が減少し，生成物ができる速度が低下する．

酵素(E)および阻害剤(I)と酵素-阻害剤複合体(EI)間に形成される平衡の平衡定数 K_i は，

$$K_\mathrm{i} = \frac{[\mathrm{E}][\mathrm{I}]}{[\mathrm{EI}]} \tag{12･66}$$

で表される．この平衡定数 K_i は阻害定数とよばれる．

系内に存在する総酵素濃度$[\mathrm{E}]_\mathrm{T}$は[ES]，[EI]，[E]の総和なので，式(12･66)は，

$$\frac{([\mathrm{E}]_\mathrm{T} - [\mathrm{ES}] - [\mathrm{EI}])[\mathrm{I}]}{[\mathrm{EI}]} = K_\mathrm{i} \tag{12･67}$$

と書き表せる．また[ES]は，

$$[\mathrm{ES}] = \frac{k_1([\mathrm{E}]_\mathrm{T} - [\mathrm{ES}] - [\mathrm{EI}])[\mathrm{S}]}{k_{-1} + -k_2} = \frac{([\mathrm{E}]_\mathrm{T} - [\mathrm{ES}] - [\mathrm{EI}])[\mathrm{S}]}{K_\mathrm{m}} \tag{12･68}$$

となる．よって反応物 P の生成速度 v は，

$$v = \frac{\mathrm{d}[\mathrm{P}]}{\mathrm{d}t} = k_2[\mathrm{ES}] = \frac{V_\mathrm{max}[\mathrm{S}]}{K_\mathrm{m}\left(1 + \dfrac{[\mathrm{I}]}{K_\mathrm{i}}\right) + [\mathrm{S}]} \tag{12･69}$$

$$\frac{1}{v} = \frac{1}{V_\mathrm{max}} + \frac{K_\mathrm{m}\left(1 + \dfrac{[\mathrm{I}]}{K_\mathrm{i}}\right)}{V_\mathrm{max}} \cdot \frac{1}{[\mathrm{S}]} \tag{12･70}$$

となる．

競合阻害では，みかけの K_m は $1 + ([\mathrm{I}]/K_\mathrm{i})$ 倍だけ大きくなるが，

a) 競合阻害

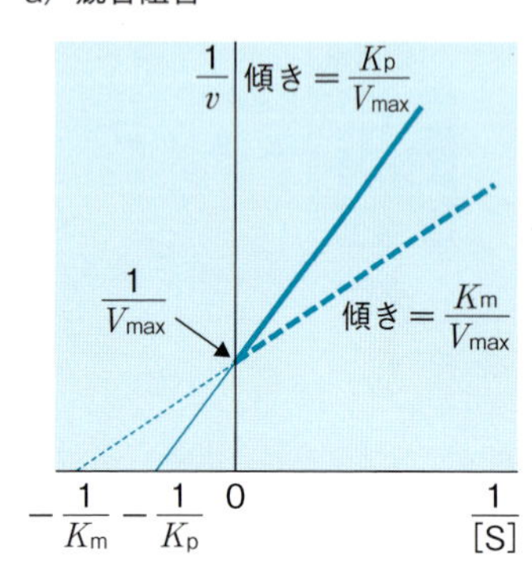

b) 非競合阻害

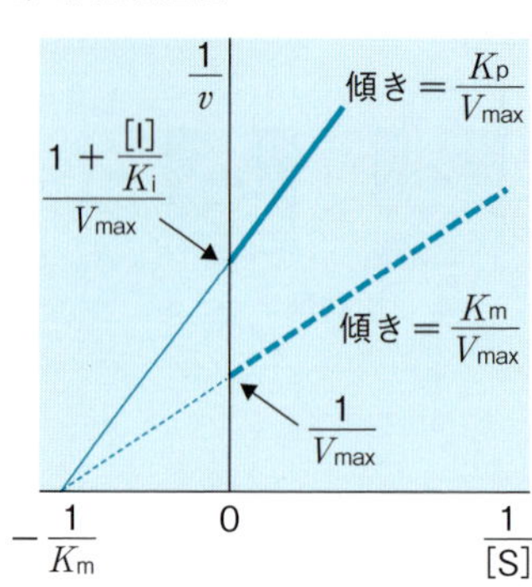

c) 不競合阻害

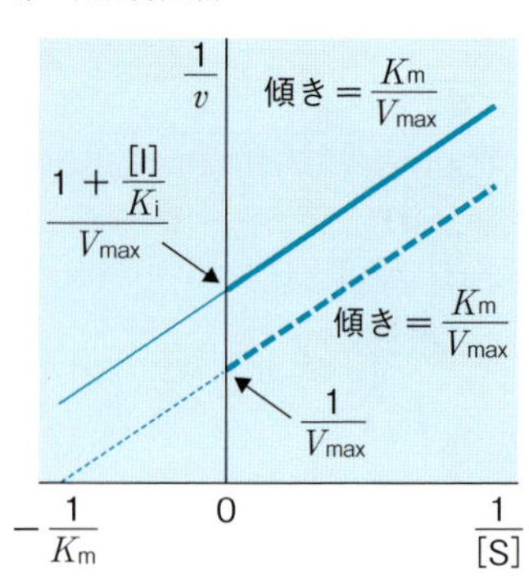

図 12・25　阻害様式によるラインウィーバー・バークプロットの変化
破線：阻害剤なし，実線：阻害剤あり

阻害剤が存在しても酵素の V_{max} は変化せず基質濃度が高ければ，酵素は基質と複合体を多くつくり阻害効果はみられなくなる(図 12・25a).

(2)非競合阻害

非競合阻害[*8](非拮抗阻害)は，基質が結合する部位とは別の部位に阻害剤が結合することにより，生成物への変換ができなくなる阻害様式である(図 12・24b).

酵素への阻害剤の吸着は基質の結合とは関係なく起こるので，下記のような2つの平衡反応が形成される.

$$\mathrm{E + I \rightleftarrows EI}$$
$$\mathrm{ES + I \rightleftarrows ESI}$$

阻害定数 K_{i} は,

$$K_{\mathrm{i}} = \frac{[\mathrm{E}][\mathrm{I}]}{[\mathrm{ES}]} = \frac{[\mathrm{ES}][\mathrm{I}]}{[\mathrm{ESI}]} \tag{12・71}$$

となる．このとき速度式は,

$$v = \frac{V_{\mathrm{max}}[\mathrm{S}]}{(K_{\mathrm{m}} + [\mathrm{S}])\left(1 + \dfrac{[\mathrm{I}]}{K_{\mathrm{i}}}\right)} \tag{12・72}$$

$$\frac{1}{v} = \frac{1 + \dfrac{[\mathrm{I}]}{K_{\mathrm{i}}}}{V_{\mathrm{max}}} + \frac{K_{\mathrm{m}}\left(1 + \dfrac{[\mathrm{I}]}{K_{\mathrm{i}}}\right)}{V_{\mathrm{max}}} \cdot \frac{1}{[\mathrm{S}]} \tag{12・73}$$

となる.

ラインウィーバー・バークプロットでは図 12・25b のように，横軸との交点である $-1/K_{\mathrm{m}}$ は変化せず，傾きと縦軸との切片が変化する.

非競合阻害では，競合阻害とは異なり，基質濃度を高くしても v は V_{max} よりも低い値にとどまり，阻害効果を完全になくすことはできない.

*8　**非競合阻害**　非競合阻害という用語は，両者の阻害定数が等しいときのみに使用する場合と，両者の阻害定数が異なっていても使用する場合の2通りあるが，本書では前者の意味で用いる.

(3) 不競合阻害

不競合阻害(不拮抗阻害)は，基質と酵素で形成される複合体内の活性中心以外の部分に阻害剤が可逆的に結合し，生成物への変換ができなくなる阻害様式である(図 12･24c)．不競合阻害では，

$$\mathrm{ES} + \mathrm{I} \rightleftharpoons \mathrm{ESI}$$

の平衡が成立し，阻害定数 K_i は，

$$K_i = \frac{[\mathrm{ES}][\mathrm{I}]}{[\mathrm{ESI}]} \quad (12\cdot74)$$

となる．速度式は，

$$v = \frac{V_{max}[\mathrm{S}]}{K_m + \left(1 + \frac{[\mathrm{I}]}{K_i}\right)[\mathrm{S}]} \quad (12\cdot75)$$

$$\frac{1}{v} = \frac{1 + \frac{[\mathrm{I}]}{K_i}}{V_{max}} + \frac{K_m}{V_{max}} \cdot \frac{1}{[\mathrm{S}]} \quad (12\cdot76)$$

となり，ラインウィーバー・バークプロットでは傾きは変化せず，縦軸との切片にのみ変化がみられ，阻害剤の濃度を高めると v の上限値が変化する(図 12･25c)．

以上のように，ラインウィーバー・バークプロットを行うことで，阻害機構を明らかにすることができる．

ポイント

- 触媒とは，消費されることなく少量で反応速度を変化させる物質である．酵素は，一般的な触媒よりも基質特異性が高く，触媒効率も高い．
- 触媒は，反応エンタルピーには影響を与えず，活性化エネルギーのみを変化させる．
- 触媒を加えても平衡定数(K)は変化しない．
- H^+ が触媒として働く反応を特殊酸触媒反応，OH^- が触媒として働く反応を特殊塩基触媒反応という．
- 特殊酸触媒反応では，反応速度定数の常用対数を pH に対してプロットすると，傾き－1 の直線となる．
- 特殊塩基触媒反応では，反応速度定数の常用対数を pH に対してプロットすると，傾き 1 の直線となる．
- 酵素活性には至適温度，至適 pH が存在する．
- ミカエリス・メンテンの式は，$v = V_{max}[\mathrm{S}]/(K_m + [\mathrm{S}])$ で表される．
- K_m はミカエリス定数で，酵素の基質親和性の高さを表す．
- 1/2 V_{max} のときの基質濃度が K_m と等しい．
- ラインウィーバー・バークプロットの縦軸との切片から V_{max} を，傾き(K_m/V_{max})もしくは横軸の切片 $-1/K_m$ から K_m を求めることができる．
- 酵素の阻害様式には，競合阻害，非競合阻害，不競合阻害がある．

Exercise

1 **0次，1次，2次反応に関わる次の記述の正誤を答えなさい．** 難易度★☆☆

①1次反応の反応速度定数の次元は，濃度$^{-1}$・時間$^{-1}$である．

②0次反応では，半減期の2倍の時間が経過すると濃度は0になる．

③1次反応の半減期は濃度に比例して大きくなる．

④2次反応では，反応物の濃度の逆数と時間の関係をプロットすると右上がりの直線となる．

⑤1次反応における半減期の対数と初濃度の対数の関係をプロットすると傾き1の直線となる．

2 **ある化合物の加水分解反応速度に関する実験を行った．初濃度が25，50，100 mol L^{-1}の溶液について実施したところ，その半減期は濃度に関係なく4時間であった．本反応の反応速度定数を求めなさい．** 難易度★★☆

3 **2次反応で進行する化合物Aの分解反応において，Aの初濃度が0.2 mol/Lのとき，20秒で50%が分解した．この反応の反応速度定数を求めなさい．** 難易度★★☆

4 **複合反応に関わる以下の記述の正誤を答えなさい．** 難易度★☆☆

①可逆反応が平衡状態となっているとき，正反応と逆反応の反応速度は等しい．

②正反応と逆反応がともに1次反応である可逆反応における平衡定数は，正反応の反応速度と逆反応の反応速度の比で求められる．

③構成する素反応の反応次数がすべて等しい平行反応では，生成物Bと生成物Cの比は，それぞれの反応速度定数の比で求められる．

④連続反応とは，A→B→Cのように連続的に反応が進む反応をさす．

⑤反応熱ΔHの値が大きいほど，反応温度の低下とともに平衡状態は反応前の系に傾く．

5 **反応の温度依存性に関する以下の記述の正誤を答えなさい．** 難易度★★☆

①どのような反応であっても，反応速度定数は温度の上昇とともに増加する．

②アレニウス型反応では，縦軸に反応速度定数の自然対数，横軸に絶対温度の逆数の関係をプロットすると右下がりの直線となる．

③アレニウスプロットの傾きは$-E_a$である．

④アレニウスプロットは1次反応で反応が進行する場合だけ，直線関係となる．

⑤反応エンタルピーが正であれば，吸熱反応で反応が進行する．

⑥活性化エネルギーが高いほど，反応速度に対する温度の影響は大きい．

⑦一般に活性化エネルギーの値が大きいと，反応速度は遅い．

6 触媒に関する以下の記述について正誤を答えなさい. (難易度★★☆)

①触媒を添加することで反応速度が大きくなるのは，反応の活性化エネルギーが減少するからである.

②活性化エネルギーの大きな反応は，吸熱反応である.

③触媒を添加すると，平衡状態における反応物と生成物の濃度比も変化する.

④特殊酸触媒では，pH が低いほど反応速度が上昇する.

⑤特殊塩基触媒では，pH が 2 大きくなると，反応速度は 20 倍速くなる.

放射線と放射能

放射性物質および放射線は，各種疾病の診断や治療に利用されている．放射性物質には，核反応を用いて製造される放射性核種を含有するものが主に使われ，また放射線には，放射性核種から放出される放射線や加速器などの装置により発生する放射線が使われている．本章では，放射性物質や放射線の医療への応用，生体への影響を理解するために必要な基礎的な事項として，放射壊変，放射線と物質との相互作用，放射線の測定法，薬学に関連する放射性核種の製造法と利用，そして放射線の生体分子への作用について学ぶ．

A 放射性核種と放射壊変

原子は原子核[*1]とそれを取り囲む電子殻[*2]からなる．原子の半径は約 10^{-10} m であるのに対し，原子核の半径は 10^{-14} ～ 10^{-15} m である．つまり，原子核の大きさは原子の大きさの 10^4 分の 1 ～ 10^5 分の 1 程度で，原子の大きさは核外電子の広がりを表している．原子核を構成する陽子や中性子の質量は，核外電子の質量の約 1840 倍も大きく，原子の質量は中心の原子核の質量で近似される．

*1　**原子核**　nucleus

*2　**電子殻**　electron shell

❶ 原 子 核

原子核は陽子[*3]と中性子[*4]からなり，原子核を構成する状態にある陽子と中性子を総称して核子[*5]とよぶ．陽子は正の電気素量 1 単位の電荷量をもっているのに対して，中性子は電気的に中性であり，その質量は陽子よりわずかに大きい．核を構成する陽子の数は原子番号に等しく，中性原子の核外電子の数と等しい．また，陽子の数(Z)と中性子の数(N)の和($A = Z + N$)を質量数[*6]といい，Z と N およびエネルギー状態で規定される原子核の種類を**核種**[*7]という．

*3　**陽子**　proton

*4　**中性子**　neutron

*5　**核子**　nucleon

*6　**質量数**　mass number

*7　**核種**　nuclide

ⓐ 核子の平均結合エネルギー

陽子や中性子は，核力によって結合して 1 つの原子核をつくる．原子核の質量は，それを構成する中性子と陽子がばらばらに存在するときの質量の総和よりも，結合エネルギーの分だけ小さくなっている．これを

質量欠損という．Z 個の陽子と N 個の中性子からなる質量数 $A(=Z+N)$ の原子核の結合エネルギー B は，原子核，陽子，中性子の質量をそれぞれ M_A，M_p，M_n と表すと，**アインシュタインの式**[*8] $E=mc^2$（E：エネルギー，m：質量，c：真空中の光速）を用いて式(13･1)で示される．

*8　**アインシュタインの式**　Einstein equation

$$B=(M_pZ+M_nN-M_A)c^2 \qquad (13\cdot1)$$

原子番号 Z が同じで中性子数 N の異なる核種を互いに**同位体**[*9]という．同位体には，安定な**安定同位体**[*10]と不安定で放射壊変する**放射性同位体**[*11]がある．放射性同位体は**放射性核種**ともよばれることがある．

また，原子番号 Z も中性子数 N も同じで原子核のエネルギー状態が異なる核種を互いに**核異性体**という．

*9　**同位体**　isotope

*10　**安定同位体**　stable isotope

*11　**放射性同位体**　radioisotope

❷ 放射壊変

放射性核種には，天然に存在する**自然放射性核種**（^{40}K，^{232}Th，^{238}U など）と原子炉や加速器によって人工的につくられる**人工放射性核種**（☞C項❶，❷参照）がある．これらの放射性核種は不安定で，崩壊してほかの核種に変わり，多くの場合その際に放射線を放出する．この現象は壊変[*12]または崩壊[*13]とよばれる．ある核種が壊変してほかの核種に変わるとき，前者を親核種，後者を娘核種という．放射壊変には，α 壊変，β 壊変，γ 転移などがある．

*12　**壊変**　disintegration

*13　**崩壊**　decay

a　α 壊 変

原子核から α 粒子が放出される現象を**α 壊変**[*14]という．α 壊変は原子番号 Z の大きい核種に多くみられる現象で，とくに $Z>83$ の核種の大部分ではこの壊変が起こる．α 壊変で放出される α 粒子は2個の陽子と2個の中性子からなるHe原子核（$^4He^{2+}$）に相当する．このため，ある核種が α 壊変を起こすと質量数 A が4，原子番号 Z が2だけ小さい核種に変わる．

*14　**α壊変**　α decay

$$^{A}_{Z}\mathrm{M} \longrightarrow {}^{A-4}_{Z-2}\mathrm{M'}+\alpha \qquad 例：{}^{226}_{88}\mathrm{Ra} \longrightarrow {}^{222}_{86}\mathrm{Rn}+\alpha \qquad (13\cdot2)$$

壊変前後の質量の差と等価なエネルギーを壊変エネルギーといい，このエネルギーの一部が α 粒子の運動エネルギー，つまり α 線のエネルギーとなる．ある核種から放出される α 線のエネルギーは，その核種に固有であり，かつ，一定のエネルギーをもつ．したがって，α 線は親核種に固有の線スペクトルを示すので，α 線のエネルギースペクトルを測定することにより，その親核種を同定することができる．また α 線は電荷(2＋)をもつので，磁場によりその進行方向が曲げられる．

b　β 壊 変

原子核内の陽子と中性子が電子または陽電子を仲介として相互に変換

する過程を総称して**β壊変**[*15]という．β壊変には3つの形式，すなわち電子が放出されるβ^-壊変，陽電子が放出されるβ^+壊変，および核外軌道電子が原子核に捕獲される軌道電子捕獲がある．β^-壊変は一般に，中性子過剰の核種に起こる壊変形式で，壊変により生成する娘核種は親核種よりも原子番号Zが1だけ大きい．一方，β^+壊変および軌道電子捕獲は一般に中性子不足核に起こる壊変形式で，生成する娘核種は親核種よりも原子番号Zが1だけ小さい．なお，β壊変のいずれの形式においても質量数Aは変わらない．

*15 **β壊変** β decay

(1) β^-壊変

β^-壊変では，原子核内の中性子が陽子に変換されて，β^-線（電子，e^-）が原子核外へ放出される．このとき，原子核から中性微子（ニュートリノ[*16]，ν）も放出される．

*16 **ニュートリノ** neutrino

$${}^{A}_{Z}M \longrightarrow {}^{A}_{Z+1}M' + \beta^- + \nu \qquad 例：{}^{14}_{6}C \longrightarrow {}^{14}_{7}N + \beta^- + \nu \qquad (13\cdot3)$$

壊変エネルギーは，娘核種と電子とニュートリノの3つの粒子に，その時々でさまざまに分配される．そのため，β^-線のエネルギーは親核種に固有の最大値をもつ連続スペクトルを示す．

(2) β^+壊変

β^+壊変では，原子核内の陽子が中性子に変わり，β^+線（陽電子，ポジトロン，e^+）が放出される．

$${}^{A}_{Z}M \longrightarrow {}^{A}_{Z-1}M' + \beta^+ + \nu \qquad 例：{}^{18}_{9}F \longrightarrow {}^{18}_{8}O + \beta^+ + \nu \qquad (13\cdot4)$$

β^+壊変の場合もβ^-壊変の場合と同様に，壊変エネルギーが3つの粒子（娘核種，陽電子，ニュートリノ）に分配されるため，β^+線のエネルギーも親核種に固有の最大値をもつ連続スペクトルを示す．原子核から放出された陽電子は，物質と相互作用しながら運動エネルギーを失い，静止状態に近づくと，近傍にある電子とともに消滅する（陽電子消滅）．このとき，消滅した電子，陽電子はそれらの質量に相当するエネルギー（0.511 MeV）の2つの光子となって，ほぼ正反対の方向に放射される．この放射線を消滅放射線とよぶ．

(3) 軌道電子捕獲（電子捕獲，EC壊変）

軌道電子捕獲（電子捕獲[*17]，EC壊変）は，核外にある軌道電子が核内に取り込まれ，陽子が中性子に変わる壊変形式である．

*17 **電子捕獲** electron capture

$${}^{A}_{Z}M + e^- \longrightarrow {}^{A}_{Z-1}M' + \nu \qquad 例：{}^{51}_{24}Cr + e^- \longrightarrow {}^{51}_{23}V + \nu \qquad (13\cdot5)$$

この壊変形式では壊変により原子番号Zが1減少した娘核種が生じる．そのとき，K殻電子が最も捕獲されやすい．EC壊変により空孔がK殻に生じると外側の軌道から電子が遷移し，その際，両軌道のエネルギー準位の差に相当する，娘核種に固有のエネルギーをもつ特性X線が放射される．また，特性X線が放射されるかわりに両軌道のエネルギー

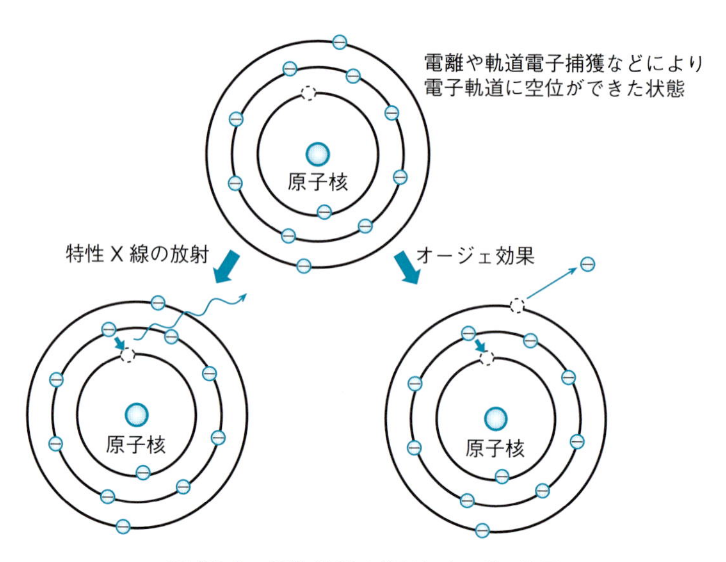

図 13・1　特性 X 線の放射とオージェ効果

準位の差に相当するエネルギーが外側の軌道電子に与えられ，その電子が放出されることがある．この現象をオージェ効果といい，放出された電子をオージェ電子[*18]という(図 13・1)．一般に，β^+壊変には EC 壊変が伴って起こり，壊変エネルギーが比較的小さい場合には EC 壊変が優先して起こる．

＊18　**オージェ電子**　Auger electron

c　γ転移，核異性体転移

α壊変，β壊変により生成する核種のなかには，原子核が励起状態にあるものがあり，引き続きγ線を放出して安定な状態になることがある．このγ線を放出する現象をγ転移という．原子核のエネルギー状態はとびとびの値をとり，γ転移前後の原子核のエネルギー差がγ線のエネルギーに等しいことから，γ線は核種に固有の線スペクトルを示す．

α壊変，β壊変により生成する核種のなかには，励起状態が長く続くものがある．その場合，励起状態の核種とより低いエネルギー状態の核種は，互いに核異性体である 2 つの異なる核種として扱うことができ，エネルギーが高い状態から低い状態へ転移することを核異性体転移[*19](IT)とよぶ．

＊19　**核異性体転移**　isomeric transition

γ線放射は，内部転換による軌道電子の核外放出と競合する．核の遷移エネルギーが低くなると内部転換が起こりやすくなる．内部転換が起こると，内側の軌道に空孔ができ，オージェ電子または特性 X 線が放出される過程が起こる．

❸ 放射壊変の法則と放射能の単位および量

ⓐ 放射壊変と放射能

放射能とは，放射壊変する原子核の性質を表すとともに，単位時間に壊変する原子の数(壊変率)として定義される量を表す．原子核の数を N として，単位時間に壊変する原子核の数を速度式で表せば，式(13･6)のようになる．

$$-\frac{\mathrm{d}N}{\mathrm{d}t}=\lambda N \qquad (13\cdot6)$$

λ は放射性核種によって決まる**壊変定数**とよばれる定数で，一般には，化学状態，圧力，温度に依存しない．

式(13･6)を変数分離して積分すると式(13･7)のようになる．

$$\ln N = -\lambda t + \ln N_0 \qquad (13\cdot7)$$

ここで，N_0 は $t=0$ における N の値である．式(13･7)を整理すると式(13･8)が得られる．

$$\ln\frac{N}{N_0} = -\lambda t \qquad \therefore \quad N=N_0 e^{-\lambda t} \qquad (13\cdot8)$$

放射能 A は，式(13･8)の両辺に λ を乗じて式(13･9)として表される．

$$A=\lambda N = \lambda N_0 e^{-\lambda t} \qquad (13\cdot9)$$

図13･2に示すように，放射壊変により原子の数(または放射能)が半分になるのに要する時間 T を半減期という．半減期 T は，式(13･8)において $N=N_0/2$，$t=T$ とすれば，式(13･10)のように表される．

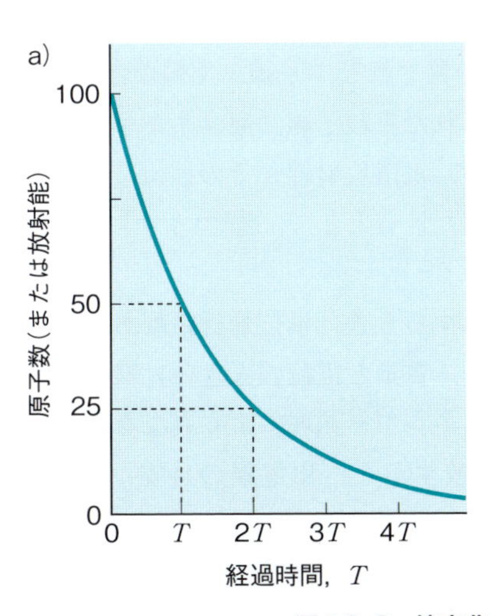

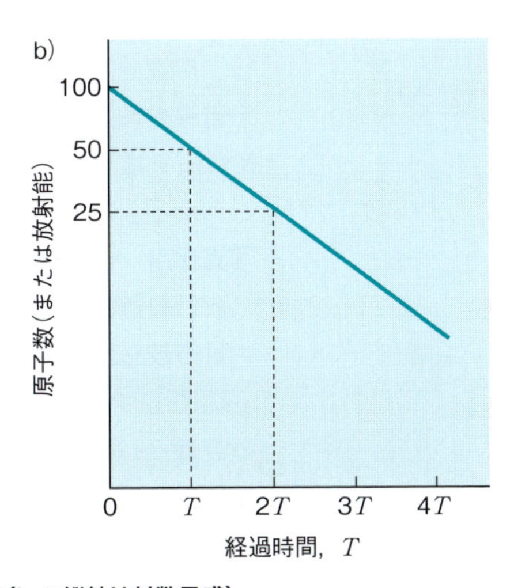

図13･2　壊変曲線(b の縦軸は対数目盛)

$$T = \frac{\ln 2}{\lambda} \approx \frac{0.693}{\lambda} \qquad (13 \cdot 10)$$

したがって，$t=0$ における放射能を A_0 とすると，時刻 t における放射能 A は，$A = A_0 e^{-\lambda t} = A_0 (1/2)^{t/T}$ と表すことができる．

b 放射能の単位と量

放射能の量を表すのに，国際単位系(SI)ではベクレル(Bq)が用いられている．1 Bq ＝ 1 s^{-1}，すなわち，Bq は 1 秒間に放射壊変する放射性核種の数を表す単位である．放射性核種を含む物質の単位質量あるいは単位物質量あたりの壊変率を**比放射能**といい，その単位は，Bq mg^{-1}，Bq $mmol^{-1}$，dpm mg^{-1}，dpm $mmol^{-1}$ などで表される．

ポイント

- 電荷をもつ α 線，β^- 線と β^+ 線の進行方向は磁場により影響を受ける．
- α 線と γ 線のスペクトルは線スペクトルであるが，β 線は連続スペクトルを示す．
- β 壊変では質量数 A は変化しない．
- γ 線放出により，質量数 A および原子番号 Z はともに変化しない．
- 放射能の量は 1 秒間あたりの放射性核種の壊変数で示される．1 秒間あたりの壊変数が 1 個のときの放射能を 1 Bq という．
- 放射性核種の半減期は，壊変定数に反比例する．

B 放射線と物質との相互作用，および放射線の測定

1 電離放射線と物質との相互作用

電離放射線は，物質を直接にあるいは間接に電離する能力をもつ原子核，中性子，電子などの粒子線と，γ 線，X 線などの電磁波とされる．宇宙線や人工的につくられた重粒子線，高エネルギーの粒子線，医療用 X 線も電離放射線である．電離放射線がその種類によらず，物質に照射されたときに示す共通した性質として，**電離(イオン化)作用**，**蛍光作用**，**写真作用**，**化学作用**がある．

放射線が物質中を進行するとき，単位飛行距離あたりに生成するイオン対の数を**比電離**という．質量と電荷の大きい α 線の比電離は，β 線や γ 線に比べて大きい．エネルギー領域により異なるが，同じエネルギーの α 線，β 線，γ 線を比較すると，比電離の目安は α 線：β 線：γ 線＝ $10^4 : 10^2 : 1$ となる．粒子線が物質中で進行する距離を**飛程**[*20]といい，放射線が物質中を進んだときの道筋を**飛跡**[*21]という．また，放射線がその飛程に沿って単位長さあたりに失うエネルギーを線エネルギー付

＊20 **飛程** range

＊21 **飛跡** track

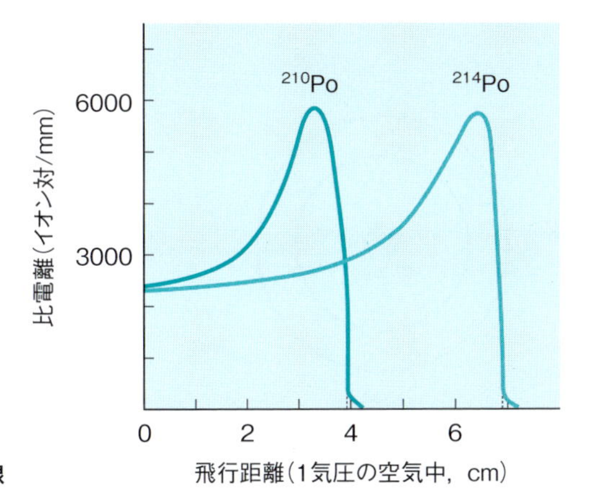

図 13･3　ブラッグ曲線

与[*22](LET)という．X 線，γ線，β線は低 LET 放射線，α線や陽子線，重粒子線は高 LET 放射線である．

*22　**線エネルギー付与**　linear energy transfer

a　α線と物質との相互作用

α線の本体は He 原子核($^4He^{2+}$)であり，α線と物質との相互作用は主に軌道電子との相互作用，電離である．α線の電荷は 2+ で電子よりも大きく，また質量も大きいので，α線自体の飛跡はほぼ直線となる．物質中を進行するとき，α粒子の数はある厚さのところまで一定で，その後，急激に減少する．α粒子はエネルギーを物質に与えながら進行し，飛程の終わりごろで急激に比電離が増加する．α線の物質中での飛行距離と比電離の関係は**ブラッグ曲線**[*23](図 13･3)に示される．α線の透過力はβ線やγ線に比べて極めて小さく，その飛程は空気中で数 cm 以下である．

*23　**ブラッグ曲線**　Bragg curve

b　β線と物質との相互作用

β線の本体は電子であり，その質量はα粒子の約 1/7000 である．β線が物質中を進行するとき，物質を構成する原子の軌道電子とクーロン相互作用を起こし，原子を電離あるいは励起する．質量の軽いβ線自身は，これらの相互作用によりエネルギーを失い，進行方向を変える．また，β線は原子核の近くを通過するとき，核電荷によるクーロン場で減速され，失ったエネルギーを電磁波(制動放射線)として放射する制動放射が起こることがある．制動放射が起こる確率はβ線のエネルギーに比例し，相互作用する物質の原子番号の 2 乗に比例する．このように，β線はα線とは異なり，物質中でジグザグに進行する．一部は入射方向側に戻り，この現象は**後方散乱**とよばれる．後方散乱は物質の原子番号が大きいほど起こりやすい．β線は物質中でジグザグに進行するため，β線の飛程は物質中では一定とはならず，最大飛程として評価される．β線の最大エネルギーにおける物質中での飛程の見積もりは経験式で与え

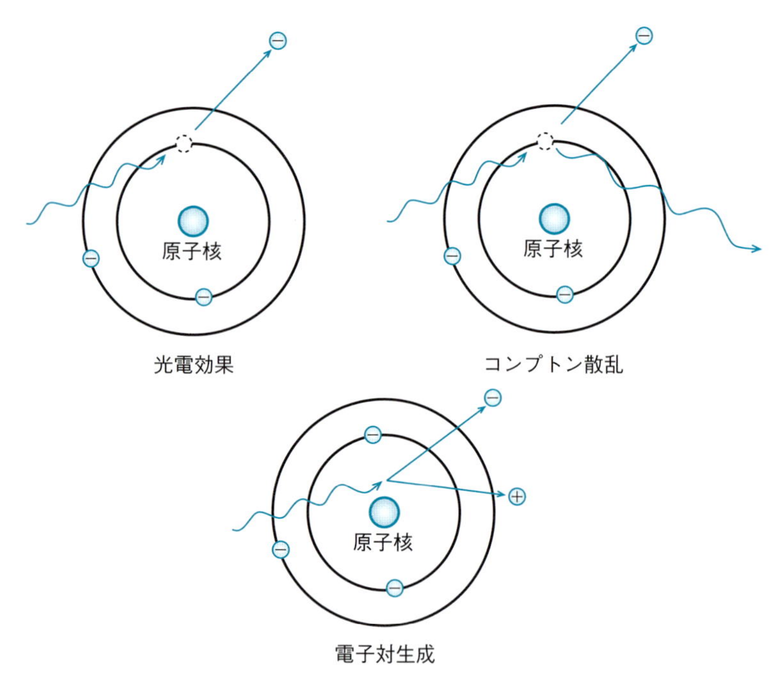

図 13・4　γ 線と物質との相互作用

られる．^{32}P から放射される β 線(最大エネルギー 1.7 MeV)の飛程は，アルミニウム中では約 3 mm，乾燥空気中(1 気圧)では約 6 m となる．

c　γ 線と物質との相互作用

γ 線は核から放出される電磁波で，X 線は原子核外で放射される電磁波である．一般に，γ 線は X 線と比べてその波長は短く，エネルギーは大きい．γ 線が物質中を進行するとき，主として，光電効果，コンプトン散乱，電子対生成によりエネルギーを失う(図 13・4)．この 3 つの過程の起こりやすさは，相互作用する物質の種類や γ 線のエネルギーによって異なる．

(1)光電効果

γ 線が，物質を構成する原子の軌道電子にすべてのエネルギーを与え，γ 線自身は消失することを**光電効果**＊24 という．光電効果は，比較的エネルギーの低い($E < 0.3$ MeV) γ 線で起こる．さらに，同じエネルギーの γ 線では通過する物質の原子番号 Z が大きいほど起こりやすい．

＊24　**光電効果**　photoelectric effect

(2)コンプトン散乱

γ 線がそのエネルギーの一部を物質中の軌道電子に与え，エネルギーが減少した γ 線自身は波長が長くなり，その進行方向を変えて散乱する現象を**コンプトン散乱**＊25 という．コンプトン散乱により起こる γ 線のエネルギーの減少は，入射 γ 線に対する散乱 γ 線の方向によって決まる．コンプトン散乱はコンプトン効果ともよばれ，中程度のエネルギー領域

＊25　**コンプトン散乱**　Compton scattering

(0.3 MeV $< E <$ 1.02 MeV)の γ 線に起こりやすく，物質を構成する原子の原子番号 Z に比例して大きくなる．

(3) 電子対生成

γ 線が原子核の電磁場と相互作用して，自身は消滅し，電子と陽電子が生成することがある．この現象を**電子対生成**という．電子 2 個分の質量に相当するエネルギーよりも大きいエネルギーをもつ γ 線($E >$ 1.02 MeV)では，**電子対生成**が物質との相互作用の主要な過程となる．電子対生成の起こる確率は，γ 線のエネルギーとともに増加し，また，エネルギーが同じであれば，相互作用する物質の原子番号 Z のほぼ2乗に比例して大きくなる．

❷ 放射線量とその単位

照射線量[*26] は，電磁波である X 線や γ 線にのみ適用されるもので，その電離作用によって単位質量の空気中に生じたイオン対の電荷のうち，一方の符号の電荷を合計した電気量で表され，その SI 単位は C kg^{-1} である(C はクーロン)．

*26　**照射線量**　exposure dose

吸収線量[*27] は，放射線照射によって単位質量の物質に与えられたエネルギーである．SI 単位は Gy(グレイ)で表され，1 Gy は物質 1 kg あたり 1 J(ジュール)のエネルギーが与えられたときの吸収線量である．

*27　**吸収線量**　absorbed dose

等価線量[*28] は，放射線の人体への影響を評価するために定められた線量の概念で，組織・臓器ごとの等価線量 H_T は次に示す式で表され，SI 単位は Sv(シーベルト)である．

*28　**等価線量**　equivalent dose

$$H_T = \Sigma\, w_R \cdot D_{T,R} \qquad (13\cdot11)$$

ここで，w_R は放射線加重係数，$D_{T,R}$ は組織 T における放射線 R による吸収線量である．放射線が与える影響は，吸収線量が同じでも，放射線の種類やエネルギーが異なれば異なる．そのため，放射線の種類やエネルギーの違いに応じて放射線加重係数が定められていて，組織・臓器に照射されたすべての種類，エネルギーの放射線それぞれについて，吸収線量に放射線加重係数をかけ，それらを合計することで等価線量を求める．

実効線量[*29] は，放射線の人体への影響のうち，確率的影響(発がんと遺伝的影響)のリスクを評価するために定められた線量の概念で，SI 単位は Sv(シーベルト)である．実効線量 E は次に示す式で表される．

*29　**実効線量**　effective dose

$$E = \Sigma\, w_T \cdot H_T \qquad (13\cdot12)$$

ここで，w_T は組織加重係数である．放射線に対する感受性は組織・臓器ごとに異なるため，組織・臓器ごとに感受性の相対値である組織加重係数が定められていて，全身の組織・臓器それぞれについて等価線量に組織加重係数をかけ，それらを合計することで実効線量を求める．

❸ 放射線の測定原理

荷電粒子や電磁波である放射線は，直接測定できない．放射線と物質との相互作用を通じてその物質に起こる変化を検出して測定する．

a 電離作用を利用した検出器

①**電離箱**：電離箱は，内部に気体を入れ，電離箱領域の印加電圧で動作する検出器で(図13･5b)，電離により生成した電子，イオンがそれぞれ電極に集められた結果として発生する一定の電流を検出するものである．このため，出力は小さく，比較的高線量の放射線測定に用いられる．

②**比例計数管**：比例計数領域の印加電圧で動作する(図13･5c)．放射線により計数管内に生成した一次イオン対の数に比例してパルスが大きくなる．イオン対数の増幅率は $10^2 \sim 10^4$ 程度である．α 線，β 線の区別，また β 線のエネルギースペクトルを得ることができる．なお，比例計数領域において印加電圧が高くなると，パルスは一次イオン対の数に比例しなくなる(図13･5d)．

＊30 **ガイガー・ミュラー計数管** Geiger-Müller counter

③**ガイガー・ミュラー(GM)計数管**＊30：印加電圧を増すと，一次イオン対の数には無関係の出力波高が得られる．この領域をGM計数領域とよび(図13･5e)，GM計数管はこの領域で動作する検出器である．GM計数領域での計数管の出力波高は大きい(1 V程度)が，一次イオン対の数とは比例関係にないので，放射線のエネルギーを測定することはできず，放射線の数がどの程度あるかを計数する目的に使われる．GM計数管は主に β 線の測定に用いられる．X線，γ 線は測定はされるが感度が悪い．また，端窓型GM計数管は，雲母でできた薄窓を透過して入射した放射線を検出するので，その窓に吸収されてしまう α 線や低エネルギー β 線は測定できない(図13･6)．

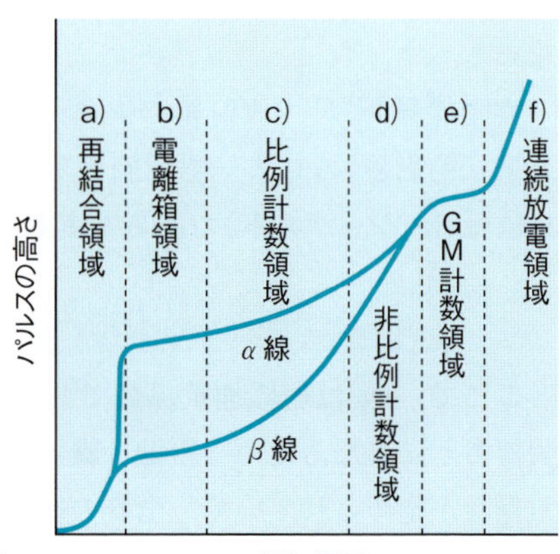

図13･5 印加電圧とパルス波高の関係

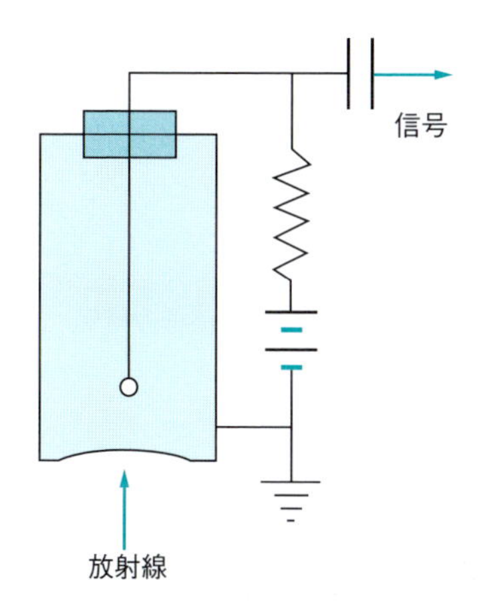

図 13･6　GM 計数管と信号を取り出す回路

b 励起作用を利用した検出器

分子に放射線が照射されると，その分子が放射線のエネルギーによって励起される．励起された分子は基底状態に戻るときに，エネルギーの一部を**蛍光**(**シンチレーション**)として発する．この蛍光の量は放射線量に比例することから，放射線を検出，測定することができる．

(1) NaI(Tl)シンチレーション測定装置

シンチレーターとしての NaI(Tl)は，微量の Tl を含む NaI の単結晶である．原子番号が大きく，軌道電子を多数もつ元素を含むため，γ 線を効率よく測定できる．比較的大きな単結晶をつくりやすいこと，微量の Tl を含むことで放射線に対する蛍光収率が高いこと，蛍光の減衰時間が短いことなどのために γ 線測定に適している．NaI には潮解性があるためアルミニウムなどの金属で密封して使用する．そのため，α 線や低エネルギー β 線は測定できない．NaI(Tl)シンチレーション測定装置では γ 線エネルギーのスペクトルを得ることにより，核種の推定をすることができる．

固体の無機シンチレーターとして，NaI(Tl)のほかに，CsI(Tl)や ZnS(Ag)が用いられている．CsI(Tl)の結晶は γ 線の測定に，ZnS(Ag)の粉末は α 線の測定に用いられている．

(2) 液体シンチレーション測定装置

液体シンチレーション測定装置は主として軟 β 線(低エネルギーの β^- 線)の測定を目的として開発された装置である．この装置では，バイアル中でトルエンやキシレンに有機シンチレーターを溶かし，その中に試料を入れて，バイアル中で放射線により生じる蛍光を測定する．トルエンやキシレン溶媒では，放射性核種を含む水溶性試料を溶かすことができない．この場合には，Triton X-100 などの界面活性剤を含んだ乳化シンチレーターが広く利用されている．液体シンチレーション測定装置では，β 線エネルギーのスペクトルを得ることにより，核種を推定することができる．

ポイント

- 吸収線量の単位はGy(グレイ)である.
- 同じエネルギーのβ線の透過性はα線のそれよりも大きく，γ線よりも小さい.
- 一般に，GM計数管はβ線の測定に用いられる.
- NaI(Tl)シンチレーション測定装置は，γ線の測定に適していて，γ線エネルギーを測定して核種の推定をすることが可能である.
- 液体シンチレーション測定装置はβ線測定に適している.

C 薬学に関連する放射性核種とその製造法

❶ 原子核反応と放射性核種の製造

原子核に，ほかの原子核や陽子，中性子，光子などを照射し，新しい原子核が生成する反応を**原子核反応**または**核反応**という．核反応を化学反応に対比させて，

$$A + a \rightarrow B + b \qquad (13\cdot13)$$

のように表したり，

$$A(a, b)B \qquad (13\cdot14)$$

のように表す．このとき，A，Bをそれぞれ**標的核**，**生成核**といい，a，bをそれぞれ**入射粒子**，**放出粒子**，あるいは，入射光子，放出光子という．1919年，ラザフォード[*31]は^{210}Poから放出されるα線をNに照射するとOと陽子pが生成することを発見した．

$$^{14}N + \alpha \longrightarrow {}^{17}O + p \quad または \quad {}^{14}N(\alpha, p){}^{17}O$$

これは，最初の人工的な原子核反応である．1934年フレデリック・ジョリオ=キュリー[*32]とイレーヌ・ジョリオ=キュリー[*33]は，BやAlにα粒子を照射するとそれぞれ^{13}Nと^{30}Pが生成することを発見した．^{13}Nと^{30}Pは陽電子を放出し，それぞれ安定な^{13}Cと^{30}Siに壊変する．彼らは最初の人工放射性核種の製造に成功したことで1935年にノーベル化学賞を受賞した．これらの原子核反応は中性子をnとして$^{10}B(\alpha,n)^{13}N$，$^{27}Al(\alpha, n)^{30}P$のように表される．核反応における反応系と生成系では，陽子数，中性子数，全エネルギーおよび全運動量が保存される．

*31 ラザフォード E. Rutherford

*32 フレデリック・ジョリオ=キュリー F. Joliot-Curie

*33 イレーヌ・ジョリオ=キュリー I. Joliot-Curie

a 加速器を利用した放射性核種の製造

静電場，あるいは電場と磁場の組み合わせで加速させることにより，核反応を起こすのに必要なエネルギーを荷電粒子に与えることができる．化学反応と同じように核反応について，X(a, b)Yの核反応系にお

ける熱の出入りを考えてみよう．核反応における反応系と生成系の質量の差を**アインシュタインの式**($E = mc^2$)によりエネルギーで表した量を**Q 値**[*34]という．

*34 **Q 値**　反応系の質量から生成系の質量を差し引いた質量差をエネルギーで表したもの．

$$\text{Q 値} = \{(\text{反応系の質量}) - (\text{生成系の質量})\}c^2$$

Q＜0のときは吸熱反応であるので，核反応を起こすためにはこの分を入射粒子の運動エネルギーで補う必要があるが，核反応の前後で運動量が保存されることから，実際には入射粒子は－Qより大きな運動エネルギーをもつ必要がある．そのエネルギーは，標的核の質量をM，入射粒子の質量をmとすると，$-Q(M + m)/M$と表すことができる．この核反応を引き起こすために必要な最小エネルギーを**しきい値**[*35]という．また，荷電粒子同士の反応のときには，入射粒子は核反応を起こすために，しきい値に加えてクーロン斥力に打ち勝つエネルギーももたなければならない．一方，Q＞0の場合は発熱反応であり，入射粒子が中性子の場合はエネルギーが低くても反応が進むが，入射粒子が荷電粒子の場合には，クーロン斥力に打ち勝つために必要なエネルギーをもたなければならない．なお，Q＝0のときは弾性散乱に相当する．

*35 **しきい値**　threshold energy

粒子加速装置としてはサイクロトロンがよく用いられている．加速される粒子は比較的軽いp，d(重陽子，重水素の原子核)，αなどで，それらを標的核に衝突させて起こる核反応には，(p，n)，(p，2n)(d，p)，(d，n)，(α，n)反応など，入射粒子の種類やその運動エネルギーに応じてさまざまなものがある．したがって目的とする放射性核種を製造するためには，核反応断面積[*36]，副反応生成物などを考慮して標的核，入射粒子，加速エネルギーなどを決める．サイクロトロンによって加速して照射できる荷電粒子の密度は，原子炉を利用して照射される中性子のそれと比べて低いので，サイクロトロンを用いる核種の製造は，大量の放射性核種の製造には適していない．しかし，一般に標的核と生成核は異なる元素となるため，無担体[*37]あるいは高比放射能の核種が得られる場合が多い．放射性医薬品(後述)に用いられている^{67}Ga，^{111}In，^{201}Tl，^{123}Iは，サイクロトロンにより製造される核種である．これらはいずれも中性子不足核種であり，EC壊変をする核種である．また，PET診断用の放射性医薬品に用いられている^{11}C，^{13}N，^{15}O，^{18}Fは病院内で小型サイクロトロン(ベビーサイクロトロン)を用いて製造されている．これらの核種は中性子不足核種で，しかも壊変エネルギーが大きいため，β^+壊変をする．

*36 **核反応断面積**　nuclear cross section　核反応の起こる確率を表す量σで表す．σは面積の次元をもち，10^{-28} m^{2}を1バーン(barn，b)という．

*37 **無担体**　carrier free

b 原子炉を利用した放射性核種の製造

原子炉を利用した放射性核種の製造には，**核分裂生成物**から目的核種を分離して取り出す方法と，核分裂により発生する中性子をほかの原子核に照射して放射性核種を得る方法がある．

＊38　**熱中性子**　運動エネルギーが熱エネルギー領域の中性子．これに対してエネルギーの高い中性子を速中性子，高速中性子という．

熱中性子[＊38]による ^{235}U の核分裂では，質量数90～100，132～147付近の核種が多く生成する．核分裂生成物のうち，放射性医薬品など医療に用いられる核種には，^{99}Mo-^{99m}Tc，^{90}Sr-^{90}Y，^{131}I，^{137}Cs などがある．中性子は電荷をもたないため，ほかの原子核に容易に接近できるので，核反応を起こしやすい．熱中性子との核反応は(n，γ)反応が主要な反応で，中性子のエネルギーがわずかに高いと(n，p)反応や(n，α)反応が起こる．中性子照射で得られる放射性核種は，安定核よりも中性子過剰となるため，β^- 放射体となることが多い．

❷ 放射平衡を利用した放射性核種の製造

ⓐ 放射平衡

親核種が壊変して生成する娘核種も放射性核種である場合を考える．親核種，娘核種の原子数をそれぞれ N_1，N_2，壊変定数を λ_1，λ_2，半減期を T_1, T_2 とすると，親核種の原子数の経時変化は式(13･6)より，式(13･15)のように表される．

$$-\frac{\mathrm{d}N_1}{\mathrm{d}t} = \lambda_1 N_1 \qquad (13\cdot15)$$

また，単位時間に生成する娘核種の原子数は単位時間に壊変する親核種の原子数 $\lambda_1 N_1$ と等しく，娘核種は単位時間に $\lambda_1 N_1$ で増加し，$\lambda_2 N_2$ で減少することから，式(13･16)が成り立つ．

$$\frac{\mathrm{d}N_2}{\mathrm{d}t} = \lambda_1 N_1 - \lambda_2 N_2 \qquad (13\cdot16)$$

式(13･15)，(13･16)から，時刻 t における N_2 を表す式(13･17)が導かれる．

$$N_2 = \frac{\lambda_1 N_1^0}{\lambda_2 - \lambda_1}(e^{-\lambda_1 t} - e^{-\lambda_2 t}) + N_2^0 e^{-\lambda_2 t} \qquad (13\cdot17)$$

ただし，N_1^0，N_2^0 は $t = 0$ における N_1，N_2 の値である．また，$t = 0$ において親核種のみが存在する場合，$N_2^0 = 0$ であるから，式(13･17)は式(13･18)のように表される．

$$N_2 = \frac{\lambda_1 N_1^0}{\lambda_2 - \lambda_1}(e^{-\lambda_1 t} - e^{-\lambda_2 t}) \qquad (13\cdot18)$$

ここで，親核種の半減期が娘核種の半減期よりも十分に長いとき，娘核種の放射能はみかけ上，親核種の半減期で減衰する．この状態を**放射平衡**とよび，過渡平衡と永続平衡の2種類がある．

過渡平衡は $T_1 > T_2 (\lambda_1 < \lambda_2)$ の場合に成立する放射平衡である．過渡平衡の例としては，$^{140}Ba \xrightarrow[12.75d]{\beta^-} {}^{140}La \xrightarrow[1.67d]{\beta^-} {}^{140}Ce$(stable)，$^{99}Mo \xrightarrow[65.94h]{\beta^-} {}^{99m}Tc \xrightarrow[6.02h]{IT} {}^{99}Tc\left(\xrightarrow[2.11\times10^5y]{\beta^-} {}^{99}Ru\right)$ があげられる[＊39]．十分に時

＊39　反応式の矢印の下の時間は核種の半減期を示す．

間が経過して平衡に達したとき，式(13･18)の(　)内の2つ目の項は十分に小さくゼロとおける．したがって，式(13･18)は式(13･19)で近似される．

$$N_2 = \frac{\lambda_1 N_1}{\lambda_2 - \lambda_1} \tag{13･19}$$

式(13･19)の両辺にλ_2をかけて$A_i = \lambda_i N_i$の関係を用いると，式(13･20)が得られる．

$$A_2 = \frac{\lambda_2}{\lambda_2 - \lambda_1} A_1 \tag{13･20}$$

式(13･20)より$A_2 > A_1$となり，一般に，過渡平衡では娘核種の放射能のほうが親核種の放射能より高いことがわかる．しかし，^{99}Mo-^{99m}Tcの場合は，^{99m}Tcの生成率が約88%であるため，過渡平衡状態に達した後の^{99m}Tc/^{99}Mo放射能比は約0.97となる(図13･7)．

永続平衡は$T_1 \gg T_2$($\lambda_1 \ll \lambda_2$)の場合に成立する放射平衡であり，このとき，式(13･20)から$A_2 = A_1$と近似できる．すなわち，親核種の半減期が，娘核種のそれより1000倍以上長い場合には永続平衡が成り立ち，平衡状態に達したときには親核種と娘核種の放射能は等しくなる(図13･8)．永続平衡の例としては，$^{90}\mathrm{Sr} \xrightarrow[28.79\mathrm{y}]{\beta^-} {}^{90}\mathrm{Y} \xrightarrow[64.00\mathrm{h}]{\beta^-} {}^{90}\mathrm{Zr}$(stable)，$^{137}\mathrm{Cs} \xrightarrow[30.17\mathrm{y}]{\beta^-} {}^{137m}\mathrm{Ba} \xrightarrow[2.55\mathrm{m}]{\mathrm{IT}} {}^{137}\mathrm{Ba}$(stable)があげられる．

放射平衡の状態にある長半減期の親核種と短半減期の娘核種から，娘核種だけを繰り返し化学的に分離することを**ミルキング**という(図13･

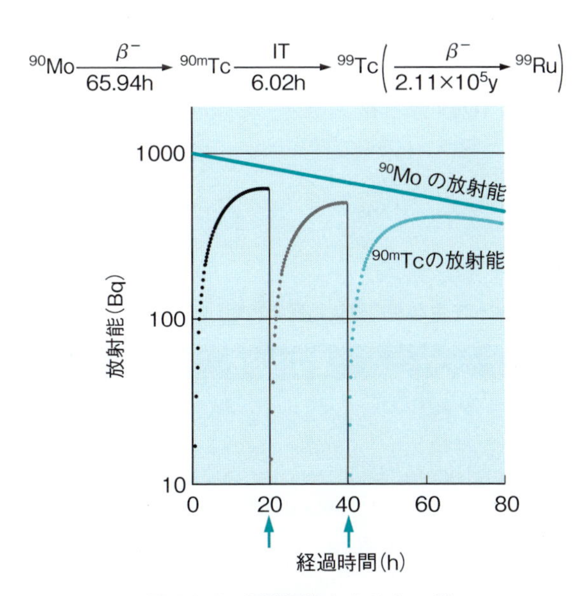

図13･7　過渡平衡とミルキング
^{99m}Tcミルキングの原理図．
青矢印の時間点で^{99m}Tcを溶出分離．

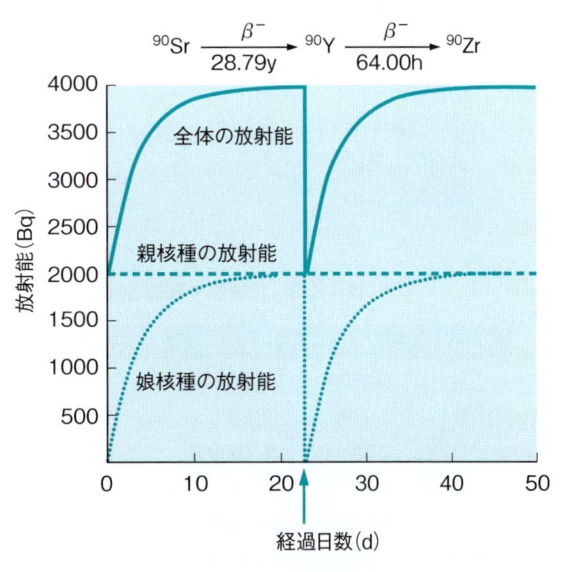

図13･8　永続平衡の例
青矢印は放射平衡状態から娘核種を化学的に分離した時間点．

7). また，そのための装置をジェネレーターまたはカウという．

❸ 薬学領域に関連のある放射性核種とその利用

a 薬学領域で利用されている主な放射性核種とその利用法

C項❶，❷で述べた方法によって製造される放射性核種のうち，薬学の領域で利用されている主なものを表13･1～表13･3に示した．それらの利用法は大きく2つに分けられる．1つは，放射性核種は極微量でも，放出される放射線を検出することによりその挙動を追跡し，定量することができることを利用したものであり，もう1つは，放射性核種から放

表13･1 核分裂で生成される放射性核種

核 種	半減期	壊変形式	主な光子エネルギー(keV)	主な核過程	主な利用法
^{89}Sr	50.53d	β^-	—	$^{235}U(n, f)^{89}Sr$	核医学治療
^{90}Y	64.00h	β^-	—	$^{235}U(n, f)^{90}Sr \rightarrow ^{90}Y$	核医学治療
^{99m}Tc	6.02h	IT	141	$^{235}U(n, f)^{99}Mo \rightarrow ^{99m}Tc$	核医学診断
^{131}I	8.02d	β^-	365	$^{235}U(n, f)^{131}I$	核医学治療
^{137}Cs	30.17y	β^-	662.5	$^{235}U(n, f)^{137}Cs$	γ線源

表13･2 原子炉中性子照射で製造される主な放射性核種

核 種	半減期	壊変形式	主な光子エネルギー(keV)	主な核過程	主な利用法
^{3}H	12.32y	β^-	—	$^{6}Li(n, \alpha)^{3}H$, $^{3}He(n, p)^{3}H$	トレーサー
^{14}C	5700y	β^-	—	$^{14}N(n, p)^{14}C$	トレーサー
^{32}P	14.26d	β^-	—	$^{32}S(n, p)^{32}P$	トレーサー
^{33}P	25.34d	β^-	—	$^{33}S(n, p)^{33}P$	トレーサー
^{35}S	87.51d	β^-	—	$^{35}Cl(n, p)^{35}S$	トレーサー
^{51}Cr	27.70d	EC	320	$^{50}Cr(n, \gamma)^{51}Cr$	核医学診断
^{60}Co	5.27y	β^-	1173, 1333	$^{59}Co(n, \gamma)^{60}Co$	γ線源
^{99m}Tc	6.02h	IT	141	$^{98}Mo(n, \gamma)^{99}Mo \rightarrow ^{99m}Tc$	核医学診断
^{125}I	59.40d	EC	35.5	$^{124}Xe(n, \gamma)^{125}Xe \rightarrow ^{125}I$	トレーサー
^{133}Xe	5.25d	β^-	81.0	$^{132}Xe(n, \gamma)^{133}Xe$	核医学診断

表13･3 加速器で製造される主な放射性核種(すべて主な利用法は核医学診断)

核 種	半減期	壊変形式	主な光子エネルギー(keV)	主な核過程
^{11}C	20.39m	β^+99.8%	511	$^{11}B(p, n)^{11}C$
^{13}N	9.97m	β^+99.8%	511	$^{13}C(p, n)^{13}N$
^{15}O	2.04m	β^+99.9%	511	$^{15}N(p, n)^{15}O$
^{18}F	109.77m	β^+96.7%	511	$^{18}O(p, n)^{18}F$, $^{20}Ne(d, \alpha)^{18}F$
^{67}Ga	78.27h	EC100%	93.3, 185	$^{68}Zn(p, 2n)^{67}Ga$
^{111}In	2.81d	EC100%	171, 245	$^{112}Cd(p, 2n)^{111}In$
^{123}I	13.22h	EC100%	159	$^{124}Te(p, 2n)^{123}I$
^{201}Tl	72.91h	EC100%	167	$^{203}Tl(p, 3n)^{201}Pb \rightarrow ^{201}Tl$

出される放射線を照射することによって起こる変化を利用するものである．

1つ目の利用法の代表的なものは，分析対象の物質と同じ挙動をする放射性核種で標識した物質（放射性標識物質）をトレーサー（追跡子）として利用するもので，薬物の体内動態や代謝の研究に応用されている．有機化合物の標識には主に ^{3}H，^{14}C，^{35}S が，タンパク質やペプチドの標識には ^{3}H，^{14}C，^{125}I などが，核酸やその誘導体の標識には ^{32}P，^{33}P，^{35}S が用いられる．

また，放射性物質をトレーサーとして利用する分析法，定量法には，放射性核種で標識した抗原あるいは抗体を用い，抗原抗体反応を利用して定量を行う**ラジオイムノアッセイ**や**イムノラジオメトリックアッセイ**，放射性核種で標識したリガンドと受容体との相互作用を利用した**ラジオレセプタアッセイ**，測定対象物質と定量的に結合して沈殿を生成する放射性物質を加え，生成した沈殿の放射能を測定することにより定量を行う**放射分析**，非放射性物質にその構成元素の一部が放射性核種で置換された放射性物質を加えると，比放射能が低下することを利用して定量を行う**同位体希釈法**などがある．さらに，追跡し，定量できるという放射性核種の利点から，放射性物質は in vitro，in vivo での核医学診断（核医学検査）を目的とした医薬品としても用いられ，この医薬品は放射性医薬品とよばれる（後述）．

2つ目の利用法には，次のようなものがある．^{60}Co が放出する γ 線は医療器具や細胞培養実験器具などの**滅菌**や放射線治療に使われ，また，^{131}I，^{89}Sr，^{90}Y が放出する β^{-} 線や ^{223}Ra が放出する α 線は高い細胞殺傷効果をもつことから，ヨウ化ナトリウム（^{131}I），^{90}Y 標識抗腫瘍抗体や塩化ラジウム（^{223}Ra）が，がんなどの**治療**（核医学治療）を目的とした in vivo 放射性医薬品として用いられている．また，**放射化分析**とよばれる定量法がある．これは，放射線を照射して起こる核反応により試料中の核種を放射性核種に変え，それが放出する放射線のエネルギーと量を測定することにより，試料中にもともと存在した複数の核種を同時に同定したり，定量する方法である．

b 放射性医薬品と核医学診断・核医学治療

放射性医薬品は，核医学診断や核医学治療に用いられる放射性物質であり，放射性核種を含む無機化合物や放射性核種を共有結合や配位結合で結合することで標識した低分子化合物，ペプチド，抗体など，さまざまな構造のものがある．前述したように，放射性医薬品を用いる診断・治療は，in vitro 核医学診断（in vitro 核医学検査），in vivo 核医学診断（in vivo 核医学検査），核医学治療に分けられる．

(1) in vitro 核医学診断（in vitro 核医学検査）

in vitro 核医学診断は，放射性医薬品を試験管内のみで使用し，人体から採取した血液や尿などに含まれるホルモンや生理活性物質の微量定量を行う検査である．このin vitro核医学診断での分析法には，抗原の競合を利用するラジオイムノアッセイ＊40(RIA)や，さらに精度の向上した方法として競合を利用しないイムノラジオメトリックアッセイ＊41(IRMA)がある．in vitro核医学診断用の放射性医薬品には^{125}Iが汎用されている．

＊40　**ラジオイムノアッセイ** radioimmunoassay

＊41　**イムノラジオメトリックアッセイ** immunoradiometric assay

(2)in vivo核医学診断(in vivo核医学検査)

in vivo核医学診断は，放射性医薬品を患者に投与し，それが特定臓器に集まる割合や排泄されていく速さなどを観察することにより，臓器の機能や形態，あるいは腫瘍の有無などに関する情報を得るものである．この場合，放射性医薬品は一般の医薬品とは異なり，化学物質としての薬理作用を期待するものではなく，疾病の診断に用いられる．この診断用のin vivo放射性医薬品に用いられる放射性核種は，患者の不必要な被ばくを避けるために，短半減期であることが好ましい．

多くの場合，患者に投与された放射性医薬品やその代謝物の体内分布は，それらに含まれる放射性核種から放出される放射線を体外で測定し，コンピュータで処理することにより画像化され，その画像が診断に用いられる．体内で発生した放射線が体外に出ていく必要があることから，物質透過性の高いγ線や特性X線を放射したり，消滅放射線の発生に関わる放射性核種で標識された放射性医薬品が用いられる．画像化法には平面像を得る方法と断層画像を得る方法があり，後者には次に示す2種類の方法がある．

断層画像を得る方法の1つは，放射性核種から放出される1本のγ線や特性X線(フォトン)を測定して画像化するものであり，シングルフォトン断層撮影法＊42(SPECT)とよばれる．用いられる放射性核種としては，^{67}Ga，^{111}In，^{123}I，^{201}Tl，^{99m}Tcなどがあげられる．もう1つの方法は，ポジトロン断層撮影法＊43(PET)とよばれる方法であり，^{11}C，^{13}N，^{15}O，^{18}Fなどの陽電子(ポジトロン)を放出する中性子不足核(表13･3)が用いられている．これらの放射性核種から放出された陽電子が近傍の物質中の電子と対消滅するとき，ほぼ180°方向に2本の消滅放射線が放射される．PETでは，この2本の放射線を同時に観測することにより，SPECTと比べ，体内での放射性核種の位置を精度よく求めることができる．PET検査では，^{18}F-FDG(^{18}F標識2-デオキシ-2-フルオロ-D-グルコース；フルデオキシグルコース(^{18}F)注射液)とよばれる放射性医薬品がよく使われている．^{18}F-FDGは，糖(グルコース)を^{18}Fで標識した放射性医薬品で，糖代謝の活発な細胞に集積しやすい性質をもつことから，がんや脳機能などの診断に使われている．なお，^{18}F-FDGは医薬品メーカーから購入することもできる．

＊42　**シングルフォトン断層撮影法** single-photon emission computed tomography

＊43　**ポジトロン断層撮影法** positron emission tomography

(3)核医学治療

核医学治療は，がんや特定の臓器に集まる性質をもつ放射性医薬品を患者に投与し，壊変によって生じる放射線を照射することによってそのがんや特定の臓器を構成する細胞を殺傷し，治療効果を得るものである．この場合もまた，in vivo 核医学診断用の放射性医薬品と同じで，化学物質としての薬理作用を期待するものではない．この核医学治療用の放射性医薬品に用いられる放射性核種には，物質との相互作用が強く細胞殺傷効果の高いβ^-線やα線を放出する核種が用いられ，その半減期は，患部へ照射される放射線量が多いほど高い治療効果が期待できることからある程度長いことが好ましい．

ポイント

- 放射平衡には，過渡平衡と永続平衡がある．
- 過渡平衡では，親核種と娘核種の放射能の比は一定に保たれ，一般に親核種よりも娘核種のほうが放射能が高い．
- 永続平衡では，親核種と娘核種の放射能は等しい．
- 核分裂や原子炉中性子照射で生成する核種は，中性子過剰でβ^-壊変をする核種が多い．
- サイクロトロンを利用した核反応で生成する核種は，中性子不足核であり，β^+壊変あるいは EC 壊変をする核種が多い．
- 放射性核種を利用する際には，半減期や放出する放射線の種類が目的に合ったものを選択する必要がある．

D 放射線の生体への影響

放射線の生体への影響は，まず放射線の被ばくによって分子レベルでの変化，つまり DNA などの生体分子や人体の多くを占める水分子の電離や励起が起こり，その結果として細胞死や遺伝子変異が引き起こされた場合に，組織・臓器障害や個体死，発がん，遺伝的影響として現れるものだと考えられている．本書では，生体分子への作用，細胞レベルでの影響，および外部被ばくと内部被ばくについてのみ述べる．

❶ 放射線の生体分子への作用

放射線が直接当たって生体分子を電離したり励起したりする作用を**直接作用**という．一方，水分子の電離や励起によって生じたヒドロキシラジカルや過酸化水素のような，反応性の高い活性酸素種などが生体物質と反応することによる作用を**間接作用**という．放射線は直接作用・間接作用により酵素や DNA，RNA，細胞膜などに損傷を与える．DNA 損傷には，1 本鎖切断，2 本鎖切断，塩基の変化などがあるが，とくに DNA 鎖切断は細胞死へつながる可能性が高い．このような DNA 損傷から回復するための機構として，DNA 修復機構や DNA 損傷チェックポイントがある．

α 線や重粒子線などの相互作用の強い高 LET 放射線では直接作用が主に認められ，γ 線や X 線などの相互作用の弱い低 LET 放射線では間接作用が主に認められる．このように，放射線の種類やエネルギーが異なると，作用の性質や影響の程度が異なる．その影響の強さの程度を表すものとして**生物学的効果比**[*44](RBE)がある．

＊44 **生物学的効果比** relative biological effectiveness

$$\mathrm{RBE} = \frac{\text{ある生物効果を引き起こすのに必要な基準放射線の線量}}{\text{同一の効果を引き起こすのに必要とする放射線の線量}}$$

また，放射線の作用はさまざまな因子によって影響を受け，次に示す酸素効果，希釈効果，温度効果などが知られている．**酸素効果**[*45]は，放射線の作用が無酸素状態よりも酸素が存在する状態のほうが大きくなることをさし，X 線や γ 線などの低 LET 放射線で顕著に認められる．これは，放射線の照射によって生じる活性分子種が酸素分子の存在により増加することによる．**希釈効果**[*46]は，間接作用では一定線量の放射線を照射した場合に，全溶質分子数に対する失活する溶質分子の割合が，濃度が低くなるほど(希釈するほど)高くなることをさす．これは，一定線量の放射線で水から生じる活性分子種の数が一定であり，失活分子数がある濃度からは一定となることによる．なお直接作用では，一定線量の放射線を照射した場合，溶質分子の濃度が高くなるとともに失活する分子の数は増加し，全溶質分子数に対する失活溶質分子の割合は濃度によらず一定となる．**温度効果**[*47]は，凍結したり低温にしたりすると放射線の作用が低下することをさす．これは，低温にすることにより活性分子種の拡散が妨げられ，また活性分子種の反応性が低下することによるものだと考えられている．そのほかの影響として，ラジカルスカベンジャーが放射線の作用を低下させること(保護効果)やニトロイミダゾール誘導体が放射線の作用を高めること(増感効果)も知られている．

＊45 **酸素効果** oxygen effect

＊46 **希釈効果** dilution effect

＊47 **温度効果** thermal effect

生物学的効果比や放射線の作用に影響を及ぼす因子は，放射線防護の観点からだけでなく，放射線外部照射治療や核医学治療などの放射線を用いた治療の効果を考えるうえでも重要である．

❷ 放射線の細胞レベルでの影響

放射線の被ばくにより生体分子が損傷を受けた結果として，細胞死や遺伝子突然変異が起こることがある．

放射線による細胞死は，増殖死(分裂死)と間期死に分類される．増殖死(分裂死)は，DNA 損傷によって DNA 複製や細胞分裂に異常をきたし，細胞分裂を何回か繰り返すうちに DNA の倍数性の異常や細胞の巨大化を起こして死ぬもので，間期死は細胞が分裂することなく死ぬものである．細胞死は組織・臓器障害の原因となる．

細胞は，放射線により損傷を受けた状態から正常な状態に回復する能力をもつ．放射線の照射後に回復する現象として，亜致死損傷からの回復や潜在的致死損傷からの回復が知られている．亜致死損傷は，ある時間が経過すると回復可能な損傷であり，亜致死損傷からの回復は，培養細胞に同じ放射線量を1回で照射した場合と2回に分割して照射した場合では前者よりも後者で生存率が高く，照射間隔を12時間以上おくと，2回目の照射後の生存曲線が1回目と同じになることから見出された．潜在的致死損傷からの回復は，照射後に置かれた条件により本来であれば致死的であった障害から回復することであり，たとえば低栄養，低pHや低酸素といった条件で促進される．

放射線の照射後に生き残った細胞のなかには，突然変異を起こしているものが存在する．細胞増殖に関わるタンパク質をコードする遺伝子に変異が生じると，細胞は無秩序な増殖を始める．また，ゲノムの安定性に関わるものに変異が生じると，突然変異率が上昇してゲノムの不安定化が加速する．体細胞での遺伝子突然変異は発がんに，生殖細胞での突然変異は遺伝的影響の原因となる．

❸ 外部被ばくと内部被ばく

放射線源が体外にあり，体外から放射線を被ばくすることを外部被ばく，放射線源が体内にあり，体の内部から放射線を被ばくすることを内部被ばくという．外部被ばくでは，物質との相互作用が強く物質透過性が低いα線やβ線などの放射線と比べ，物質との相互作用が弱く物質透過性が高いγ線やX線，中性子線などの放射線のほうが影響が大きいのに対し，内部被ばくではその逆で，物質との相互作用が強く物質透過性が低い放射線のほうが影響が大きい．核医学治療においてβ^-線やα線を放出する核種で標識した放射性医薬品が用いられるのは，こうした理由からである．

放射線の防護において重要なことの1つは，外部被ばくと内部被ばくに分けて対策をとることである．外部被ばくの防護には，①被ばく時間を短くする，②放射線源から距離をとる，③放射線を遮蔽する，の3つの手段がとられる(外部被ばく防護の三原則)．一定の放射線量のところにいるヒトの被ばく量はその場所にいる時間に比例し，点線源からの放射線の強度は，線源からの距離の2乗に反比例する．放射線の遮蔽では，放射線の種類によって遮蔽材を変える必要がある．γ線は物質との相互作用が弱いため，その遮蔽材には，原子番号が大きく電子の密度が高い鉛からなる板やブロックがよく用いられる．β^-線に対しては，制動放射線の発生を極力抑えながらβ^-線自体を遮蔽するために原子番号の小さなプラスチックがよく用いられるが，β^-線のエネルギーが高く制動放射線を考慮する必要がある場合は，さらにその外側を鉛などで覆わなければならない．β^+線はβ^-線と同様に遮蔽できるが，消滅放射線の遮蔽も行う必要がある．α線は作業衣や手袋で遮蔽できる．一方，内部被ばくの防護では，体内に取り込まれた放射性物質を効率よく体外へ除去するのは困難なことから，放射性物質の体内摂取の防止が重要となる．したがって，放射性物質の取り扱いは，吸入，経口，経皮(とくに傷口)による摂取を防ぐために，作業着や手袋などを着用し，フード内やグローブボックス内で行う必要がある．

放射性物質が体内に取り込まれた場合，その体内残存量は，放射性核種の半減期(物理学的半減期)と放射性物質が体外へ排出されて体内にある量が最初の半分になるまでの時間(生物学的半減期)の両方に支配されて減少する．体内の放射性物質の量が最初の半分になるのにかかる時間を有効半減期または実効半減期[*48](T_{eff})といい，物理学的半減期を T，生物学的半減期を T_{b} とすると，次のように表される．

＊48　**実効半減期**　effective half-life

$$\frac{1}{T_{\mathrm{eff}}} = \frac{1}{T} + \frac{1}{T_{\mathrm{b}}} \tag{13·21}$$

内部被ばくによる影響を考えるときには，有効半減期に基づいて考える必要がある．

ポイント

- 直接作用は放射線が直接生体分子を電離・励起する作用で，主に高 LET 放射線で認められ，間接作用は水分子の電離や励起によって生じた活性酸素種などによる作用で，主に低 LET 放射線で認められる．
- 放射線の作用はさまざまな因子によって影響を受け，無酸素状態や低温にすることで低下する．
- 放射線の被ばくにより生体分子が損傷を受けると，一部の細胞は死に，生き残った細胞の一部は突然変異を起こし，発がんや遺伝的影響の原因となると考えられている．
- 外部被ばくでは，物質透過性が高い γ 線や X 線などの影響が大きいのに対し，内部被ばくでは物質透過性が低い β^- 線や α 線の影響が大きい．
- γ 線の遮蔽には鉛のような原子番号の大きなものが用いられ，β^- 線の遮蔽にはプラスチックのような原子番号の小さなものが用いられる．
- 内部被ばくによる影響は，物理学的半減期と生物学的半減期から求められる有効半減期に基づいて考える．

Exercise

1 **放射壊変および放射線について，記述の正誤を答えなさい．** (難易度★☆☆)

①α 壊変で生成する娘核種の原子番号は，親核種と比べて 2 小さく，質量数は 4 小さい．

②β^+壊変で生成する娘核種の原子番号は，親核種と比べて 1 大きく，質量数は等しい．

③β^-線の本体は電子であり，β^-線を放出する放射性同位体には，^{3}H，^{14}C，^{32}P などがあり，トレーサー実験に利用される．

④GM 計数管は，α 線を効率よく計数する．

⑤γ 線の透過力は，同じエネルギーの α 線や β 線よりも大きい．

2 **放射線について，記述の正誤を答えなさい．** (難易度★★☆)

①α 線の本体はヘリウム原子核であり，α 線が物質中を通過するとき，短い距離で全エネルギーを失う．

②β^-線は，光電効果によりエネルギーを失う．

③X 線の本体は，原子核外で放射される電磁波であり，γ 線と同様に電離放射線とよばれる．

④X 線の振動数は赤外線の振動数よりも大きい．

⑤^{32}P の β 線の遮蔽には，Pb 板が用いられる．

3 **放射線の生体への影響について，記述の正誤を答えなさい．** (難易度★☆☆)

①実効線量の単位は Gy（グレイ）である．

②高 LET 放射線では間接作用が主に認められる．

③放射線の作用は，無酸素の状態のほうが大きくなる．

④α 線放出核種の影響は，体外被ばくよりも体内被ばくの場合のほうが大きい．

⑤有効半減期は次の式で表される．

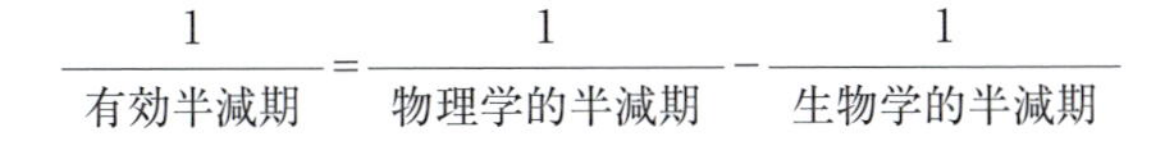

$$\frac{1}{\text{有効半減期}}=\frac{1}{\text{物理学的半減期}}-\frac{1}{\text{生物学的半減期}}$$

4 **^{3}H を含む試料を液体シンチレーションカウンターで測定したところ，5 分間で 12000 カウントであった．計数効率を 40%とするとき，^{3}H の放射能（Bq）はどれか答えなさい．** (難易度★★★)

① 100　② 200　③ 500　④ 750　⑤ 800

5 **^{131}I（半減期は 8 日とする）の放射能を測定したところ 3600 cpm であった．同じ条件で 4 日後に測定すると得られる計数率（cpm）として最も近い値はどれか答えなさい．** (難易度★★★)

① 1270　② 2545　③ 3715　④ 5690　⑤ 6350

6 **新たに精製分離した直後の ^{90}Sr の放射能を測定したところ，1500 dpm であった．同じ試料を同じ条件で 1 ヵ月後に測定すると，全放射能はどれだけになるか．最も近い値を答えなさい．ただし，^{90}Sr と ^{90}Y の β 線の検出効率は同じとする．** $^{90}Sr \xrightarrow[28.79y]{\beta^-} {}^{90}Y \xrightarrow[64.00h]{\beta^-} {}^{90}Zr$ (難易度★★★)

① 1500　② 2000　③ 2500　④ 3000　⑤ 5000

7 物理学的半減期が 8.0 日，生物学的半減期が 80 日である放射性核種の有効半減期に最も近いのはどれか．（難易度★★☆）

①7.3 日　②8.0 日　③8.9 日　④72 日　⑤80 日　⑥88 日

熱力学データ

付表 1　元素のイオン化エンタルピー $\Delta_{ion}H$/kJ mol^{-1}

原子番号	元素記号	第一イオン化エンタルピー	第二イオン化エンタルピー	第三イオン化エンタルピー	第四イオン化エンタルピー
1	H	1312			
2	He	2370	5250		
3	Li	519	7300		
4	Be	900	1760		
5	B	799	2420	14800	
6	C	1090	2350	3660	25000
7	N	1400	2860		
8	O	1310	3390		
9	F	1680	3370		
10	Ne	2080	3950		
11	Na	494	4560		
12	Mg	738	1451	7740	
13	Al	577	1820	2740	11600
14	Si	786			
15	P	1060			
16	S	1000			
17	Cl	1260			
18	Ar	1520			

付表 2a　代表的な結合エンタルピー ΔH/kJ mol^{-1}

二原子分子		多原子分子	
H−H	436	$H-CH_3$	435
O=O	497	$H-C_6H_5$	469
N≡N	945	H_3C-CH_3	368
O−H	428	$H_2C=CH_2$	720
C=O	1074	HC≡CH	962
F−F	155	$H-NH_2$	450
Cl−Cl	242	O_2N-NO_2	57
Br−Br	193	O=CO	531
I−I	151	H−OH	499
H−F	565	HO−OH	213
H−Cl	431	$HO-CH_3$	377
H−Br	366	$Cl-CH_3$	346
H−I	299	$Br-CH_3$	293
		$I-CH_3$	234

付表 2b　平均結合エンタルピー ΔH/kJ mol^{-1}

	H	C	結合次数	N	結合次数	O	結合次数	F	Cl	Br	I
H	436										
C	412	348	1								
		612	2								
		838	3								
		516	aro*								
N	388	305	1	163	1						
		613	2	409	2						
		890	3	945	3						
O	463	360	1	157		146	1				
		743	2			497	2				
F	565	484		270		185		155			
Cl	431	338		200		203		254	242		
Br	366	276							219	193	
I	299	238							210	178	151

*芳香族系

付表 3　転移温度における標準転移エンタルピー

化合物	化学式	凝固点 T_f/K	$\Delta_{fus}H°$/kJ mol^{-1}	沸点 T_b/K	$\Delta_{vap}H°$/kJ mol^{-1}
アンモニア	NH_3	195.3	5.65	239.7	23.4
アルゴン	Ar	83.8	1.2	87.3	6.5
エタノール	C_2H_5OH	158.7	4.6	351.5	43.5
水銀	Hg	234.3	2.292	629.7	59.3
プロパノン	CH_3COCH_3	177.8	5.72	329.4	29.1
ヘリウム	He	3.5	0.02	4.22	0.08
ベンゼン	C_6H_6	278.7	9.87	353.3	30.8
メタン	CH_4	90.7	0.94	111.7	8.2
メタノール	CH_3OH	175.5	3.16	337.2	35.3
水	H_2O	273.15	6.01	373.2	40.7

付表 4a　モル凝固点降下定数，沸点上昇定数

溶媒	K_f/K kg mol^{-1}	K_b/K kg mol^{-1}
酢酸	3.9	3.07
ベンゼン	5.12	2.53
ショウノウ	40	
二硫化炭素	3.8	2.37
四塩化炭素	30	4.95
ナフタレン	6.94	5.8
フェノール	7.27	3.04
水	1.86	0.51

付表 4b　25℃における気体の水へのヘンリー定数

	化学式	K_H/kPa m^3 mol^{-1}
アンモニア	NH_3	5.69
二酸化炭素	CO_2	2.937
ヘリウム	He	282.7
水素	H_2	121.2
メタン	CH_4	67.4
窒素	N_2	155
酸素	O_2	74.68

付表 5a　熱力学データ

		M g mol^{-1}	$\Delta_f H^\circ$ kJ mol^{-1}	$\Delta_f G^\circ$ kJ mol^{-1}	S_m° J K^{-1} mol^{-1}	$C_{p,m}$ J K^{-1} mol^{-1}	$\Delta_c H^\circ$ kJ mol^{-1}
炭化水素							
CH_4(g)	メタン	16.04	-74.81	-50.72	186.26	35.31	-890
CH_3(g)	メチル	15.04	145.69	147.92	194.2	38.7	
C_2H_2(g)	エチン	26.04	226.73	209.2	200.94	43.93	-1300
C_2H_4(g)	エテン	28.05	52.26	68.15	219.56	43.56	-1411
C_2H_6(g)	エタン	30.07	-84.68	-32.82	229.6	52.63	-1560
C_3H_6(g)	プロペン	42.08	20.42	62.78	267.05	63.89	-2058
C_3H_6(g)	シクロプロパン	42.08	53.3	104.45	237.55	55.94	-2091
C_3H_8(g)	プロパン	44.1	-103.85	-23.49	269.91	73.5	-2220
C_4H_8(g)	1-ブテン	56.11	-0.13	71.39	305.71	85.65	-2717
C_4H_8(g)	*cis*-2-ブテン	56.11	-6.99	65.95	300.94	78.91	-2710
C_4H_8(g)	*trans*-2-ブテン	56.11	-11.17	63.06	296.59	87.82	-2707
C_4H_{10}(g)	ブタン	58.13	-126.15	-17.03	310.23	97.45	-2878
C_5H_{12}(g)	ペンタン	72.15	-146.44	-8.2	348.4	120.2	-3537
C_5H_{12}(l)		72.15	-173.1				
C_6H_6(l)	ベンゼン	78.12	49	124.3	173.3	136.1	-3268
C_6H_6(g)		78.12	82.93	129.72	269.31	81.67	-3302
C_6H_{12}(l)	シクロヘキサン	84.16	-156	26.8		156.5	-3920
C_6H_{14}(l)	ヘキサン	86.18	-198.7		204.3		-4163
$C_6H_5CH_3$(g)	メチルベンゼン（トルエン）	92.14	50	122	320.7	103.6	-3910
C_7H_{16}(l)	ヘプタン	100.21	-224.4	1	328.6	224.3	
C_8H_{18}(l)	オクタン	114.23	-249.9	6.4	361.1		-5471
C_8H_{18}(l)	イソオクタン	114.23	-255.1				-5461
$C_{10}H_8$(s)	ナフタレン	128.18	78.53				-5157
アルコール，フェノール							
CH_3OH(l)	メタノール	32.04	-238.66	-166.27	126.8	81.6	-726
CH_3OH(g)		32.04	-200.66	-161.96	239.81	43.89	-764
C_2H_5OH(l)	エタノール	46.07	-277.69	-174.78	160.7	111.46	-1368
C_2H_5OH(g)		46.07	-235.1	-168.49	282.7	65.44	-1409
C_6H_5OH(s)	フェノール	94.12	-165	-50.9	146		-3054
カルボン酸，ヒドロキシ酸，エステル							
HCOOH(l)	ギ酸	46.03	-424.72	-361.35	128.95	99.04	-255
CH_3COOH(l)	酢酸	60.05	-484.5	-389.9	159.8	124.3	-875
CH_3COOH(aq)		60.05	-485.76	-396.46	178.7		
$CH_3CO_2^-$(aq)		59.05	-486.01	-369.31	86.6	-6.3	
$(COOH)_2$(s)	シュウ酸	90.04	-827.2			117	-254
C_6H_5COOH(s)	安息香酸	122.13	-385.1	-245.3	167.6	146.8	-3227
$CH_3CH(OH)COOH$(s)	乳酸	90.08	-694				-1344
$CH_3COOC_2H_5$(l)	酢酸エチル	88.11	-479	-332.7	259.4	170.1	-2231
アルカナール，アルカノン							
HCHO(g)	メタナール	30.03	-108.57	-102.53	218.77	35.4	-571
CH_3CHO(l)	エタナール	44.05	-192.3	-128.12	160.2		-1166
CH_3CHO(g)		44.05	-166.19	-128.86	250.3	57.3	-1192
CH_3COCH_3(l)	プロパノン	58.08	-248.1	-155.4	200.4	124.7	-1790
糖類							
$C_6H_{12}O_6$(s)	α-D-グルコース	180.16	-1274				-2808
$C_6H_{12}O_6$(s)	β-D-グルコース	180.16	-1268	-910	212		
$C_6H_{12}O_6$(s)	β-D-フルクトース	180.16	-1266				-2810
$C_{12}H_{22}O_{11}$(s)	スクロース	342.3	-2222	-1543	360.2		-5645
窒素化合物							
$CO(NH_2)_2$(s)	尿素	60.06	-333.51	-197.33	104.6	93.14	-632
CH_3NH_2(g)	メチルアミン	31.06	-22.97	32.16	243.41	53.1	-1085
$C_6H_5NH_2$(l)	アニリン	93.13	31.1				-3393
$CH_2(NH_2)COOH$(s)	グリシン	75.07	-532.9	-373.4	103.5	99.2	-969

付表 5b　無機化合物の熱力学データ（298K における値）

		M g mol^{-1}	$\Delta_f H^\circ$ kJ mol^{-1}	$\Delta_f G^\circ$ kJ mol^{-1}	S_m° J K^{-1} mol^{-1}	$C_{p,m}$ J K^{-1} mol^{-1}
アルゴン	Ar(g)	39.95	0	0	154.84	20.786
カドミウム	Cd(s, γ)	112.4	0	0	51.76	25.98
	Cd(g)	112.4	112.01	77.41	167.75	20.79
	Cd^{2+}(aq)	112.4	-75.9	-77.612	-73.2	
	CdO(s)	128.4	-258.2	-228.4	54.8	43.43
	$CdCO_3$(s)	172.41	-750.6	-669.4	92.5	
カリウム	K(s)	39.1	0	0	64.18	29.58
	K(g)	39.1	89.24	60.59	160.336	20.786
	K^+(g)	39.1	514.26			
	K^+(aq)	39.1	-252.38	-283.27	102.5	21.8
	KOH(s)	56.11	-424.76	-379.08	78.9	64.9
	KF(s)	58.1	-576.27	-537.75	66.57	49.04
	KCl(s)	74.56	-436.75	-409.14	82.59	51.3
	KBr(s)	119.01	-393.8	-380.66	95.9	52.3
	KI(s)	166.01	-327.9	324.89	106.32	52.93
カルシウム	Ca(s)	40.08	0	0	41.42	25.31

	$Ca(g)$	40.08	178.2	144.3	154.88	20.786
	$Ca^{2+}(aq)$	40.08	-542.83	-553.58	-53.1	
	$CaO(s)$	56.08	-635.09	-604.03	39.75	42.8
	$CaCO_3(s)$ 方解石	100.09	-1206.9	-1128.8	92.9	81.88
	$CaCO_3(s)$ アラレ石	100.09	-1207.1	-1127.8	88.7	81.25
	$CaF_2(s)$	78.08	-1219.6	-1167.3	68.87	67.03
	$CaCl_2(s)$	110.99	-795.8	-748.1	104.6	72.59
	$CaBr_2(s)$	199.9	-682.8	-663.6	130	
硫黄	$S(s, \alpha)$(斜方)	32.06	0	0	31.8	22.64
	$S(s, \beta)$(単斜)	32.06	0.33	0.1	32.6	23.6
	$S(g)$	32.06	278.81	238.25	167.82	23.673
	$S_2(g)$	64.13	128.37	79.3	228.18	32.47
	$S^{2-}(aq)$	32.06	33.1	85.8	-14.6	
	$SO_2(g)$	64.06	-296.83	-300.19	248.22	39.87
	$SO_3(g)$	80.06	-395.72	-371.06	256.76	50.67
	$H_2SO_4(l)$	98.08	-813.99	-690	156.9	138.9
	$H_2SO_4(aq)$	98.08	-909.27	-744.53	20.1	-293
	$SO_4^{2-}(aq)$	96.06	-909.27	-744.53	20.1	-293
	$HSO_4^{2-}(aq)$	97.07	-887.34	-755.91	131.8	-84
	$H_2S(g)$	34.08	-20.63	-33.56	205.79	34.23
	$H_2S(aq)$	34.08	-39.7	-27.83	121	
塩素	$Cl_2(g)$	70.91	0	0	223.07	33.91
	$Cl(g)$	35.45	121.68	105.68	165.2	21.84
	$Cl^-(g)$	35.45	-233.13			
	$Cl^-(aq)$	35.45	-167.16	-131.23	56.5	-136.4
	$HCl(g)$	36.46	-92.31	-95.3	186.91	29.12
	$HCl(aq)$	36.46	-167.16	-131.23	56.5	-136.4
金	$Au(s)$	196.97	0	0	47.4	25.42
	$Au(g)$	196.97	366.1	326.3	180.5	20.79
銀	$Ag(s)$	107.87	0	0	42.55	25.351
	$Ag(g)$	107.87	284.55	245.65	173	20.79
	$Ag^+(aq)$	107.87	105.58	77.11	72.68	21.8
	$AgBr(s)$	187.78	-100.37	-96.9	107.1	52.38
	$AgCl(s)$	143.32	-127.07	-109.79	96.2	50.79
	$Ag_2O(s)$	231.74	-31.05	-11.2	121.3	65.86
	$AgNO_3(s)$	169.88	-124.39	-33.41	140.92	93.05
クリプトン	$Kr(g)$	83.8	0	0	164.08	20.786
ケイ素	$Si(s)$	28.09	0	0	18.83	20
	$Si(g)$	28.09	455.6	411.3	167.97	22.25
	$SiO_2(s, \alpha)$	60.09	-910.94	-856.64	41.84	44.43
酸素	$O_2(g)$	31.999	0	0	205.138	29.355
	$O(g)$	15.999	249.17	231.73	161.06	21.912
	$O_3(g)$	47.998	142.7	163.2	238.93	39.2
	$OH^-(aq)$	17.007	-229.99	-157.24	-10.75	-148.5
重水素	$D_2(g)$	4.028	0	0	144.96	29.2
	$HD(g)$	3.022	0.318	-1.464	143.8	29.196
	$D_2O(g)$	20.028	-249.2	-234.54	198.34	34.27
	$D_2O(l)$	20.028	-294.6	-243.44	75.94	84.35
	$HDO(g)$	19.022	-245.3	-233.11	199.51	33.81
	$HDO(l)$	19.022	-289.89	-241.86	79.29	
臭素	$Br_2(l)$	159.82	0	0	152.23	75.689
	$Br_2(g)$	159.82	30.907	3.11	245.46	36.02
	$Br(g)$	79.91	111.88	82.396	175.02	20.786
	$Br^-(g)$	79.91	-219.07			
	$Br^-(aq)$	79.91	-121.55	-103.96	82.4	-141.8
	$HBr(g)$	90.92	-36.4	-53.45	198.7	29.142
水素(重水素も見よ)	$H_2(g)$	2.016	0	0	130.684	28.824
	$H(g)$	1.008	217.97	203.25	114.71	20.784
	$H^+(aq)$	1.008	0	0	0	0
	$H^+(g)$	1.008	1536.2			
	$H_2O(l)$	18.015	-285.83	-237.13	69.91	75.291
	$H_2O(g)$	18.015	-241.82	-228.57	188.83	33.58
	$H_2O_2(l)$	34.015	-187.78	-120.35	109.6	89.1
炭素	$C(s)$ グラファイト	12.011	0	0	5.74	8.527
	$C(s)$ ダイヤモンド	12.011	1.895	2.9	2.377	6.113
	$C(g)$	12.011	716.68	671.26	158.1	20.838
	$C_2(g)$	24.022	831.9	775.89	199.42	43.21
	$CO(g)$	28.011	-110.53	-137.17	197.67	29.14
	$CO_2(g)$	44.01	-393.51	-394.36	213.74	37.11
	$CO_2(aq)$	44.01	-413.8	-385.98	117.6	
	$H_2CO_3(aq)$	62.03	-699.65	-623.08	187.4	
	$HCO_3^-(aq)$	61.02	-691.99	-586.77	91.2	
	$CO_3^{2-}(aq)$	60.01	-677.14	-527.81	-56.9	
	$CCl_4(l)$	153.82	-135.44	-65.21	216.4	131.75
	$CS_2(l)$	76.14	89.7	65.27	151.34	75.7
窒素	$N_2(g)$	28.01	0	0	191.61	29.125
	$N(g)$	14.007	472.7	455.56	153.3	20.786
	$NO(g)$	30.01	90.25	86.55	210.76	29.844
	$N_2O(g)$	44.01	82.05	104.2	219.85	38.45
	$NO_2(g)$	46.01	33.18	51.31	240.06	37.2

	N_2O_4(g)	92.01	9.16	97.89	304.29	77.28
	N_2O_5(s)	108.01	-43.1	113.9	178.2	143.1
	N_2O_5(g)	108.01	11.3	115.1	355.7	84.5
	HNO_3(l)	63.01	-174.1	-80.71	155.6	109.87
	HNO_3(aq)	63.01	-207.36	-111.25	146.4	-86.6
	NO_3^-(aq)	62.01	-205	-108.74	146.4	-86.6
	NH_3(g)	17.03	-46.11	-16.45	192.45	35.06
	NH_3(aq)	17.03	-80.29	-26.5	111.3	
	NH_4^+(aq)	18.04	-132.51	-79.31	113.4	79.9
	NH_2OH(s)	33.03	-114.2			
	HN_3(l)	43.03	264	327.3	140.6	43.68
	HN_3(g)	43.03	294.1	328.1	238.97	98.87
	N_2H_4(l)	32.05	50.63	149.43	121.21	139.3
	NH_4NO_3(s)	80.04	-365.56	-183.87	151.08	84.1
	NH_4Cl(s)	53.49	-314.43	-202.87	94.6	
鉄	Fe(s)	55.85	0	0	27.28	25.1
	Fe(g)	55.85	416.3	370.7	180.49	25.68
	Fe^{2+}(aq)	55.85	-89.1	-78.9	-137.7	
	Fe^{3+}(aq)	55.85	-48.5	-4.7	-315.9	
	Fe_3O_4(s)　磁鉄鉱	231.54	-1120.9	-1015.4	146.4	143.43
	Fe_2O_3(s)　赤鉄鉱	159.69	-824.2	-742.2	87.4	103.85
	FeS(s, α)	87.91	-100	-100.4	60.29	50.54
	FeS_2(s)	119.98	-178.2	-166.9	52.93	62.17
銅	Cu(s)	63.54	0	0	33.15	24.44
	Cu(g)	63.54	338.32	298.58	166.38	20.79
	Cu^+(aq)	63.54	71.67	49.98	40.6	
	Cu^{2+}(aq)	63.54	64.77	65.49	-99.6	
	Cu_2O(s)	143.08	-168.6	-146	93.14	63.64
	CuO(s)	79.54	-157.3	-129.7	42.63	42.3
	$CuSO_4$(s)	159.6	-771.36	-661.8	109	100
	$CuSO_4\cdot H_2O$(s)	177.62	-1085.8	-918.11	146	134
	$CuSO_4\cdot 5H_2O$(s)	249.68	-2279.7	-1879.7	300.4	280
ナトリウム	Na(s)	22.99	0	0	51.21	28.24
	Na(g)	22.99	107.32	76.76	153.71	20.79
	Na^+(aq)	22.99	-240.12	-261.91	59	46.4
	NaOH(s)	40	-425.61	-379.49	64.46	59.54
	NaCl(s)	58.44	-411.15	-384.14	72.13	50.5
	NaBr(s)	102.9	-361.06	-348.98	86.82	51.38
	NaI(s)	149.89	-287.78	-286.06	98.53	52.09
鉛	Pb(s)	207.19	0	0	64.81	26.44
	Pb(g)	207.19	195	161.9	175.37	20.79
	Pb^{2+}(aq)	207.19	-1.7	-24.43	10.5	
	PbO(s, 黄色)	223.19	-217.32	-187.89	68.7	45.77
	PbO(s, 赤色)	223.19	-218.99	-188.93	66.5	45.81
	PbO_2(s)	239.19	-277.4	-217.33	68.6	64.64
バリウム	Ba(s)	137.34	0	0	62.8	28.07
	Ba(g)	137.34	180	146	170.24	20.79
	Ba^{2+}(aq)	137.34	-537.64	-560.77	9.6	
	BaO(s)	153.34	-553.5	-525.1	70.43	47.78
	$BaCl_2$(s)	208.25	-858.6	-810.4	123.68	75.14
フッ素	F_2(g)	38	0	0	202.78	31.3
	F(g)	19	78.99	61.91	158.75	22.74
	F^-(aq)	19	-332.63	-278.79	-13.8	-106.7
	HF(g)	20.01	-271.1	-273.2	173.78	29.13
ヘリウム	He(g)	4.003	0	0	126.15	20.786
ヨウ素	I_2(s)	253.81	0	0	116.135	54.44
	I_2(g)	253.81	62.44	19.33	260.69	36.9
	I (g)	126.9	106.84	70.25	180.79	20.786
	I^-(aq)	126.9	-55.19	-51.57	111.3	-142.3
	HI (g)	127.91	26.48	1.7	206.59	29.158
リチウム	Li(s)	6.94	0	0	29.12	24.77
	Li(g)	6.94	159.37	126.66	138.77	20.79
	L^+(aq)	6.94	-278.49	-293.31	13.4	68.6
リン	P(s)　黄リン	30.97	0	0	41.09	23.84
	P(g)	30.97	314.64	278.25	163.19	20.786
	P_2(g)	61.95	144.3	103.7	218.13	32.05
	P_4(g)	123.9	58.91	24.44	279.98	67.15
	PH_3(g)	34	5.4	13.4	210.23	37.11
	PCl_3(g)	137.33	-287	-267.8	311.78	71.84
	PCl_3(l)	137.33	-319.7	-272.3	217.1	
	PCl_5(g)	208.24	-374.9	-305	364.6	112.8
	PCl_5(s)	208.24	-443.5			
	H_3PO_3(s)	82	-964.4			
	H_3PO_3(aq)	82	-964.8			
	H_3PO_4(s)	94.97	-1279	-1119.1	110.5	106.06
	H_3PO_4(l)	94.97	-1266.9			
	H_3PO_4(aq)	95.97	-1277.4	-1018.7	-222	
	PO_4^{3-}(aq)	96.97	-1277.4	-1018.7	-221.8	
	P_4O_{10}(s)	283.89	-2984	-2697	228.86	211.71
	P_4O_6(s)	219.89	-1640.1			

Exercise 解答・解説

1章

1 ① B：$1s^2 2s^2 2p^1$　② Ne：$1s^2 2s^2 2p^6$
③ Mg：$1s^2 2s^2 2p^6 3s^2$　④ P：$1s^2 2s^2 2p^6 3s^2 3p^3$
⑤ K：$1s^2 2s^2 2p^6 3s^2 3p^6 4s^1$

(参照…A 項)

2 ① H_2O：共有結合　② NH_4^+：共有結合，配位結合
③ Na_2CO_3：イオン結合，共有結合
④ HCl：共有結合
⑤ $BeCl_2$：共有結合

(参照…B 項)

3 ①誤．分子軌道法では，電子は分子全体に存在確率をもつと考える．
②正
③正
④誤．原子軌道の場合と同じく，構成原理，パウリの排他原理，フントの規則に基づく．
⑤誤．LUMO ではなく，HOMO が正しい．

(参照…C 項)

4

	混成軌道	π 結合の総数
アセトンの酸素	sp^2 混成軌道	1
アンモニアの窒素	sp^3 混成軌道	0
アセトニトリルの窒素	sp 混成軌道	2
二酸化炭素の炭素	sp 混成軌道	2
ホルムアルデヒドの炭素	sp^2 混成軌道	1

(参照…C，D 項)

5 ① C_6H_6，④ $CH_2CHCHCH_2$

(参照…E 項)

2章

1 a. X 線，回折法　b. 可視・紫外光，電子スペクトル　c. 赤外線，振動分光法　d. マイクロ波，電子スピン共鳴(ESR)法　e. ラジオ波，核磁気共鳴(NMR)法

(参照…A 項)

2 ① H_2O の振動モードは全部で(正) 3 個あり，(正)すべてが赤外活性モードである．
②重水 D_2O の振動数は，H_2O の振動数よりも(誤)小さい．
③ CO_2 の赤外活性モードは，(誤)変角振動と逆対称伸縮振動である．
④赤外吸収スペクトルで(誤)3333 cm^{-1} に観測されたピークは，波長 3 μm の赤外線吸収に対応する．
⑤ N_2 は振動運動により(誤)双極子モーメントが変化しないので，赤外線による振動遷移は起こらない．

(参照…B 項)

3 ①分子が光吸収により電子励起状態になるとき，(正)電子配置が変化し分子構造の変化を伴う．
②気相ベンゼンの紫外吸収スペクトルは，液相ベンゼンのものと(誤)異なり，溶媒効果がないので微細な構造が表れる．
③電子励起状態からの輻射遷移には，(正)蛍光とりん光があり，弱く長く発光するのは(誤)りん光である．
④ X 線による原子や分子の吸収では，価電子ではなく(正)内殻電子の電子配置が変化することがある．
⑤一様な吸収帯を光が通過するとき，光の強度は(誤)距離に対して指数関数的に減少する．

(参照…B 項)

4 ① 1/2　② −1/2　③縮退(縮重)　④比例
⑤ラジオ波　⑥低磁場　⑦大きく　⑧電子
⑨大きく　⑩メチル基

(参照…C 項)

5 ①屈折率 n は，物質固有の値で，(誤)波長や温度に依存する．屈折率 n の媒質における光の伝播速度は，真空中の光速を c とすれば(誤) c/n で表される．屈折率 n_1 から n_2 へ光が侵入するとき，入射角 i と屈折角 r には，(誤) $n_1 \sin i = n_2 \sin r$ が成り立つ．また，(正) $n_1 > n_2$ のとき，臨界角よりも入射角が[大きい]と，全反射が起こる．
②直線偏光が光学活性物質を通過することにより偏光面の角度が変わる性質を(誤)旋光性とよび，左右円偏光の(正)屈折率の違いが関係している．光学活性物質が左右円偏光に吸収をもつ場合，(誤)円

二色性が生じ，キラルな環境に関する情報が得られる．

(参照…D 項)

6 振動数 $= \dfrac{3.0 \times 10^8}{500 \times 10^{-9}} = 6 \times 10^{14}$ Hz

波数 $= \dfrac{1}{(500 \times 10^{-9}) \times 10^2} = 20000\ \mathrm{cm}^{-1}$

光子エネルギー $= 6.63 \times 10^{-34} \times 6 \times 10^{14} \times (6.02 \times 10^{23}) \times 10^{-3} = 239$ kJ/mol

(参照…A 項)

7 ブラッグの散乱条件によれば，$2d \sin\theta = n\lambda$ である．最も小さい角度なので，$n = 1$ である．
$\theta = 17.6°$，$\lambda = 1.54$ を用いると，$2d \sin(17.6°) = 1.54$
これを解くと，$d \approx 2.55$(Å)．

(参照…E 項)

8 スネルの法則より，$1.46 \sin\theta = 1.00 \sin(90°)$
$\sin\theta = 0.68$ となる．臨界角 θ は約 43° である．

(参照…E 項)

3章

1 ①静電相互作用　②積　③反比例し　④2　⑤1　⑥無視できる

(参照…A 項)

2 ①電気陰性度　②弱く　③誘起双極子モーメント　④引き合う力

(参照…B，C 項)

3 ①ファンデルワールス　②分散　③増え　④増す

(参照…C 項)

4 ①大きい　②ファンデルワールス　③より短い　④水素　⑤の 1/10 ～ 1/100 程度である

(参照…D 項)

5 ①アルコール　②ヨウ素　③電荷移動錯体

(参照…E 項)

6 ①水　②エントロピー　③親水基　④疎水基

(参照…F 項)

7 ②5
100％イオン性を示すときの HI の双極子モーメントは $\mu = 1.6 \times 10^{-19}\ \mathrm{C} \times 0.16 \times 10^{-9}\ \mathrm{m} = 0.256 \times 10^{-28}\ \mathrm{C \cdot m}$，問題文より，実測された HI の双極子モーメントは $\mu' = 1.4 \times 10^{-30}\ \mathrm{C \cdot m}$ である．
したがって，HI のイオン性％ $= (\mu' / \mu) \times 100\% = (1.4 \times 10^{-30}\ \mathrm{C \cdot m}) / (0.256 \times 10^{-28}\ \mathrm{C \cdot m}) \times 100\% = 5.46\cdots\% \approx 5\%$ となる．

(参照…B 項)

4章

1 気体分子がそれ自身体積をもつことと，分子間の相互作用が存在することである．

(参照…A 項)

2 ②$(p + n^2a/V^2)(V - nb) = nRT$

(参照…A 項)

3 ①$E = (3/2)RT$　②$E = (3/2)k_BT$　③気体　④ボルツマン　⑤マクスウェル・ボルツマン　⑥高速側にずれる　⑦低速側にずれる

(参照…B，C 項)

4 ①連続している　②離散的な値しかとり得ない　③並進　④回転　⑤振動　⑥電子

(参照…C 項)

5章

1 ①誤．$\Delta_f H° < 0$ より，発熱反応である．
②正
③正．グルコース(s)，炭素(s)，水素(g)の燃焼熱をそれぞれ $\Delta_c H°(\mathrm{Glu})$，$\Delta_c H°(\mathrm{C})$，$\Delta_c H°(\mathrm{H_2})$ とすると，式(1)の $\Delta_f H°$ は，$6\Delta_c H°(\mathrm{C}) + 6\Delta_c H°(\mathrm{H_2}) - \Delta_c H°(\mathrm{Glu})$ で表される．
④正

(参照…F 項)

2 $H_2(g) \rightarrow 2H(g)$　　$\Delta_{at}H = 436\ \mathrm{kJ\ mol^{-1}}$ …①
$N_2(g) \rightarrow 2N(g)$　　$\Delta_{at}H = 945\ \mathrm{kJ\ mol^{-1}}$ …②
$(1/2)N_2(g) + (3/2)H_2(g) \rightarrow NH_3(g)$
　　$\Delta_f H = -46\ \mathrm{kJ\ mol^{-1}}$ …③
(3/2)×①＋(1/2)×②－③より
$NH_3(g) \rightarrow N(g) + 3H(g)$
$\Delta H = (3/2) \times 436 + (1/2) \times 945 + 46 \approx 1173\ \mathrm{kJ\ mol^{-1}}$

ゆえに平均結合エンタルピーは
$1173/3 = 391\ \mathrm{kJ\ mol^{-1}}$

(参照…F 項)

3 $\mathrm{C(黒鉛)} + \mathrm{O_2(g)} \rightarrow \mathrm{CO_2(g)}$
$\Delta_c H^\circ = -394\ \mathrm{kJ\ mol^{-1}}$ …①
$\mathrm{H_2(g)} + (1/2)\mathrm{O_2(g)} \rightarrow \mathrm{H_2O(l)}$
$\Delta_c H^\circ = -286\ \mathrm{kJ\ mol^{-1}}$ …②
$\mathrm{C_3H_8(g)} + 5\mathrm{O_2(g)} \rightarrow 3\mathrm{CO_2(g)} + 4\mathrm{H_2O(l)}$
$\Delta_c H^\circ = -2220\ \mathrm{kJ\ mol^{-1}}$ …③
3 ×①+ 4 ×②−③より
$3\mathrm{C(黒鉛)} + 4\mathrm{H_2(g)} \rightarrow \mathrm{C_3H_8(g)}$
$\Delta_r H^\circ = 3 \times (-394) + 4 \times (-286) + 2220$
$= -106\ \mathrm{kJ\ mol^{-1}}$

(参照…F 項)

6 章

1 ①誤．熱力学第二法則によれば，孤立系で不可逆変化が起これば，エントロピーは増大する．
②正．熱力学第三法則の記述である．
③正．ギブズエネルギーは $G = H - TS$ で定義され，エントロピー，エンタルピーおよび温度の関数で表される．
④誤．温度，圧力一定の閉じた系では，反応はギブズエネルギーが減少する方向に進行する．そのため，平衡状態では系のギブズエネルギーは最小となる．

(参照…A，B，C 項)

2 標準反応ギブズエネルギー ΔG° は次式で求められる．
$\Delta G^\circ = \Delta H^\circ - T\Delta S^\circ$
$= -2808\ \mathrm{kJ\ mol^{-1}}$
$-298.15\mathrm{K} \times 259\ \mathrm{J\ K^{-1}\ mol^{-1}}$
$= -2808\ \mathrm{kJ\ mol^{-1}}$
$-298.15\mathrm{K} \times 0.259\ \mathrm{kJ\ K^{-1}\ mol^{-1}}$
$\approx -2885\ \mathrm{kJ\ mol^{-1}}$

(参照…C 項)

3 ①融解エントロピー
$= 6.01 \times 10^3/273.15 \approx 22.0\ \mathrm{J\ K^{-1}\ mol^{-1}}$
蒸発エントロピー
$= 4.07 \times 10^4/373.15 \approx 109\ \mathrm{J\ K^{-1}\ mol^{-1}}$

② $\Delta S = \int_{258.15}^{273.15} (37.2/T)\,\mathrm{d}T + 22.0$
$+ \int_{273.15}^{373.15} (75.3/T)\,\mathrm{d}T + 109$
$= 157\ \mathrm{J\ K^{-1}\ mol^{-1}}$

(参照…A，B 項)

7 章

1 ①正．化学ポテンシャルの定義．
②誤．$\Delta_r G^\circ$ と K の関係式は，下記のとおりである．
$\Delta_r G^\circ = -RT \ln K$
③誤．ある可逆反応の正反応が発熱的に進行する場合，$\Delta_r H^\circ < 0$ のため，加温すると平衡定数 K は低下する．
④誤．共役反応である．

(参照…A，B 項)

2 ①正．$\Delta H^\circ < 0$ より右向きの反応は発熱反応である．ゆえに温度を低下させると，その変化を打ち消す(＝温度を上げる＝発熱反応の)方向へ平衡は移動する．
②誤．反応式の左辺の物質量の合計は 2.5 mol，右辺の物質量の合計は 1 mol である．したがって，圧力を増大させると，物質量の合計が減る方向(＝右方向)へ平衡は移動する．
③正．ファントホッフプロットの傾きは $-\Delta H^\circ/R$ なので，$\Delta H^\circ < 0$ より傾きは正の値となり，右上がりの直線が得られる．
④誤．ファントホッフプロットの縦軸切片から標準生成エントロピーが得られる．

(参照…A 項)

3 ①グルコース＋ ATP → グルコース 6-リン酸 ＋ ADP
② $\Delta_r G^\circ = 13.8\ \mathrm{kJ\ mol^{-1}} + (-30.5\ \mathrm{kJ\ mol^{-1}})$
$= -16.7\ \mathrm{kJ\ mol^{-1}}$

(参照…C 項)

8 章

1 ①誤．ギブズエネルギーに等しい．
②誤．温度，圧力に依存する．
③正
④正
⑤誤．$\gamma_\pm = \sqrt{\gamma_+ \gamma_-}$
⑥正

⑦誤．プロトンジャンプ機構（グロータス機構）により電荷を運ぶためである．

⑧誤．和に等しい．$\Lambda^{\infty} = \lambda_{+}^{\infty} + \lambda_{-}^{\infty}$

（参照…A，C 項）

2 ①コンダクタンス（電気伝導度） ②S（ジーメンス） ③導電率（電気伝導率） ④モル導電率 ⑤濃度の平方根

（参照…C 項）

3

$$\underset{(1-\alpha)c_B}{MA} \xrightarrow{\alpha} \underset{\alpha c_B}{M^+} + \underset{\alpha c_B}{A^-}$$

の関係より，ファントホッフ係数 i は，$i = 1 + \alpha$ となる．また，電解質薬物の必要量を w g とすると，

$\Delta T_f = iK_f m_B \approx iK_f c_B$ より

$0.52 = iK_f c_B = (1 + 0.9) \times 1.86 \times c_B$

$= 1.9 \times 1.86 \times \dfrac{w\ \text{g}/186\ \text{g mol}^{-1}}{0.1[\text{L}]}$ となる．

$\therefore\ w = \dfrac{0.52 \times 0.1 \times 186}{1.86 \times 1.9} = 2.73\ \text{g}$

（等張のときは生理食塩液のオスモル濃度 286 mOsm $\approx i$ m の関係を覚えておくと便利）

（参照…B 項）

4 容積価とは，薬物 1 g を溶かして等張にするために必要な水の体積（mL）である．食塩価とは，薬物 1 g と同じ浸透圧を示す塩化ナトリウムの質量（g）である．

上の 2 つの記述の内容から，あえて容積価と食塩価の単位を改めると，容積価（mL/g-薬物），食塩価（g-NaCl/g-薬物）と表すことができる．よって，塩化ナトリウムの容積価は，100 mL/0.9 g-NaCl = 111.1 mL/g-NaCl となる．

∴ 塩化カリウムの食塩価（g-NaCl/g-KCl）

= 84.4 mL/g-KCl /111.1 mL/g-NaCl = 0.76

（単純に 84.4：111.1 = x：1 で求めることもできる）

（参照…B 項）

5 NaCl の濃度を c，電離度を α とすると，水溶液中の NaCl，Na^+ および Cl^- の濃度は，

$$\underset{c(1-\alpha)}{NaCl} \rightarrow \underset{c\alpha}{Na^+} + \underset{c\alpha}{Cl^-}$$

で表され，総粒子濃度は，$c(1-\alpha) + c\alpha + c\alpha = c(1+\alpha)$ となる．ここで，$1 + \alpha$ はファントホッフ係数を意味する．

生理食塩液は 0.9w/v% NaCl 水溶液であるので，モル濃度に換算すると，

$$c = \frac{0.9\ \text{g}/58.5\ \text{g/mol}}{0.1\ \text{L}} = 0.154\ \text{mol/L} = 154\ \text{mmol/L}$$

したがって，$\alpha = 0.86$ とすると，総粒子濃度（オスモル濃度）は，$c(1+\alpha) = 154(1 + 0.86) = 286$ mOsm となる．

（参照…B 項）

6 5%ブドウ糖注射液のモル濃度 c_B は，

$$c_B = \frac{5.00\ \text{g}/180.16\ \text{g/mol}}{0.100\ \text{L}} = 0.2775\ \text{mol/L}$$

$\Pi = RTc_B$（式（8・22））より

$\Pi = 8.314\ \text{J/(mol·K)} \times 310.15\ \text{K} \times 0.2775\ \text{mol/L}$

$= 7.155 \times 10^2\ \text{J/L} = 7.155 \times 10^2\ \text{J/dm}^3$

$= 7.155 \times 10^2\ \text{J}/10^{-3}\ \text{m}^3 = 7.155 \times 10^5\ \text{J/m}^3$

$= 7.155 \times 10^5\ \text{N·m/m}^3 = 7.155 \times 10^5\ \text{N/m}^2$

$= 7.155 \times 10^5\ \text{Pa} = 7.16 \times 10^5\ \text{Pa}$

（∵ $1\ \text{L} = 1\ \text{dm}^3 = 1 \times 10^{-3}\ \text{m}^3$，$1\ \text{J} = 1\ \text{N·m}$，$1\ \text{Pa} = 1\ \text{N/m}^2 (= 1\ \text{J/m}^3)$）

（参照…B 項）

9章

1 ①ⅰ：固体　ⅱ：液体　ⅲ：気体

②点 O：三重点　点 C：臨界点

③固体

④純物質なので $C = 1$，気液共存のため $P = 2$．よって $F = C - P + 2 = 1 - 2 + 2 = 1$

（参照…B 項）

2 ①気相（組成 x_1）と液相（組成 x_3）が共存している．

②てこの規則より，気相：液相 = $(x_3 - x_2)$：$(x_2 - x_1)$

（参照…C 項）

3 液体と液体を混合しているため，どちらも溶媒（混合物のうち溶媒和を行う側）になり得る．B が少ないうちは A が溶媒として働くため，溶質 B を増やすとそれだけ温度を上げる必要があるが，B が多くなると B のほうが溶媒として機能し，B のモル分率が上がる（= A のモル分率が下がる）と溶媒がどんどん増えていくため，温度を上げなくても溶質 A が溶媒 B に溶けるようになる．そのため状態図に極大点が生じる．

（参照…C 項）

4 ①疎水性が高いとき，溶質は水よりもオクタノール

のほうに多く溶解する．このとき P_{ow} が大きくなるので，水中における濃度は x_1.

② $P_{ow} = \dfrac{x_2}{x_1} = \exp\left(\dfrac{\mu_1^\circ - \mu_2^\circ}{RT}\right) > 1$ なので，$\mu_1^\circ > \mu_2^\circ$

よって水中の化学ポテンシャルのほうが高い．

(参照…F 項)

10章

1 ①誤．分子間引力が大きい液体ほど，表面張力は大きい．

②正．界面張力の単位は，単位長さあたりの力 $\mathrm{N\,m^{-1}}$ であるが，分母と分子に m をかけると $\mathrm{Nm\,m^{-2}} = \mathrm{J\,m^{-2}}$ つまり単位面積あたりの仕事でもある．

③誤．界面活性剤は，界面張力を減少させる作用をもつ．

④正．界面活性剤は両親媒性物質であり，溶媒分子と親和性のある側を溶媒側に向け，ミセル，ベシクルなどの形態で会合する．

⑤正．表面張力の測定法として，毛管上昇法，円環法，滴重法，つり板法などがある．

(参照…A，B，C 項)

2 ①正．疎水コロイドの安定性は，コロイド粒子間に働くファンデルワールス引力と静電反発力のバランス(総和)で決まり，この理論をDLVO理論という．

②誤．疎水コロイドは，表面電荷による電気二重層を形成し静電反発力で分散しているものの，水和層をもたないため少量の電解質を加えただけで電荷の中和が起こり電気二重層は薄く不安定となる．

③誤．凝析価とは凝析させるのに必要な最小濃度であり，疎水コロイドの表面電荷と反対符号のイオンの価数の6乗に反比例する(シュルツ・ハーディの規則)ことが知られている．よってイオンの価数が大きくなると凝析価は小さくなる．

④誤．親水コロイドに対する塩析効果はイオンにより異なり，その序列をホフマイスター順列という．一般に同族であれば周期表の上に位置する原子のイオン(イオン半径が小さい)の効果がより大きい．

⑤正．親水コロイドに脱水作用のあるアルコールなどを加えると，分散状態からコロイド粒子濃度が高い相と低い相の2相に分離する．これをコアセルベーションといいマイクロカプセルの調製に利用される．

(参照…D 項)

3 ①界面ギブズエネルギー W は，表面張力 γ × 球体の表面積 $4\pi r^2$ である．(本文 式(10・4))

球体の平均半径 $r = 60\ \mathrm{nm} = 60 \times 10^{-9}\ \mathrm{m}$，$\pi = 3.14$ を代入して

$$W = 25 \times 10^{-3}\ \mathrm{J/m^2} \times 4 \times 3.14 \times (60 \times 10^{-9})^2\ \mathrm{m^2} = 1.1 \times 10^{-15}\ \mathrm{J}$$

②ヤング・ラプラスの式に代入して

$$\Delta p = \frac{2 \times 25\ \mathrm{mJ/m^2}}{60\ \mathrm{nm}} = \frac{2 \times 25 \times 10^{-3}\ \mathrm{J/m^2}}{60 \times 10^{-9}\ \mathrm{m}}$$

$$= 8.3 \times 10^5\ \mathrm{J/m^3} = 8.3 \times 10^5\ \mathrm{N/m^2} = 8.3 \times 10^5\ \mathrm{Pa}$$

(参照…A 項)

4 界面活性剤の混合物の HLB 値は，それぞれの HLB とその質量分率の積の総和である．

$$\mathrm{HLB} = \frac{\mathrm{HLB_A} \times m_\mathrm{A} + \mathrm{HLB_B} \times m_\mathrm{B}}{m_\mathrm{A} + m_\mathrm{B}}$$

本文の式(10・20)に代入して

$$\mathrm{HLB} = \frac{4 \times 3 + 10 \times 2}{3 + 2} = 6.4$$

(参照…C 項)

5 固体表面に気体が単分子層吸着する場合，吸着量と圧力の関係はラングミュア吸着等温式に従い，比表面積 S は次の式により求めることができる．

$S = N_\mathrm{A} S_\mathrm{m} V_\mathrm{m}$ (式(10・30))

N_A：アボガドロ数，S_m：気体の分子占有断面積，

V_m：吸着媒 1 g あたりの単分子吸着量(mol)

$$S = 6.0 \times 10^{23}\ \mathrm{mol^{-1}} \times 1.6 \times 10^{-19}\ \mathrm{m^2} \times \frac{3}{2} \times 10^{-2}\ \mathrm{mol/g}$$

$$= 14.4 \times 10^2\ \mathrm{m^2/g} = 1.4 \times 10^3\ \mathrm{m^2/g}$$

(参照…E 項)

11章

1 ①誤．酸化反応が起こる電極はアノード(陽極)，還元反応が起こる電極はカソード(陰極)．

②正

③誤．酸化剤は電子受容体．電子供与体は還元剤．

④誤．電池の両電極間の電位差を起電力という．

⑤正

(参照…A 項)

2 ①誤．標準水素電極を 0 V としたときの電位である．

②誤．標準電極電位が大きいほど半電池反応は右向き(還元方向)に進行しやすい．

③正

④誤．イオン化傾向の大きな金属ほど標準電極電位が小さい．

⑤正

(参照…B，C 項)

3 ①，②

$Cl_2 + 2e^- \rightleftarrows 2Cl^-$　$E° = 1.3583$　右向き(還元方向)

$I_2 + 2e^- \rightleftarrows 2I^-$　$E° = 0.5355$　左向き(酸化方向)

③

$$1.3583 - 0.5355 = \frac{8.3144 \times 298.15}{2 \times 96\,485} \times 2.303 \times \log K$$

$K = 10^{27.81}$

p.202 の例を参照．

(参照…C 項)

4 2つの半反応の組み合わせからなる化学電池の標準起電力 $E°_{emf}$ と，進行する酸化還元反応の標準ギブズエネルギー変化 $\Delta G°$ の関係は，$\Delta G° = -nFE°$ と表され，この場合 $n = 2$ であることから，

$$\begin{aligned}\Delta G° &= -2FE°_{emf}\\ &= -2 \times (9.65 \times 10^4\ \mathrm{C/mol}) \times (-0.197\ \mathrm{V} - (-0.315\ \mathrm{V}))\\ &= -2 \times (9.65 \times 10^4\ \mathrm{C/mol}) \times (0.118\ \mathrm{J/C})\\ &= -2.2774 \times 10^4\ \mathrm{J/mol}\\ &\approx -22.8\ \mathrm{kJ/mol}\end{aligned}$$

となる．

(参照…B 項)

5 ① $Zn^{2+} + 2e^- \rightleftarrows Zn$　$E° = -0.7626$

②電解質の濃度のみが異なる2つの半電池からなる化学電池(濃淡電池)の標準起電力は 0 V である．

③起電力は右側（正極）の電極電位（$E_{右側}$）から左側（負極）の電極電位（$E_{左側}$）を引くことによって求められるので，

$$E_{右側} - E_{左側} = \frac{0.059}{2}(\log_{10} 0.1 - \log_{10} 0.01)$$

$$= \frac{0.059}{2}\log_{10} 10 = \frac{0.059}{2}\ \mathrm{V}$$

(参照…D 項)

12章

1 ①誤．1次反応の反応速度定数の次元は，時間$^{-1}$である．

②正

③誤．1次反応の半減期は初濃度が変化しても変わらない．

④正

⑤誤．1次反応における半減期の対数と初濃度の対数の関係をプロットすると傾きをもたない（横軸と水平な）直線となる．

(参照…B，C 項)

2 半減期が初濃度に関係なく一定であるため，1次反応であると判断できる．$t_{1/2} = 0.693/k$ の関係があるので，反応速度定数 k は $k = 0.693/4 = 0.173\,25$ 時間$^{-1} \approx 0.173$ 時間$^{-1}$

(参照…B，C 項)

3 2次反応であるため，半減期と初濃度の関係は，$t_{1/2} = 1/k \cdot C_0$ で表される．

初濃度 0.2 mol/L のとき，20 秒で 50%が分解しているので半減期は 20 秒である．よって反応速度定数は

$k = 1/t_{1/2} \cdot C_0 = 1/20 \times 0.2 = 0.25\ \mathrm{mol^{-1} \cdot L \cdot S^{-1}}$

(参照…B 項)

4 ①正

②誤．可逆反応における平衡定数は，正反応の反応速度<u>定数</u>と逆反応の反応速度<u>定数</u>の比で求められる．

③正

④正

⑤誤．ΔH の値が大きいほど，発熱量が多くなり，反応温度を低下させるほど系外に熱を放出できるようになるため，平衡は反応後の系に傾く（ルシャトリエの法則）．

(参照…E 項)

5 ①誤．酵素反応などは至適温度があり，高温側では失活し，反応速度が低下する．また，気体反応においても温度の上昇とともに反応速度定数が減少することがある．

②正

③誤．アレニウスプロットの傾きは，縦軸に反応速度定数の自然対数をとった場合は，$-E_a/R$，常用対数でとった場合は，$-E_a/2.303R$ である．

④誤．アレニウス型反応では，反応次数によらずアレニウスプロットでは直線関係となる．

⑤正

⑥正．E_a が大きいほど，アレニウスプロットの傾きが大きくなり，温度変化に伴う反応速度定数の変

化量が大きくなる．すなわち，温度の影響を受けやすい．

⑦正

(参照…F 項)

6 ①正

②誤．吸熱反応か発熱反応かを決めるのは，反応物と生成物のポテンシャルエネルギーの差（反応エンタルピー，ΔH）である．

③誤．触媒を添加しても，平衡定数には影響せず，平衡状態における反応物と生成物の濃度比は変化しない．

④正

⑤誤．特殊塩基触媒では，pH が 2 大きくなると，反応速度は 100 倍速くなる．

(参照…H 項)

13 章

1 ①正

②誤．β^+壊変で生成する娘核種の原子番号は親核種と比べて 1 小さく，質量数は等しい．

③正

④誤．GM 計数管は，β 線を効率よく計数する（ただし，端窓型 GM 計数管の場合，低エネルギー β 線は窓を透過できないので測定できない）．α 線は GM 計数管の窓を透過できない．

⑤正

(参照…A，B，C 項)

2 ①正

②誤．光電効果は，比較的エネルギーの低い γ 線がすべてのエネルギーを物質に与える過程である．

③正

④正

⑤誤．原子番号が大きい物質では制動放射線が放出されやすいので，原子番号の小さい物質からできているプラスチックやアクリル板が用いられる．

(参照…B 項)

3 ①誤．実効線量の単位は Sv（シーベルト）である．

②誤．高 LET 放射線では直接作用が主に認められる．

③正

④正

⑤誤．有効半減期は次の式で表される．

$$\frac{1}{\text{有効半減期}} = \frac{1}{\text{物理学的半減期}} + \frac{1}{\text{生物学的半減期}}$$

(参照…B，D 項)

4 ①

$$\frac{12\,000\ \text{cpm}}{5 \times 60 \times 0.4} = 100\ \text{dps} = 100\ \text{Bq}$$

(参照…A 項)

5 ②

$$3600 \times \left(\frac{1}{2}\right)^{4/8} = 3600 \times \frac{1}{\sqrt{2}} = 2545.6$$

(参照…A 項)

6 ④

娘核種の半減期の約 10 倍以上の時間が経過すると永続平衡になるので，親と娘核種の放射能は等しい．

(参照…A，C 項)

7 ①

$$\frac{1}{\text{有効半減期}} = \frac{1}{\text{物理学的半減期}} + \frac{1}{\text{生物学的半減期}}$$

より，

$$\frac{1}{\text{有効半減期}} = \frac{1}{8.0} + \frac{1}{80} = \frac{11}{80}$$

$$\text{有効半減期} = \frac{80}{11} = 7.27\ldots$$

(参照…D 項)

本書で対応する薬学教育モデル・コア・カリキュラム一覧

薬学教育モデル・コア・カリキュラム（令和 4 年度改訂版）		対応章
学修目標	学修事項	
C-1 化学物質の物理化学的性質		
C-1-1 化学結合と化学物質・生体高分子間相互作用		
1）医薬品や生体分子を形成する結合のしくみを説明する．	(1) 化学結合，混成軌道，共役と共鳴，分子軌道【1)】	1 章
2）医薬品や生体分子の間で働くさまざまな相互作用を説明する．	(2) 静電相互作用【2)】	3 章
	(3) 双極子間相互作用と水素結合【2)】	3 章
	(4) ファンデルワールス力【2)】	3 章
	(5) 疎水性相互作用【2)】	3 章
3）医薬品の作用発現に必須である医薬品と生体高分子との相互作用を説明する．	(6) 医薬品・生体高分子間相互作用【3)】	3 章
C-1-2 電磁波，放射線		
1）医療現場の画像解析や診断・治療で用いられる電磁波および放射性核種の種類と性質を説明する．	(1) 電磁波の性質，電磁波と物質との相互作用【1)】	2 章
2）電磁波と化学物質との相互作用を説明する．	(2) 電子遷移，分子の振動と回転【2)】	2 章
	(3) スピンと磁気共鳴【2)】	2 章
	(4) 屈折，旋光性，回折【2)】	2 章
	(5) 放射性核種と放射壊変【2)】	13 章
3）診断・治療，あるいは被ばく事故をもたらす電離放射線の生体への影響を説明する．	(6) 電離放射線による化学物質およびヒトをはじめとする生体への影響【3)】	13 章
C-1-3 エネルギーと熱力学		
1）エネルギー（熱や仕事等）のやりとりと物質の状態変化との関係を説明する．	(1) 熱力学第一法則とエンタルピー【1)】	5 章
	(2) 熱力学第二法則とエントロピー，熱力学第三法則【1)】	6 章
	(3) ギブズエネルギー【1)】	6 章
	(4) 気体の分子運動論【1)】	4 章
2）物質相互の溶解状態とエネルギーおよび温度・圧力・濃度との関係を説明する．	(5) 化学ポテンシャルと化学平衡【2)】	7 章
	(6) 平衡と圧力，温度【2)】	7 章
	(7) 酵素反応とギブズエネルギー【2)】	7 章
	(8) 相平衡と相律，相転移【2)】	9 章
	(9) 物理的配合変化と相平衡【2)】	9 章
	(10) 束一的性質と食塩価法【2)】	8 章
	(11) 活量と活量係数【2)】	8 章
	(12) 電解質溶液の伝導率とイオン強度【2)】	8 章
3）物質の酸化還元反応とエネルギーとの関係を説明する．	(13) 電池と電極電位【3)】	11 章
	(14) 細胞膜電位【3)】	11 章
4）膜内外の物質の濃度差に基づく医療技術の概要を説明する．	(15) 人工透析の原理と透析膜【4)】	8 章

C-1-4 反応速度

1）医薬品の分解，酵素反応等の種々の化学反応に関わる物質の量や状態が時間とともに変化することを理解するとともに，物質の変化量を速度としてとらえる方法を説明する.	(1) 反応次数と速度定数【1)】	12 章
	(2) 複合反応【1)】	12 章
2）酵素反応を含めた化学反応に影響する因子を説明する.	(3) 反応速度と温度【2)】	12 章
	(4) 酵素反応と阻害様式【2)】	12 章

D-5 製剤化のサイエンス

D-5-1 薬物と製剤の性質

1）固形製剤，半固形製剤，液状製剤など，さまざまな製剤を作成するために必要な製剤材料の種類と物性と関連する基本的理論について説明する. 2）製剤の調製に際して，薬物および医薬品の安定性等を保証するための適切な方策について説明する.	(3) 分散系材料の物性と製剤化に関連する基本的理論【1), 2)】	10 章：分散系製剤

索　引

和　文

欧　文

コンパス物理化学（改訂第4版）［電子版付］

2010年2月20日　第1版第1刷発行
2014年11月20日　第2版第1刷発行
2019年12月15日　第3版第1刷発行
2023年2月15日　第3版第3刷発行
2024年11月25日　改訂第4版発行

編集者 日野知証，小田彰史
発行者 小立健太
発行所 株式会社 南 江 堂
〒113-8410 東京都文京区本郷三丁目42番6号
☎（出版）03-3811-7236（営業）03-3811-7239
ホームページ https://www.nankodo.co.jp/
印刷 横山印刷／製本 ブックアート

Physical Chemistry

定価は表紙に表示してあります.
落丁・乱丁の場合はお取り替えいたします.
ご意見・お問い合わせはホームページまでお寄せください.

Printed and Bound in Japan
ISBN978-4-524-40446-9

南江堂 コンパス シリーズ

コンパスシリーズは
ミニマムエッセンスでわかりやすい
をコンセプトとした
教科書シリーズです

コンパス 物理化学

コンパス 分析化学

コンパス 天然物化学

コンパス 生化学

コンパス 分子生物学 創薬・テーラーメイド医療に向けて

コンパス 衛生薬学 健康と環境

コンパス 薬理学

コンパス 薬物治療学

コンパス 生物薬剤学

コンパス 薬物速度論演習

コンパス 物理薬剤学・製剤学

コンパス 医薬品情報学 理論と演習

コンパス 調剤学 実践的アプローチから理解する

※掲載している情報は 2024 年 9 月時点での情報です．最新の情報は南江堂 Web サイトをご確認ください．

NANKODO 南江堂 〒113-8410 東京都文京区本郷三丁目 42-6 （営業）TEL 03-3811-7239 FAX 03-3811-7230
240925IT

表A　SI基本単位

物理量	SI単位の名称	SI単位の記号
長さ	メートル	m
質量	キログラム	kg
時間	秒	s
電流	アンペア	A
熱力学温度	ケルビン	K
物質量	モル	mol
光度	カンデラ	cd

表B　主なSI誘導単位

物理量	SI単位の名称	SI単位の記号	SI基本単位による表し方
振動数	ヘルツ	Hz	s^{-1}
力	ニュートン	N	$kg\ m\ s^{-2} = J\ m^{-1}$
圧力	パスカル	Pa	$kg\ m^{-1}\ s^{-2} = N\ m^{-2}$
仕事，熱量，エネルギー	ジュール	J	$kg\ m^{2}\ s^{-2} = N\ m$
仕事率	ワット	W	$kg\ m^{2}\ s^{-3} = J\ s^{-1}$
電荷	クーロン	C	$A\ s$
電位差	ボルト	V	$kg\ m^{2}\ s^{-3}\ A^{-1} = J\ A^{-1}\ s^{-1}$
静電容量	ファラッド	F	$kg^{-1}\ m^{-2}\ s^{4}\ A^{2}$
放射能	ベクレル	Bq	s^{-1}
吸収線量	グレイ	Gy	$J\ kg^{-1}$
線量当量	シーベルト	Sv	$J\ kg^{-1}$